全国高职高专机械设计制造类工学结合"十二五"规划系列教材

丛书顾问　陈吉红

机械制图及计算机绘图

（下册）

主　编　须　丽　吴悦乐　李　芬

副主编　沈　锋　徐保亮　张同彪

陈　明　孟　灵

华中科技大学出版社

中国·武汉

内容简介

本书为教材《机械制图与计算机绘图》的下册，分别介绍了标准件与常用件，如何识读零件图，零件常见的工艺结构，如何识读装配图和拆画零件图等，并介绍了在AutoCAD中调用标准件，绘制零件图、机械装配图，AutoCAD图形管理与输出，以及创建机械三维实体等内容。

本书既可作为高职高专机械及近机械类专业“机械制图及计算机绘图”课程或相近课程的教材，也可供工程技术人员参考。

图书在版编目(CIP)数据

机械制图及计算机绘图(下册)/须　丽　吴悦乐　李　芬　主编. —武汉：华中科技大学出版社，2012.8(2023.7重印)

ISBN 978-7-5609-8082-9

Ⅰ. 机…　Ⅱ. ①须…　②吴…　③李…　Ⅲ. ①机械制图-高等职业教育-教材　②自动绘图-高等职业教育-教材　Ⅳ. TH126

中国版本图书馆CIP数据核字(2012)第135203号

机械制图及计算机绘图(下册)　　须　丽　吴悦乐　李　芬　主编

策划编辑：严育才
责任编辑：刘　勤
封面设计：范翠璇
责任校对：朱　玢
责任监印：张正林
出版发行：华中科技大学出版社(中国·武汉)　　电话：(027)81321913
　　　　　武汉市东湖新技术开发区华工科技园　　邮编：430223
录　　排：华中科技大学惠友文印中心
印　　刷：武汉邮科印务有限公司
开　　本：710mm×1000mm　1/16
印　　张：18.25
字　　数：373千字
版　　次：2023年7月第1版第7次印刷
定　　价：49.80元

全国高职高专机械设计制造类工学结合“十二五”规划系列教材

编委会

全国高职高专机械设计制造类工学结合"十二五"规划系列教材

序

目前我国正处在改革发展的关键阶段，深入贯彻落实科学发展观，全面建设小康社会，实现中华民族伟大复兴，必须大力提高国民素质，在继续发挥我国人力资源优势的同时，加快形成我国人才竞争比较优势，逐步实现由人力资源大国向人才强国的转变。

《国家中长期教育改革和发展规划纲要(2010—2020年)》提出："发展职业教育是推动经济发展、促进就业、改善民生、解决'三农'问题的重要途径，是缓解劳动力供求结构矛盾的关键环节，必须摆在更加突出的位置。职业教育要面向人人、面向社会，着力培养学生的职业道德、职业技能和就业创业能力。"

高等职业教育是我国高等教育和职业教育的重要组成部分，在建设人力资源强国和高等教育强国的伟大进程中肩负着重要使命并具有不可替代的作用。自从1999年党中央、国务院提出大力发展高等职业教育以来，培养了1300多万高素质技能型专门人才，为加快我国工业化进程提供了重要的人力资源保障，为加快发展先进制造业、现代服务业和现代农业作出了积极贡献；高等职业教育紧密联系经济社会，积极推进校企合作、工学结合人才培养模式改革，办学水平不断提高。

"十一五"期间，在教育部的指导下，教育部高职高专机械设计制造类专业教学指导委员会根据《高职高专机械设计制造类专业教学指导委员会章程》，积极开展国家级精品课程评审推荐、机械设计与制造类专业规范(草案)和专业教学基本要求的制定等工作，积极参与了教育部全国职业技能大赛工作，先后承担了"产品部件的数控编程、加工与装配"、"数控机床装配、调试与维修"、"复杂部件造型、多轴联动编程与加工"、"机械部件创新设计与制造"等赛项的策划和组织工作，推进了"双师"队伍建设和课程改革，同时为工学结合的人才培养模式的探索和教学改革积累了经验。2010年，教育部高职高专机械设计制造类专业教学指导委员会数控分委会起草了《高等职业教育数控专业核心课程设置及教学计划指导书(草案)》，并面向部分高职高专院校进行了调研。根据各院校反馈的意见，教育部高职高专机械设计制造类专业教学指导委员会委托华中科技大学出版社联合国家示范(骨干)高职院校、部分重点高职院校、武汉华中数控股份有限公司和部分国家精品课程负责人、一批层次较高的高职院校教师组成编委会，组织编写全国高职高专机械设计制造类工学结合"十二五"规划系列教材。

本套教材是各参与院校"十一五"期间国家级示范院校的建设经验以及校企

结合的办学模式、工学结合的人才培养模式改革成果的总结，也是各院校任务驱动、项目导向等教、学、做一体的教学模式改革的探索成果。因此，在本套教材的编写中，着力构建具有机械类高等职业教育特点的课程体系，以职业技能的培养为根本，紧密结合企业对人才的需求，力求满足知识、技能和教学三方面的需求；在结构上和内容上体现思想性、科学性、先进性和实用性，把握行业岗位要求，突出职业教育特色。

具体来说，力图达到以下几点。

(1) 反映教改成果，接轨职业岗位要求。紧跟任务驱动、项目导向等教学做一体的教学改革步伐，反映高职高专机械设计制造类专业教改成果，引领职业教育教材发展趋势，注意满足企业岗位任职知识、技能要求，提升学生的就业竞争力。

(2) 创新模式，理念先进。创新教材编写体例和内容编写模式，针对高职高专学生的特点，体现工学结合特色。教材的编写以纵向深入和横向宽广为原则，突出课程的综合性，淡化学科界限，对课程采取精简、融合、重组、增设等方式进行优化。

(3) 突出技能，引导就业。注重实用性，以就业为导向，专业课围绕高素质技能型专门人才的培养目标，强调促进学生知识运用能力，突出实践能力培养原则，构建以现代数控技术、模具技术应用能力为主线的实践教学体系，充分体现理论与实践的结合，知识传授与能力、素质培养的结合。

当前，工学结合的人才培养模式和项目导向的教学模式改革还需要继续深化，体现工学结合特色的项目化教材的建设还是一个新生事物，处于探索之中。随着这套教材投入教学使用和经过教学实践的检验，它将不断得到改进、完善和提高，为我国现代职业教育体系的建设和高素质技能型人才的培养作出积极贡献。

谨为之序。

教育部高职高专机械设计制造类专业教学指导委员会主任委员

国家数控系统技术工程研究中心主任

华中科技大学教授、博士生导师

陈吉红

2012年1月于武汉

前　言

为了满足新形势下高职教育高素质技能型专门人才的培养要求，在总结近年来以工作过程为导向的教学实践的基础上，由来自上海工程技术大学高等职业技术学院和襄樊职业技术学院等院校的教学一线教师编写了本教材。

在教材的编写过程中，在教材内容的选择上应注意企业对人才的需求，力求满足学科、教学和社会三方面的需求；同时根据本专业培养目标和学生就业岗位实际，在广泛调研基础上，选取来自生产、生活的典型零件为教学载体，并以工作过程为导向，突出应用性；以培养学生的尺规绘图、徒手绘图和计算机绘图的实践能力为重点，注重三者的有机结合，突出教材的科学性、实践性、先进性和实用性。结合高职学生的认知规律，在下册中分别介绍了标准件与常用件，识读零件图、零件常见的工艺结构，识读装配图和拆画零件图等，并能掌握在 AutoCAD 中调用标准件，绘制零件图、机械装配图，掌握 AutoCAD 图形管理与输出，以及创建机械三维实体。

本书为全国高职高专机械设计制造类工学结合"十二五"规划系列教材，具有以下特点。

(1) 采纳最新的相关"技术制图"和"机械制图"国家标准，充分体现教材的先进性。

(2) 融传统的尺规绘图和现代的计算机绘图内容于一体。

(3) 习题题型多样化，既有计算机绘图题也有尺规作图题，充分体现教材的实践性。

(4) 紧密围绕高职高专的培养目标，满足学生的可持续发展，教材内容和结构体系均体现高职高专特色。

本书分为上、下册及配套的习题集。下册内容包括标准件与常用件、零件图、装配图、AutoCAD 图形管理与输出，以及机械三维图形简介等。本书既可作为高职高专机械及近机械类专业"机械制图及计算机绘图"课程或相近课程的教材，也可供工程技术人员参考。

本书为教材《机械制图与计算机绘图》的下册，由须丽、吴悦乐、李芬任主编，由沈锋、徐保亮、张同彪、陈明、孟灵任副主编。参加编写的有：上海工程技术大学高等职业技术学院须丽、吴悦乐（第 6 章），上海工程技术大学高等职业技术学院须丽、张同彪（第 7 章），襄阳职业技术学院李芬、沈锋（第 8 章），上海工程技术大学高等职业技术学院吴悦乐、徐保亮（第 9 章），上海工程技术大学高等职业技术学院吴悦乐、须丽（第 10 章）。

与本书配套的有《机械制图与计算机绘图习题集》（吴悦乐、李芬、须丽主编）。

本书的编写得到了教育部高职高专机械设计制造类教学指导委员会主任委员陈吉红教授的亲切指导，以及各参编院校领导的大力支持，在此表示衷心的感谢。

由于编者水平有限，书中难免有错误和不足之处，恳请广大读者批评指正。

编　者

2012 年 2 月

目　　录

第6章 标准件与常用件

本章提要

标准件是指结构形式、尺寸规格等全部实行了标准化的零件(或部件)。常用件是指在机械设备和仪器的装配及安装过程中广泛使用的机件。

为了减少设计和绘图工作量,常用件及某些多次重复出现的结构要素(如螺钉上的螺纹和齿轮上的轮齿等),绘图时按国家标准规定的特殊表示法简化画出,并进行必要的标注。

本章主要介绍螺纹和螺纹紧固件、齿轮、键、销、弹簧和滚动轴承的规定画法和标记。

6.1 螺纹及螺纹紧固件

6.1.1 螺纹的形成、结构和要素

1. 螺纹的形成

螺纹是在圆柱体(或圆锥体)表面上沿着螺旋线所形成的螺旋体,具有相同轴向断面的连续凸起和沟槽。

在圆柱或圆锥外表面上形成的螺纹称为外螺纹,如图 6-1(a)所示。在内表面上形成的螺纹称为内螺纹,如图 6-1(b)所示。

形成螺纹的加工方法很多,图 6-1(a)所示为在车床上车削外螺纹。内螺纹也可以在车床上加工,如图 6-1(b)所示。若加工直径较小的螺孔,如图 6-2 所示,先用钻头钻孔(由于钻头顶角为 118°,所以钻孔的底部按 120°简化画出),再用丝锥加工内螺纹。

在加工螺纹的过程中,由于刀具的切入或压入,使螺纹构成了凸起和沟槽两

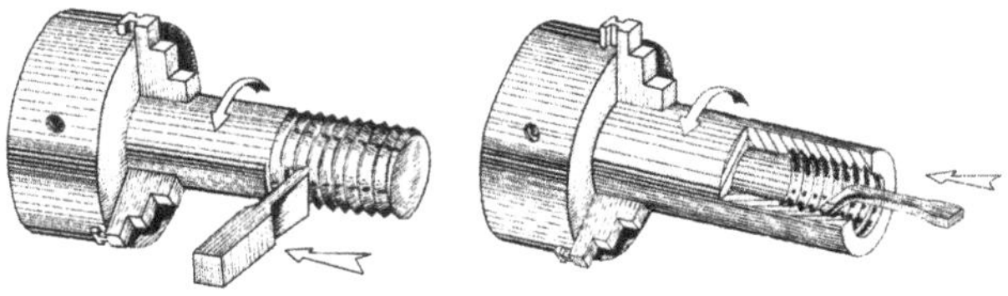

(a) 外螺纹　　(b) 内螺纹

图 6-1　螺纹的加工方法

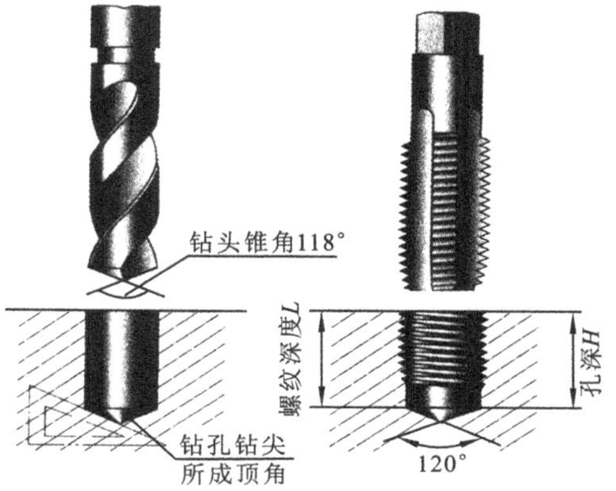

图 6-2　加工直径较小的内螺纹

部分，凸起部分的顶端称为螺纹牙顶；沟槽部分的底部称为螺纹的牙底。

螺栓、螺钉、螺母及丝杠等表面皆制有螺纹，起连接或传动作用。

2. 螺纹的结构

1）螺纹的末端

为了防止螺纹端部损坏和便于安装，通常在螺纹的起始处做成一定形状的末端，如圆锥形的倒角或球面形的圆顶等，如图 6-3 所示。

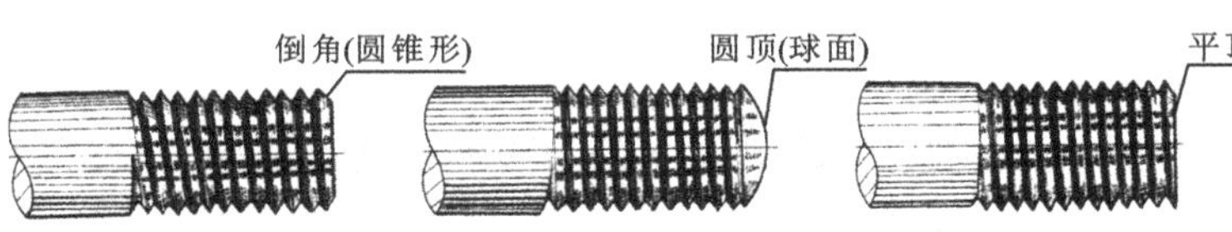

(a) 倒角　　(b) 圆顶　　(c) 平顶

图 6-3　螺纹的末端

2）螺纹的收尾和退刀槽

车削螺纹的刀具快到螺纹终止处时要逐渐离开工件，因而螺纹终止处附近的牙型要逐渐变形，形成不完整的牙型，这一段长度的螺纹称为螺纹收尾，如图 6-4 所示。为了避免产生螺尾和便于加工，有时在螺纹终止处预先车出一个退刀槽，如图 6-5 所示。

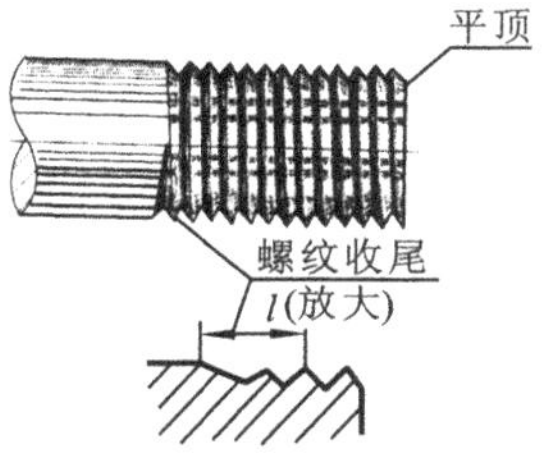

图 6-4　螺纹收尾

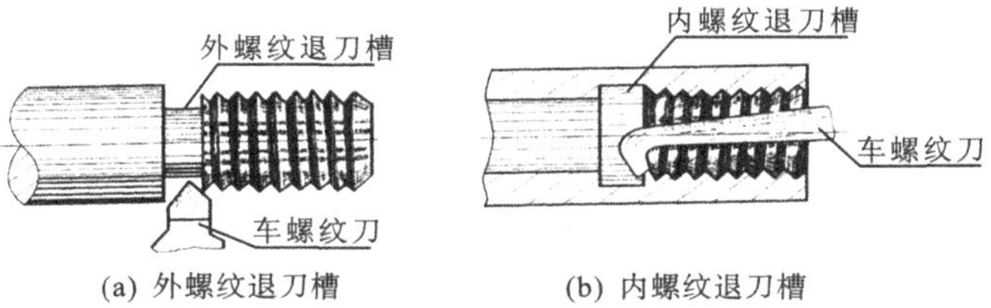

(a) 外螺纹退刀槽　(b) 内螺纹退刀槽

图 6-5　螺纹退刀槽

3. 螺纹的要素

内、外螺纹总是成对使用的，只有当内、外螺纹的牙型、公称直径、线数、螺距和旋向五个基本要素完全一致时，才能正常地旋合。

1）牙型

通过螺纹轴线断面上的螺纹轮廓形状称为螺纹牙型。常见的螺纹牙型有三角形、梯形、锯齿形和矩形等。其中，矩形螺纹尚未标准化，其余牙型的螺纹均为标准螺纹。螺纹的牙型不同，其作用也不同。

2）直径

螺纹的直径有大径、小径和中径之分，如图 6-6 所示。

大径是指与外螺纹牙顶或内螺纹牙底相切的假想圆柱或圆锥的直径（即螺纹的最大直径），内、外螺纹的大径分别用 D、d 表示，是螺纹的公称直径（管螺纹除外）。

小径是指与外螺纹牙底和内螺纹牙顶相切的假想圆柱或圆锥的直径。内、外螺纹的小径分别用 D_1、d_1 表示。

中径是指母线通过牙型上沟槽和凸起宽度相等处的假想圆柱或圆锥的直径。内、外螺纹的中径分别用 D_2、d_2 表示。它是控制螺纹形状、尺寸和精度的主要参数之一。

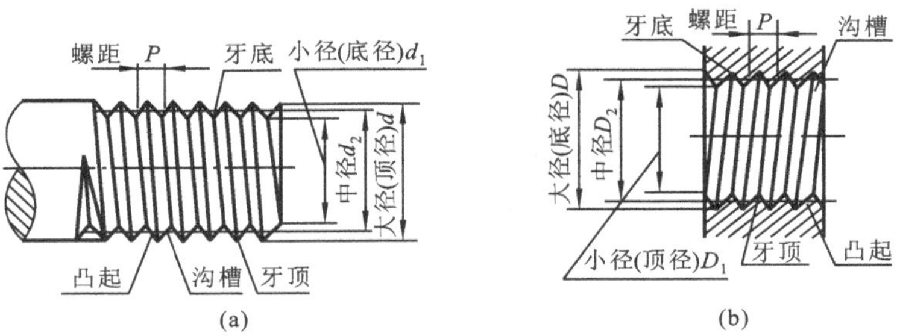

图 6-6　螺纹的直径

3）线数

螺纹有单线和多线之分。沿一条螺旋线形成的螺纹为单线螺纹；沿两条或两条以上、在轴向等距分布的螺旋线形成的螺纹为双线或多线螺纹。螺纹的线数以 n 表示，螺纹线数如图 6-7 所示。

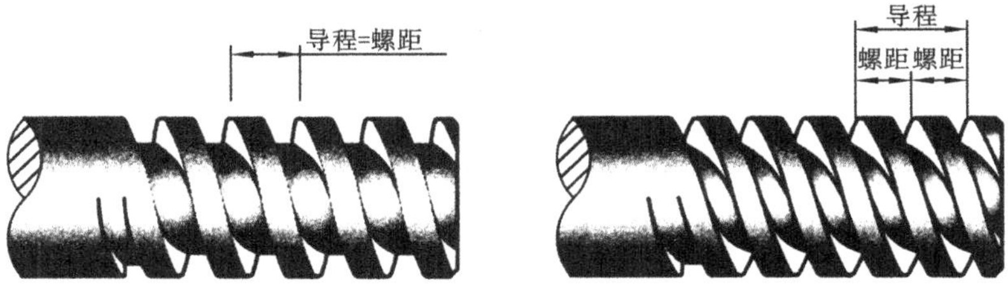

(a) 单线螺纹　　(b) 双线螺纹

图 6-7　螺纹的线数

4）螺距与导程

螺纹上相邻两牙在中径线上对应两点间的轴向距离称为螺距（P）；沿同一条螺旋线形成的螺纹，相邻两牙在中径上对应两点间的轴向距离称为导程（P_h），如图 6-7 所示。对于单线螺纹，导程＝螺距；对于线数为 n 的多线螺纹，导程＝n×螺距。

5）旋向

螺纹的旋向分右旋和左旋，顺时针旋转时旋入的螺纹称为右旋螺纹；逆时针旋转时旋入的螺纹称为左旋螺纹。判断右旋螺纹和左旋螺纹的方法如图 6-8 所示。

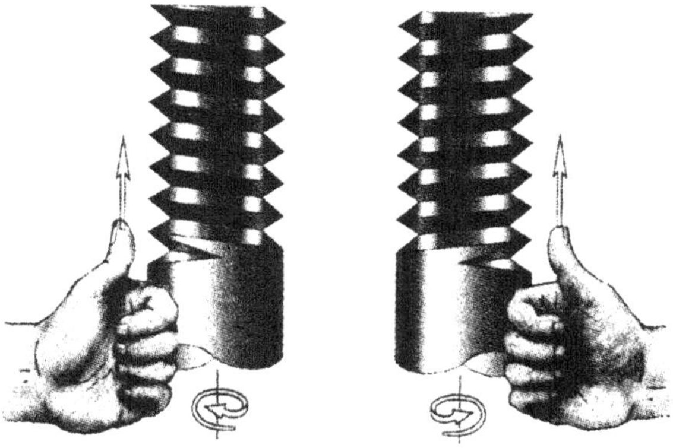

(a) 左旋-左边高　　(b) 右旋-右边高

图 6-8　螺纹的旋向

在螺纹的要素中，螺纹牙型、大径和螺距是决定螺纹最基本的要素，称为螺纹三要素。凡螺纹三要素符合标准的称为标准螺纹。螺纹牙型符合标准，而大径、螺距不符合标准的称为特殊螺纹。若螺纹牙型也不符合标准的则称为非标准螺纹。

6.1.2 螺纹的种类

螺纹按用途分为两大类，即连接螺纹和传动螺纹，见表 6-1。

表 6-1 常用标准螺纹

螺纹种类及牙型符号		外形图	内外螺纹旋合后牙型放大图	功用
连接螺纹	粗牙普通螺纹 M	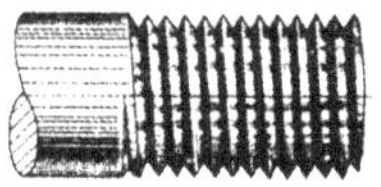	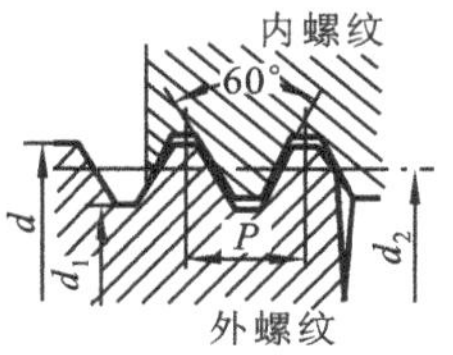	最常用的连接螺纹。细牙螺纹的螺距较粗牙为小，切深较浅，用于细小的精密零件或薄壁零件上
	细牙普通螺纹 M			
	非螺纹密封的管螺纹 G	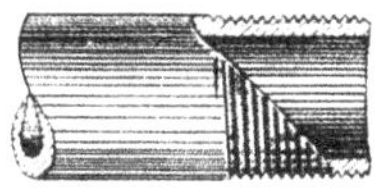	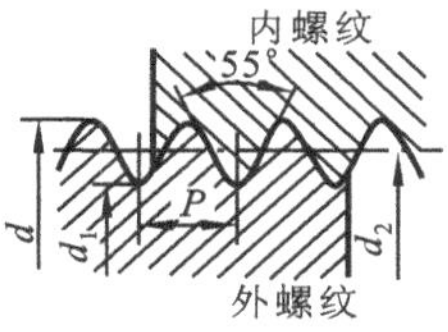	用于水管、油管、煤气管等薄壁管子上，是一种螺纹深度较浅的特殊细牙螺纹，仅用于管子的连接
传动螺纹	梯形螺纹 Tr	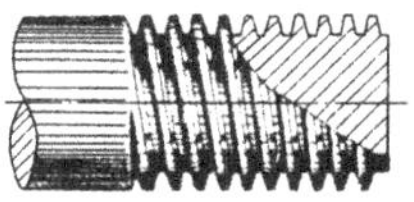	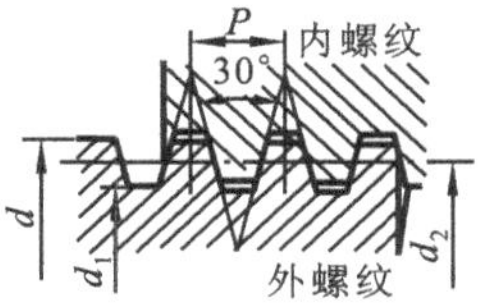	作传动用，各种机床上的丝杠多采用这种螺纹
	锯齿形螺纹 B	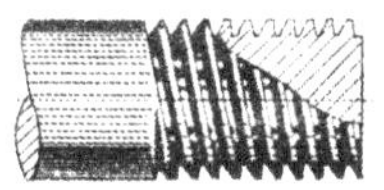	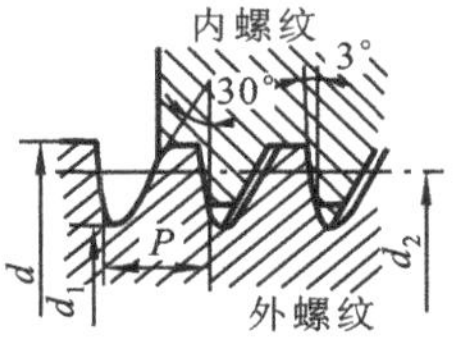	只能传递单向动力，例如，螺旋压力机的传动丝杠就采用这种螺纹

1. 连接螺纹

常用的连接螺纹有两种，即普通螺纹与管螺纹。其中普通螺纹又分为粗牙普通螺纹和细牙普通螺纹。管螺纹则分为非螺纹密封的管螺纹和用螺纹密封的管螺纹。

连接螺纹的特点是牙型皆为三角形，其中普通螺纹的牙型角为 60°，管螺纹的牙型角一般为 55°。

普通螺纹中粗牙和细牙的区别是：在大径相同的条件下，细牙普通螺纹的螺距比粗牙普通螺纹的螺距小。

细牙普通螺纹多用于细小的精密零件或薄壁零件上，而管螺纹多用于水管、油管和煤气管的连接。

2. 传动螺纹

传动螺纹是用来传递动力和运动的，常用的有梯形螺纹和锯齿形螺纹，锯齿形螺纹是一种受单向力的传动螺纹。各种机床上的丝杠常采用梯形螺纹，螺旋压力机和千斤顶的丝杠则采用锯齿形螺纹。

6.1.3 螺纹的规定画法

螺纹的形状由牙型、大径和螺距等参数决定，它的真实投影是比较复杂的。为了便于制图，国家标准《技术制图　螺纹及螺纹紧固件表示法》(GB/T 4459.1—1995)对螺纹和螺纹紧固件规定了画法，螺纹的画法均按规定绘制。

1. 外螺纹的规定画法

如图 6-9 所示，外螺纹牙顶圆(大径)的投影用粗实线表示，牙底圆(小径)的投影用细实线表示(通常为大径的 0.85 倍)，并画入螺杆的倒角或倒圆角部分，螺纹终止线用粗实线表示，螺尾一般不画。在投影为圆的视图上，表示牙底的细实线圆只画约 3/4 圈，螺杆的倒角圆不画。

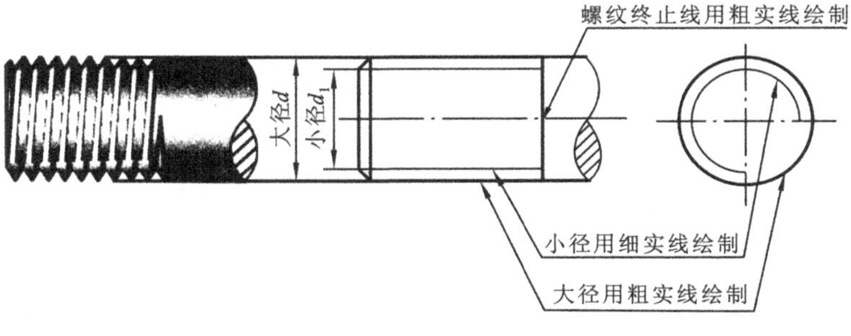

图 6-9　外螺纹的规定画法

2. 内螺纹的规定画法

当内螺纹用剖视绘制时，其牙顶圆(小径)的投影用粗实线表示，牙底圆(大径)的投影用细实线表示，螺纹终止线用粗实线表示，剖面线必须画至粗实线处。在投影为圆的视图上，表示牙底的细实线圆只画约 3/4 圈，螺孔的倒角圆不画。

注意：当内螺纹为不可见时，其所有的图线均画细虚线，内外螺纹在剖视图或断面图中的剖面线都应画到粗实线处，如图 6-10 所示。

3. 不穿通的螺孔规定画法

绘制不穿通的螺孔(又称盲孔)时，一般应将钻孔深度与螺纹部分的深度分别画出，如图 6-11 所示。

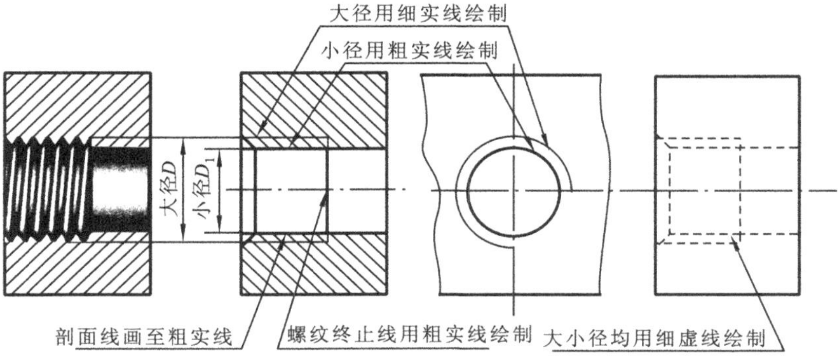

图 6-10　内螺纹的规定画法

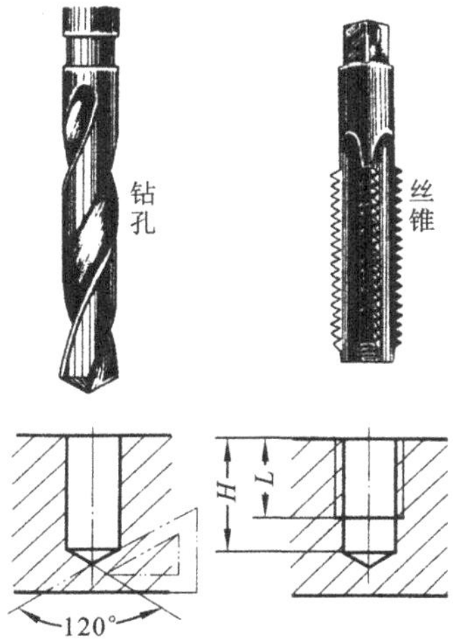

图 6-11　不穿通的孔螺纹的规定画法

H—钻孔深度；*L*—螺纹深度

4. 螺孔牙型的表示法

当需要表示螺纹牙型时，应用局部剖视图或局部放大图表示几个牙型。绘制传动螺纹时，一般需要表示几个牙型，如图 6-12 所示。

5. 圆锥螺纹的规定画法

螺纹加工在圆锥表面上称为圆锥螺纹。圆锥外螺纹和圆锥内螺纹的画法如图 6-13 所示。

6. 不可见螺纹的画法

不可见螺纹的所有图线按虚线绘制，如图 6-14 所示。

7. 螺纹孔相交的画法

螺纹孔相交时，需要画出钻孔的相贯线，其余仍按螺纹画法，如图 6-15 所示。

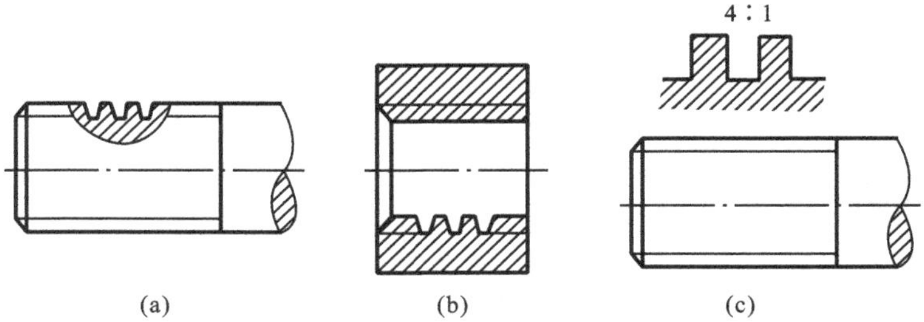

图 6-12　螺纹牙型表示法

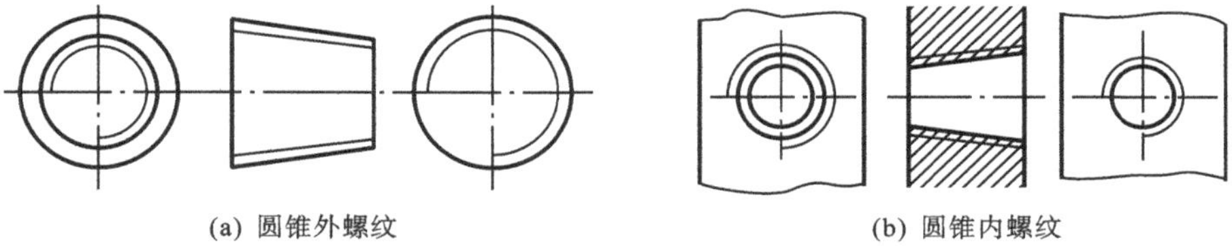

图 6-13　圆锥螺纹的规定画法

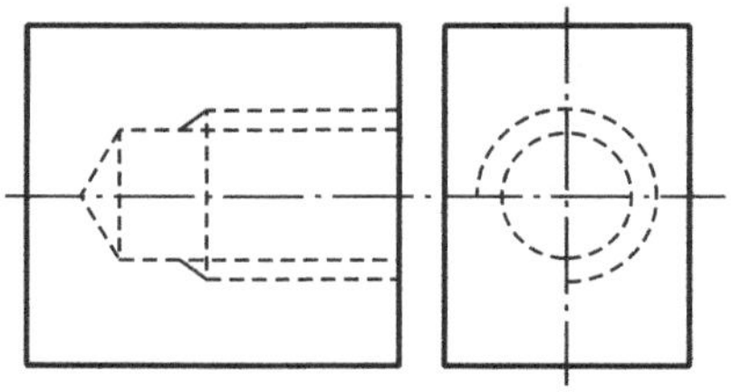

图 6-14　不可见螺纹的画法

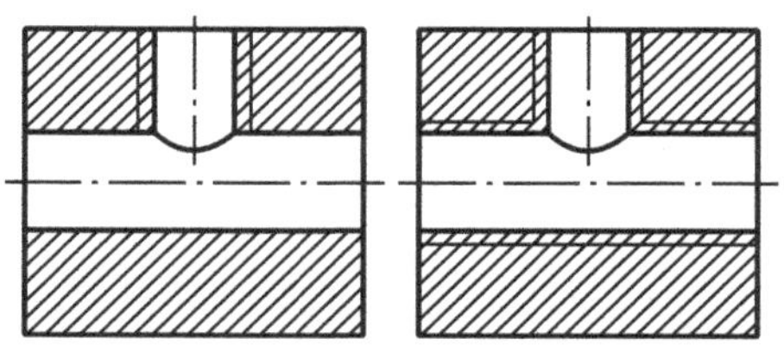

图 6-15　螺纹相贯的画法

8. 内、外螺纹旋合的画法

只有当内、外螺纹的五个基本要素相同时，内、外螺纹才能进行旋合。用剖视图表示螺纹旋合时，旋合部分按外螺纹的画法绘制，未旋合部分按各自原有的画法绘制，分别如图 6-16 和图 6-17 所示。画图时必须注意：表示内、外螺纹大径的细实线和粗实线，以及表示内、外螺纹小径的粗实线和细实线应分别对齐；在剖切平面通过螺纹轴线的剖视图中，实心螺杆按不剖绘制。

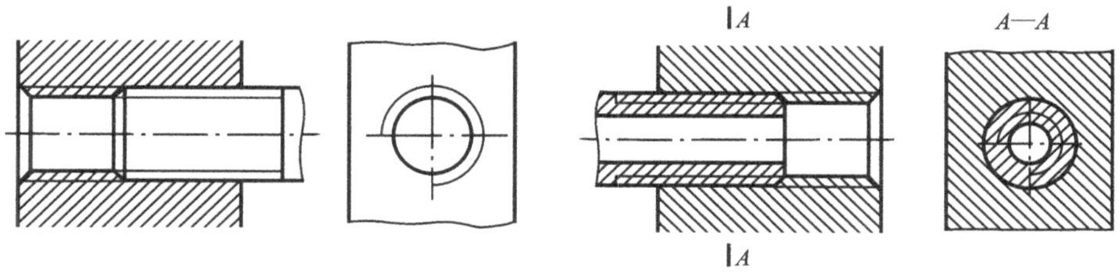

(a) (b)

图 6-16 内、外螺纹旋合画法(一)

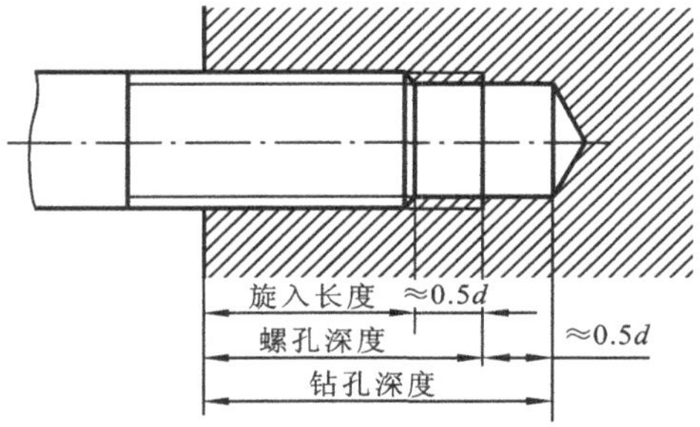

图 6-17 内、外螺纹旋合画法(二)

6.1.4 螺纹的规定标注

螺纹除按上述规定画法表示以外，为了区分各种不同类型和规格的螺纹，还必须在图上进行标注，国家标准规定了标准螺纹标注的内容和方法。

一般螺纹(管螺纹除外)标注的格式是：

[螺纹符号] [公称直径(大径)] × [螺距] 或 [导程(螺距)] 旋向 — [螺纹公差代号] — [旋合长度代号]

其中有些内容可以省略，如旋向为右旋，旋合长度为中等长度 N 时皆可省略不注。

标注示例：

M10×1LH —5g6g—S

- 左旋（LH）
- 螺距（1）
- 螺纹大径（10）
- 螺纹代号（M）
- 旋合长度代号（S）
- 顶径公差带代号（6g）
- 中径公差带代号（5g）

常用标准螺纹的规定符号见表 6-2。

表 6-2　常用标准螺纹的规定符号

螺纹种类		符　　号
普通螺纹		M
管螺纹	非螺纹密封的管螺纹	G
	用螺纹密封的锥管螺纹	R(外螺纹),Rc(内螺纹)
	用螺纹密封的圆柱内管螺纹	Rp
梯形螺纹		Tr
锯齿形螺纹		B

常用标准螺纹的规定标注示例见表 6-3。

表 6-3　常用标准螺纹的规定标注

螺纹种类	标注内容和方式	图　　例	说　　明
粗牙普通螺纹(单线)	1. 粗牙普通螺纹标注示例： M10—5g6g—S 旋合长度代号 顶径公差带代号 中径公差带代号 M10LH—7H—L 旋合长度 中径和顶径公差带代号 左旋 M10—5g6g(不注螺纹旋合长度)	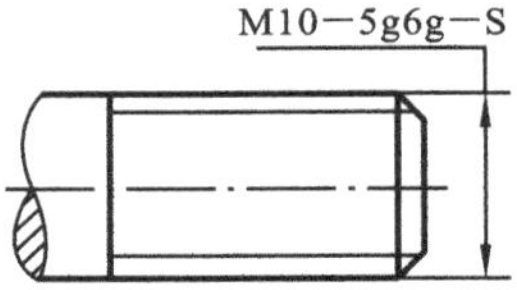 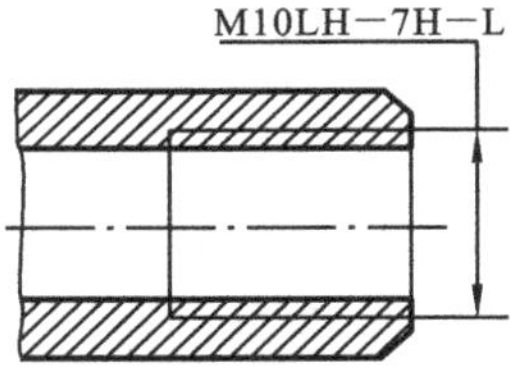 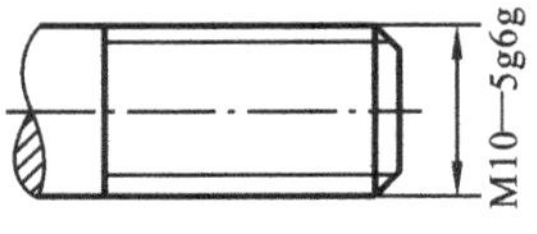	1. 不注螺距。 2. 右旋省略不注，左旋要标注。 3. 旋合长度代号为： S—短旋合长度； N—中旋合长度； L—长旋合长度。 4. 中径和顶径公差带代号相同时，只标注一个代号，如 7H。 5. 若为中等旋合长度，可省略不注
细牙普通螺纹(单线)	2. 细牙普通螺纹标注示例： M10×1.5—5g6g	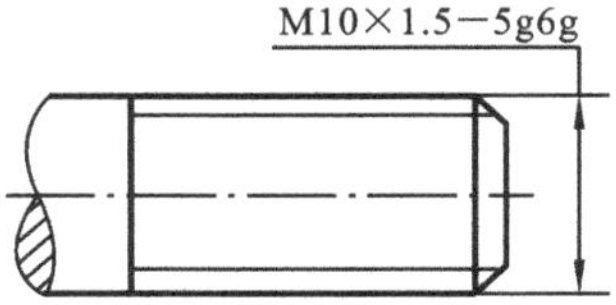	1. 要标注螺距。 2. 其他规定同上

续表

螺纹种类	标注内容和方式	图　　例	说　　明
非螺纹密封的管螺纹（单线）	管螺纹标注 1. 非螺纹密封的内管螺纹示例： G1/2 2. 非螺纹密封的外管螺纹示例： 公差等级为 A 级 G1/2A 公差等级为 B 级 G2/2B	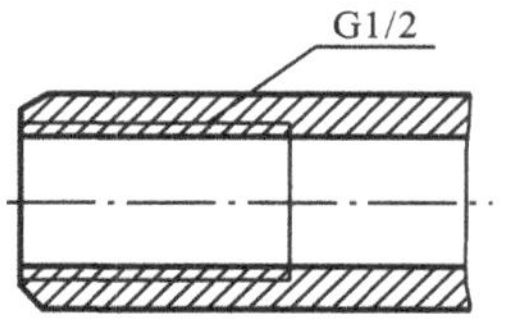 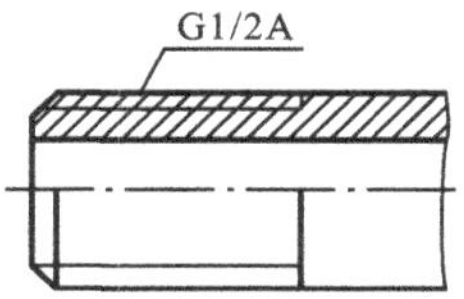	1. 管螺纹均从大径处引出指引线标注。 2. G 右边数字为管螺纹名称。据此查出螺纹大径
用螺纹密封的管螺纹（单线）	1. 用螺纹密封的圆柱内管螺纹示例： Rp1/2 2. 用螺纹密封的圆锥内管螺纹示例： Rc1/2 3. 用螺纹密封的圆锥外管螺纹示例： R1/2	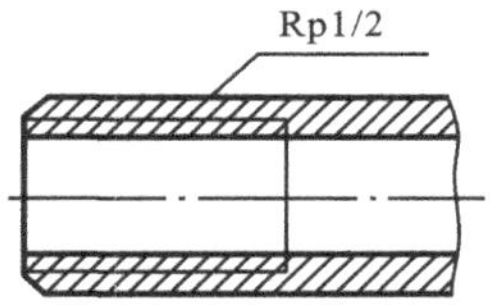 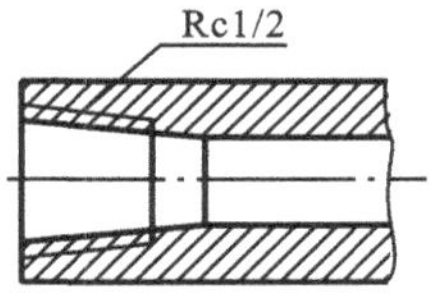	—
梯形螺纹（单线或多线）	梯形螺纹标注 1. 单线梯形螺纹标注示例： Tr40×7—7e 公差带代号 螺距 公称直径 2. 多线梯形螺纹标注示例： Tr40×14(P7)　LH　—7e 公差带代号 左旋 螺距 导程 公称直径	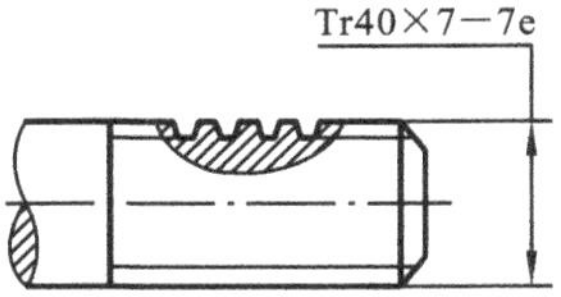 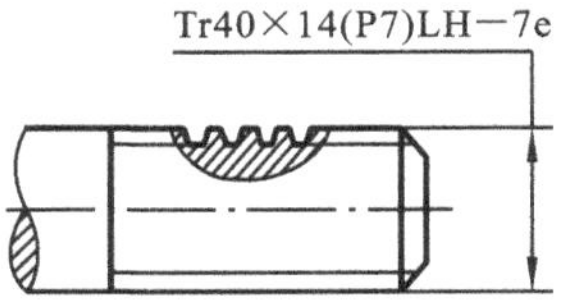	1. 要标注螺距。 2. 多线的要标注导程

续表

螺纹种类	标注内容和方式	图　　例	说　　明
锯齿形螺纹（单线或多线）	锯齿形螺纹标注 1. 单线锯齿形螺纹标注示例： B40×7 螺距 公称直径 2. 多线锯齿形螺纹标注示例： B40×14(P7)—7e 公差带代号 螺距 导程 公称直径	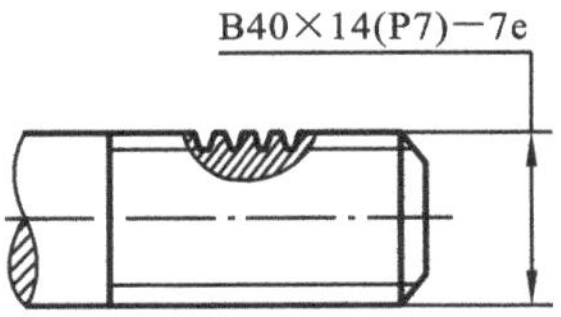	1. 要标注螺距。 2. 多线的要标注导程

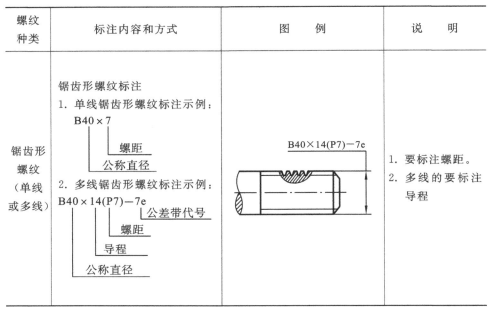

6.1.5　常用螺纹紧固件的种类及标记

螺纹连接在工程上有着广泛的应用。常见的连接方式有螺栓连接、双头螺柱连接和螺钉连接，如图 6-18 所示。

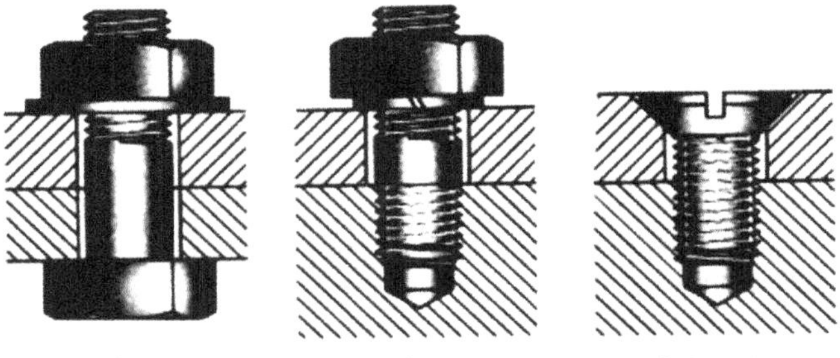

(a) 螺栓连接　　(b) 双头螺柱连接　　(c) 螺钉连接

图 6-18　常见的螺纹连接方式

用于连接的螺纹紧固件种类很多，常用的有螺栓、双头螺柱、螺钉、螺母、垫圈（垫圈上虽无螺纹，但常与螺纹紧固件一起使用，故也列入螺纹紧固件中）等，如图 6-19 所示。由于这些零件通常为标准件，在使用和绘图时，可从相应的国家标准中查到它们的结构、尺寸和技术要求等，所以一般不需绘制零件图，只需标注出规定标记。常用螺纹紧固件的标记示例见表 6-4。

图 6-19　常用的螺纹紧固件

表 6-4　常用螺纹紧固件及其规定标记

名　　称	规定标记示例	名　　称	规定标记示例
六角头螺栓 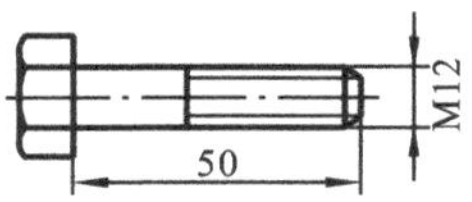	螺栓 GB/T 5780—2000 M12×50	开槽锥端紧定螺钉 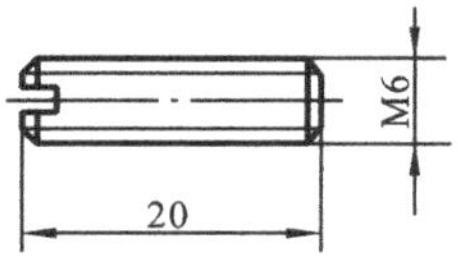	螺钉 GB71 M6×20
双头螺柱 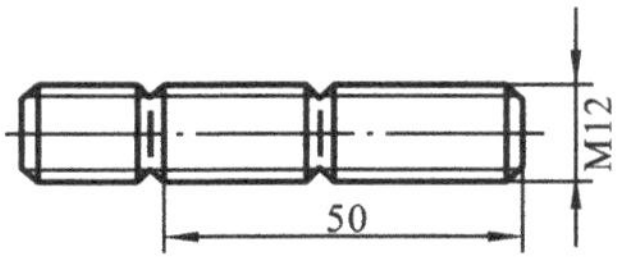	螺柱 GB/T 897—1988 M12×50	开槽长圆柱端紧定螺钉 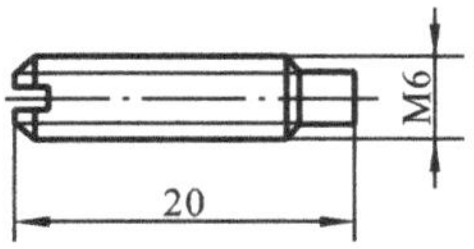	螺钉 GB75 M6×20
开槽圆柱头螺钉 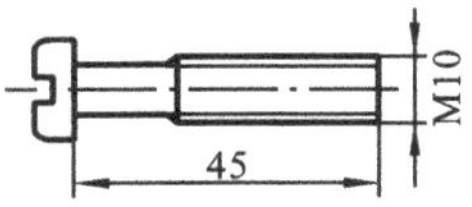	螺钉 GB/T 65—2000 M10×45	1 型六角螺母 A 和 B 级 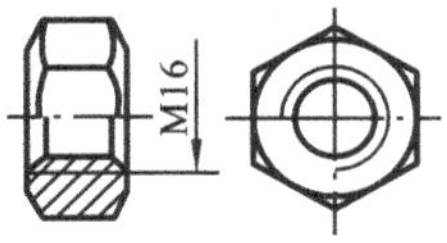	螺母 GB6170 M16
开槽盘头螺钉 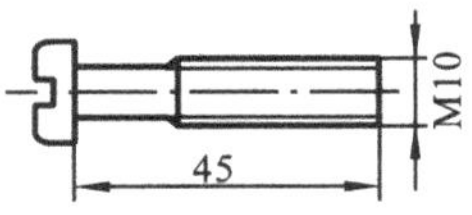	螺钉 GB/T 67—2000 M10×45	1 型六角开槽螺母 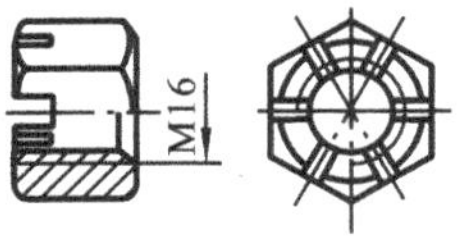	螺母 GB6178 M16
开槽沉头螺钉 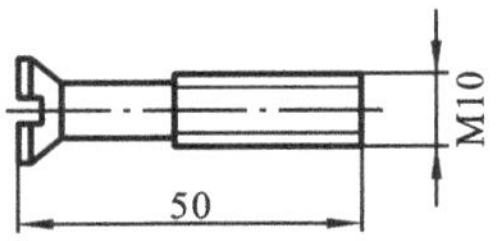	螺钉 GB/T 68—2000 M10×50	平垫圈 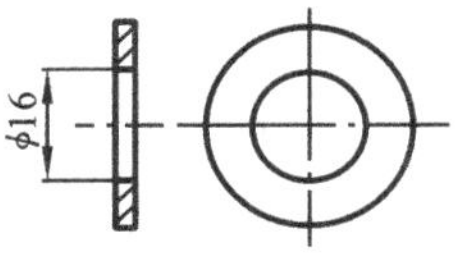	垫圈 GB97.1 16

续表

名　　称	规定标记示例	名　　称	规定标记示例
十字槽沉头螺钉 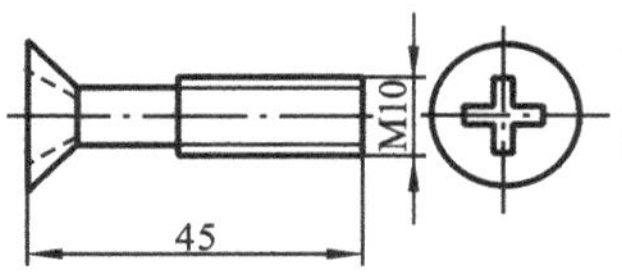	螺钉 GB/T 819—2000 M10×45	标准型弹簧垫圈 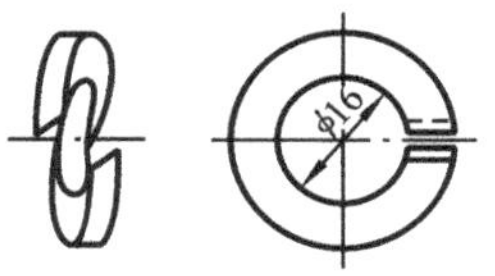	垫圈 GB93 16

6.1.6 螺纹紧固件及其装配画法

1. 六角螺母、六角头螺栓及垫圈的画法

常用的螺纹紧固件都是标准件，因此在设计时，只需要注明其规定标记，外购即可，不需要画出零件图。在画螺纹紧固件装配图时，为了作图方便，不必查表按实际数据画出，而是采用比例画法。所谓比例画法，即除了有效长度 L 需要计算、查有关标准确定外，其他各部分尺寸都按与螺纹大径成一定的比例画图。

下面分别介绍六角螺母、六角头螺栓和垫圈的比例画法。

(1) 六角螺母　六角螺母各部分尺寸及其表面上用几段圆弧表示的曲线，都按螺纹大径的比例关系画出，如图 6-20 所示。

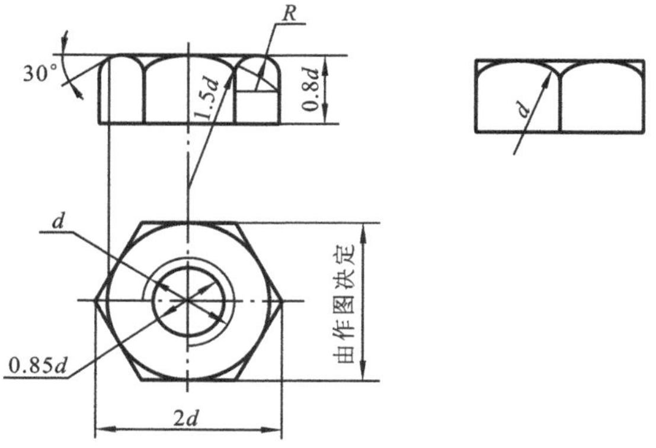

图 6-20　螺母的比例画法

(2) 六角头螺栓　螺栓由头部及杆部组成，杆部刻有螺纹，端部有倒角。六角头头部除厚度为 $0.7d$ 外，其余尺寸关系和画法与螺母相同。六角头螺栓各部分尺寸与 d 的比例关系及画法如图 6-21 所示。

(3) 垫圈　垫圈各部分的尺寸仍以相配合的螺纹紧固件的大径为比例画出。为了便于安装，垫圈中间的通孔直径应比螺纹的大径大些。垫圈各部分的尺寸与大径 d 的比例关系和画法如图 6-22 所示。

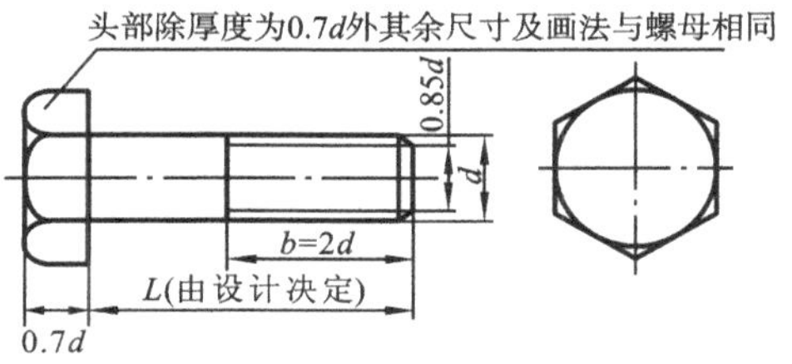

图 6-21　螺栓的比例画法

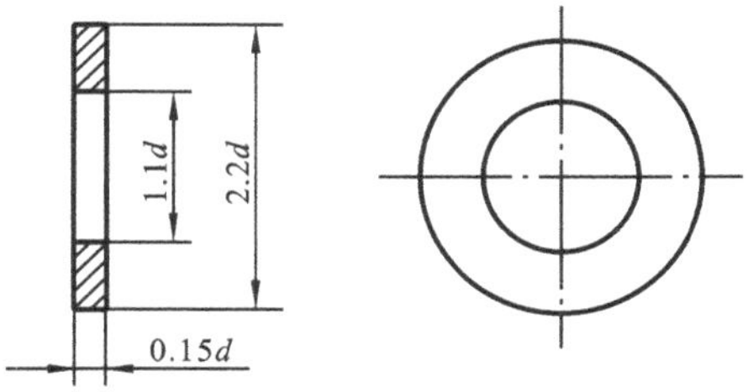

图 6-22　垫圈的比例画法

2. 螺栓装配图的画法

螺栓连接由螺栓、螺母、垫圈组成。螺栓连接用于被连接的两零件厚度不大，可钻出通孔的情况，如图 6-23 所示。

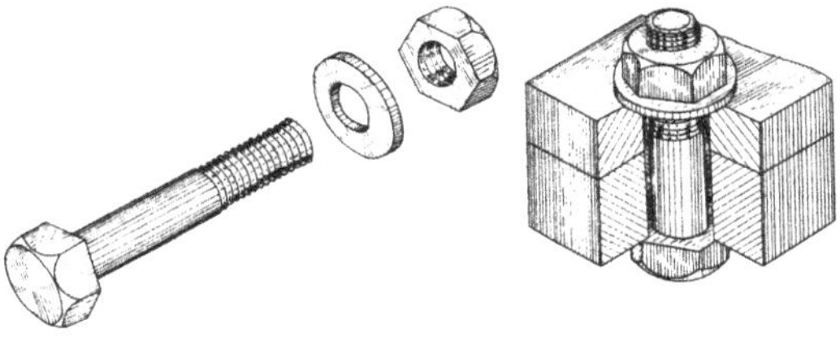

图 6-23　螺栓连接

螺栓装配图的比例画法和作图步骤如图 6-24 所示。

画螺栓装配图时应注意以下几个问题。

(1) 已知尺寸是螺纹大径 d 和被连接件的厚度 δ_1、δ_2。

螺栓的有效长度 L 应按下式估算：

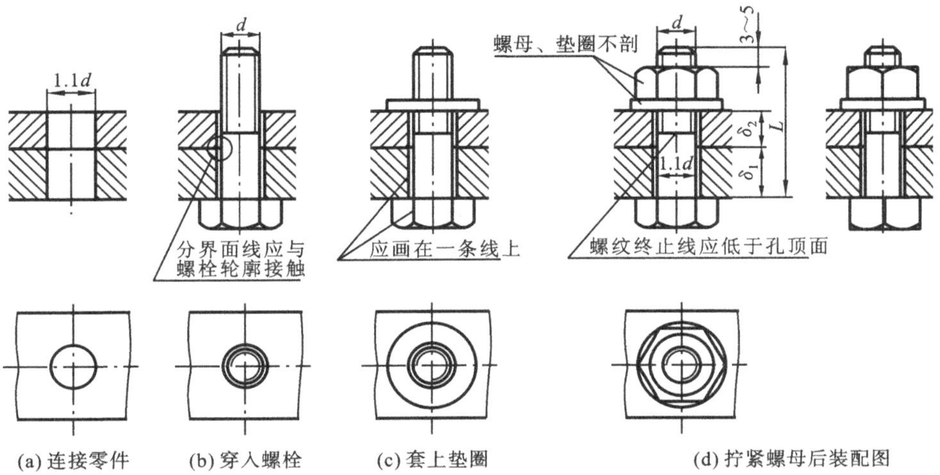

图 6-24　螺栓装配图画法

$$L = \delta_1 + \delta_2 + 0.15d(\text{垫圈厚}) + 0.8(\text{螺母厚}) + (3\sim5)$$

式中，3～5 是指螺栓顶端伸出的高度(mm)，然后根据估算出的数值查附表，选取相近的标准数值。

(2) 为了保证装配工艺合理，被连接件的孔径应比螺纹大径大些，按 1.1d 画出。螺纹的长度应画得低于光孔顶面，以便于螺母调整、拧紧。

(3) 螺栓、螺母、垫圈按不剖件处理，即当剖切面通过螺栓轴线时，仍按外形画出。相邻的被连接件，当剖开时，剖面线的方向应相反。

(4) 螺栓装配图当图形较小时，螺母及螺栓头可简化画法，如图 6-25 所示。

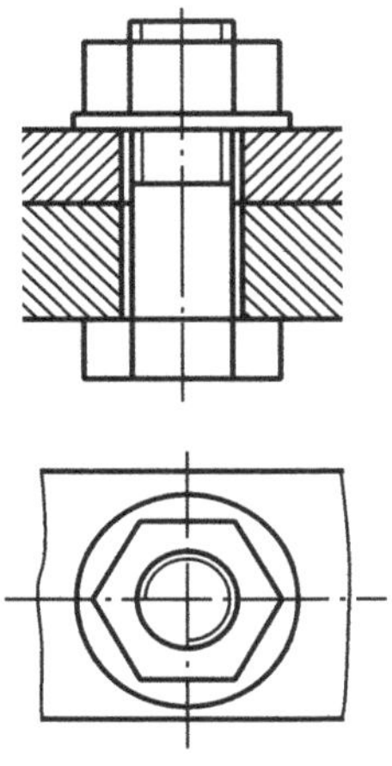

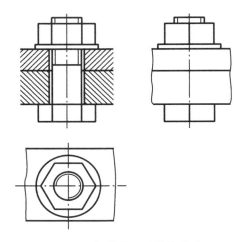

图 6-25　螺栓装配图简化画法

3. 双头螺柱装配图的画法

双头螺柱连接由双头螺柱、螺母、垫圈组成。双头螺柱没有头部，两端均有螺纹，连接时，一端直接旋入被连接零件(称为旋入端)，另一端用螺母拧紧，如图 6-26所示。

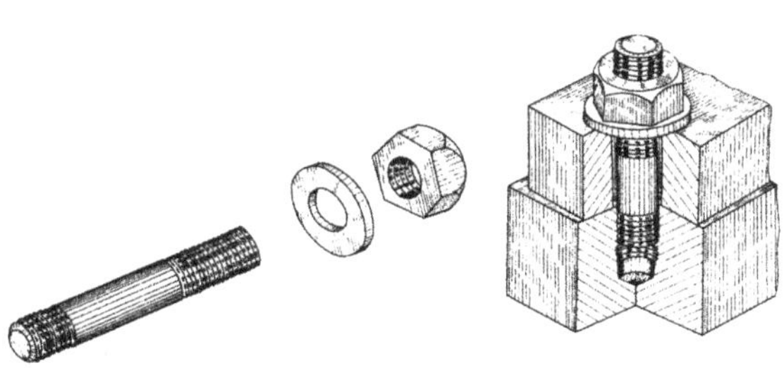

图 6-26　双头螺柱连接

双头螺柱多用于被连接件之一太厚、不适于钻成通孔或不能钻成通孔的场合。

双头螺柱装配图的比例画法如图 6-27 所示。

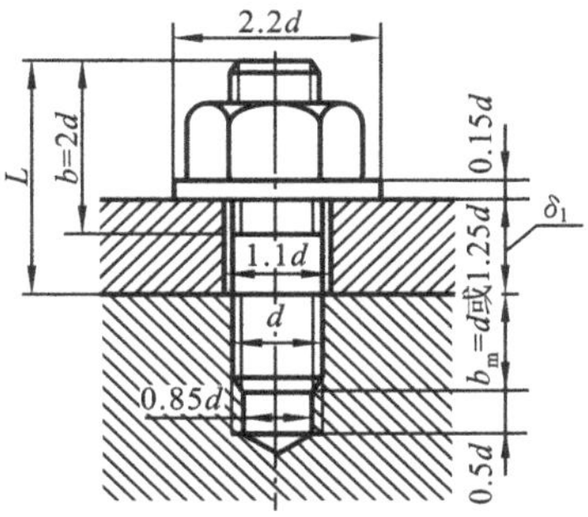

图 6-27 双头螺柱装配图画法

画双头螺柱装配图时应注意以下几个问题。

(1) 双头螺柱的有效长度 L 应按下式估算：

$$L = \delta_1 + 0.15d(\text{垫圈厚}) + 0.8d(\text{螺母厚}) + (3 \sim 5)$$

然后根据估算出的数值查有关标准，选取相近的标准数值。

(2) b_m是双头螺柱旋入机件的一端，称为旋入端。b_m的长度与机件的材料有关，旋入后应保证连接可靠；钢为 $b_m=d$，铸铁为 $b_m=1.25d$ 或 $1.5d$，铝为 $b_m=2d$。

旋入端应全部旋入机件螺孔内，所以螺纹终止线与机件端面应平齐。

(3) 机件螺孔的螺纹深度应大于旋入端的螺纹长度 b_m，一般螺孔的螺纹深度按 $b_m+0.5d$ 画出。在装配图中钻孔深度可按螺纹深度画出。

(4) 螺母和垫圈等各部分尺寸与大径 d 的比例关系和画法与螺栓中的相同。

4. 螺钉装配图的画法

螺钉连接不用螺母，而是将螺钉直接拧入机件的螺孔。螺钉连接多用于受力不大的场合。

螺钉根据头部形状的不同有多种形式，图 6-28 所示为几种常用的螺钉装配图的画法。

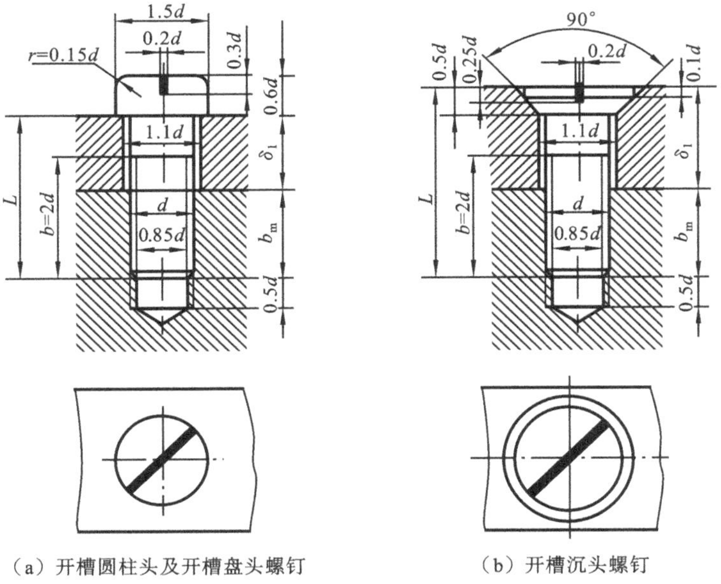

(a) 开槽圆柱头及开槽盘头螺钉　　(b) 开槽沉头螺钉

图 6-28 螺钉装配图画法

画螺钉装配图应注意以下几个问题。

(1) 螺钉的有效长度 L 可按下式估算：

$$L=\delta_1+b_m（b_m\text{根据被旋入零件的材料而定}）$$

然后根据估算出的数值查附表。选取相近的标准数值。

(2) 取螺纹长度 $b=2d$，使螺纹终止线伸出螺纹孔端面，以保证螺纹连接时能使螺钉旋入、压紧。

(3) 螺钉头的锥槽主视图上涂黑，俯视图上涂黑并与中心线成45°倾斜角。

5. 紧定螺钉连接画法

紧定螺钉用于固定两个零件，使它们不产生相对运动。图 6-29(a)所示为开槽锥端紧定螺钉的连接画法，图 6-29(b)所示为开槽圆柱端紧定螺钉的连接画法。

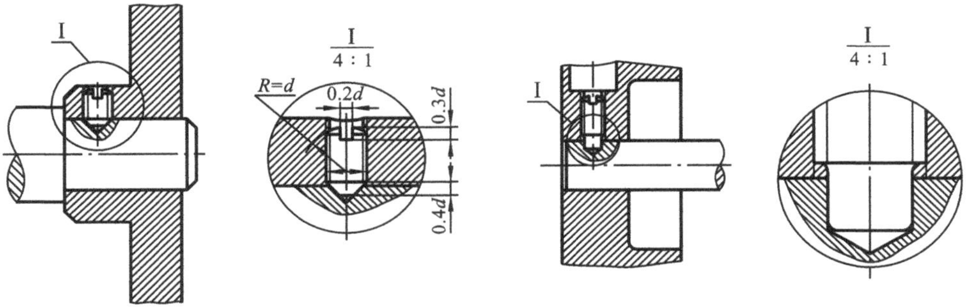

(a) 开槽锥端紧定螺钉　　(b) 开槽圆柱端紧定螺钉

图 6-29　紧定螺钉连接画法

6. 螺纹紧固件的标记

螺纹紧固件由于已标准化了，可直接注明规定标记，外购即可。例如，螺纹规格 $d=$M12，公称长度 $l=50$ mm 的 A 级六角头螺栓的标记为：

螺栓 GB5780　M12×50

表 6-4 中列出了常用螺纹紧固件的规定标记。

6.1.7　防松装置及其画法

在变动载荷或连续冲击和振动载荷下，螺纹连接往往会自动松脱，这样很容易引起机器或部件不能正常使用，甚至发生严重事故。因此，对于螺纹紧固件连接，必要时应采用防松装置。

防松装置通常采用两种方法：一是靠摩擦力防松，二是靠机械固定防松。

1. 靠摩擦力防松

(1) 弹簧垫圈　弹簧垫圈是一个开有斜口、形状扭曲具有弹性的垫圈。当螺母拧紧后，垫圈受压变平，依靠这种变形力，使螺纹紧固件之间的摩擦力增大，以防止螺母自动松脱。在画图时要注意斜口的方向与螺母旋紧的方向一致，如图

6-30 所示。

（2）双螺母　它依靠两螺母在拧紧后，因螺母之间的轴向作用力，使螺纹紧固件之间的摩擦力增大，以防止螺母自动松脱，如图 6-31 所示。

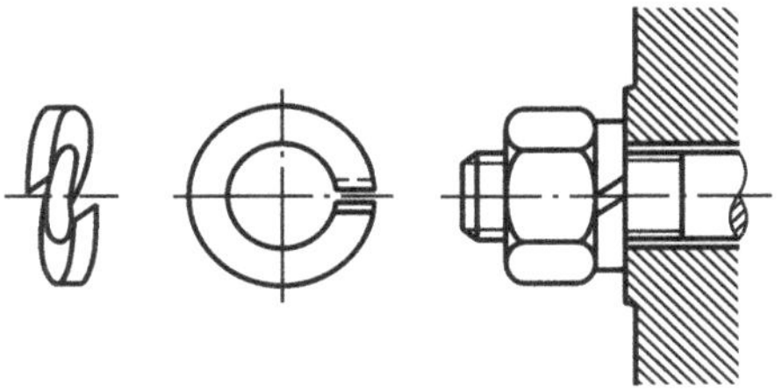

图 6-30　弹簧垫圈防松装置

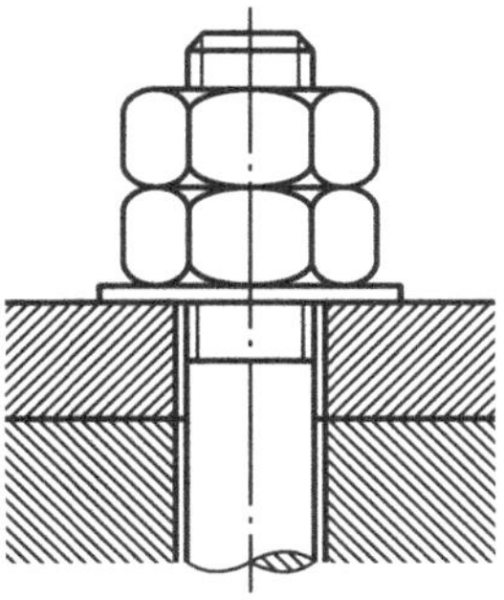

图 6-31　双螺母防松装置

2. 靠机械固定防松

（1）开口销　如图 6-32 所示，用开口销直接穿入六角槽形螺母与螺栓之间，将它们连成一体，以防松脱。

（2）止动垫片　如图 6-33 所示，螺母拧紧后，把垫片的一边向上敲弯与螺母贴紧而另一边向下敲弯与机件贴紧，这样就直接卡住了螺母，防止松动。

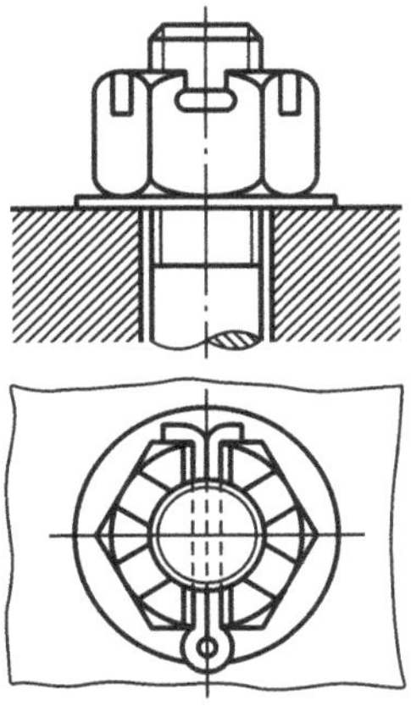

图 6-32　开口销防松装置

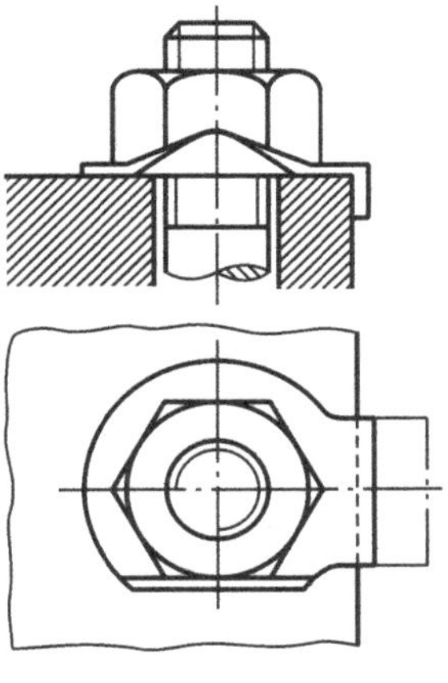

图 6-33　止动垫片防松装置

6.2 齿　　轮

齿轮是机械传动中应用广泛的一种传动零件，它可以用来传递运动和力。一般利用一对齿轮将一根轴的转动传递到另一根轴，并可改变转速和旋转方向。

根据齿轮传动轴间相对位置的不同，可将其分为以下三类。

（1）圆柱齿轮传动　用于两平行轴之间的传动。

（2）锥齿轮传动　用于两相交轴之间的传动。

（3）蜗杆传动　用于两垂直交叉轴之间的传动，如图 6-34 所示。

(a) 圆柱齿轮传动　　(b) 圆锥齿轮传动　　(c) 蜗杆传动

图 6-34　齿轮传动的常见类型

圆柱齿轮应用比较广泛，其轮齿有直齿、斜齿和人字齿三种。本节主要介绍标准直齿圆柱齿轮的有关知识和规定画法。

6.2.1　圆柱齿轮

1. 标准直齿圆柱齿轮各部分的名称和尺寸关系

齿轮各部分名称和代号见图 6-35 和表 6-5。

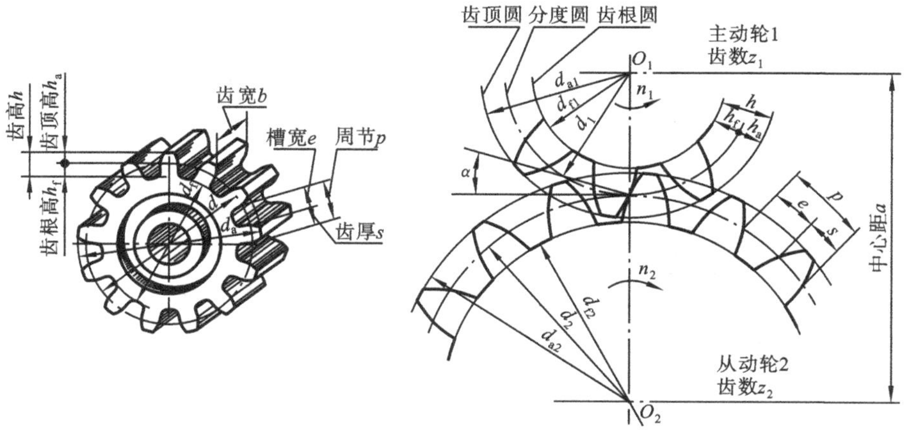

图 6-35　圆柱齿轮各部分名称和代号

表 6-5　直齿圆柱齿轮各部分名称

名　　称	代　号	含　　义
齿顶圆直径	d_a	通过齿轮轮齿顶部的圆的直径

续表

名　称	代　号	含　义
齿根圆直径	d_f	通过齿轮轮齿根部的圆的直径
分度圆直径	d	设计和加工计算时的基准圆，对标准齿轮来说为齿厚与槽宽相等的圆周直径
节圆直径	d'	两齿轮啮合时，啮合点（无滑动的纯滚动）的轨迹圆的直径，对于标准齿轮 $d'=d$
齿顶高	h_a	分度圆与齿顶圆之间的径向距离
齿根高	h_f	分度圆与齿根圆之间的径向距离
齿高	h	齿顶高与齿根高之和 $h=h_a+h_f$
齿距	p	分度圆上相邻两齿对应点间的弧长
齿厚	s	分度圆上轮齿齿廓之间的弧长
槽宽	e	分度圆上齿槽齿廓之间的弧长
齿形角	α	标准齿轮的齿形角为20°，两齿轮啮合时称为压力角

2. 直齿圆柱齿轮的基本参数

(1) 齿数 z　由传动比计算确定。

(2)模数 m　模数是设计、制造齿轮的一个重要参数。如齿轮齿数 z 已知，则分度圆的周长为

$$\pi d = pz$$

则

$$d = \frac{p}{\pi}z$$

令 $m=\frac{p}{\pi}$，则 $d=mz$

在齿数一定的情况下，m 越大，齿轮的承载能力越大。一对相互啮合的齿轮其模数、压力角必须相等，标准齿轮的压力角为20°。为了便于设计和制造，减少加工齿轮的刀具数量，国家标准对齿轮模数作了统一的规定，其值见表6-6。

凡齿轮的轮齿符合标准中规定的称为标准齿轮。

表6-6　标准模数

第一系列*	0.5,0.6,0.8,1,1.25,1.5,2,2.5,3,4,5,6,8,10,12,16,20,25,32,40,50
第二系列	0.9,1.75,2.25,2.75,(3.25),3.5,(3.75),4.5,5.5,(6.5),7,9,(11),14,18,22,28,(30),36,45

注：* 优先选用第一系列，括号中的模数尽可能不用。

3. 标准直齿圆柱齿轮各部分的尺寸与模数的关系

标准直齿圆柱齿轮各部分的尺寸都是根据模数来确定的，计算公式见表6-7。

表 6-7　标准直齿圆柱齿轮计算公式

基本参数:模数 m,齿数 z,齿形角 α。		
名　　称	代　　号	公　　式
齿顶高	h_a	$h_a=m$
齿根高	h_f	$h_f=1.25m$
齿高	h	$h=h_a+h_f=2.25m$
分度圆直径	d	$d=mz$
齿顶圆直径	d_a	$d_a=d+2h_a=m(z+2)$
齿根圆直径	d_f	$d_f=d-2h_f=m(z-2.5)$
齿距	p	$p=\pi m$
齿厚	s	$s=p/2$
中心距	a	$a=(d_1+d_2)/2=m(z_1+z_2)/2$

4. 单个圆柱齿轮的规定画法

国家标准对齿轮的画法作了统一的规定。单个圆柱齿轮的画法如图 6-36 所示。

（1）齿顶圆和齿顶线用粗实线绘制。

（2）分度圆和分度线用点画线绘制。

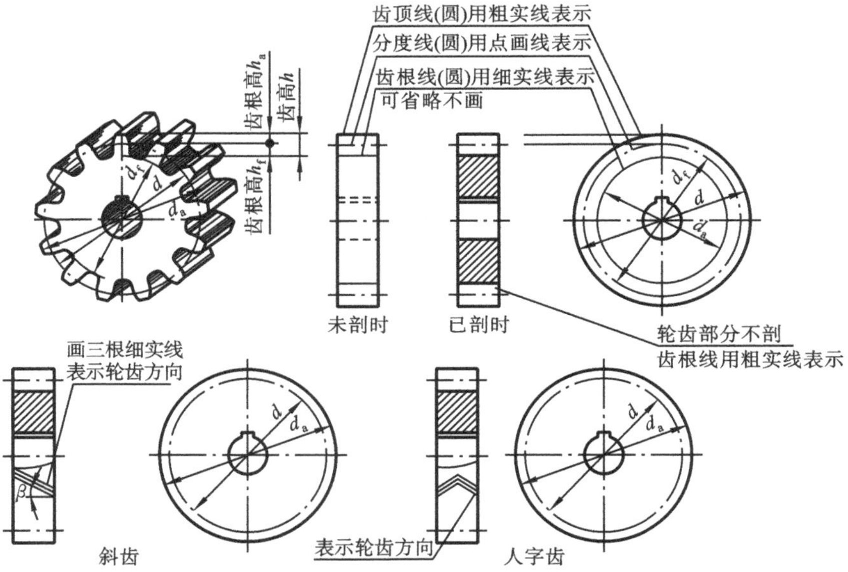

图 6-36　单个圆柱齿轮的画法

(3) 在未作剖切的视图中，齿根圆和齿根线用细实线绘制，也可省略不画。

(4) 在剖视图中，当剖切平面通过齿轮的轴线时，齿轮部分按不剖处理，这时齿根线用粗实线绘制。

(5) 对于斜齿和人字齿，还需在外形图上画出三条与齿形线方向一致的细实线，表示齿向和倾角。

图 6-37 是齿轮零件图。在齿轮零件图中，不仅要表示出齿轮的形状、尺寸和技术要求，而且要表示出制造齿轮所需要的基本参数。

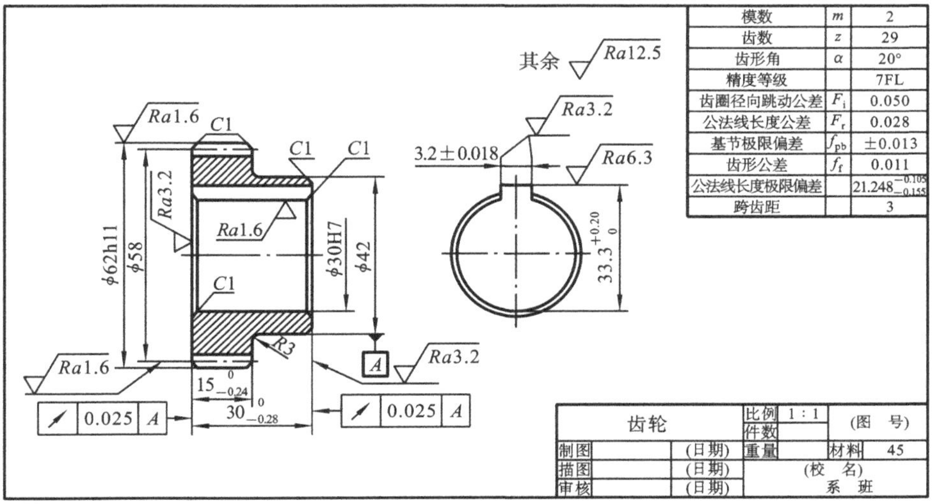

图 6-37 齿轮零件图

5. 圆柱齿轮啮合的画法

两个标准齿轮相互啮合时，分度圆处于相切的位置，此时分度圆又称节圆。啮合部分的画法规定如下。

(1) 在投影为圆的视图(端视图)中，两节圆相切。齿顶圆与齿根圆的画法有以下两种。

① 啮合区的齿顶圆画粗实线，齿根圆可省略不画。画时应注意一个齿轮的齿顶圆与另一个齿轮的齿根圆之间的间隙，间隙大小为齿根高与齿顶高之差，如图 6-38(a)所示。

② 啮合区齿顶圆省略不画，此时齿根圆也可省略不画，如图 6-38(b)所示。

(2) 在非圆投影的外形图中，啮合区的齿顶线和齿根线不必画出。节线用粗实线画出，如图 6-38(c)、(d)所示。

(3) 在非圆投影的剖视图中，两齿轮节线重合，用点画线表示。齿根线用粗实线表示。齿顶线的画法是将其中一个齿轮的轮齿作为可见，齿顶线画粗实线；另一个齿轮的轮齿被遮住，齿顶线画虚线，如图 6-39 所示，但也可省略不画。

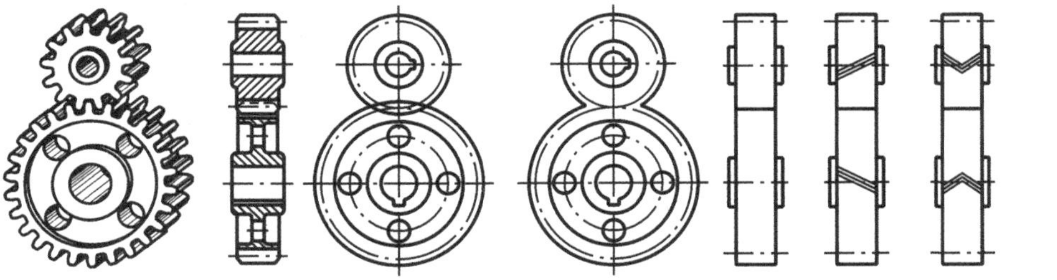

图 6-38　圆柱齿轮啮合的画法

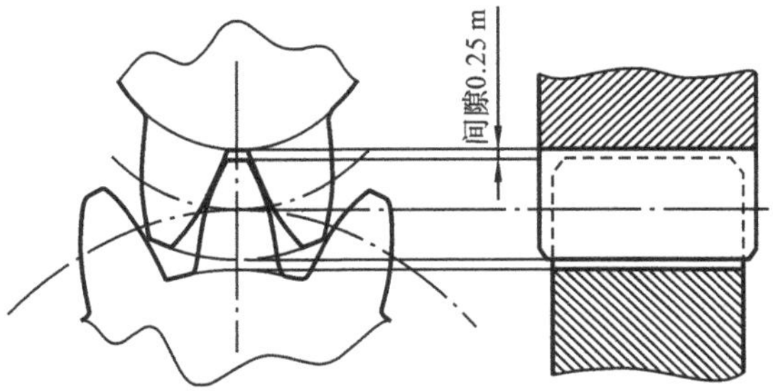

图 6-39　齿轮啮合投影的表示方法

（4）齿轮和齿条啮合的画法　当齿轮直径无限大时，其齿顶圆、齿根圆、分度圆和齿廓曲线都成了直线，此时齿轮变为齿条。齿轮和齿条相啮合时，齿轮旋转，齿条则作直线运动。齿条的模数和压力角应当与相啮合的齿轮的模数和压力角相同。齿轮与齿条啮合的画法基本与齿轮相同，只是注意齿轮的节圆应与齿条的节线相切，如图 6-40 所示。

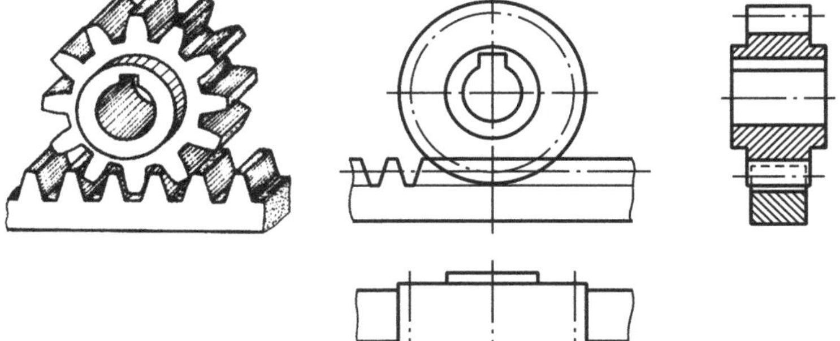

图 6-40　齿轮与齿条啮合的画法

6.2.2 圆锥齿轮

圆锥齿轮又称伞齿轮，用来传递两相交轴的回转运动。

圆锥齿轮的轮齿位于圆锥面上，因此它的轮齿一端大一端小，齿厚由大端到小端逐渐变小，模数和分度圆也随齿厚而变化。为了设计和制造方便，规定以大端模数为标准来计算大端齿轮各部分的尺寸。锥齿轮各部分的名称和符号如图6-41所示。

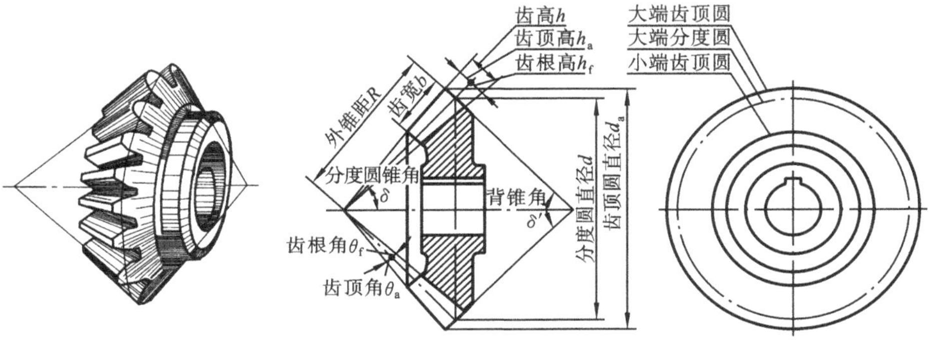

图 6-41　圆锥齿轮各部分的名称和符号

1. 直齿圆锥齿轮各部分尺寸的计算

直齿圆锥齿轮各部分的尺寸也都与模数和齿数有关。轴线相交成90°的直齿圆锥齿轮各部分尺寸的计算公式见表6-8。

表 6-8　直齿圆锥齿轮的尺寸计算公式

基本参数：模数 m，齿数 z，分度圆锥角 δ。		
名　称	代　号	公　式
齿顶高	h_a	$h_a=m$
齿根高	h_f	$h_f=1.2m$
齿高	h	$h=h_a+h_f=2.2m$
分度圆直径	d	$d=mz$
齿顶圆直径	d_a	$d_a=m(z+2\cos\delta)$
外锥距	R	$R=mz/2\sin\delta$
齿　宽	b	$b=(0.2\sim0.35)R$

2. 单个圆锥齿轮的规定画法

单个圆锥齿轮的主视图常画成剖视图。侧视图用粗实线画出齿轮大端和小端齿顶圆，用点画线画出大端分度圆，齿根圆不必画出，如图6-41所示。

3. 圆锥齿轮啮合的画法

圆锥齿轮啮合的画图步骤如图 6-42 所示，啮合区的画法与直齿圆柱齿轮相同。

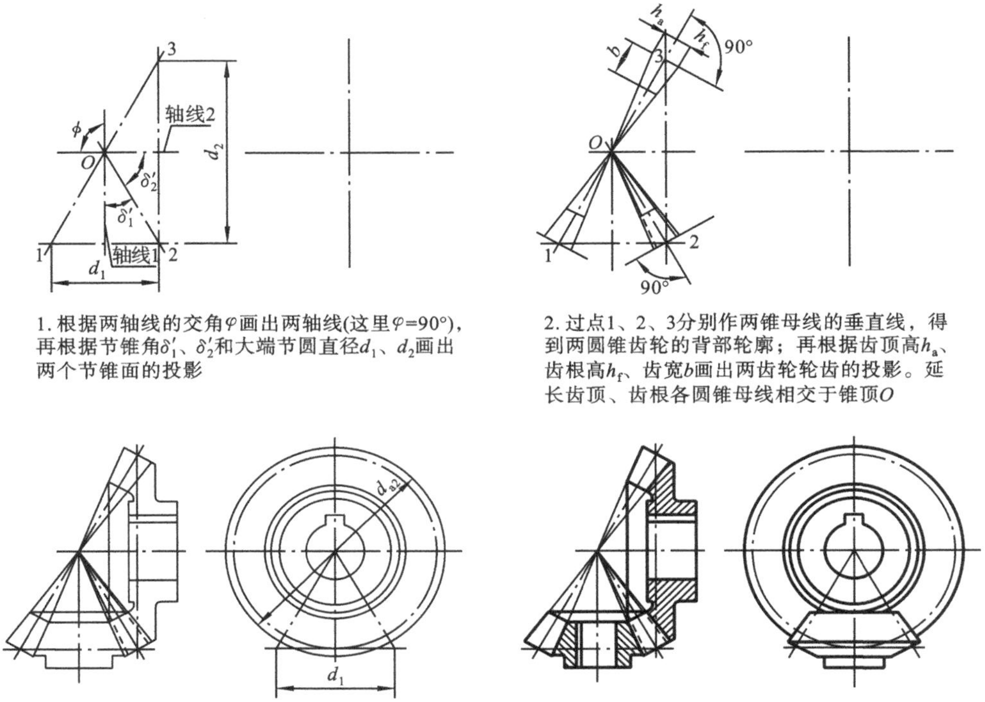

1. 根据两轴线的交角φ画出两轴线(这里φ=90°)，再根据节锥角δ_1'、δ_2'和大端节圆直径d_1、d_2画出两个节锥面的投影

2. 过点1、2、3分别作两锥母线的垂直线，得到两圆锥齿轮的背部轮廓；再根据齿顶高h_a、齿根高h_f、齿宽b画出两齿轮轮齿的投影。延长齿顶、齿根各圆锥母线相交于锥顶O

3. 在主视图上画出两齿轮的大致轮廓，再根据主视图画出齿轮的左视图

4. 画齿轮其余部分抽影，描深全图

图 6-42　圆锥齿轮啮合的画图步骤

6.2.3　蜗杆传动

蜗杆传动常用于垂直交错轴之间的传动。蜗杆和蜗轮的轮齿是螺旋形的，蜗杆轴向断面类似梯形螺纹的轴向断面，有单头、多头和左、右旋之分；蜗轮的轮齿顶面常制成凹孤形，以增加与蜗杆的接触面。

1. 蜗杆、蜗轮的主要参数及其尺寸关系

（1）模数 m　为设计和加工方便，规定以蜗杆的轴向模数 m_a和蜗轮的端面模数 m_t为标准模数。

（2）蜗杆直径系数 q　蜗杆分度圆直径 d_1与轴向模数 m_a之比称为蜗杆的直径系数。q 有规定标准值。

（3）蜗杆导程角 γ　当蜗杆的 g 和 z_1选定后，蜗杆圆柱上的导程角就唯一确定了。图 6-43 所示为导程角、导程与分度圆直径的关系。

$$\tan\gamma = \frac{\text{导程}}{\text{分度圆周长}} = \frac{\text{蜗杆头数}\times\text{轴向齿距}}{\text{分度圆周长}} = \frac{z_1 p_x}{\pi d_1} = \frac{z_1 \pi m}{\pi m q} = \frac{z_1}{q}$$

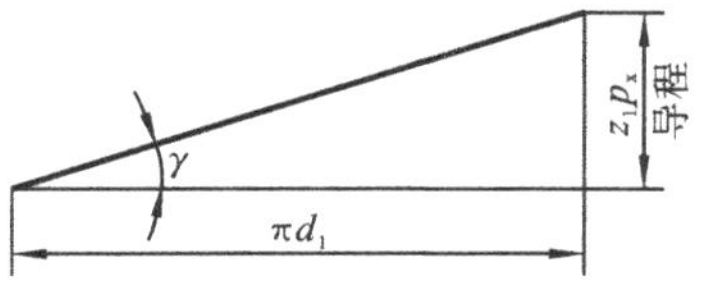

图 6-43　γ、d_1与导程的关系

(4) 中心距 a　蜗杆与蜗轮两轴中心距用 a 表示，与模数 m、蜗杆直径系数 q 和蜗轮齿数 z_2之间的关系为

$$a = \frac{d_1 + d_2}{2} = \frac{m}{2}(q + z_2)$$

蜗杆和蜗轮的各部尺寸关系如图 6-44 所示，其尺寸计算公式分别见表 6-9、表 6-10。

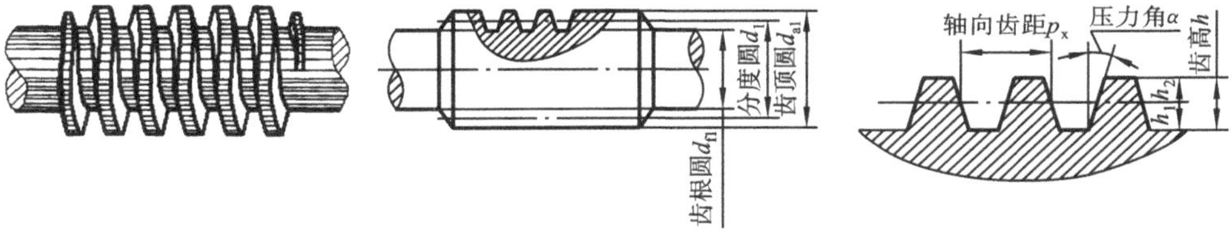

(a) 蜗杆

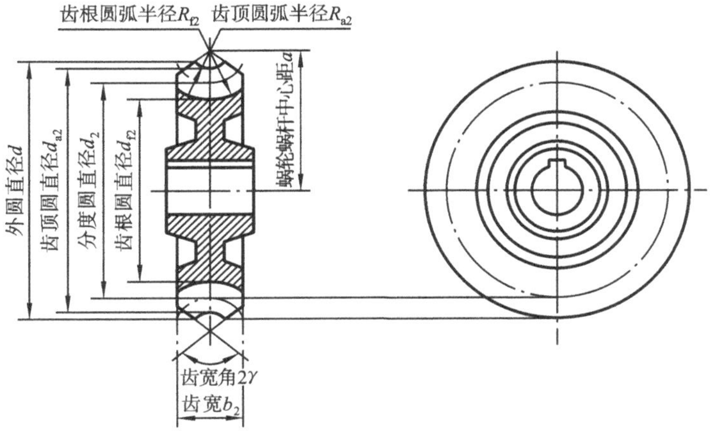

(b) 蜗轮

图 6-44　蜗轮、蜗杆的各部分尺寸关系及画法

表 6-9　蜗杆的尺寸计算公式

基本参数：轴向模数 m，齿数 z_1，直径系数 q。		
名　　称	代　　号	公　　式
分度圆直径	d_1	$d_1=mq$
齿顶高	h_a	$h_a=m$
齿根高	h_f	$h_f=1.2m$
齿　高	h	$h=h_a+h_f=2.2m$
齿顶圆直径	d_{a1}	$d_{a1}=d_1+2h_{a1}=d_1+2m$
齿根圆直径	d_{f1}	$d_{f1}=d_1-2h_{f1}=d_1-2.4m$
螺旋线升角(分度圆上的)	γ	$\tan\gamma=z_1 m/d_1=z_1/q$
轴向齿距	p_x	$p_x=\pi m$
螺旋导程	p_z	$p_z=z_1 p_x$
蜗杆齿宽	b_1	$b_1=(13\sim16)m$，当 $z_1=1\sim2$ $b_1=(15\sim21)m$，当 $z_1=3\sim4$

表 6-10　蜗轮的尺寸计算公式

基本参数：端面模数 m，齿数 z_2。		
名　　称	代　　号	公　　式
分度圆直径	d_2	$d_2=mz_2$
齿顶圆直径	d_{a2}	$d_{a2}=d_2+2m=m(z_2+2)$
齿根圆直径	d_{f2}	$d_{f2}=d_2-2.4m=m(z_2-2.4)$
齿顶圆弧半径	R_{a2}	$R_{a2}=d_1/2-m$
齿根圆弧半径	R_{f2}	$R_{f2}=d_1/2+1.2m$
外径	d_{e2}	$d_{e2}\leqslant d_{a2}+2m$，当 $z_1=1$ 时 $d_{e2}>d_{a2}+1.5m$，当 $z_1=2\sim3$ 时 $d_{e2}>d_{a2}+m$，当 $z_1=4$ 时
蜗轮宽度	b_2	$b_2\leqslant0.75d_{a1}$，当 $z_1<3$ 时 $b_2\leqslant0.67d_{a1}$，当 $z_1=4$ 时
齿宽角	2γ	$2\gamma=45°\sim60°$用于回转分度传动 $2\gamma=70°\sim90°$用于一般动力传动 $2\gamma=90°\sim130°$用于高速传动
中心距	a	$a=1/2(d_1+d_2)=1/2m(q+z)$

2. 蜗杆、蜗轮的规定画法

(1) 蜗杆的规定画法　蜗杆的画法如图 6-44(a)所示。蜗杆齿形类似梯形螺纹,它的轴向齿形和法向齿形可用局部放大图画出。蜗杆的齿根圆和齿根线用细实线画出,也可省略不画。在剖视图中,齿根线用粗实线画出。

(2) 蜗轮的规定画法　蜗轮的面法与圆柱齿轮基本相同,如图 6-45 所示。但是在投影为圆的视图中,只画出分度圆和顶圆,其他结构形状按投影绘制。

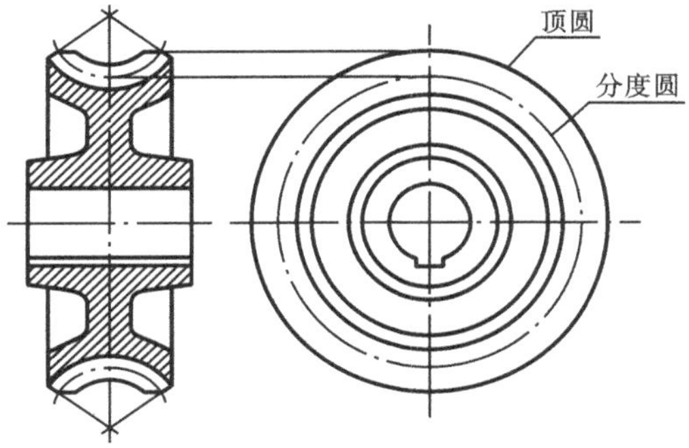

图 6-45　蜗轮的规定画法

(3) 蜗杆和蜗轮啮合的画法　蜗杆和蜗轮啮合的画法,如图 6-46 所示。在主视图中,蜗轮被蜗杆遮住的部分不必画出;在左视图中,蜗轮的分度圆与蜗杆的分度线应相切。

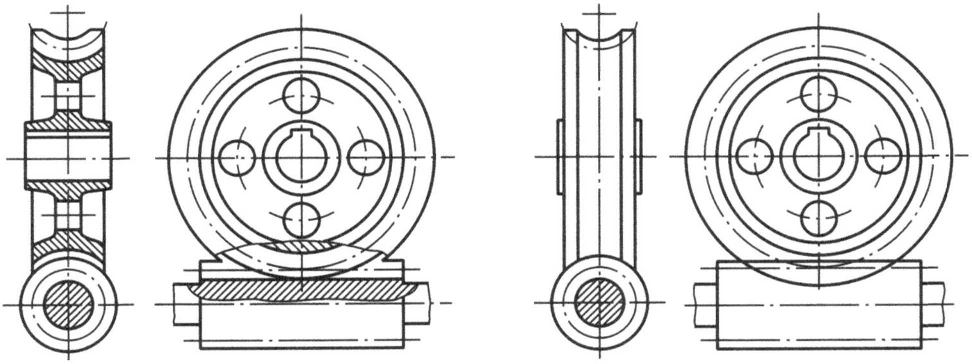

(a) 剖视画法　　(b) 外形画法

图 6-46　蜗杆、蜗轮的啮合画法

6.3 其他标准件(部件)及标准要素

6.3.1 键

1. 键的作用、种类和标记

键连接是一种可拆连接。键用于连接轴和轴上的传动件(如齿轮、带轮等)，使轴和传动件不产生相对运动，以保证两者同步旋转，传递扭矩和旋转运动。

图 6-47 所示为普通平键连接的情况。连接时，首先将键装入轴上已加工好的键槽里，再穿入带轮装配到位，此时键有一部分嵌在轴上的键槽内，另一部分嵌在轮上的键槽内，使轴与传动件一起转动。

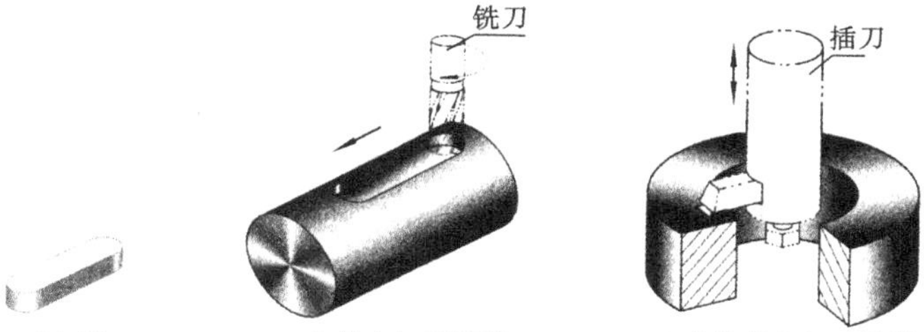

(a) 键　(b) 在轴上加工键槽　(c) 在轮毂上加工键槽

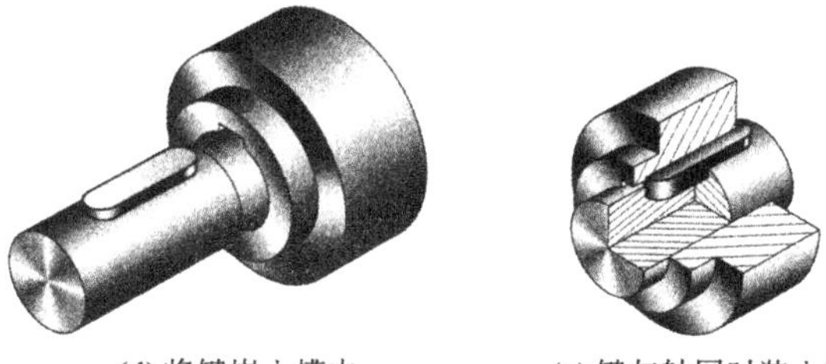
(d) 将键嵌入槽内　(e) 键与轴同时装入轴孔

图 6-47　键连接

常用的键有普通平键、半圆键和钩头楔键等，如图 6-48 所示。

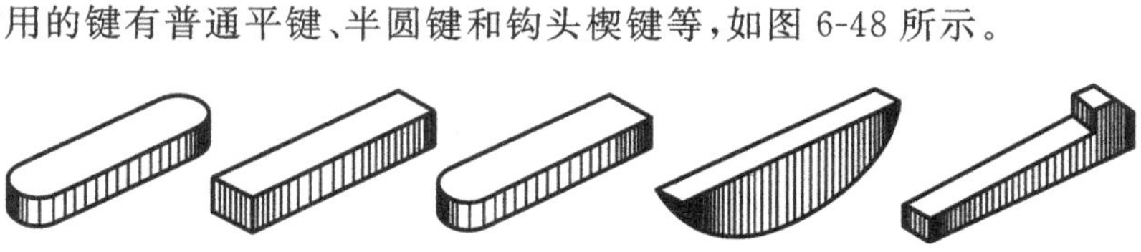

图 6-48　常用键

每一种形式的键，都有一个标准号和规定的标记，见表 6-11。

2. 普通平键的画法

普通平键按轴槽结构分为 A 型(圆头)、B 型(方头)和 C 型(单圆头)三种，其在实际中应用最广，如图 6-49 所示。

键的大小由被连接的轴孔尺寸大小和所传递的扭矩大小决定。选用时，根据传动情况确定键的形式，并根据轴径查标准手册，选定键宽 b 和键高 h，再根据轮毂长度选定键长 L 的标准值。

表 6-11 常用键的形式及规定标记

名 称	图 例	标 记	含 义
普通平键	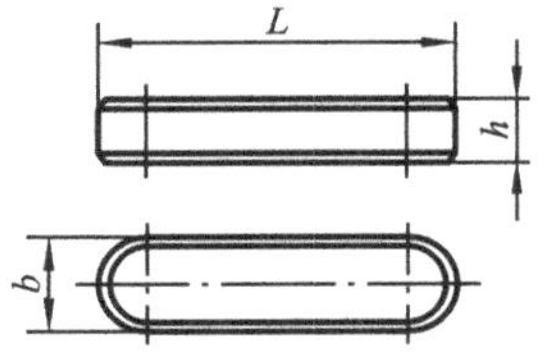	键 10×36 GB/T 1096—1979	A 型普通平键，宽 b=10 mm，有效长度 L=36 mm
半圆键	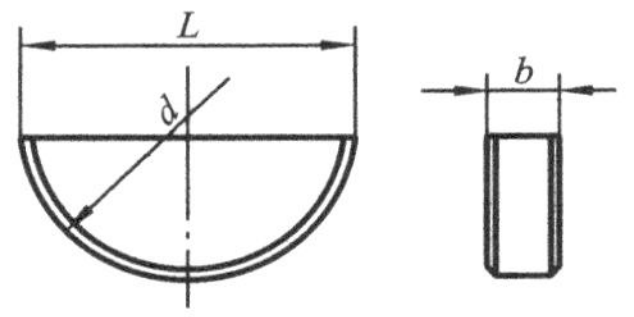	键 10×36 GB/T 1099—1979	半圆键，宽 b=6 mm，直径 d=22 mm
钩头楔键	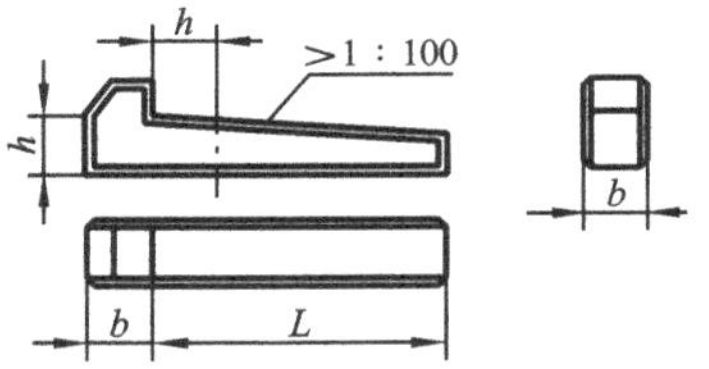	键 10×36 GB/T 1565—1979	钩头楔键，宽 b=10 mm，有效长度 L=40 mm

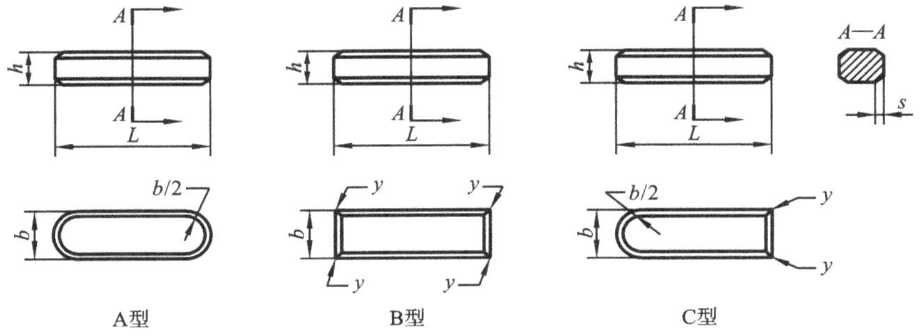

图 6-49 普通平键的形式和尺寸

普通平键用于轴孔连接时，键的两侧面是工作表面，与轴上的键槽和轮毂上的键槽两侧都接触，只画一条线；而键的上底面与轮毂上的键槽底面间应有间隙，不接触，应画两条线（当间隙太小、不足以表达时，可适当夸大画处）。键的下底面与轴上的键槽底面也接触，也应画一条线。在剖视图中，当剖切平面通过键的纵向对称面时，键按不剖绘制；当剖切平面垂直于轴线剖切键时，被剖切的键应画出剖面线。在键连接中，键的倒角或小圆角一般不画，如图 6-50 所示。

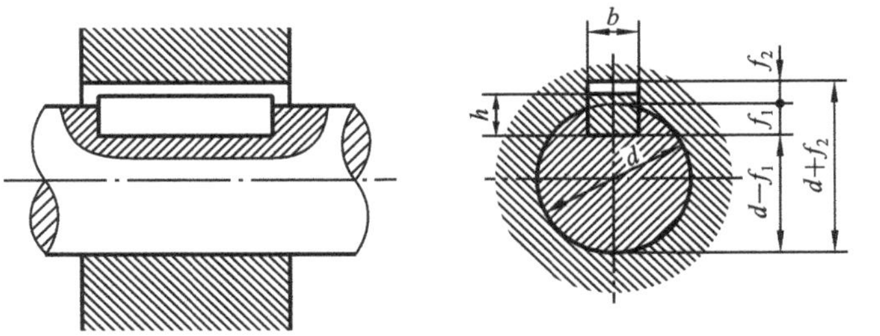

图 6-50 普通平键的装配画法

图 6-51 所示为轴上键槽及轮毂上键槽的画法和尺寸标注法。键的标记由名称、形式与尺寸、标准编号三部分组成。例如，A 型（圆头）普通平键，b＝12 mm、h＝8 mm、L＝50 mm，该键的标记为

键 12×50 GB/T 1096—2003

又如 C 型（单圆头）普通平键：b＝18 mm、h＝11 mm、L＝100 mm，该键的标记为

键 C18×100 GB/T 1096—2003

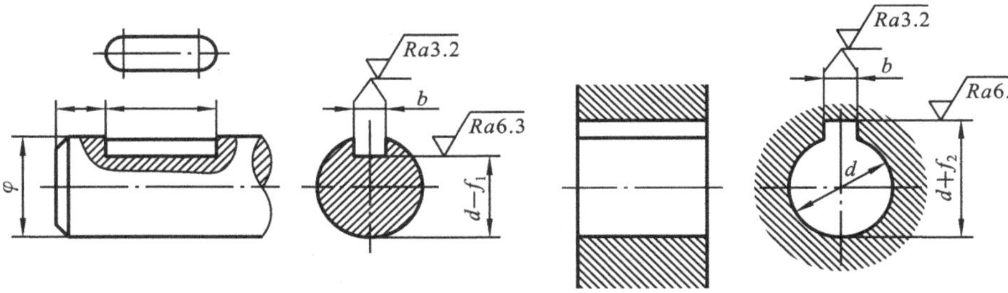

(a) 轴上键槽的画法和尺寸标注法 (b) 轮毂上的键槽的画法和尺寸标注法

图 6-51 键槽的画法和尺寸注法

键的标记中，A 型平键的“A”字省略不注，而 B 型和 C 型要标注“B”和“C”。

3. 半圆键

半圆键常用在载荷不大的传动轴上。其连接画法与平键类同：键的两侧面与轮和轴接触，底面与轴上键槽接触，顶面应留有间隙，如图 6-52 所示。

半圆键的标记如下。

半圆键：b＝6 mm、h＝10 mm、d＝25 mm、L＝24.5 mm，其标记为

键 6×25 GB/T 1099—2003

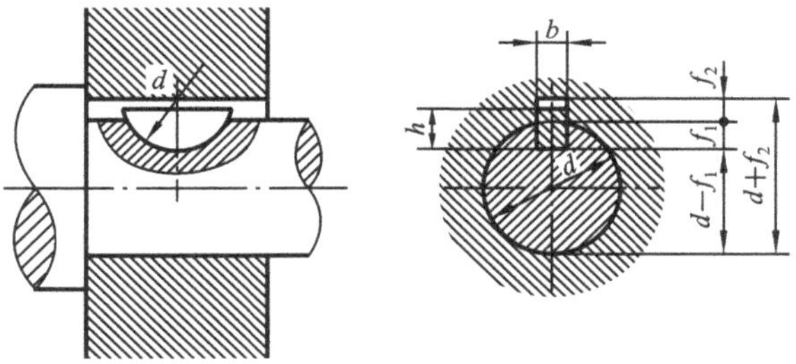

图 6-52　半圆键的装配画法

4. 楔键

楔键有普通楔键和钩头楔键两种，普通又分 A、B、C 三种型号，钩头只有一种。钩头楔键的顶面有 1∶100 的斜度，装配时将键打入键槽，依靠键的顶面和底面与轮和轴之间挤压的摩擦力而连接，故画图时上下两接触面只画一条线。而键的两侧为非工作面，但画图时不留间隙，如图 6-53 所示。

普通楔键：C 型（单圆头）普通楔键，$b=16$ mm、$h=10$ mm、$L=100$ mm，其标记为

键 C16×100 GB/T 1564—2003

与普通平键的标记类似，A 型的“A”字省略不注，而 B 型和 C 型要标注“B”和“C”。

钩头楔键：$b=18$ mm、$h=11$ mm、$L=100$ mm，其标记为

键 18×100 GB/T 1565—2003

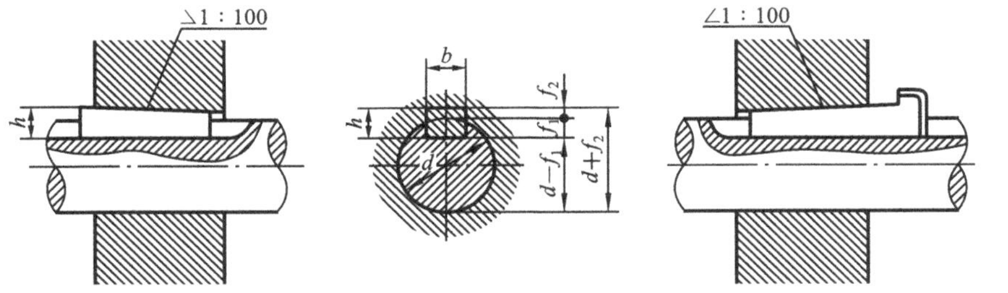

图 6-53　楔键的装配画法

6.3.2　销

1. 销的作用、种类和标记

销主要用来固定零件之间的相对位置，起定位作用，也可用于轴与轮毂的连接，传递不大的载荷，还可作为安全装置中的过载剪断元件。销的常用材料为 35 钢、45 钢。

常用的销有圆柱销、圆锥销和开口销，如图 6-54 所示。前两类销均已标准

化，圆柱销利用微量过盈固定在销孔中，经过多次装拆后，连接的紧固性及精度降低，故只宜用于不常拆卸处。

圆锥销有 1∶50 的锥度，装拆比圆柱销方便，多次装拆对连接的紧固性及定位精度影响较小，因此应用广泛。

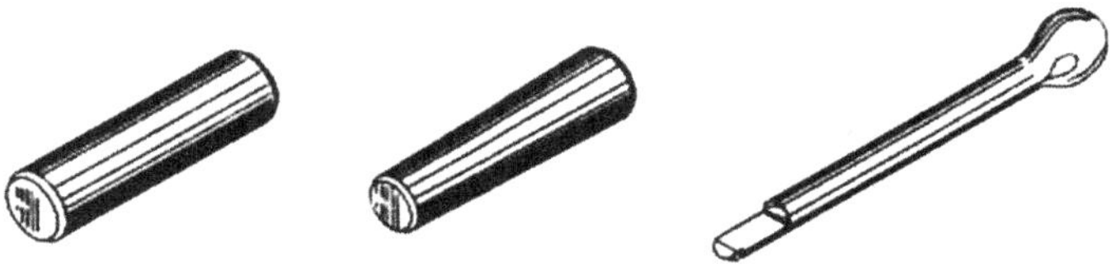

(a) 圆柱销　　(b) 圆锥销　　(c) 开口销

图 6-54　常用销

销的标记内容与键的标记类似，只是国际编码的放置顺序不同，销的标记见表 6-12。

表 6-12　常用销的形式及规定标记

名　称	图　　例	标　　记	含　　义
圆柱销	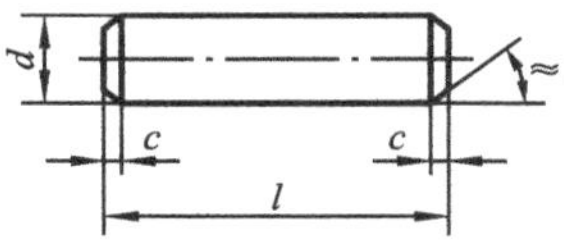	销 GB/T 119—2000 B6×32	圆柱销，B 型，公称直径 $d=6$ mm，有效长度 $l=32$ mm
圆锥销	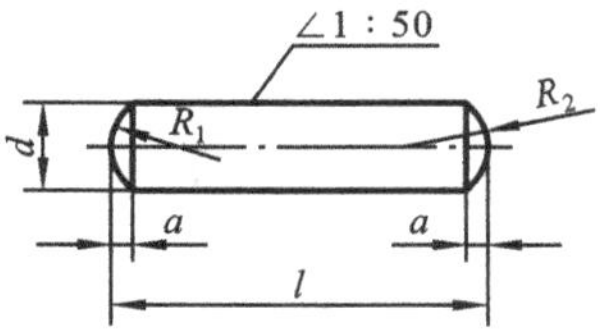	销 GB/T 117—2000 A6×30	圆锥销，A 型，公称直径为小端直径 $d=6$ mm，有效长度 $l=30$ mm
开口销	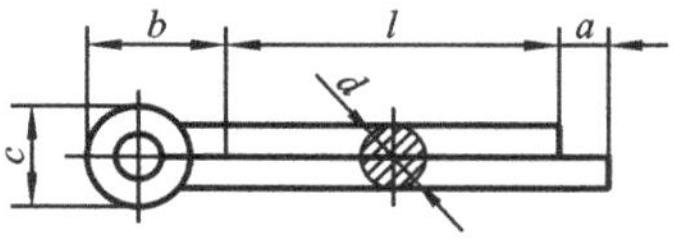	销 GB/T 91—2000 5×32	开口销，公称直径 $d=5$ mm，有效长度 $l=32$ mm

2. 销连接的画法

销在作为连接和定位的零件时，有效高的装配要求，所以加工销孔时，一般两零件一起加工，并在图上注写“装配时作”或“与××配件作”。销的侧表面为工作面，用销连接零件时应与零件的销孔接触，如图 6-55 所示。

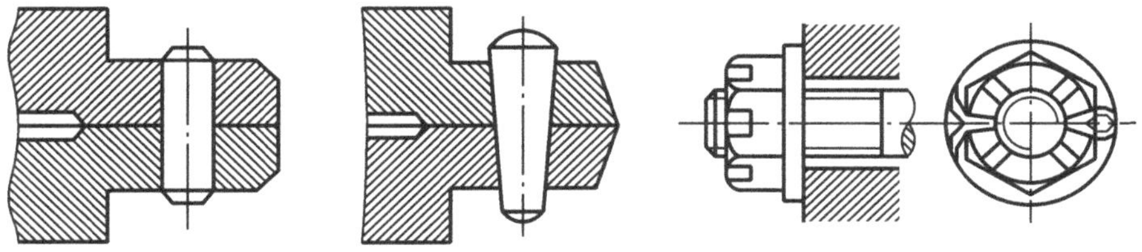

(a) 圆柱销连接 (b) 圆锥销连接 (c) 开口销连接

图 6-55 常用销连接画法

6.3.3 弹簧

弹簧在机器和仪器中起减振、复位、测力、储能和夹紧等作用，其特点是外力消失后能立即恢复原状。

弹簧的种类很多，常见的有螺旋弹簧，根据受力情况，螺旋弹簧又可分为压缩弹簧、拉伸弹簧和扭力弹簧，如图 6-56 所示；蜗旋弹簧如图 6-57 所示。

弹簧为标准件，其中弹簧中径和弹簧丝直径均已标准化。

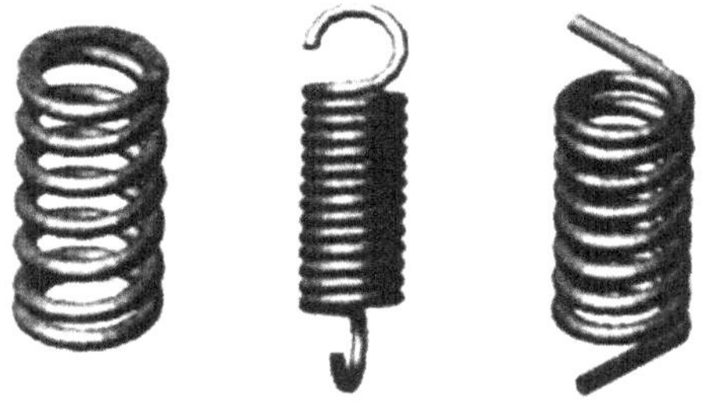

(a) 压缩弹簧 (b) 拉伸弹簧 (c) 扭力弹簧

图 6-56 螺旋弹簧

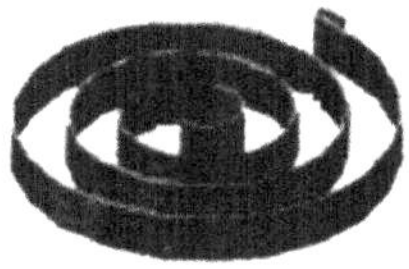

图 6-57 蜗旋弹簧

1. 圆柱螺旋压缩弹簧各部分的名称和尺寸关系

圆柱螺旋压缩弹簧的参数和尺寸之间的关系如图 6-58(e)所示。

(1) 簧丝直径 d 用于制成弹簧的钢丝直径。

(2) 弹簧的外径 D 弹簧的外圈直径称为外径，用 D 表示。

(3) 弹簧的内径 D_1 弹簧的内圈直径称为内径，用 D_1 表示：$D_1=D-2d$。

(4) 弹簧的中径 D_2 弹簧外径和内径的平均值称为中径，用 D_2 表示，$D_2=(D+D_1)/2=D-d$。

(5) 节距 t 除两端的支承圈外，相邻两圈沿轴向的距离。

(6) 支承圈数 n_0、有效圈数 n、总圈数 n_1 为了使压缩弹簧工作时受力均匀、工作平稳，通常将弹簧两端的 3/4 圈到 5/4 圈压紧，并磨出支承平面，工作时起支承作用，称为支承圈。支承圈数 n_0 有 1.5 圈、2 圈、2.5 圈三种，除支承圈外，其余保持节距相等参加工作的圈称为有效圈 n。有效圈数与支承圈数之和为总圈

数 n_1，$n_1=n+n_0$。

（7）自由高度 H_0　弹簧不受外力作用时的总长度，$H_0=nt+(n_0-0.5)d$。

（8）弹簧丝展开长度 L　制造弹簧时所需的金属丝长度（即按螺旋线展开），可按下式计算：

$$L \approx n_1\sqrt{(\pi D_2)^2+t^2}$$

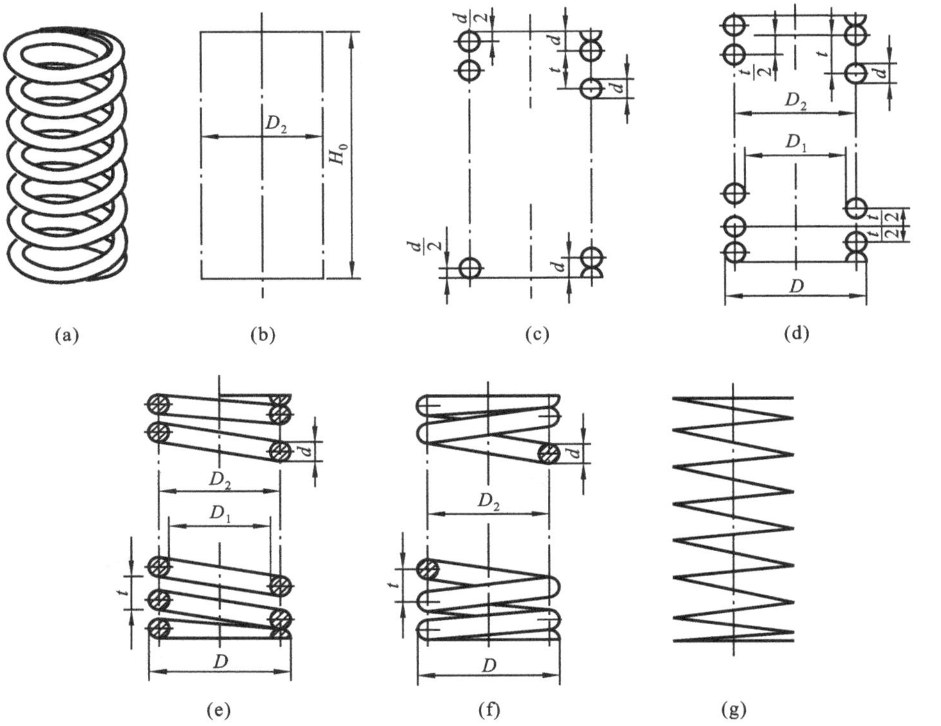

图 6-58　弹簧的画图步骤

2. 圆柱螺旋压缩弹簧的规定画法

（1）无论支承圈的圈数为多少，均可按 2.5 圈的形式绘制。

（2）在非圆视图上，各圈的轮廓应画成直线。

（3）当弹簧有效圈数大于 4 圈时，可只画两端的 1～2 圈，中间各圈可省略不画，且允许适当缩短图形的长度。

（4）弹簧均可画成右旋，但对左旋弹簧，无论画成左旋或右旋，必须在技术要求中加注“左”字。

弹簧的画图步骤如图 6-58 所示，图（a）为直观图，图（e）为剖视图，图（f）为视图，图（g）为示意画法。

图 6-59 所示为弹簧的零件工作图。在弹簧零件图中，应注出弹簧的有关参数。

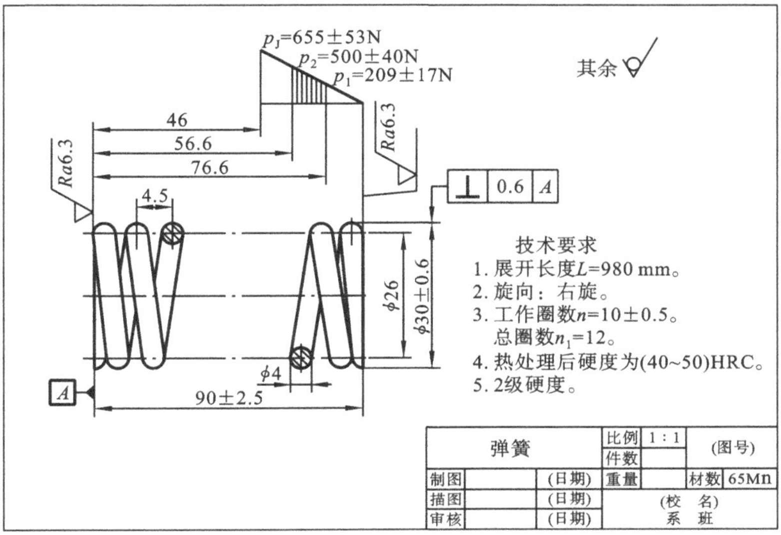

图 6-59 弹簧零件图

3. 螺旋压缩弹簧在装配图中的画法

(1) 弹簧被看做实心物体，被弹簧挡住的结构一般不画，可见部分应画至弹簧的外轮廓或中径线，如图 6-60(a)所示。

(2) 当弹簧被剖切、簧丝直径在图形上小于或等于 2 mm 时，其剖面可以涂黑表示，如图 6-60(b)所示，也可采用示意画法，如图 6-60(c)所示。

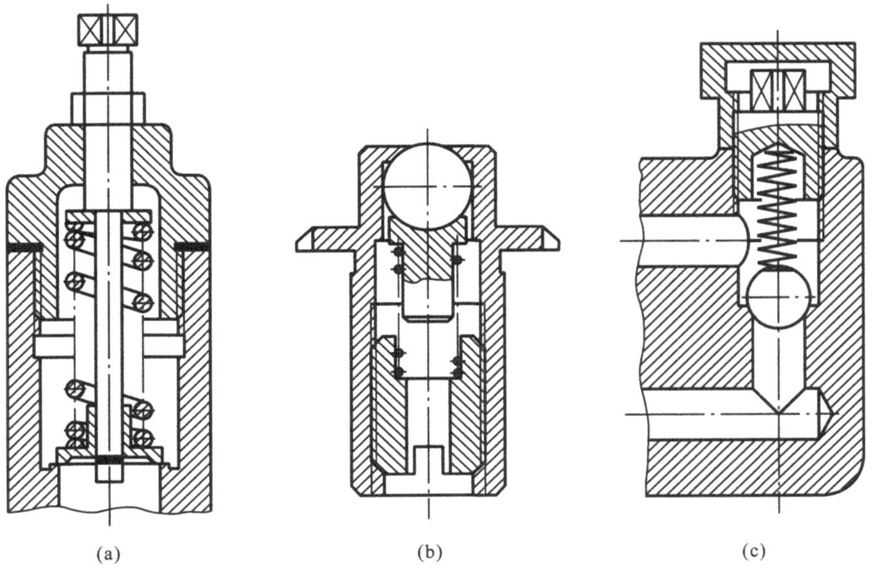

图 6-60 装配图中弹簧的画法

6.3.4 滚动轴承

在机器中，滚动轴承是用来支承轴的标准件。由于它可以大大减小轴与孔相对旋转时的摩擦力，且具有机械效率高、结构紧凑等优点，因此是生产中应用极为广泛的一种标准件。国家标准 GB/T 4459.7—1998 还规定了滚动轴承的表示方法。

1. 滚动轴承的结构、分类和代号

1）滚动轴承的结构

滚动轴承的结构一般由四个元件组成，如图 6-61(a)所示。

(1) 内圈紧密套装在轴上，随轴转。

(2) 外圈装在轴承座的孔内，固定不动。

(3) 滚动体形式有圆球、圆柱、圆锥等，排列在内、外圈之间。

(4) 保持架用来把滚动体隔离开。

2）滚动轴承的分类

滚动轴承按受力方向可分为三类。

(1) 向心轴承　主要承受径向力，如图 6-61(a)所示。

(2) 推力轴承　只承受轴向力，如图 6-61(b)所示。

(3) 向心推力轴承　同时承受径向和轴向力，如图 6-61(c)所示。

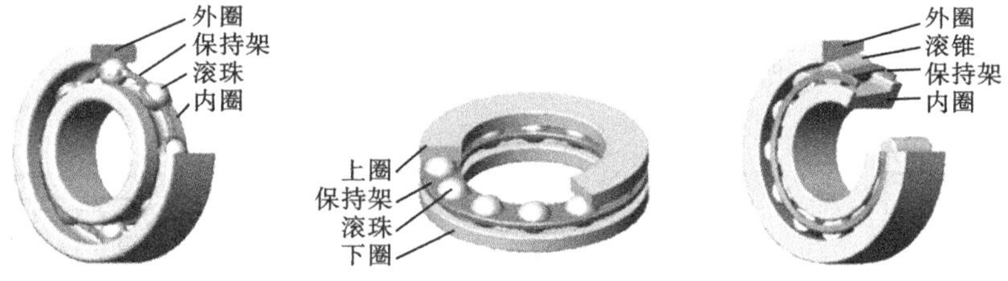

(a) 深沟向心球轴承　　(b) 平底推力球轴承　　(c) 圆锥滚子轴承

图 6-61　滚动轴承

3）滚动轴承的代号

滚动轴承的种类很多，为了使用方便，将其结构、类型和内径尺寸等都用代号表示，即轴承代号。

轴承代号主要由基本代号组成。基本代号表示轴承的基本类型、结构、尺寸、公差等级和技术性能等特征。它由轴承类型代号、尺寸系列代号和内径代号构成。例如：

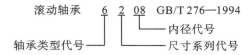

滚动轴承　6　2　08　GB/T 276—1994

- 6 —— 轴承类型代号
- 2 —— 尺寸系列代号
- 08 —— 内径代号

(1) 轴承类型代号　轴承类型代号用数字或大写的拉丁字母表示，见表 6-13 中列出了各种类型轴承的类型代号及对应的旧代号。

表 6-13　滚动轴承类型代号

轴承类型	代号	旧代号	轴承类型	代号	旧代号
双列角接触球轴承	0	6	圆柱滚子轴承	N	2
调心球轴承	1	1		NU	2
调心滚子轴承	2	3		NJ	2
推力调心滚子轴承	2	9		NF	2
圆锥滚子轴承	3	7		NUF	2
双列深沟球轴承	4	0	双列圆柱滚子轴承	NN	2
推力球轴承	5	8		NNU	2
深沟球轴承	6	0	外球面球轴承	UC	0
				UEL	0
角接触球轴承	7	6		UK	0
推力圆柱滚子轴承	8	9	四点接触球轴承	QJ	6

注：在表中代号后或前加字母或数字表示该类轴承中的不同结构。

(2) 尺寸系列代号　为适应不同的工作(受力)情况，在内径相同时，有各种不同的外径尺寸，它们构成一定的系列，称为轴承尺寸系列，用数字表示。例如该数字“1”和“7”为特轻系列，“2”为轻窄系列，“3”为中窄系列，“4”为重窄系列。

(3) 内径代号　内径代号表示滚动轴承的内圈孔径，是轴承的公称内径，用两位数表示。如 00 表示 $d=10$ mm，01 表示 $d=12$ mm，02 表示 $d=15$ mm，03 表示 $d=17$ mm，当代号数字为 04～99 时，代号数字乘“5”，即为轴承内径；如 $d=4\times5$ mm $=20$ mm，$d=5\times5$ mm $=25$ mm，依此类推。

(4) 补充代号　当轴承在形状结构、尺寸、公差、技术要求等有改变时，可使用补充代号。在基本代号前面添加的补充代号(字母)称为前置代号，在基本代号后面添加的补充代号(字母或字母加数字)称为后置代号。前置代号与后置代号的有关规定可查阅有关手册。

(5) 举例说明如下：

滚动轴承　3　03　05　GB/T 297—1994

05 —— 内径代号 $d=17$ mm

3 —— 类型代号　圆锥滚子轴承

03 —— 尺寸系列代号“03”中窄系列

2. 滚动轴承的画法

滚动轴承为标准件，不需要画零件图，按国家标准规定，只是在装配图中采用规定画法或特征画法。

在装配图中需要较详细地表示滚动轴承的主要结构时，可采用规定画法；在装配图中只需要简单地表达滚动轴承的主要结构时，可采用特征画法。

画滚动轴承时，先根据轴承代号由国家标准手册查出滚动轴承外径 D、内径 d 及宽度 B 等尺寸，然后按表 6-14 中的图形、比例关系画出。

表 6-14　常用滚动轴承画法

轴承名称代号	立　体　图	主要数据	规 定 画 法	特 征 画 法
深沟球轴承 GB/T 276 —1994 0000 型	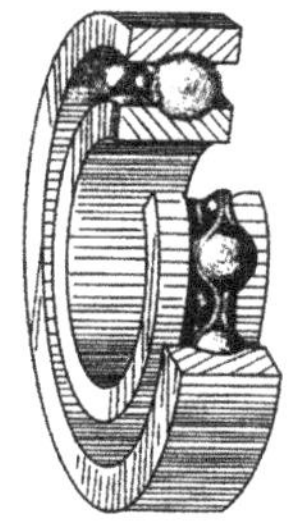	D d B	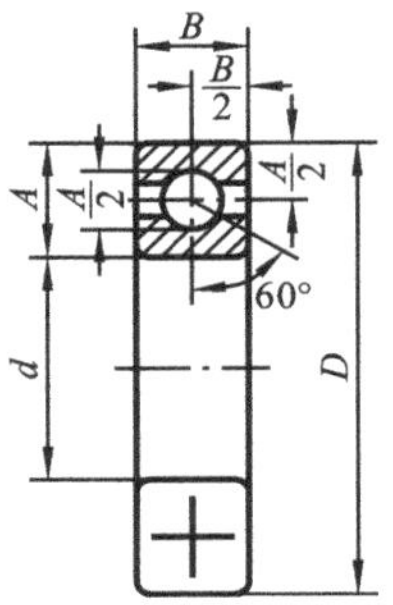	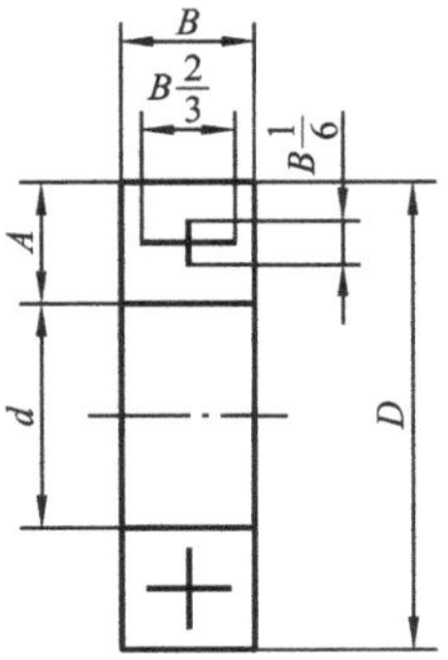
向心短圆 柱滚子轴承 GB/T 283 —2007 2000 型	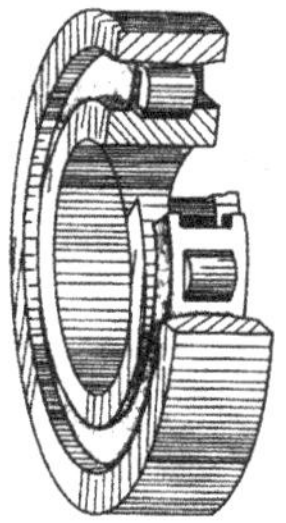	D d B	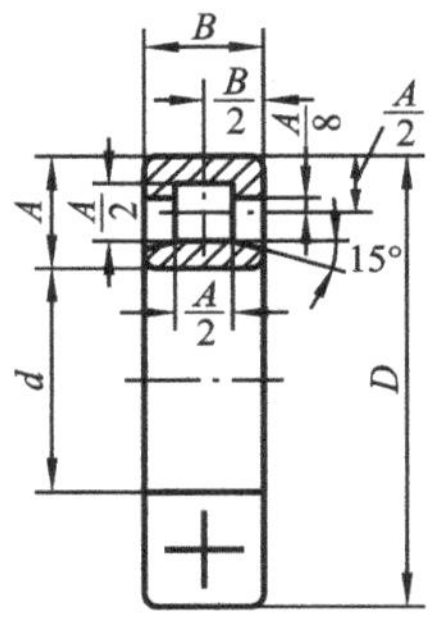	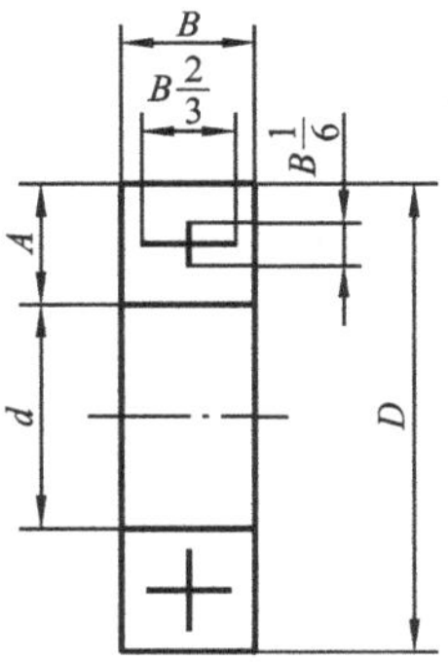
圆锥滚子 轴承 GB/T 273.1 —2003 7000 型	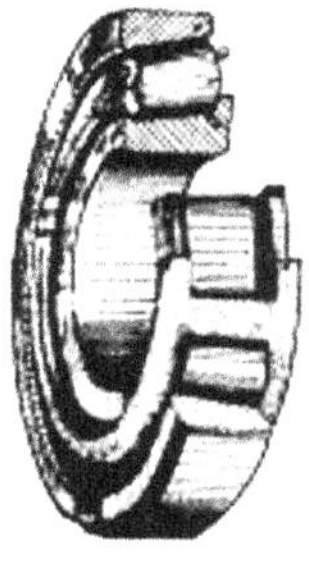	D d B T c	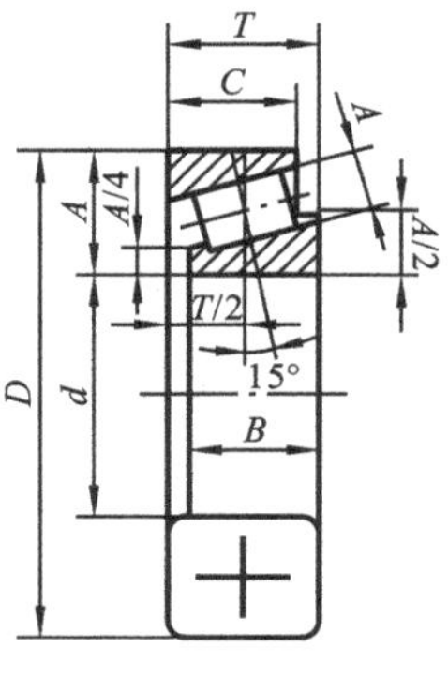	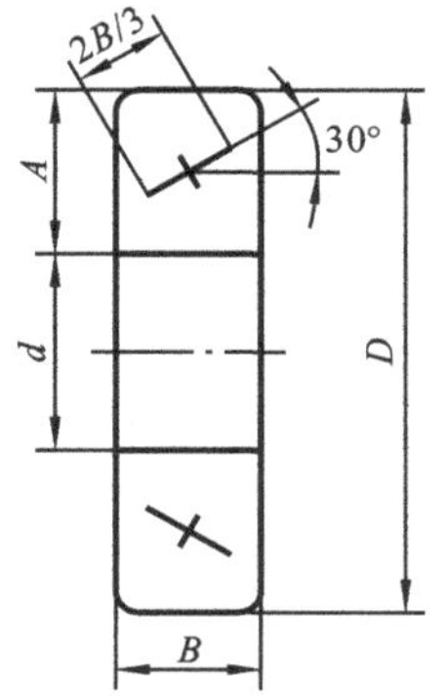

续表

轴承名称代号	立体图	主要数据	规定画法	特征画法
平底推力球轴承 GB/T 301—2007 8000 型	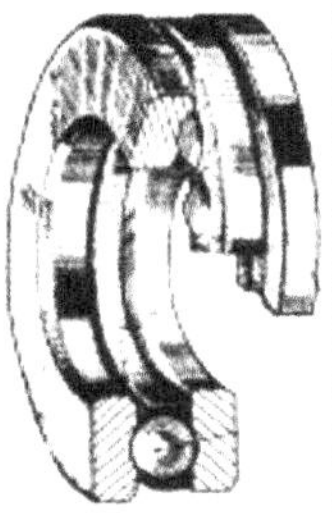	D d H	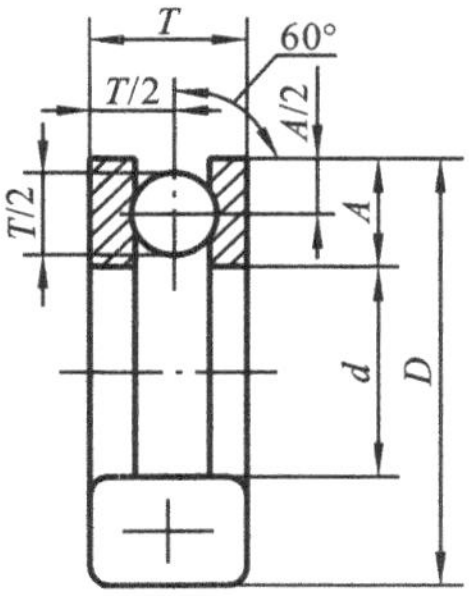	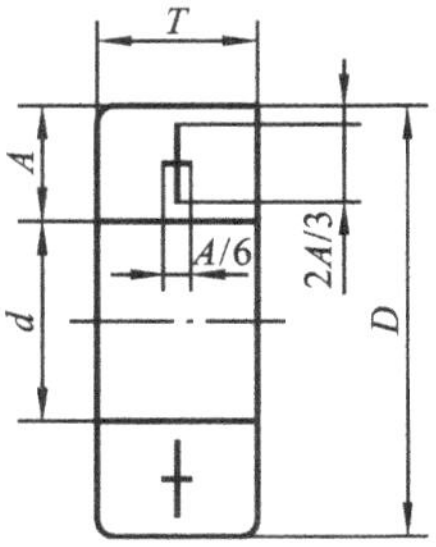

6.4 AutoCAD 绘制连接件图

AutoCAD 提供有图块制作和调用功能，用户可以把一些常用的图形绘制好以后制作成一个“固化”的图块，然后根据需要方便地插入其他图形中。利用图块插入，还可以减少图形的数据信息，既避免了重复工作、提高了绘图效率，同时也可节省系统内存资源，提高运算速度。

6.4.1 图块的制作和调用

1. 定义图块

(1) 选择“绘图”下拉菜单的“块(K)”子菜单中的“创建(M)…”菜单项，或者单击“绘图”工具栏中的“创建块”图标按钮，也可以输入命令“Block”，系统弹出“块定义”对话框，如图 6-62 所示。在“块定义”对话框中的“名称(A)”下面的文本框直接输入设置图块的名称，然后分别单击对话框中“拾取点(K)”和“选择对象(T)”图标按钮，在图形中指定图块插入的基准点，并选择组成图块的实体对象，单击“确定”按钮退出。

(2) 对话框中“保留(R)”、“转换为块(C)”和“删除(D)”单选项用以确定图块定义后，在图中保留原选择的对象、把原选择的对象以块的方式保留，或者删除原选择的对象。

(3) 上述方法定义的图块只能在所在的图形文件中使用，不能被其他图形调用。如果希望定义的图块也可以在其他图形中调用，则需要在命令行输入“Wblock”命令，此时系统会弹出“写块”的对话框，如图 6-63 所示。在“写块”对话框中，用户可以选择已经定义的图块，并在“目标”选区指定路径，系统将图块单独以图形文件(＊.dwg)的形式存盘。也可以选择图形对象或将整个图形制作成块(块制作方法同上)以后再存盘,图 6-63 选择将已经定义的块“螺栓”保存在“E:\插图”中。单击“确定”按钮结束操作。

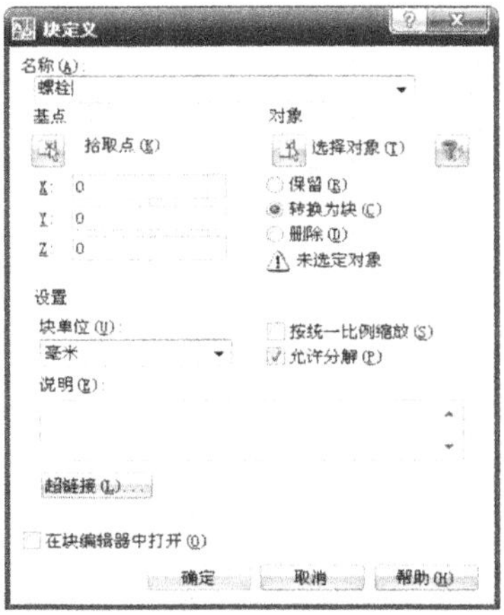

图 6-62 “块定义”对话框

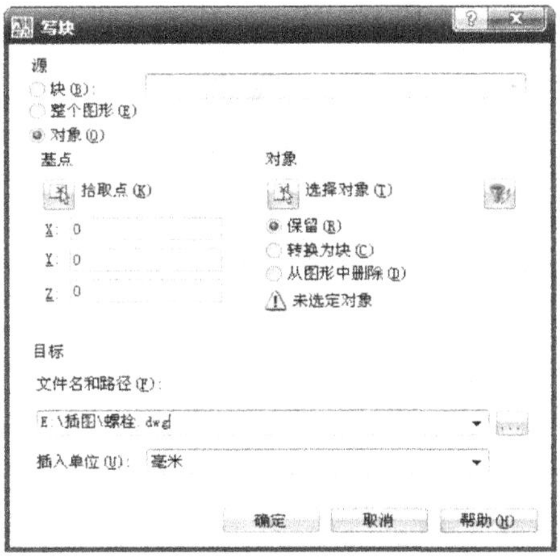

图 6-63 “写块”对话框

2. 插入图块

(1) 选择“插入”下拉菜单中的“块(B)…”菜单项,或者单击“绘图”工具栏中的“插入块” 图标按钮,也可以输入命令“Insert”,系统弹出“插入”对话框,如图 6-64 所示。在对话框的“名称(N)”下拉列表框中选择在本图形中定义的图块名称,如果需要插入本图形以外的其他图形文件,则单击“浏览”按钮,选择插入。

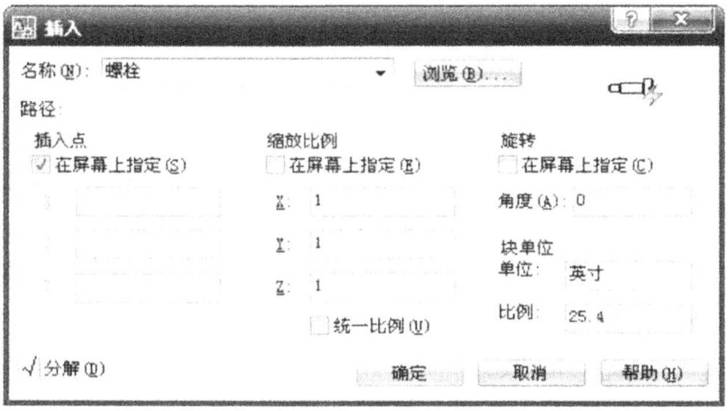

图 6-64 “插入”对话框

(2) 图块的“插入点”和“缩放比例”等,可以选择在屏幕上指定,或者在对话框中设置。如果输入的比例是负值,则插入原图块的镜像图形。AutoCAD 将块中的图形对象作为一个整体,插入时选中“分解”复选框,插入的图块被分解为各独立的图形对象,可以进行编辑操作,单击“确定”按钮结束操作。

3. 系统中直接调用标准件

（1）选择“标准”下拉菜单中的“工具选项板窗口”图标按钮，也可以输入命令“ToolPalettes”，系统弹出如图 6-65 所示菜单复选框。在复选框中选择“机械”图片按钮，就可看到部分已经存在的标准件符号。按绘图需要，单击符号。

（2）既可选择在屏幕上指定或在任意位置插入所选符号，也可直接拖曳出符号到指定位置。按绘图要求可以通过缩放图标，改变符号的大小。

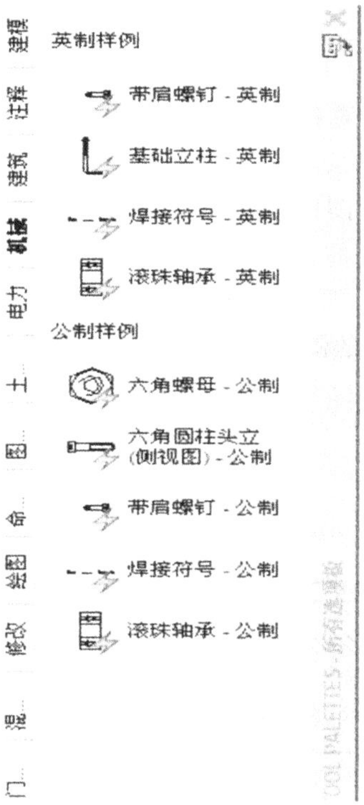

图 6-65 “选项板”复选框

6.4.2 AutoCAD 绘制连接图

例 6-1 画螺栓连接图。

（1）首先按照前面介绍的作图方法画出连接板和各螺栓连接件，如图 6-66 所示。

（2）单击“绘图”工具栏中选择“创建块”图标按钮，按照上述方法分别将螺栓、螺母和垫圈定义成图块，操作中注意捕捉螺栓上点 A 为插入基点，捕捉垫圈上点 B 为插入基点，捕捉螺母上点 C 为插入基点，如图 6-66 中标记的位置。

（3）单击“绘图”工具栏中选择“插入块”图标按钮。在“插入”对话框中

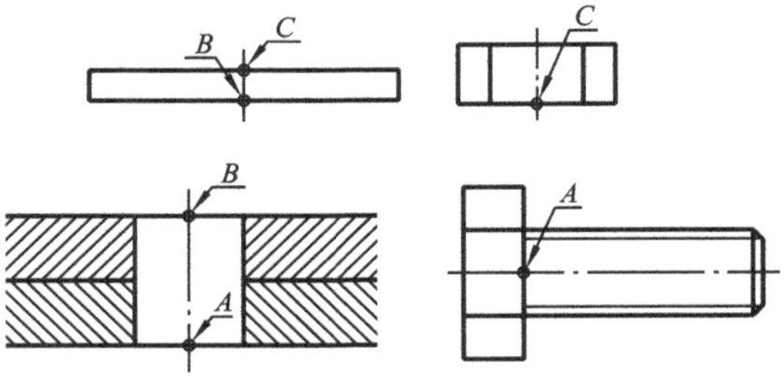

图 6-66　螺栓连接件

选择“螺栓”，设置比例为 1∶1，旋转角度为 90°，选中左下角“分解”复选框，以便于插入后修改操作。插入“螺栓”时，注意插入点与连接板上的基准点 A 对齐，如图 6-67 所示。

（4）单击“插入块”图标按钮，在“插入”对话框中设置比例为 1∶1，旋转角度为 0°，选中“分解”复选框，继续插入垫圈和螺母，注意将各插入基点与图形中相应的基准点对应。

（5）修剪、删除被覆盖的图线、整理后完成图形，如图 6-67 所示。

（6）选择“文件(F)”下拉菜单中的“另存为(A)…”菜单项，将图形存盘。

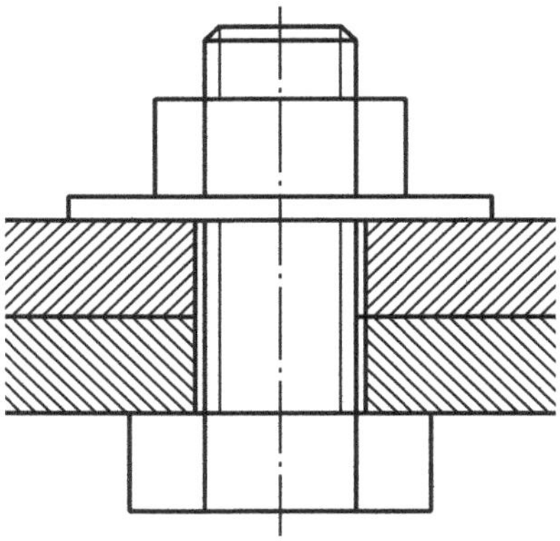

图 6-67　螺栓连接图

本章小结

（1）螺纹的基本要素包括牙型、直径（含大径、中径、小径）、螺距和导程、线数、旋向等。

（2）螺纹的公称直径是指螺纹大径的基本尺寸。

（3）只有当内、外螺纹的五项基本要素相同时，内、外螺纹才能进行旋合。用剖视图表示螺纹旋合时，旋合部分按外螺纹的画法绘制，未旋合部分按各自原有的画法绘制。

(4) 双头螺柱的两头制有螺纹，一端旋入被连接的预制螺孔中(称为旋入端)；另一端与螺母旋合，紧固另一个被连接件(称为紧固端)。

(5) 螺栓用来连接两个不太厚并能钻成通孔的零件，并与垫圈、螺母配合进行连接。

(6) 掌握螺栓、双头螺柱、螺钉、螺母和垫圈及其连接的规定画法。

(7) 键主要用于轴和轴上的零件(如带轮、齿轮等)之间的连接，起着传递扭矩的作用。

(8) 常用的键有普通平键、半圆键和钩头楔键等。

(9) 掌握各种键及其连接的规定画法。

(10) 销主要用来固定零件之间的相对位置，起定位作用，也可用于轴和轮毂的连接。

(11) 掌握销连接的规定画法。

(12) 掌握圆柱齿轮、圆锥齿轮、蜗轮蜗杆的规定画法及啮合画法。

(13) 掌握圆柱弹簧的规定画法和装配图中的简化画法。

(14) 掌握滚动轴承的代号和规定画法。

(15) 用 AutoCAD 软件绘制连接件。

第7章 零件图

本章提要

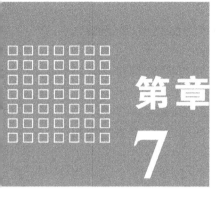

零件图是制造和检验零件的主要依据，本章主要介绍零件图的作用和内容、零件图的视图表达及尺寸注法、读零件图，表明零件在制造和检验时应达到的技术要求，如表面粗糙度、尺寸公差、形位公差、热处理、表面处理及其他要求。

通过本章的学习，读者应了解零件图在机械工程中的应用，掌握绘制和阅读零件图的基本方法，提高绘制和阅读零件图的能力。

7.1 零件图概述

任何机器或部件都是由若干零件按一定的装配关系和技术要求装配而成的，只有生产出全部合格的零件，才能装配出性能符合设计要求的机器或部件。用来制造和检验零件的图样称为零件图。如图7-1所示的齿轮泵，是由泵体、泵盖、齿轮轴、从动齿轮、从动轴、压盖等零件及各种标准件组成的。

图7-1　齿轮泵爆炸图

7.1.1 零件图的作用

在生产过程中，零件图是加工生产、检验的依据，它必须提供生产零件的全部技术资料。所以零件图是生产部门的基本技术文件。

7.1.2 零件图的内容

根据零件图所起的作用，零件图必须完整、清晰地表达出零件的全部形状结构、尺寸和技术要求，图 7-2 所示为齿轮泵中泵盖的零件图。

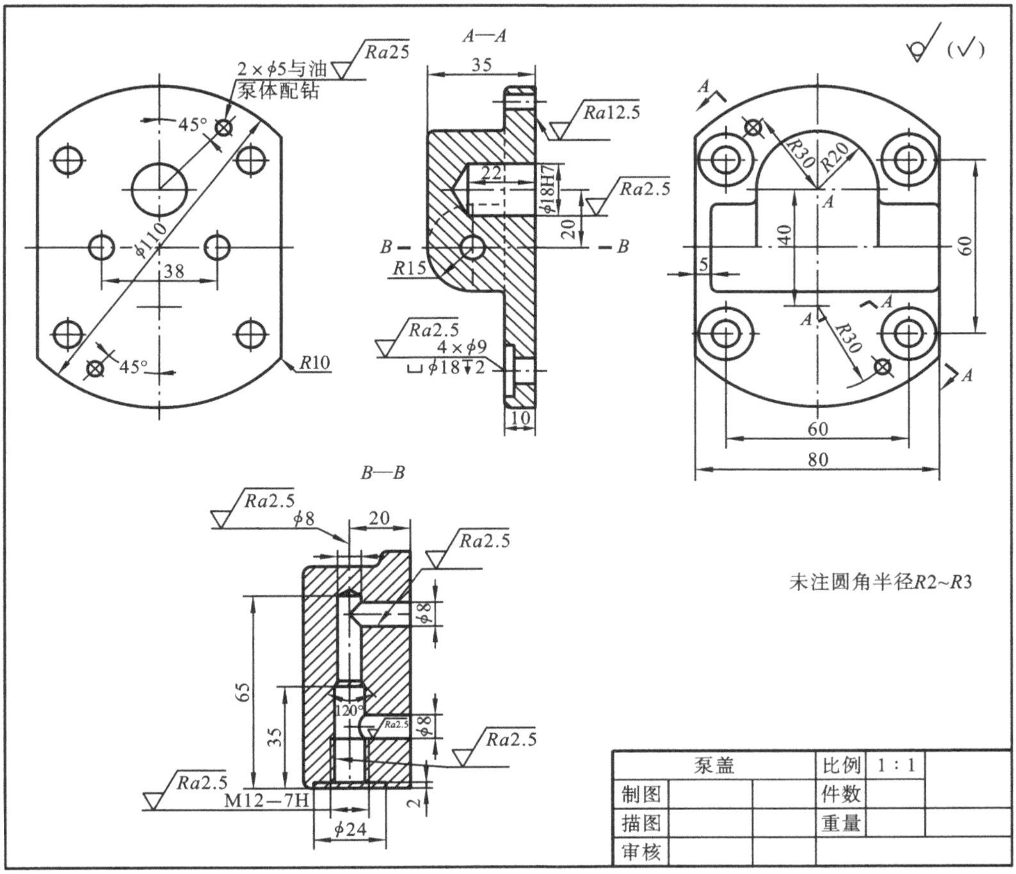

图 7-2 齿轮泵泵盖零件图

一张完整的零件图应具备下列内容。

1）一组视图

用一组视图，综合运用视图、剖视图、剖面图等方法，把零件的内、外形状和结构完整、准确、清晰地表达出来，即视图简单明了。

2）零件尺寸

确定零件形状、大小、各部分结构相对位置的全部尺寸。要求尺寸标注正确、完整、清晰、合理。

3）技术要求

制造和检验零件时应达到的技术方面的要求。用规定的符号、数字或文字进行说明，如表面粗糙度、尺寸公差、形位公差及热处理等要求。

4）标题栏

零件图的右下角应有标题栏，填写零件的名称、数量、材料、绘图比例、图号及设计、绘图人的姓名、出图日期等内容。

7.2 零件常见的工艺结构

7.2.1 零件结构分析的重要性

零件的结构形状主要由它在部件中的作用而定。而部件具有什么结构、需要哪些零件，又与它本身的功用有关，但有些结构又是由其制造工艺和使用要求设计的。根据这些要求，零件的结构可分为两类：一类为性能结构，即直接影响零件使用性能和工作情况的；另一类为工艺结构，即由材料加工工艺过程决定的。零件设计得合理与否，将直接影响部件的工作性能。因此，在画图前对零件的结构进行分析，是很有必要的。

零件是组成部件的基本单元，对它的结构进行分析，就是要从设计和加工的角度出发，在分析零件在部件中的功能特点、选用材料、加工工序的基础上，充分体现出造型、色彩、材质的美感，运用人机工程学，使零件具有合理、经济的特点。

7.2.2 零件结构分析方法

根据零件在机器（部件）中的功用，可将零件分为包容、支承、传动、定位、密封等类型。对具体的零件，正确分析、认识零件各个部分的功能与作用，是正确、合理表达零件结构的基础。下面以图 7-3 所示的铣床立轴为例，说明零件的主要结构，见表7-1。

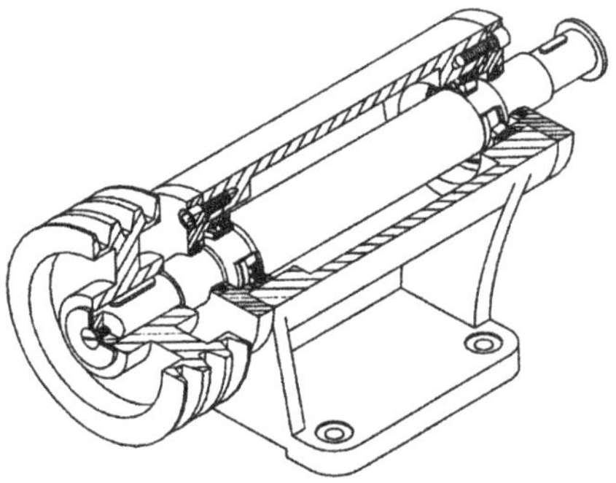

图 7-3　铣床立轴示意图

从表 7-1 的分析可知，零件的结构形状除考虑功能要求外，也要考虑制造加工要求，同时还要考虑使用维修的方便，还应注意，实现某种功用的结构形式不是唯一的，应根据具体情况而定。

表 7-1 零件结构分析

结构形成过程	说　明	结构形成过程	说　明
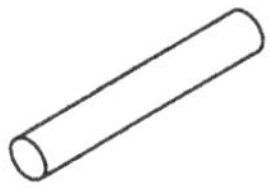	为了支承传动件，加工一轴。其直径等于轴承内径	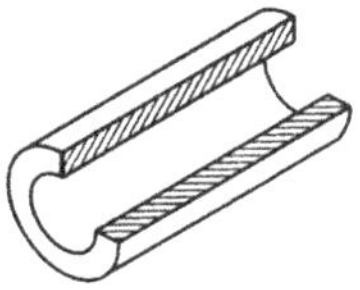	为了支承轴，加工一通孔
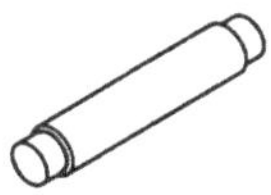	为了固定轴承的轴向位置，同时提高轴的强度，加大中部直径并形成轴肩	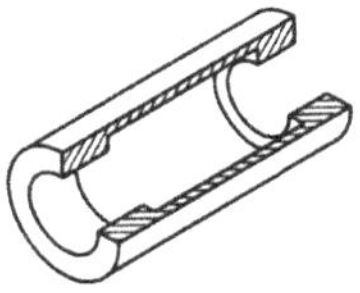	为了减少加工量、节约材料，中间做成较大的空腔
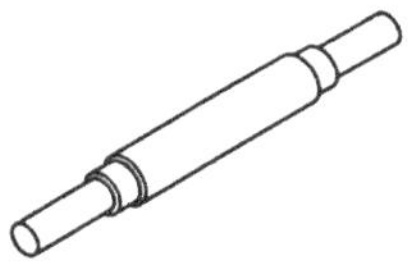	为了安装带轮与铣刀，两端各增加一轴颈	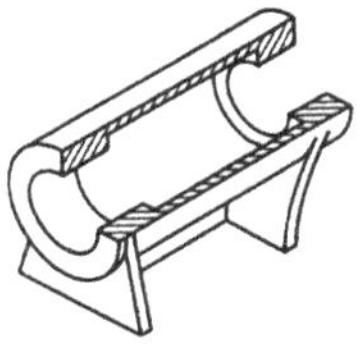	考虑工作、安装及用料，增加支承板
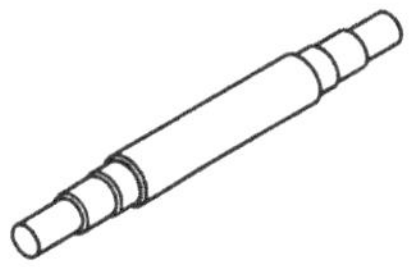	为了固定两端部件，两端各增加一凸肩	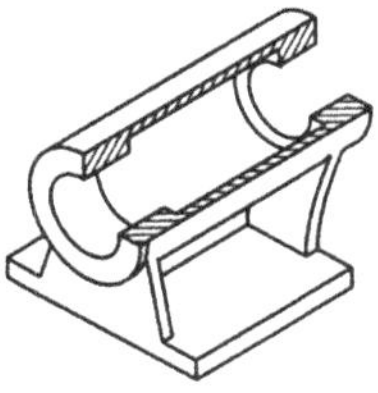	为了便于连接，增加底座
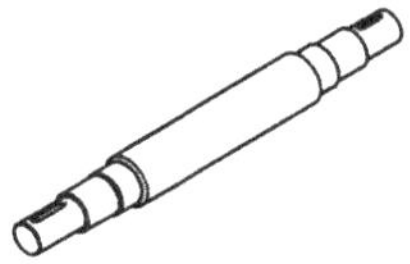	为与带轮及铣刀连接，两端分别开出键槽。为便于安装，加工倒角及其他工艺结构		
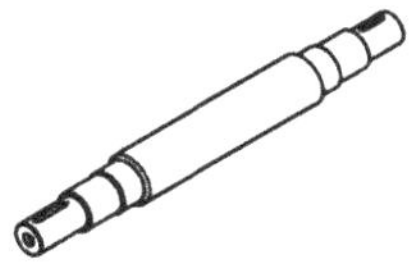	为限制两端部件的轴向运动，分别加工固定挡圈的螺孔	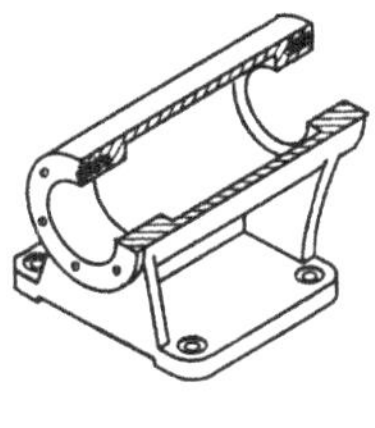	为了与起密封作用的端盖连接，两端各做 6 个螺孔。从工艺方面考虑，还应有铸造圆角、倒角、凹槽等

7.2.3 零件结构的合理性

零件的结构形状除了应满足设计要求外，还应考虑在加工、测量、装配等制造过程中的一系列特点，以满足制造的工艺要求，使零件结构更具合理性。

下面介绍几种常见的工艺结构。

1. 铸造工艺对零件结构的要求

零件的毛坯大都由砂型铸造而成。如图 7-4 所示，零件毛坯是在上砂箱和下砂箱中进行铸造成形的。木模放在下箱位置，砂型造好后，开启上砂箱取出木模，重新盖上上砂箱，将融化的金属液体进行浇铸，最后将浇铸好的毛坯取出。由此铸造工艺对零件结构提出了下列要求。

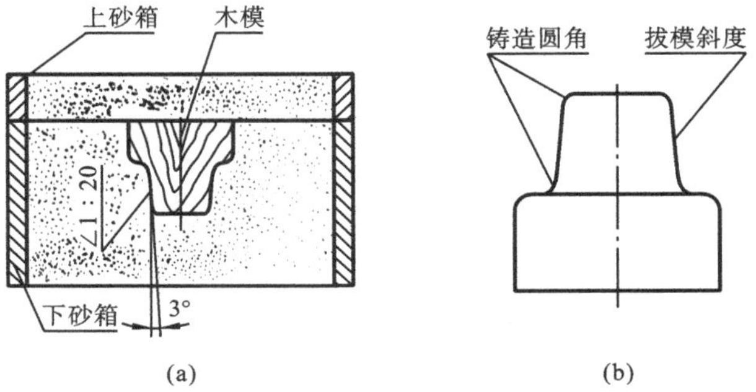

图 7-4 砂箱造型

1）铸造斜度(拔模斜度)

用铸造方法制造的零件称为铸件，制造铸件毛坯时，为了便于在型砂中取出模型，在铸件的内、外壁沿起模方向应设计斜度，此斜度称为拔模斜度。拔模斜度的取值为：木模常取 1°～3°；金属模手工造型时取 1°～2°；机械造型时取 0.5°～1°。拔模斜度较小时，在图样中不一定画出，必要时可在技术要求中注明，如图 7-5(a)所示。若斜度大则应画出，如图 7-5(b)所示。

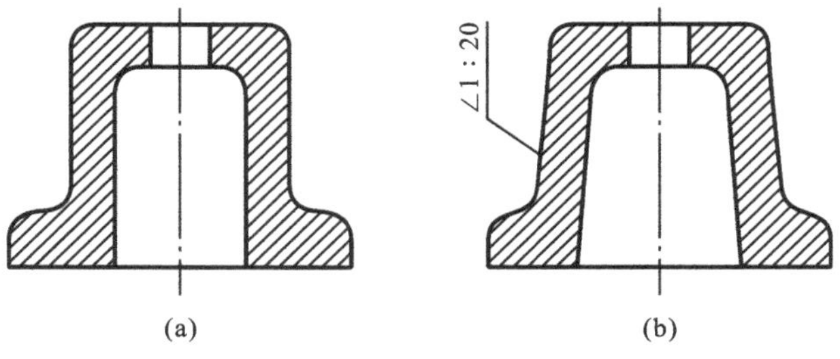

图 7-5 拔模斜度

2）铸造圆角

在铸件毛坯表面的相交处都有铸造圆角，如图 7-6 所示，这样既能方便起模，又能防止浇铸铁水时将砂型转角处冲坏，还能避免铸件在冷却时产生裂缝或缩孔。铸造圆角的半径一般取壁厚的 0.2～0.4，或查阅手册；同一铸件圆角半径的种类尽可能减少；铸造圆角在图上一般不标注，常集中注写在技术要求中。

如图 7-6 所示，铸件毛坯的底面（作为安装底面）需要经过切削加工，这时，铸造圆角就会被削平。

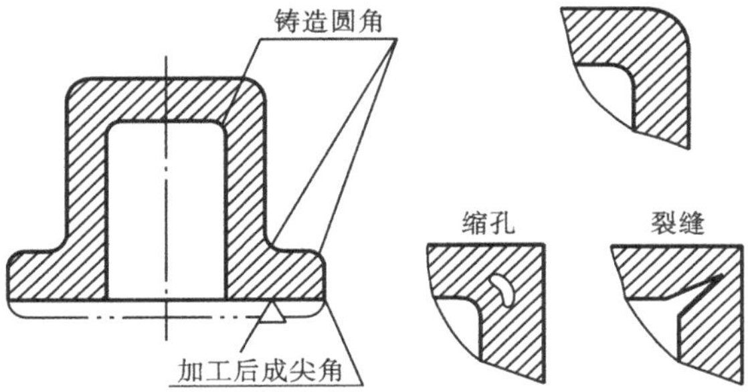

图 7-6　铸造圆角

3）铸造壁厚

在浇铸零件时，为了避免各部分因冷却速度的不同而产生缩孔或裂缝，所以在设计时，铸件的壁厚应均匀变化、逐渐过渡，避免突然变厚或局部肥大，如图7-7所示。

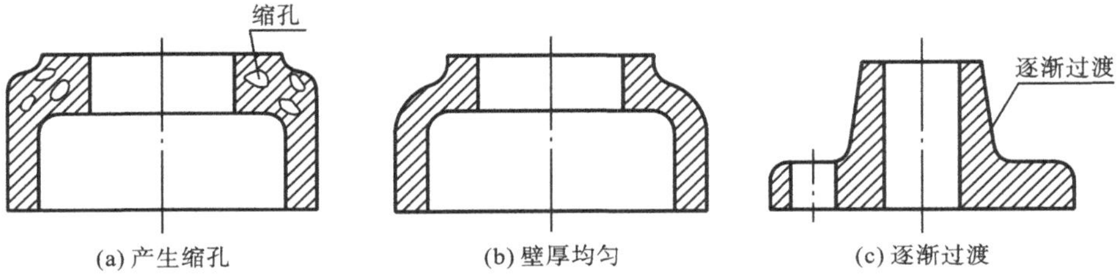

图 7-7　铸造壁厚

2. 机械加工工艺对零件结构的要求

毛坯制成后，一般要经过机械加工做成零件，常见的机械加工工艺对零件结构的要求有下列几种。

1）倒角和倒圆

为了便于安装和操作安全，又可去除零件的毛刺、锐边，在轴、孔的端部，一般都加工成锥面，这种结构称为倒角；为了避免因应力集中而产生裂纹，在轴肩处往往加工成圆角过渡，称为倒圆。如图 7-8 所示，倒角一般为 45°，也允许为 30°或 60°；圆角可查阅有关手册。

图 7-8(a)中 C 表示倒角，图 7-8(b)中 α 为倒角的角度。

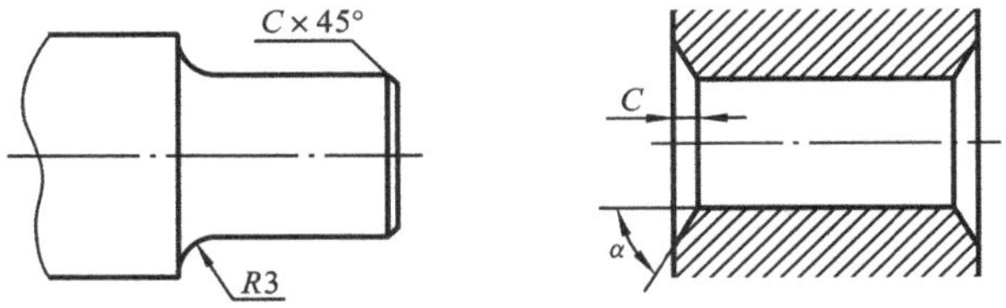

(a) 轴的倒角和倒圆　　(b) 孔的倒角

图 7-8　零件倒角和倒圆

2）退刀槽和砂轮越程槽

切削加工过程中，为了便于退出刀具，以及使相关零件在装配时易于靠紧，加工零件时常要预先加工出退刀槽或砂轮越程槽，如图 7-9 和图 7-10 所示。图中 b 为槽宽，ϕ 为槽的直径，a 为槽的深度。

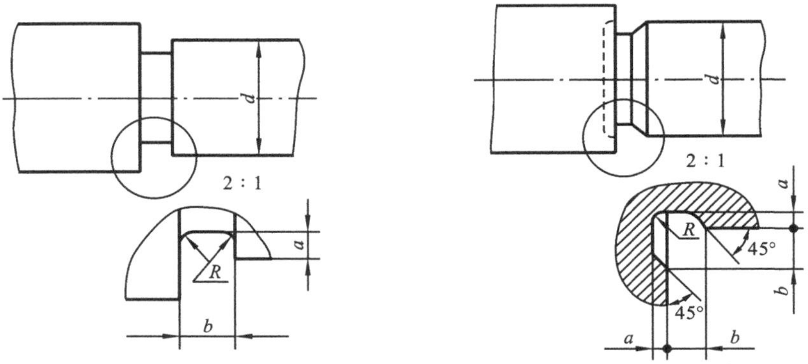

(a)　　(b)

图 7-9　退刀槽和越程槽的形状(一)

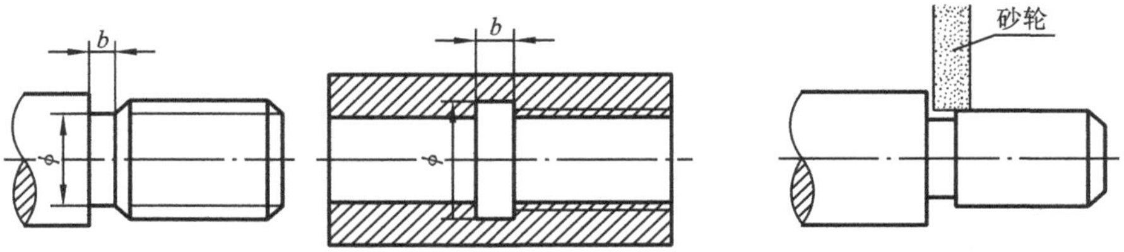

(a) 退刀槽　　(b) 砂轮越程槽

图 7-10　退刀槽和越程槽的形状(二)

3）凸台、凹坑和凹槽

零件中凡与其他零件接触的表面一般都要加工。为了减少机械加工量及保证两表面接触良好，应尽量减小加工面积和接触面积，常用的方法是在零件接触表面做成凸台、凹坑或凹槽，如图 7-11 所示。

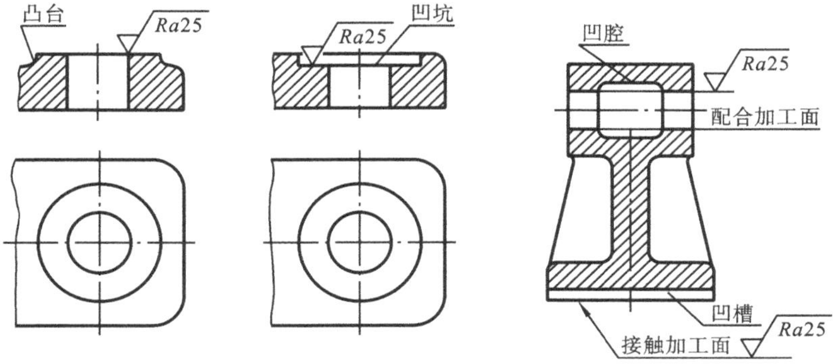

图 7-11　凸台、凹坑及凹槽结构

4）钻孔结构

在零件上钻孔时，如为不通的孔或是由钻头形成的阶梯孔，底部有一个 120°的锥孔。为保证钻孔的准确和避免钻头折断，钻头应尽量垂直于被钻孔的端面，如图 7-12 所示。

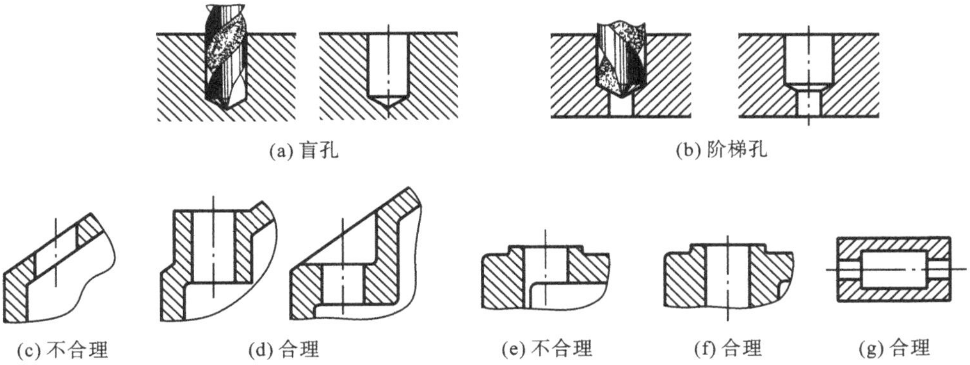

图 7-12　钻孔工艺

3. 过渡线画法

由于零件上铸造圆角的存在，表面相交时产生的相贯线就不很明显，但仍然看得清楚，这种线通常称为过渡线。过渡线画法与相贯线的画法基本相同，只是在表示时有些细小的差别。

（1）当两曲线相交时，过渡线与圆角处不接触，应留有少量间隙，过渡线两端应画得稍尖，如图 7-13 所示。

（2）当两曲线的轮廓相切时，过渡线在切点附近应该断开，如图 7-14 所示。

（3）当三体相交，三条过渡线汇交于一点时，在该点附近应该断开不画，如图 7-15 所示。

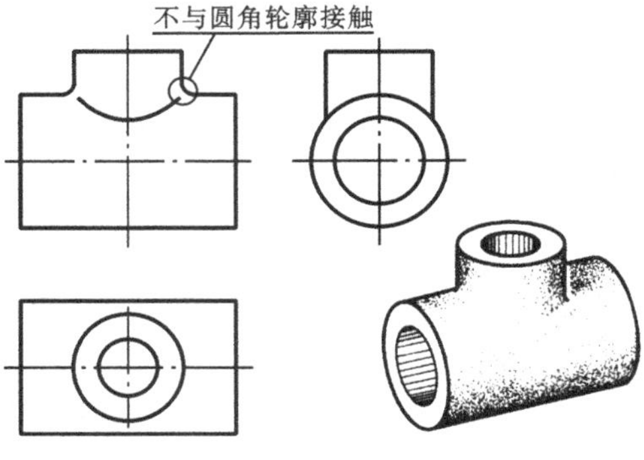

图 7-13　过渡线画法(一)

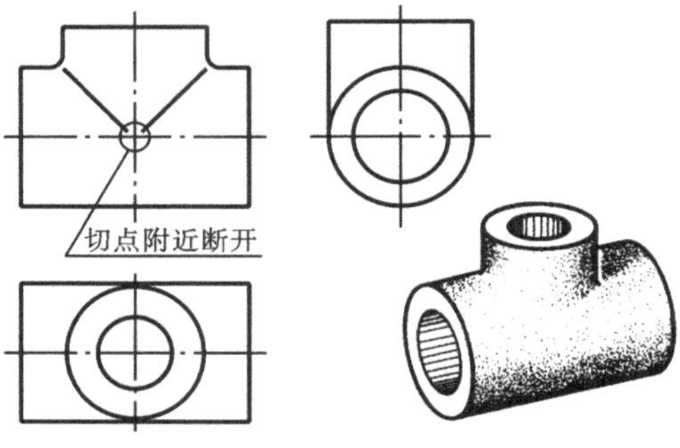

图 7-14　过渡线画法(二)

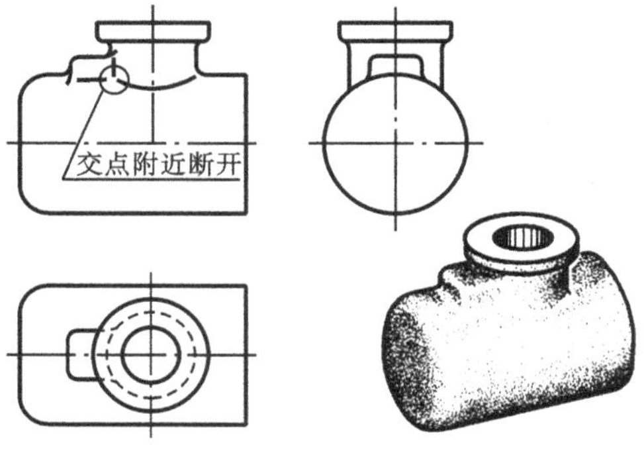

图 7-15　过渡线画法(三)

(4) 在画平面与平面或平面与曲面的过渡线时，应该在转角处断开，并加画过渡圆弧，其弯向与铸造圆角的弯向一致，如图 7-16 所示。

(5) 零件上圆柱面与板块组合时，该处过渡线的形状和画法取决于板块的断面形状及与圆柱相切或相交的情况，如图 7-17 所示。

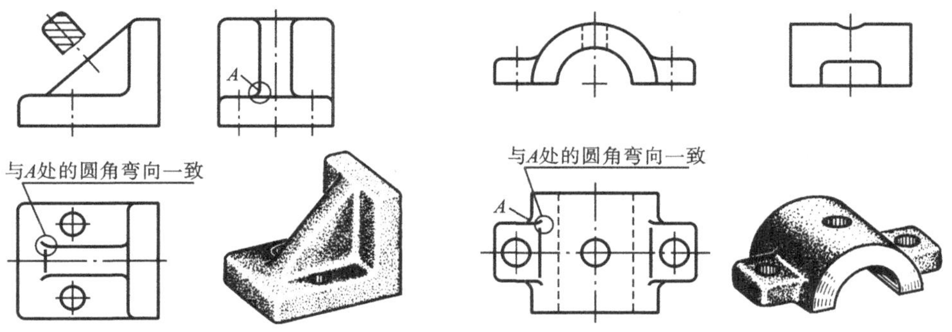

图 7-16　过渡线画法(四)

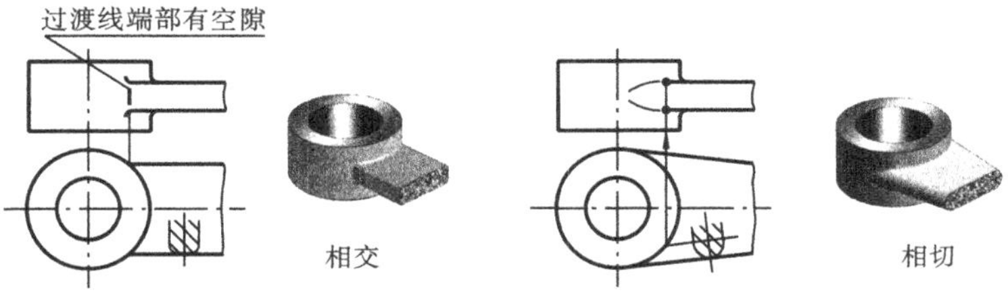

图 7-17　过渡线画法(五)

7.3　零件图表达方案的选择

7.3.1　零件视图选择的要求

零件图上所画的视图需要将零件的形状、结构表达得完全、正确、清楚，符号生产要求和便于看图。因此，对视图选择的要求可归纳为：完全、正确、清楚。

(1) 完全　是指零件各部分的形状、结构要表达完全。

(2) 正确　是指视图间的投影关系及表达方法等要正确。

(3) 清楚　是指所画的图形要清晰易懂。

7.3.2　零件视图选择的过程

零件图的视图选择，应在分析零件结构形状特点的基础上，选用适当的表达方法，完整、清晰地表达出零件各部分的结构形状。视图选择的原则是，首先选好主视图，然后再选配其他视图，以确定表达方案。

1. 主视图的选择

主视图是零件图中最重要的视图，其选择是否合理直接影响到看图、画图是否方便，以及其他视图的选择。因此，在选择主视图时，应考虑以下几个方面。

1）应反映出零件在机器中的工作位置或主要加工位置

一般来说，零件图中的主视图应反映出零件在机器中的工作位置或主要加工位置如轴套、轮盘类零件，其主要加工工序是车削或磨削，通常按这些工序的加工位置选择主视图，如图 7-18 所示。主视图与加工位置一致，有利于加工测量时看图方便。对支架、箱体等形状结构比较复杂的零件，加工部位较多，加工位置不易考虑，这类零件一般按工作位置选择主视图。主视图与工作位置一致，可将零件与机器联系起来，想象它的工作情况，校核形状和尺寸的正确性。

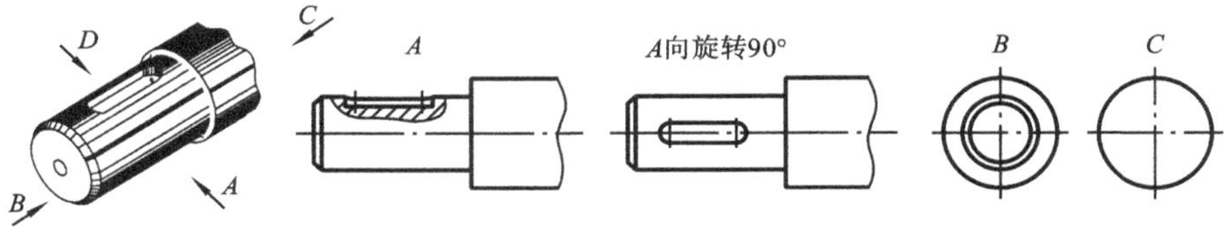

图 7-18　主视图的选择

2）能表达主要结构和各部分相对位置关系

在主视图位置已定的情况下，应从前、后、左、右四个方向选择较明显地表达零件主要结构和各部分之间相对位置关系的一面为主视图。如图 7-18 所示，轴线按加工位置（水平）放置，主视图可以从 A、B、C、D 四个方向分别得到，显然以 A 向或 A 向旋转 90°作为主视图比 B、C 方向的要好。主视图投影方向确定后，还应考虑选用恰当剖视、剖面等表达方法。如图 7-18 中 A 向主视图采用局部剖视图。

2. 其他视图的选择

选择其他视图时，应以主视图为基础，根据零件形状的复杂程度和结构特点，以完整、清晰地表达各部分为线索，优先考虑其他基本视图，采用相应的剖视、剖面等方法，使每个视图有一个表达重点。选择的原则常有互补性、视图简化等原则。

1）互补性原则

其他视图主要用来表达零件在主视图中尚未表达清楚地部分，作为主视图的补充。互补性原则是选择其他视图的基本原则，即主视图与其他视图在表达零件时，各有侧重，相互补充，才能完整、清晰地表达零件的结构形状。

2）视图简化原则

在选用主视图、剖视图、断面图等各种表达方法时，还应考虑画图、看图的方便，力求减少视图数量、简化图形。因此，应广泛采用各种简化方法。

在确定其他图形数量及表达方法时，应注意以下问题。

（1）所选每一视图应具有独立存在的意义，即每一个视图应具有表达的重点内容，避免不必要的细节重复。选择剖视图时用考虑看图方便，而不应使图形复杂化。

(2) 视图上的虚线,应视其有无存在的必要而取舍,尽量避免使用虚线表达物体的轮廓。

(3) 根据零件的结构特点,选用合适的表达方法。表达方法运用恰当,可减少视图的数量。另外,尺寸标注也可减少视图的数量。

综上所述,一个好的表达方案应该是图形简明、清晰,零件的表达既正确又完整。在选择时,必须将上述原则及注意问题有机地结合起来,进行表达方案对比,从中选择最佳方案。

7.3.3　几种典型零件的视图表达方案

在生产中零件的形状是千变万化的,但就其结构特点来分析,大致可分为:轴套类、轮盘类、叉架类、箱体类、薄板冲压件及镶嵌类零件等。

下面结合典型例子介绍这几类零件的视图表达方法。

1. 轴套类零件

1) 作用

轴套类零件一般用来支承传动件、传递动力和起轴向定位的作用。

2) 结构特点

这类零件多由若干段回转体组合而成,轴上常见轴肩、键槽、螺纹退刀槽、砂轮越程槽、倒角、倒圆等结构,主要加工方法是车削和磨削,如图 7-19 所示。

3) 视图选择

(1) 主视图的选择　轴套类零件一般在车床上加工,主视图按加工位置(轴线水平)放置,以垂直轴线方向作为主视图的投影方向。它不仅表达了轴的结构特点,并使其符合车削、磨削加工位置,便于加工看图的方便,如图 7-19 所示。

若在实心轴,可不采用剖视,如图 7-19(a)所示;但对轴上局部、内部结构可采用局部剖视,如图 7-19(b)中用局部剖视图反映键槽的长度和深度;若为空心

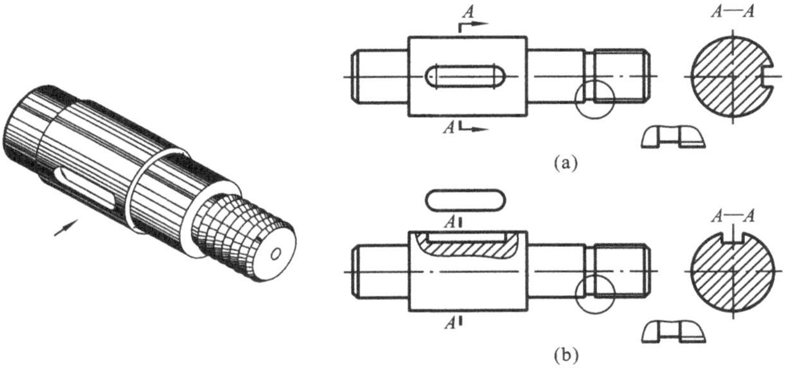

图 7-19　轴的视图选择

轴，则一般采用全剖视表达其内部结构。

(2) 其他视图的选择　轴上的局部结构，一般采用剖面图、局部视图、局部放大图来表示。如图 7-19 中 A—A 剖面图来表示轴上键槽的深度和宽度，用局部视图表示键槽形状如图 7-19(b)所示，用局部放大图表示退刀槽的结构。

在注出 ϕ 的情况下，左视图可省略不画。

根据轴套类零件的结构特点，采用以上方法，一般能将这类零件的结构表达完整。

2. 轮盘类零件

1) 作用

轮盘类零件包括：手轮、齿轮、法兰盘、端盖等。轮一般用来传递动力和扭矩，盘主要起支承、定位和密封作用。

2) 结构特点

这类零件的主要结构是由同一轴线的回转体组成，轴向尺寸较小，径向尺寸较大，为了与其他零件连接，其上常有螺孔、键槽、凸台、轮辐等结构，多以车削加工为主，如图 7-20(a)所示。

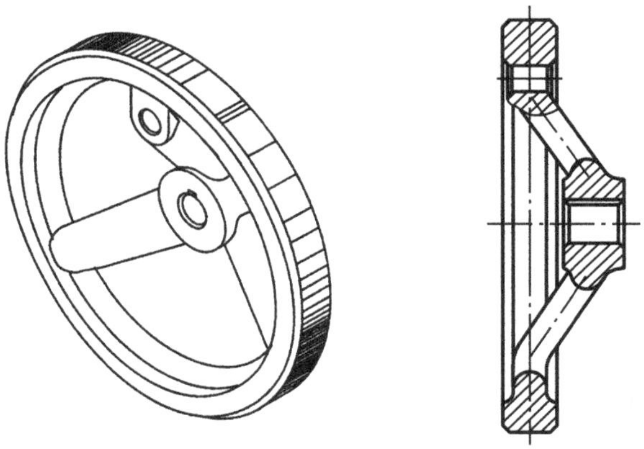

(a)　(b)

图 7-20　手轮

3) 视图选择

(1) 主视图选择　轮盘类零件主视图一般按加工位置(轴线水平)放置，选择垂直轴线的投影方向画主视图。为了表达内部结构，主视图常采用剖视图。

图 7-21 所示，左视图采用全剖视图清楚地表达了轮缘、轮毂、轮辐及键槽等结构形状，为了表示装手柄的圆孔，主视图中又采用了局部剖视；而图 7-22 主视图则表达了密封槽、阶梯孔的穿通情况。主视图中，它们的整体特点很明显地被表达出来。

一些不以车削为主要加工的轮盘类零件，主视图可按形状特征和工作位置

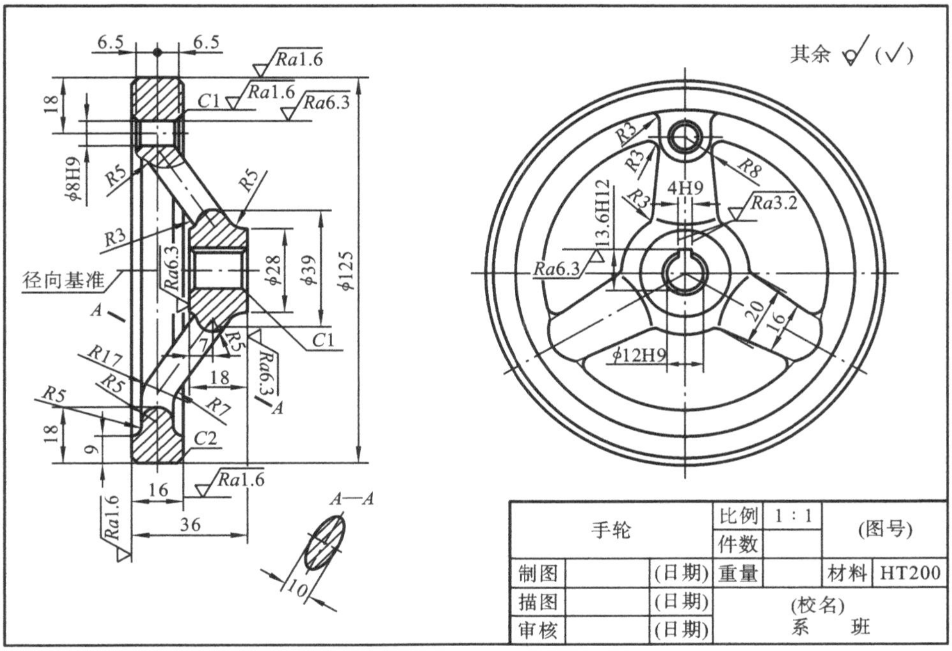

图 7-21　手轮零件图

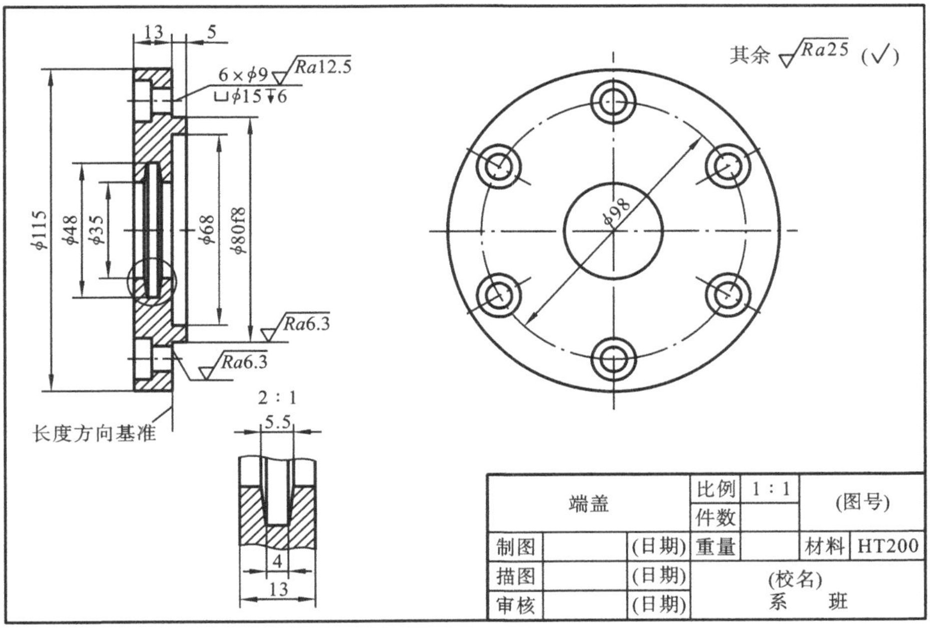

图 7-22　端盖零件图

来考虑。

(2) 其他视图的选择　其他视图的确定须根据零件结构的复杂程度而定，如图 7-21 所示，选择用 $A—A$ 剖面表示轮辐的断面形状。而在图 7-22 中则选择左视图将阶梯孔的数量及其分布情况进行说明。轮盘类零件一般用两个基本视图来表达。

3. 叉架类零件

1）作用

叉架类零件包括各种用途的拨叉和支架。拨叉主要起操纵调速的作用，支架主要起支承和连接的作用。

2）结构特点

这类零件的结构形状差别很大，但一般都由支承部分、工作部分和连接部分所组成。连接部分多是肋板结构，同时起增加强度的作用；支承、工作部分结构也较多样化，常见的有圆孔、油槽、螺孔等。

它们的毛坯多为铸造或锻造件，支承、工作部分再经机械加工而成。

3）视图选择

(1) 主视图的选择　由于这类零件结构形式比较复杂，加工工序又较多，加工位置经常变化，因此，通常按其工作位置放置，且选择反映形状特征的一面作为主视图。如图 7-23 所示的拨叉，它在机器工作时不停地摆动，没有固定的工作位置，为了画图方便，一般都把零件主要轮廓放置成垂直或水平位置，主视图采用局部剖视图，既表达了拨叉各部分之间的相对位置和局部的形状，又反映了螺孔、阶梯孔的穿通情况。

(2) 其他视图的选择　叉架类零件往往还需要用一些基本视图和辅助视图来表示各组成部分的形状和相对位置。如图 7-23 所示，添加左视图并采用局部剖视图，表示拨叉的宽和支承、工作部分的通孔、键槽深度；连接部分的渐变，用剖面表示其形状。由于有一倾斜结构，为了反映它的实形和与支承部分的相对位置，还须添加 A 向局部斜视图作补充说明。

从上面的分析可知，叉架类连接常常要两个或两个以上的基本视图，对其上弯曲、扭斜的结构，选用平面、局部视图、斜视图等方法表达。

4. 箱体类零件

1）作用

这类零件主要是机器（或部件）的外壳或座体，因此它起着支承、包容和密封其他零件的作用。

2）结构特点

这类零件结构形状比较复杂，一般内部有较大的空腔，还有肋板、凸台、螺孔等结构。

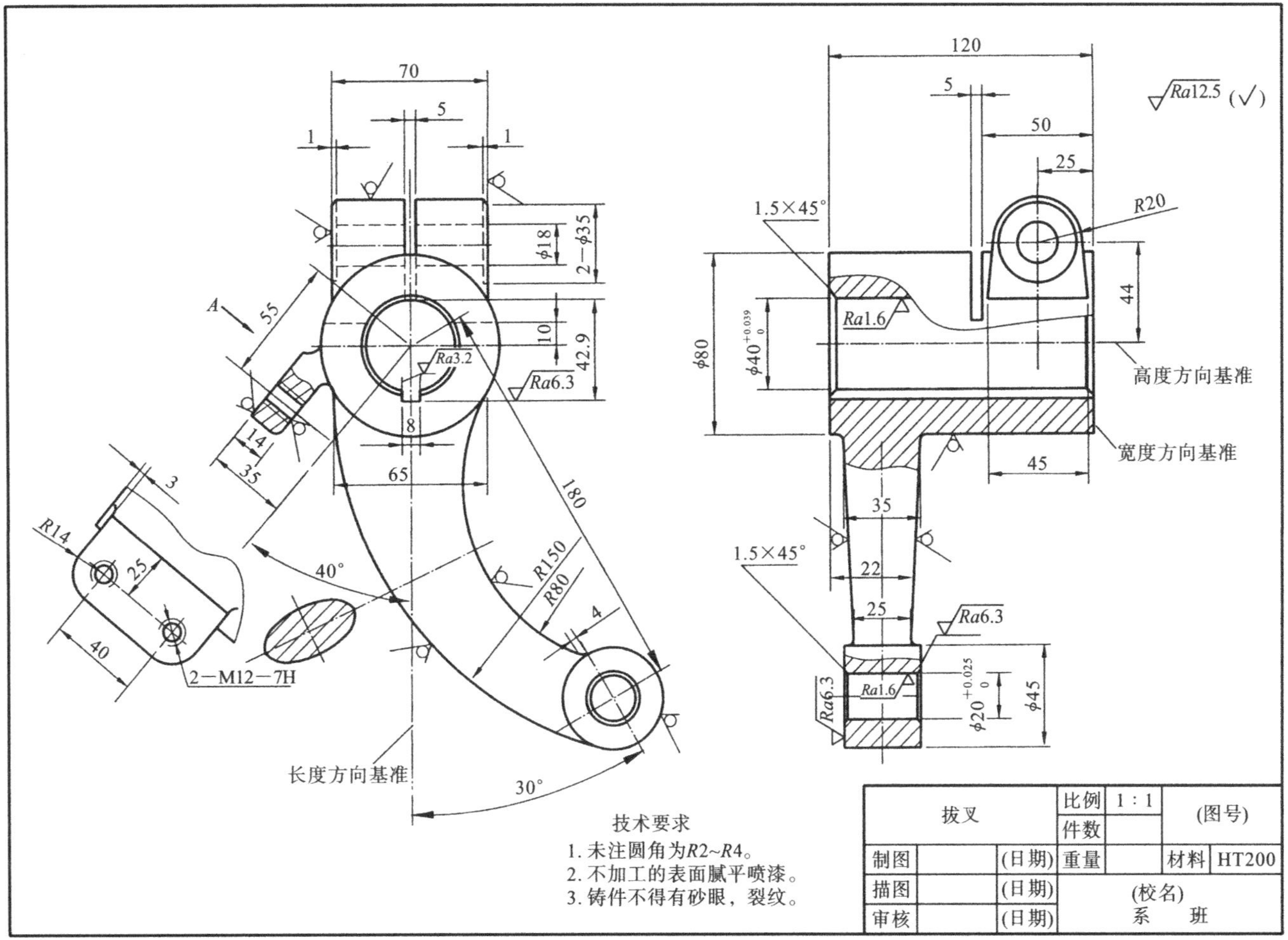
Ra12.5 (√)
高度方向基准
宽度方向基准
长度方向基准
A
R20
R14
R150
R80
180
1.5×45°
1.5×45°
2—M12—7H
2—ϕ35
ϕ18
ϕ80
ϕ45
Ra1.6
Ra1.6
Ra3.2
Ra6.3
Ra6.3
Ra6.3
技术要求
1. 未注圆角为R2~R4。
2. 不加工的表面腻平喷漆。
3. 铸件不得有砂眼，裂纹。
拨叉
比例 1∶1
件数
(图号)
制图 (日期)
重量
材料 HT200
描图 (日期)
审核 (日期)
(校名)
系 班

图 7-23 拨叉零件图

如图 7-24 所示的减速箱体由底板、壳体、套筒三个主要部分组成，此外还有凸台、肋板等结构。壳体的空腔包容蜗轮，轴承座支承轴承和蜗杆，凸台是由加工工艺要求所决定的。

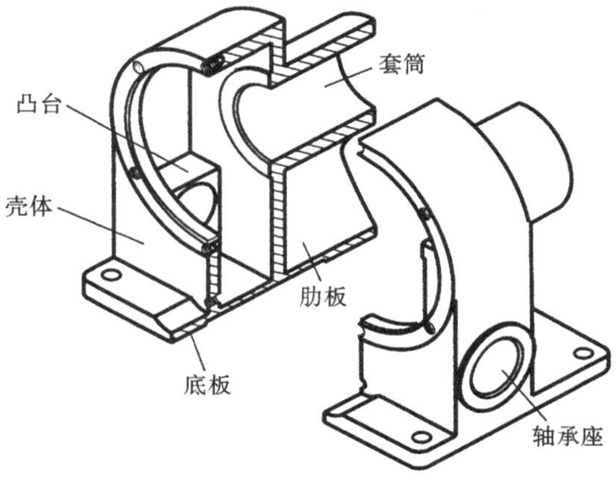

图 7-24　箱体轴测图

箱体类零件的毛坯多为铸造件。

3）视图选择

（1）主视图的选择　箱体类零件加工时要经过多道工序，各工序零件所处的位置不一，加工位置多样，不便于考虑。但箱体在机器中的工作位置是固定不变的，因此常根据箱体类零件的工作位置和形状特征来选择主视图。为了表达箱体类零件内部结构，主视图一般采用剖视图。根据箱体的复杂的程度、对称情况可选用全剖、半剖、局部剖。如图 7-25 所示，主视图采用全剖视，表达箱体内部结构和各组成部分的相对位置。

（2）其他视图的选择　由于箱体类零件的内、外形状较为复杂，在选择其他视图时，应加以比较、分析，结合主视图，在表达完整、清晰的前提下，优先考虑选择基本视图，灵活应用各种表达方法。一般采用单一的或阶梯的全剖视图来表示零件的内部结构，也可采用局部剖视图和半剖视图同时表达内、外部的结构等。在图 7-25 中，为了表达端面螺孔的分布情况和蜗杆轴孔的结构，选择左视图并采用局部剖；选择俯视图并作 C—C 半剖视图，反映箱体内外关系、底部形状和安装孔的分布情况；在另外三个局部视图中：H 向视图反映凸缘上螺孔的分布，G 向、F 向视图反映各处的形状；另外在主视图中用重合剖面反映肋板的形状。

通过上述分析，可以看到箱体类零件的视图一般都在三个视图以上。

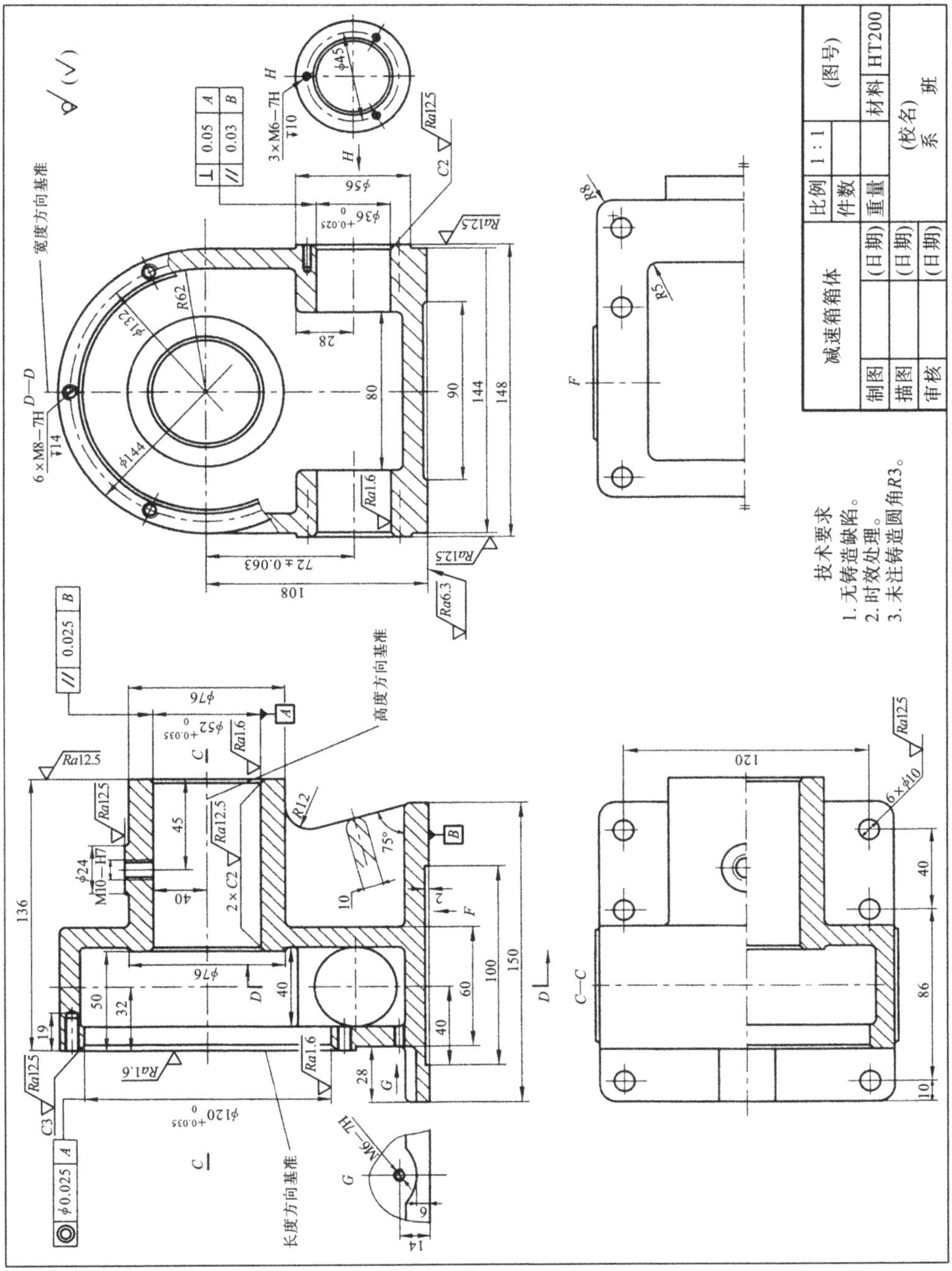
宽度方向基准
高度方向基准
长度方向基准
D—D
C—C
技术要求
1. 无铸造缺陷。
2. 时效处理。
3. 未注铸造圆角R3。
减速箱箱体
比例 1:1
件数
重量
材料 HT200
(图号)
制图 (日期)
描图 (日期)
审核 (日期)
(校名)
系 班

图 7-25 减速箱零件图

7.3.4 表达方案分析

对零件进行分析、选择表达方案时，即使是同一个零件，也可以有不同的表达方案。应在多种表达方案中进行分析比较，然后选择最佳表达方案。

例 7-1 选择图所示减速箱箱体零件的表达方案。

分析

图 7-26 所示为减速箱箱体，其上部结构的中空部分为四棱柱腔体，支承轴和容纳蜗轮蜗杆等零件，所以腔体四壁均有若干安装轴承的孔，如图 7-26(a)所示。为了润滑和冷却，腔体内存有润滑油，所以箱体右壁上设有注油孔和放油孔，如图 7-26(b)所示。箱体通常与机座装配在一起，所以它的下部底板上有四个安装孔。

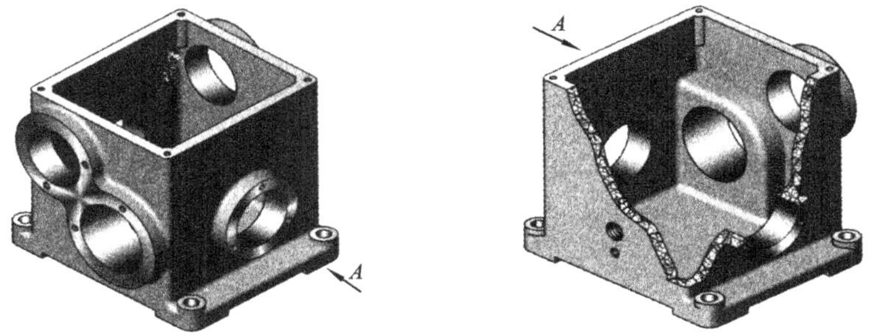

(a) 外形　　(b) 旋转180°后画出

图 7-26 减速箱箱体内、外形状轴测图

该箱体的外部形状前后相同，左右各异。内部结构前后也基本一致，左右各异。箱体的两种表达方案如图 7-27、图 7-28 所示。

方案一

如图 7-27 所示是减速箱箱体表达方案之一，选择了三个基本视图和两个局部视图。主视图按工作位置以 *A* 向为投影方向画出，采用过轴线 *A*—*A* 局部剖，主要表达箱体的内外结构、轴承孔和凸台形状，以及箱体前面的螺孔位置。左视图采用 *B*—*B* 阶梯剖，表达凸台的结构和凸缘的形状。俯视图采用局部剖，反映轴承孔的结构。

方案二

如图 7-28 所示是箱体表达方案之二，选择了三个基本视图、三个局部视图和一个局部剖视图。与方案一不同的是主视图以 *B* 向为投影方向，左视图采用 *B*—*B* 全剖视，主要表示轴承孔、凸台、箱体宽度方向的形状，以及底板的结构形状，用 *C*—*C* 局部剖表示凸台的形状，用 *D* 向局部视图表示箱壁两螺孔的相对位置。

分析比较箱体的两种表达方案，不难看出，方案一中三个基本视图均采用局

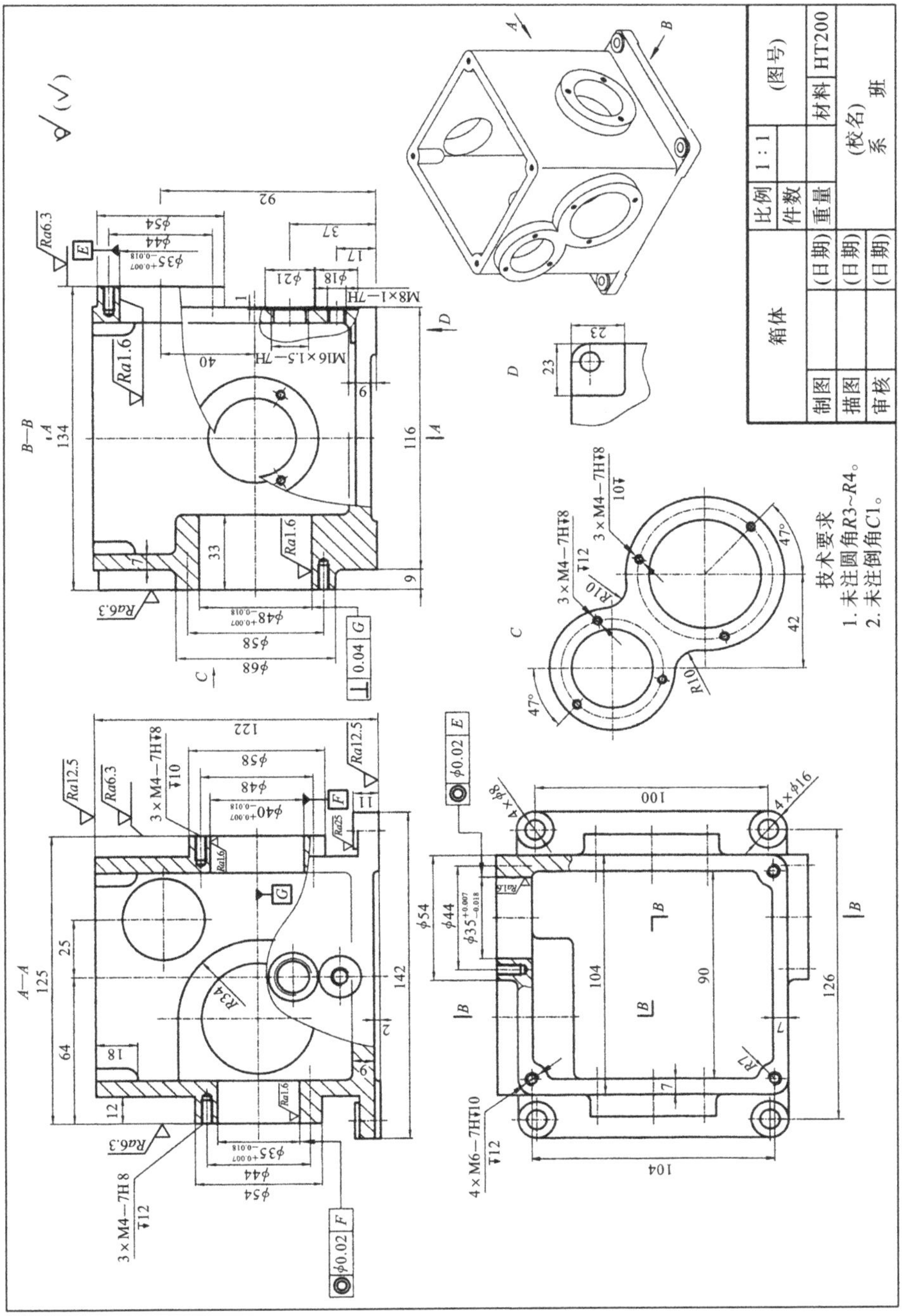

图 7-27　减速箱箱体表达方案一

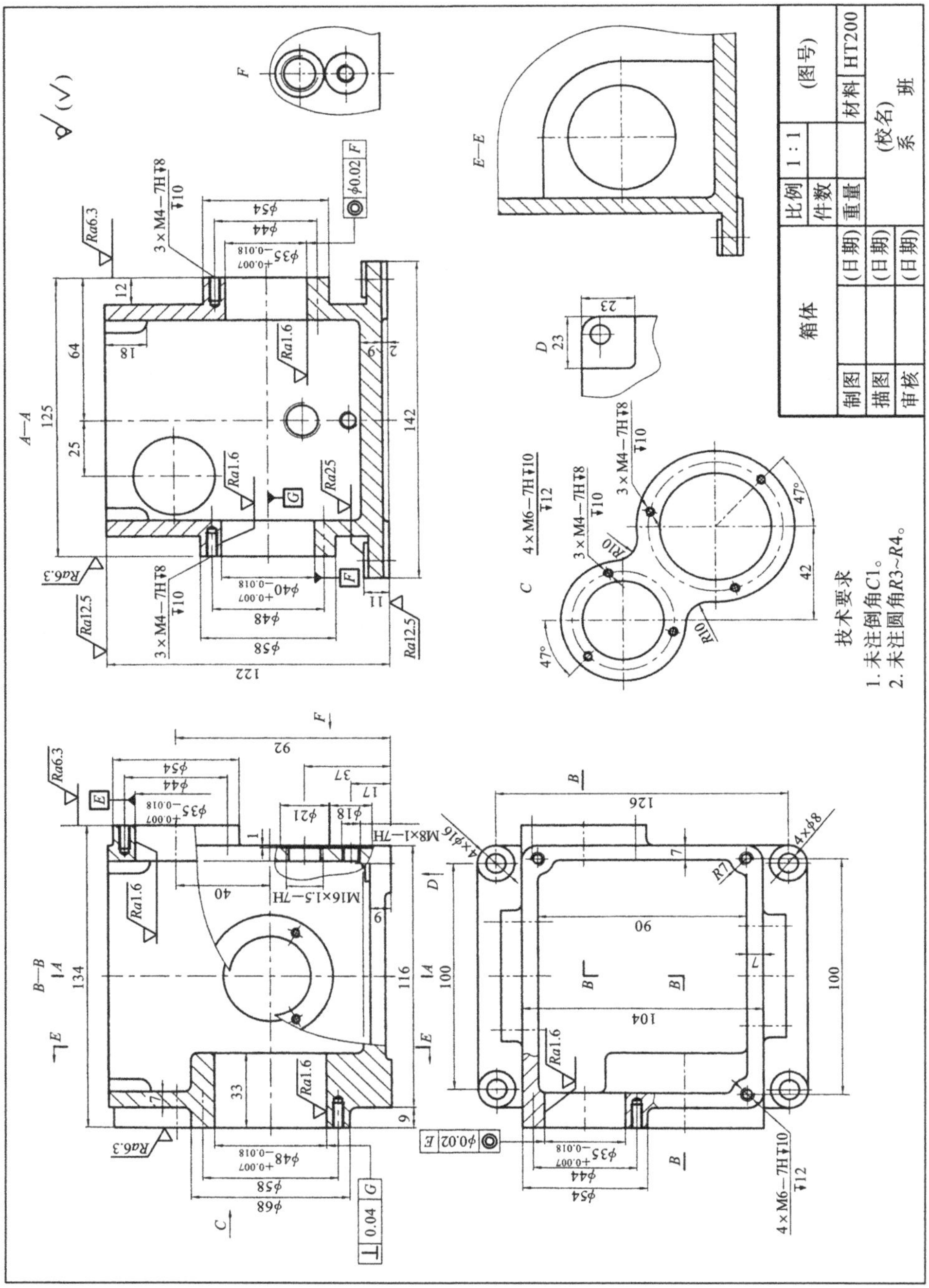

图 7-28 减速箱箱体表达方案二

部剖视，表达箱体外形部分所占比例较大，削弱了对箱体主要形状的表达。而方案二用局部视图表达外形，以全剖、局部剖视图表达箱体内部结构，局部视图则表达箱体的细部结构，它抓住了以表达箱体内部结构形状为主的特点，因此，该表达方案较好。

7.4 零件图的尺寸标注及技术要求

尺寸是零件图的主要内容之一，在零件图上标注尺寸，除了应满足完整、正确、清晰等要求外，还应标注得合理。

尺寸标注的合理性主要是指：既能满足设计要求，又能方便加工测量。

7.4.1 主要尺寸和非主要尺寸

凡直接影响零件使用性能和安装精度的尺寸称为主要尺寸，主要尺寸包括零件的规格性能尺寸、有配合要求的尺寸、确定零件之间相对位置的尺寸、连接尺寸、安装尺寸等，一般都有公差要求。

仅满足零件的机械性能、结构形状和工艺要求等方面的尺寸称为非主要尺寸。非主要尺寸包括外形轮廓尺寸，无配合要求的尺寸、工艺要求的尺寸如退刀槽、凸台、凹坑、倒角等，一般都不注公差。

7.4.2 尺寸基准

零件上的某些点、线、面可用于零件在机器中或加工测量时的定位，这些点、线、面是以尺寸决定它们与其他几何元素之间关系的，成为尺寸基准，即标注尺寸的起点。根据基准在生产过程中的作用不同，一般可分为：设计基准和工艺基准两类。

1. 设计基准

设计基准是指根据零件在机器中的作用和结构特点，为保证零件的设计要求而选定的一些基准。从设计基准出发标注尺寸，可以直接反映设计要求，能体现零件在部件中的功能。它一般是用来确定零件在机器中准确位置的接触面、对称面、回转面的轴线等。如图 7-29 所示的端面Ⅰ是主动齿轮轴轴向设计基准，端面Ⅱ是泵体长度方向的设计基准。在部件装配时它们又体现为装配基准。

2. 工艺基准

工艺基准是指在加工或测量时，确定零件相对机床、工装或量具位置的面、线或点。从工艺基准出发标注尺寸，可直接反映工艺要求，便于操作和保证加工和测量质量。

在标注尺寸时，最好能把设计基准和工艺基准统一起来，这样，既能满足设计要求，又能满足工艺要求。如图 7-30 所示齿轮轴的Ⅰ是设计基准，在加工时又

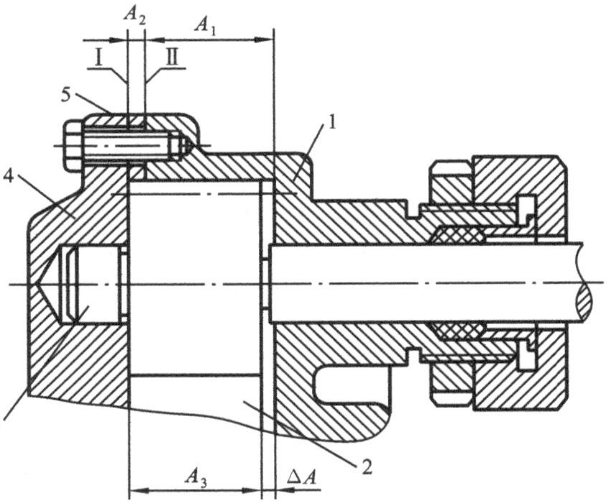

图 7-29　主动齿轮轴轴向设计基准

1—泵体；2—从动齿轮轴；3—主动齿轮轴；4—泵盖；5—垫片

是工艺基准。当设计基准和工艺基准不能统一时，主要尺寸应从设计基准出发标注。如图 7-31 中齿轮宽度为 25。

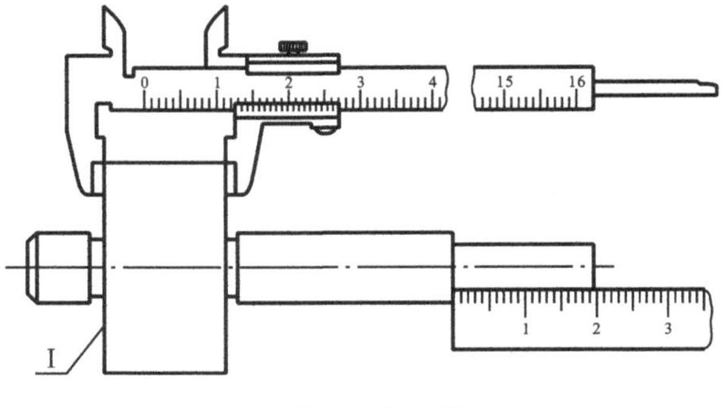

图 7-30　齿轮轴

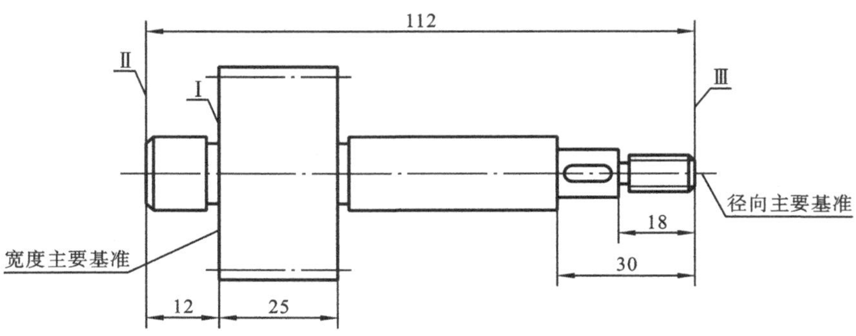

图 7-31　主要基准和辅助基准

3. 主要基准和辅助基准

零件在长、宽、高三个方向上各有一个至几个尺寸基准。一般在三个方向上各选一个设计基准作为主要尺寸基准，其余的尺寸基准是辅助尺寸基准。如图 7-31 所示，沿齿轮宽度方向上，端面Ⅰ为主要基准，端面Ⅱ、Ⅲ为辅助基准。辅助基准与主要基准之间应有尺寸联系，以确定辅助基准的位置，如尺寸 12、112。

4. 尺寸基准的选择

如图 7-32 所示的轴承挂架，工作时两个固定在机器上的轴承挂架支承着一根轴（图 7-32(a)仅画出一个挂架），两个轴承挂架的轴孔轴线应精确地处于在同一条轴线上，才能保证轴的正常转动；两挂架轴孔的同轴度在高度方向上由轴线与水平安装接触面间的距离尺寸 60 保证，在宽度方向上靠两连接螺钉装配时调整。因此，选择挂架的水平安装接触面Ⅰ为高度方向上的主要基准如图 7-32(b)所示，以此基准标注了高度方向上的尺寸 60、14 和 32；宽度方向的主要基准选择了对称面Ⅱ，以此基准标注了宽度尺寸 50 和 90；选择安装接触面Ⅲ为长度方向的主要基准，以此基准标注了尺寸 13 和 30。

这样，三个方向的主要基准Ⅰ、Ⅱ、Ⅲ都是设计基准。Ⅰ又是加工 $\phi20$ 和顶面的工艺基准，Ⅱ是加工两个螺钉孔的工艺基准，Ⅲ又是加工平面 D 和 E 的工艺基准。

考虑到某些尺寸要求不高或测量方便，可选用端面 E 和轴线 F 作为辅助基准，以 E 为辅助基准标注尺寸 12、48，以 F 辅助基准标注尺寸 $\phi20^{+0.024}_{+0}$。此时，辅助基准 E、F 与主要基准尺寸之间联系尺寸是 30 和 60。

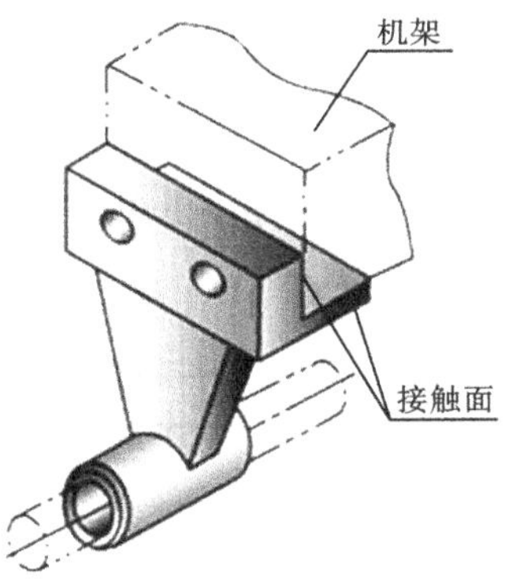

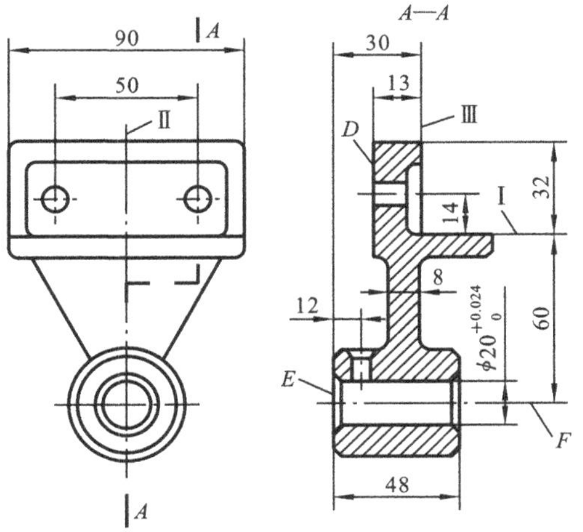

图 7-32 轴承挂架

7.4.3 尺寸链

根据尺寸在图中的形式，归纳为以下三种。

(1) 坐标式　零件图上同一方向的尺寸，都从同一基准面注起，尺寸误差互不影响，如图 7-33(a)所示。

(2) 链状式　零件图上同一方向的尺寸，彼此首尾相接，前一尺寸的终点，即为后一尺寸的起点，此时尺寸互为基准，形成链状，如图 7-33(b)所示。

(3) 综合式　零件图上同一方向的尺寸标注既有坐标式又有链状式，是前面两种形式的综合，如图 7-33(c)所示。

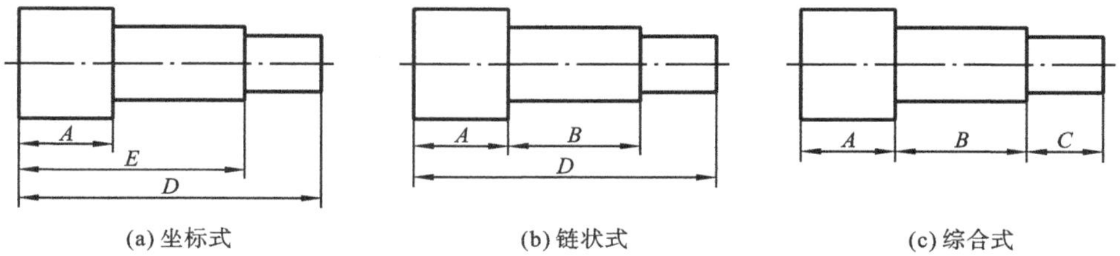

图 7-33　尺寸标注形式

7.4.4 尺寸的合理标注

1. 考虑零件的设计要求

对零件上的重要尺寸，应从设计基准直接注出，以便优先保证重要尺寸的精确性。如图 7-34 所示的轴承座，为了保证轴装入轴承座后两端高度相同，轴承座孔的中心到底面的距离很重要，所以应从设计基准(底面)直接注出，如图 7-34(a)所示。

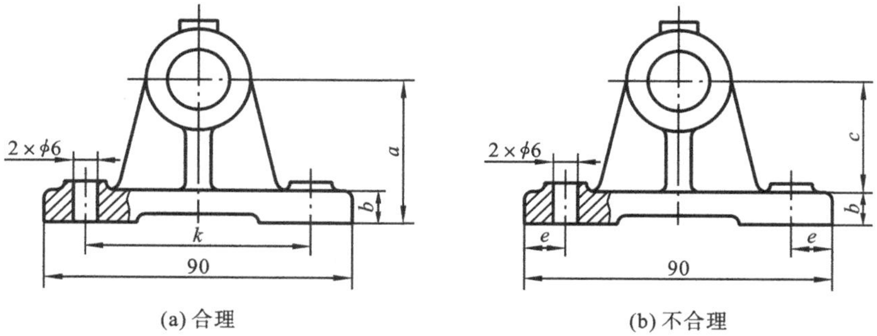

图 7-34　尺寸的合理标注

若采用图 7-34(b)的标注方式，尺寸 b 的误差为尺寸 a、e 的误差和，难以保证尺寸 b 的精确性。同理，安装孔的尺寸 c 应从设计基准(对称面)直接注出。

2. 避免封闭的尺寸链

零件上同一方向的尺寸如图 7-35(a)所示，各段长分别为 d、c、b，总长为 a。它们的尺寸排列为链状，且首尾相接，形成封闭的尺寸链。

在加工零件的各段长度时，总会有一定的误差，为了保证设计要求和工艺上的可能，应允许尺寸有一定的变动范围。如果以尺寸 a 作为封闭链，则尺寸的误差是 d、c、b 各段误差的总和。若要保证尺寸 a 在一定的误差范围内，就应减小 d、c、b 各段的误差，使尺寸 d、c、b 各段的误差总和不能超过 a 的允许误差值，从而提高了生产成本。因此，通常将尺寸链中某一最不重要的尺寸不标注，形成开口环，如图 7-35(b)所示，使制造误差都集中在这个尺寸上，既保证了重要尺寸，又便于加工制造。

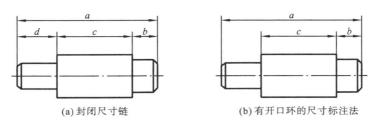

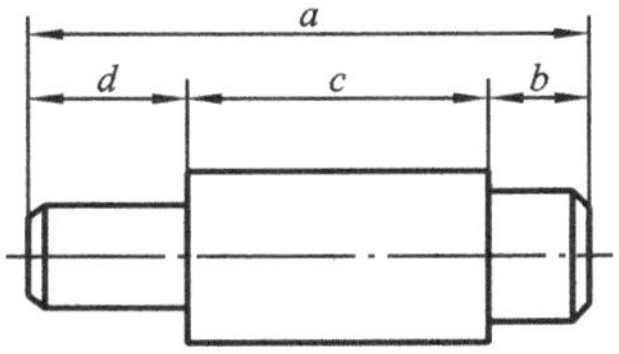

(a) 封闭尺寸链

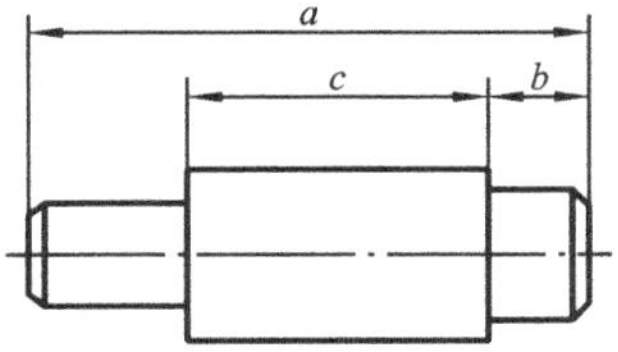

(b) 有开口环的尺寸标注法

图 7-35　应避免注成封闭尺寸链

3. 考虑零件的加工工艺

1) 按加工顺序标注尺寸

图 7-36 所示为一轴的加工顺序，在长度方向上，47 为重要尺寸，应从设计基准直接注出，其余尺寸加工顺序标注，便于加工和测量。

2) 按加工方法标注尺寸

一个零件往往需要经过几种不同的加工方法才能制成。不同加工方法所用的尺寸要分开标注，并尽可能地将其集中在一起。

图 7-37(a)所示为轴承盖，其半圆孔是与轴承座的半圆孔合在一起后加工出来的。因此应注 $\phi50^{+0.039}_{+0}$ 和 $\phi50$，而不注半径。图 7-37(b)中的夹紧块板圆槽是使用圆形铣刀加工而成的，为了便于选取刀具，应注出圆弧直径 $\phi60$ 和铣刀的中心位置 40、5。

3) 考虑测量方便

标注尺寸时要考虑测量方便，尽量做到使用普通工具就能直接测量，以减少专业量具的设计和制造。如图 7-38 所示，在加工阶梯孔时，一般先加工小孔，然后依次加工大孔。因此，在标注轴向尺寸时，应从端面注出大孔的深度，以便于测量。

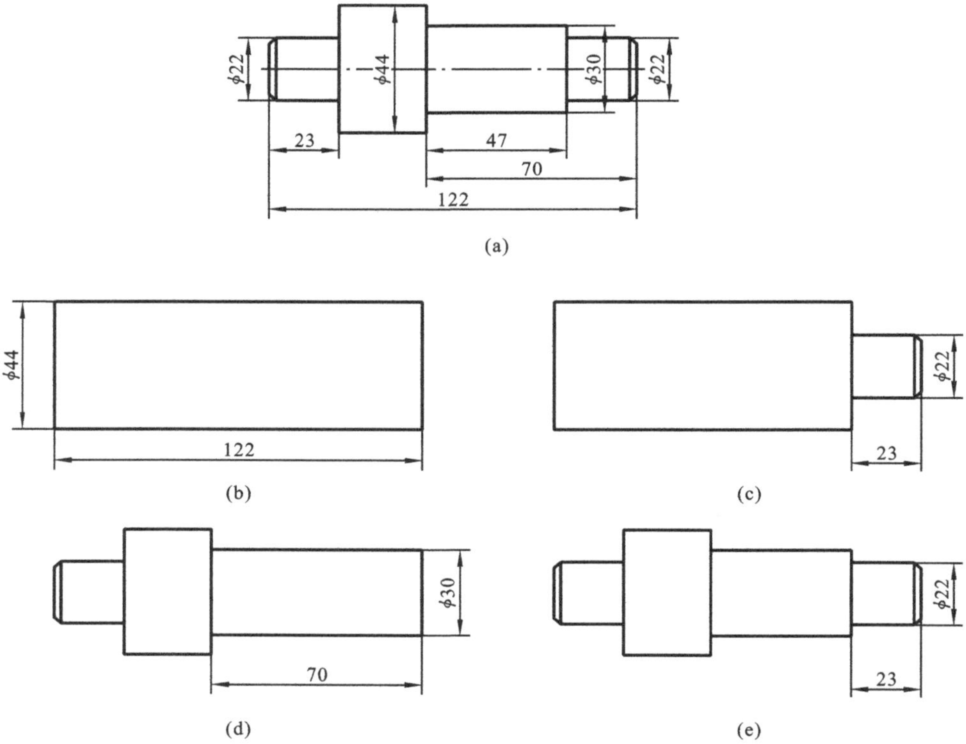

图 7-36　按加工顺序标注尺寸

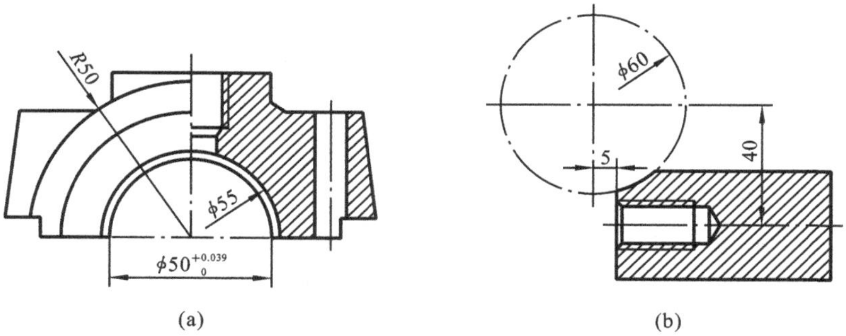

图 7-37　按加工方法标注尺寸

4）加工面和非加工面尺寸标注

对于铸造或锻造零件，同一方向上的加工面和非加工面应各选择一个基准分别标注有关尺寸，并且两个基准之间只允许有一个联系尺寸。如图 7-39(a)所示，零件的非加工面由一组尺寸 M_1、M_2、M_3、M_4 相联系，加工面由另一组尺寸 L_1、L_2 相联系。加工基准面与非加工基准面之间只用一个尺寸 A 相联系。如图

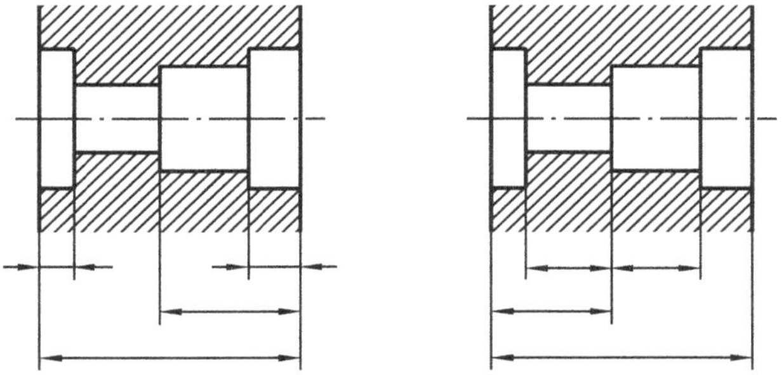

(a) 合理　　　　(b) 不合理

图 7-38 便于测量

7-39(b)所标注的尺寸是不合理的。

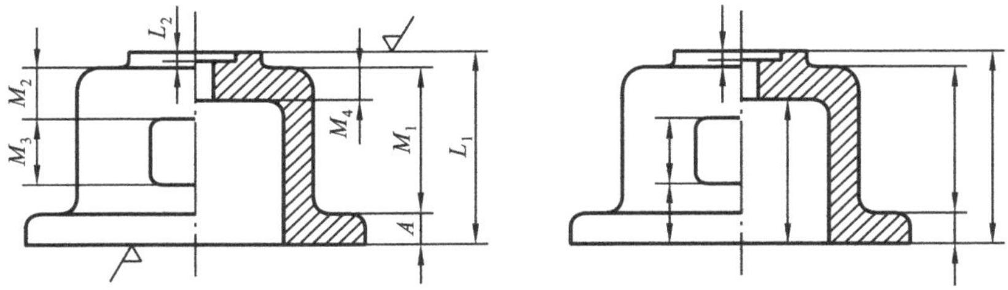

(a) 合理　　　　(b) 不合理

图 7-39 加工面和非加工面尺寸标注

4. 常见结构要素尺寸标注

零件上常见结构要素如各种孔、倒角、倒圆角、退刀槽、砂轮越程槽等的尺寸标注见表 7-2。在合理标注尺寸的同时，还要认真执行国家标准中的有关规定。

表 7-2 零件常见典型结构的尺寸标注

序号	类型	旁注法		普通注法
1	光孔	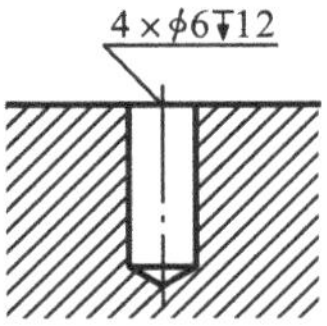	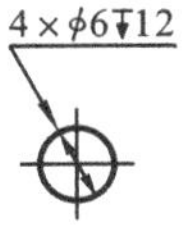	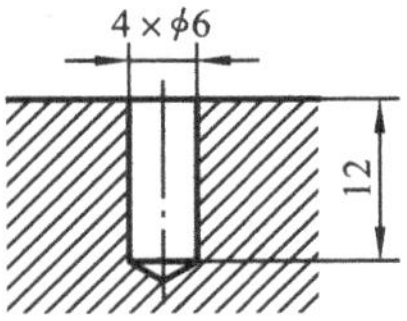
2		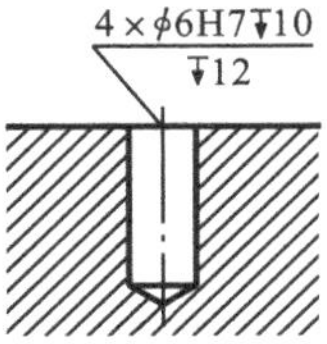	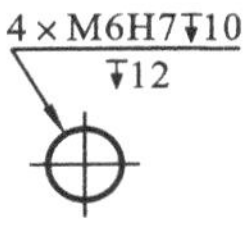	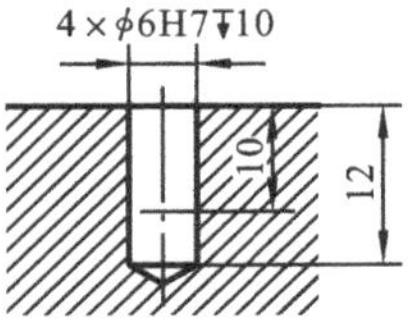

续表

序号	类型	旁注法		普通注法
3	螺孔	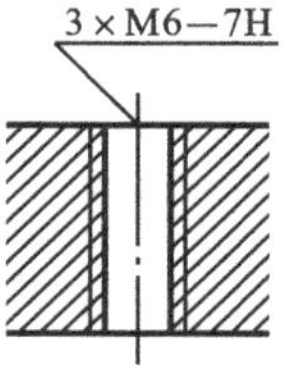3×M6—7H	3×M6—7H	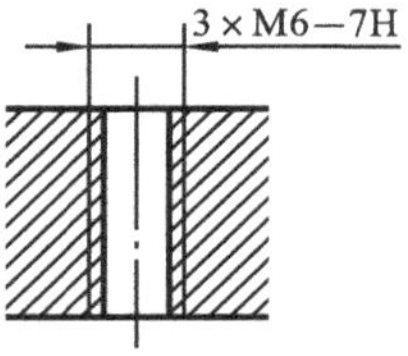3×M6—7H
4		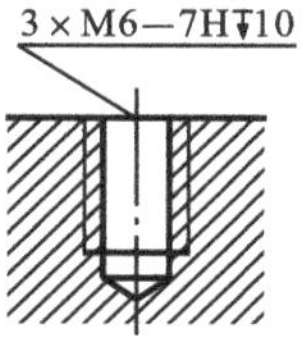3×M6—7H↧10	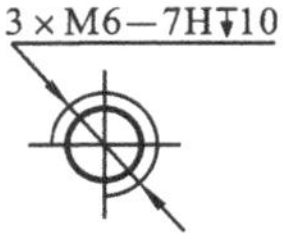3×M6—7H↧10	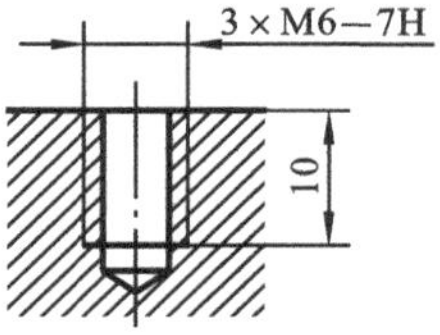3×M6—7H 10
5		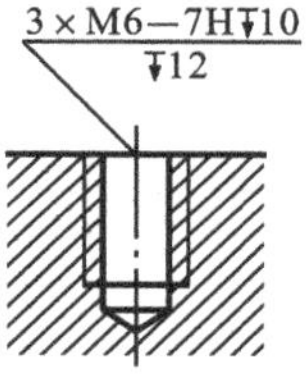3×M6—7H↧10 ↧12	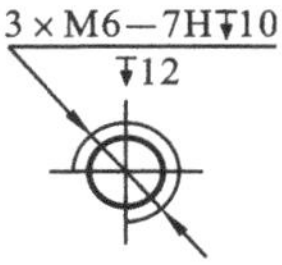3×M6—7H↧10 ↧12	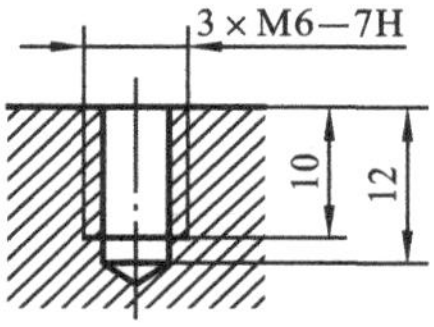3×M6—7H 10 12
6	沉孔	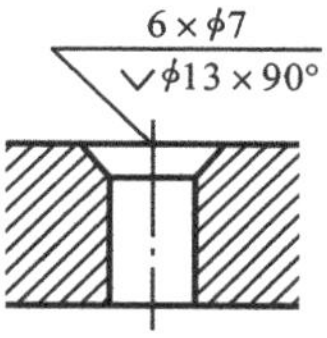6×ϕ7 ⌵ϕ13×90°	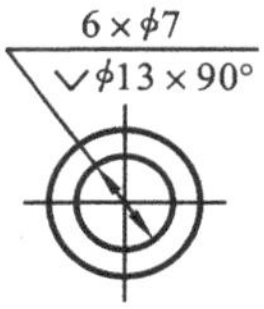6×ϕ7 ⌵ϕ13×90°	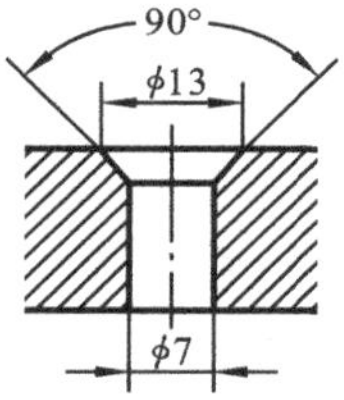90° ϕ13 ϕ7
7		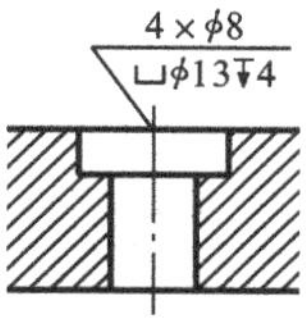4×ϕ8 ⌴ϕ13↧4	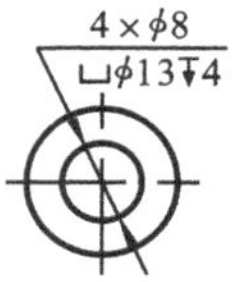4×ϕ8 ⌴ϕ13↧4	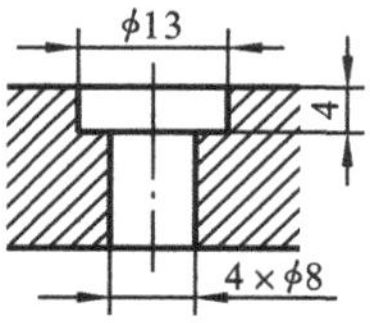ϕ13 4 4×ϕ8
8		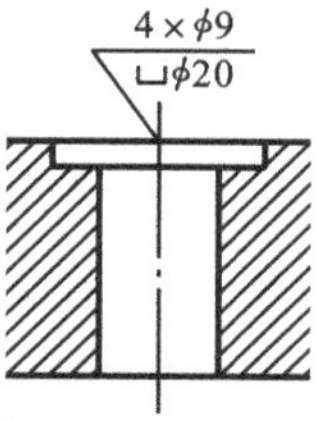4×ϕ9 ⌴ϕ20	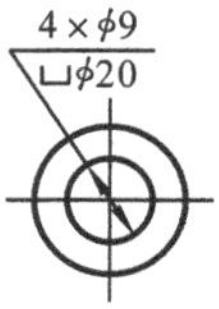4×ϕ9 ⌴ϕ20	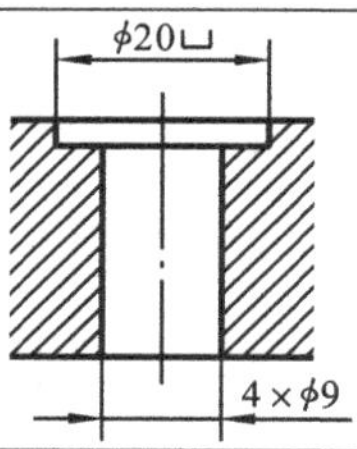ϕ20⌴ 4×ϕ9

续表

序号	类型	旁　注　法	普 通 注 法
9	退刀槽	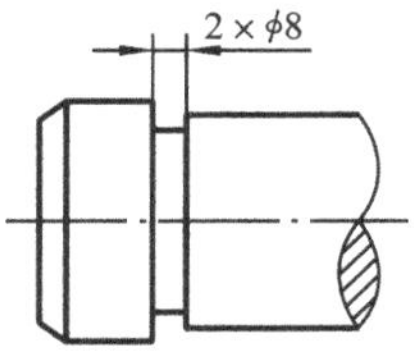 槽宽×直径	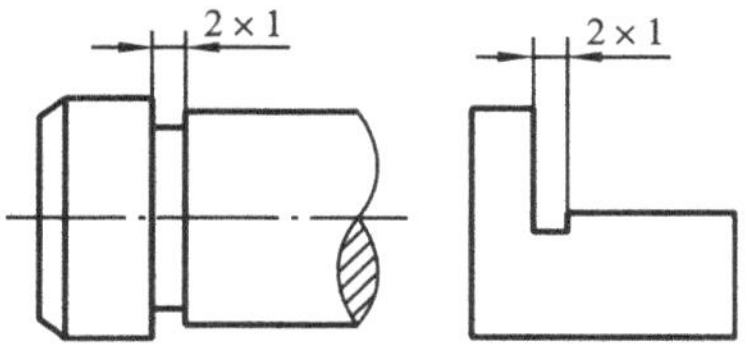 槽宽×槽深
10	键槽	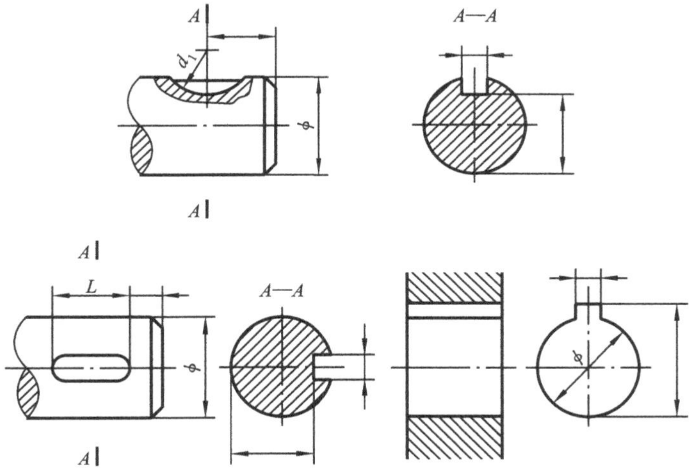	
11	倒角	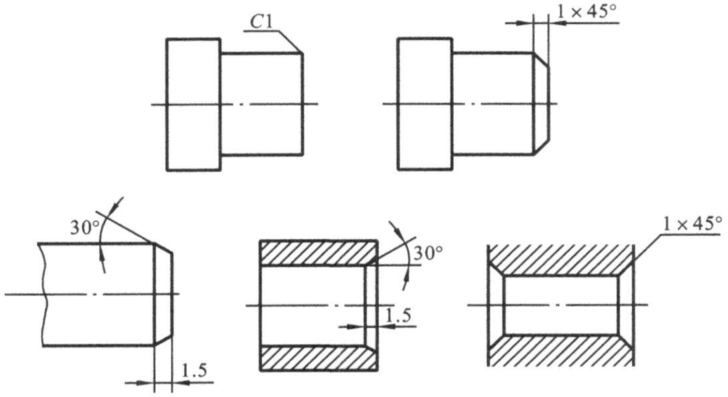	

续表

<table>
<tr><th>序号</th><th>类型</th><th>旁 注 法</th><th>普 通 注 法</th></tr>
<tr><td rowspan="1">12</td><td>相同要素</td><td>
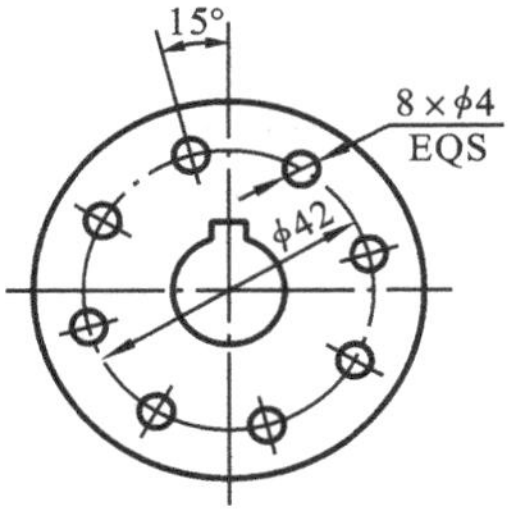

(a) 均匀分布孔的尺寸标注法

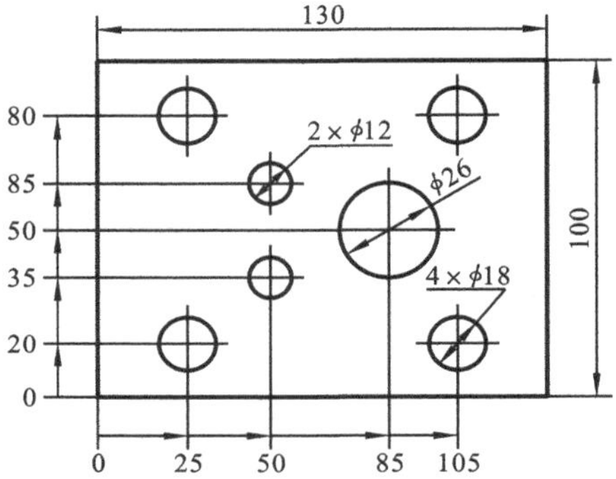

(c) 由同一尺寸出发的尺寸标注法

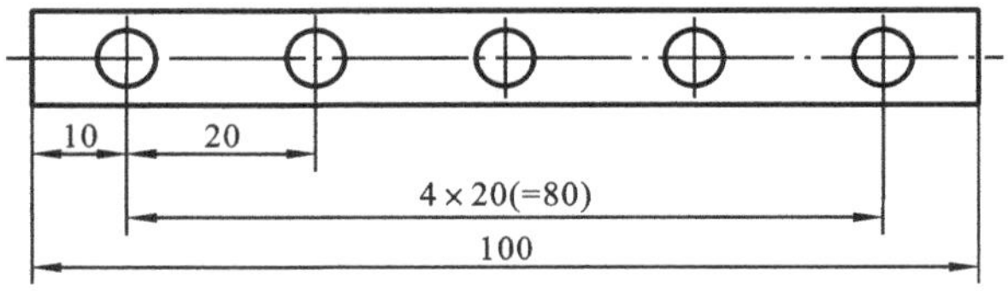

(e) 孔等距分布
</td><td>
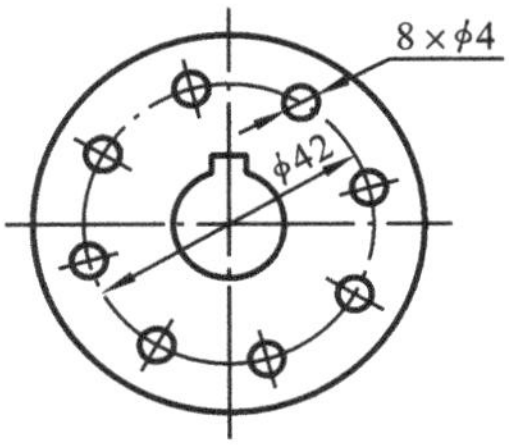

(b) 省略“EQS”说明的尺寸标注法

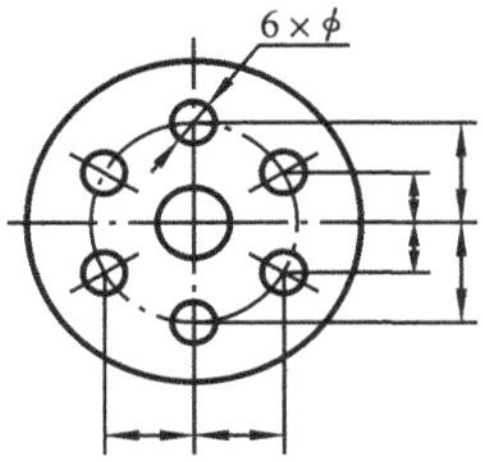

(d) 以对称面为基准
</td></tr>
<tr><td>13</td><td>锥度</td><td>
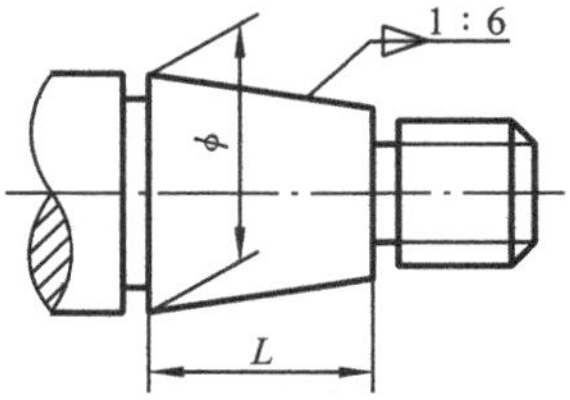

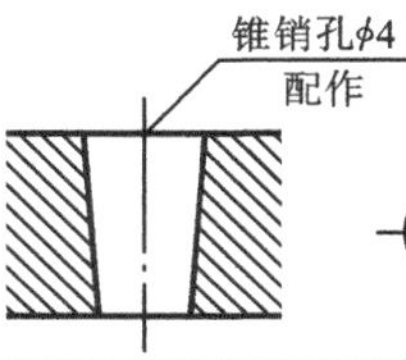

</td><td>
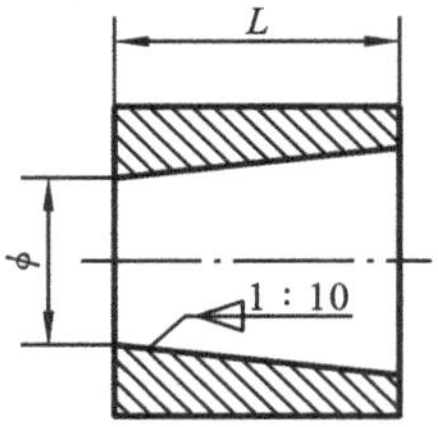

</td></tr>
</table>

续表

<table>
<tr><th>序号</th><th>类型</th><th>旁 注 法</th><th>普 通 注 法</th></tr>
<tr><td>14</td><td>对称结构</td><td colspan="2">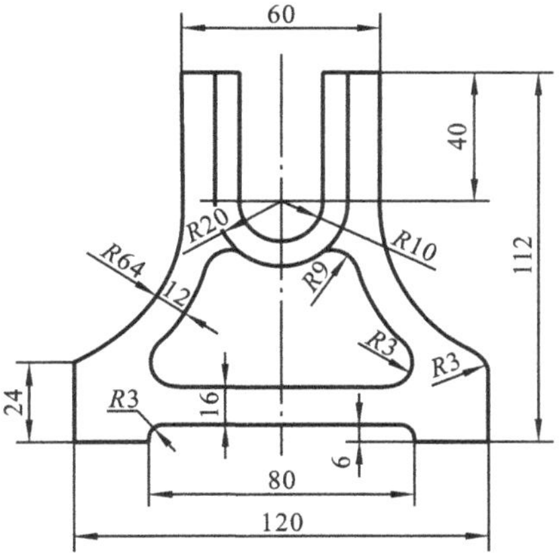
</td></tr>
</table>

7.4.5 零件的技术要求

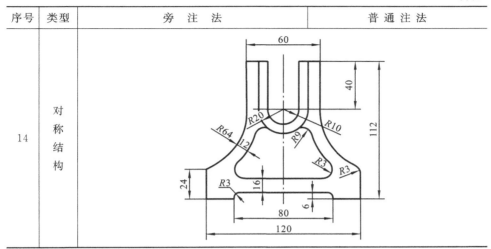

1. 图样中表面结构的表示法简介

零件各种表面在成形加工时，由于材料切削变形、加工刀具磨损和机床振动等因素的影响，使零件的实际加工表面存在着微观的高低不平，如图 7-40 所示。度量这种零件表面的高低不平和峰谷起伏所组成的微观几何形状的参数，称为表面结构参数，即表面粗糙度。

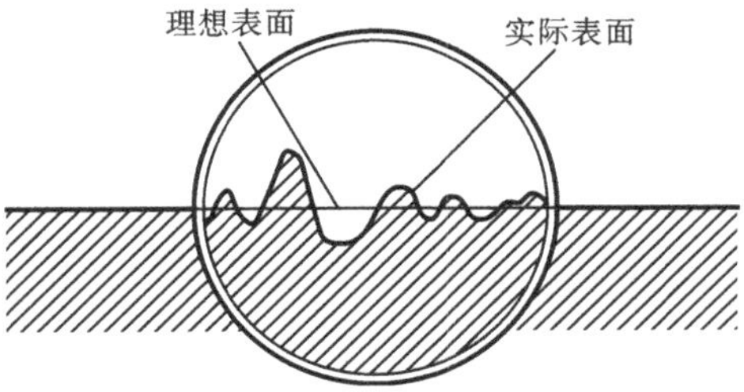

图 7-40 零件的实际表面

国家标准《产品几何技术规范(GPS) 技术产品文件中表面结构的表示法》(GB/T 131—2006)适用于对表面结构有要求时的图样表示法，不适用于表面缺陷(如孔、划痕等)的标注方法。

零件表面粗糙度是评定零件表面质量的一项技术指标，零件表面粗糙度要求越高(即表面粗糙度参数值越小)，则其加工成本也越高。因此，应在满足零件表面功能的前提下，合理选用表面粗糙度参数。

为了评定表面粗糙度，国家标准规定了表面粗糙度的评定参数有两个高度参数，分别为：轮廓算数平均偏差 Ra 和微观不平度十点高度 Rz，实际应用中又以 Ra 用得最多。

Ra 是指在取样长度 l（用以判别具有表面粗糙度特征的一段基准线长度）内，轮廓偏距 y（轮廓线上的点与基准线之间的距离）绝对值的算数平均值，如图7-41所示。

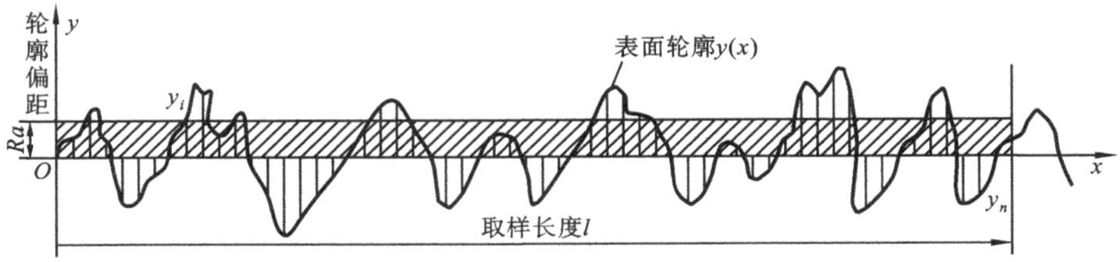

图 7-41　算数平均偏差 Ra

国家标准对 Ra 数值作了规定，表 7-3 列出了常用的 Ra 轮廓（表面粗糙度参数）数值及与其对应的加工方法及使用范围。

表 7-3　表面粗糙度参数 Ra（轮廓算数平均偏差）的数值及与其对应的主要加工方法

表面特征		Ra 值/μm	主要加工方法	适用范围
加工面	可见加工刀痕	100,50,25	粗车、粗刨、粗铣	钻孔、倒角、没有要求的自由表面
	微见加工刀痕	12.5,6.3,3.2	精车、精刨、精铣、精磨	接触表面，较精确定心的配合面
	微辨加工痕迹方向	1.6,0.8,0.4	精车、精磨、研磨、抛光	要求精确定心的、重要的配合面
	有光泽面	0.2,0.1,0.05	研磨、超精磨、抛光、镜面磨	高精度、高速运动零件的配合面、重要装饰面
毛坯面			铸、锻、轧制等经表面清理	无须进行加工的表面

表面粗糙度是评定零件质量的一项重要指标。提高零件的表面粗糙度要求，可以提高零件的耐蚀性、耐磨性、抗疲劳的能力，还可以提高配合质量。但提高零件的表面粗糙度，也会相应提高零件的加工成本，因此，在选择表面粗糙度的数值时，应考虑以下几点。

（1）在满足零件外观和功能的前提下，应尽量选用较低的表面粗糙度值。

（2）同一零件中，非工作表面的粗糙度要求应低于工作表面的粗糙度要求；配合表面的粗糙度要求应高于非配合表面的粗糙度要求；一般轴表面的粗糙度应高于孔表面的粗糙度；摩擦表面的粗糙度要求应高于非摩擦表面的粗糙度要求。

(3) 承受交变载荷的表面和容易引起应力集中的圆角、凹槽等部位的表面粗糙度要求较高。

为了全面、正确地评定 Ra，通常在不同的取样长度内进行测量 Ra 值。一个或几个取样长度构成一个评定长度 ln，一般取 $ln=5l$。符合规定的取样长度，在图样和技术文件中可省略取样长度的标注。Ra 的取样长度 l 与评定长度 ln 的选用值见表 7-4。

表 7-4　Ra 的取样长度 l 与评定长度 ln 的选用值

Ra/μm	l/mm	$ln=5l$/mm
0.008～0.02	0.08	0.4
0.02～0.1	0.25	1.25
0.1～2.0	0.8	4.0
2.0～10.0	2.5	12.5
10.0～80.0	8.0	40

2. 表面结构的符号及含义

(1) 表面结构符号的画法如图 7-42 所示。

(2) 表面结构符号的含义见表 7-5。

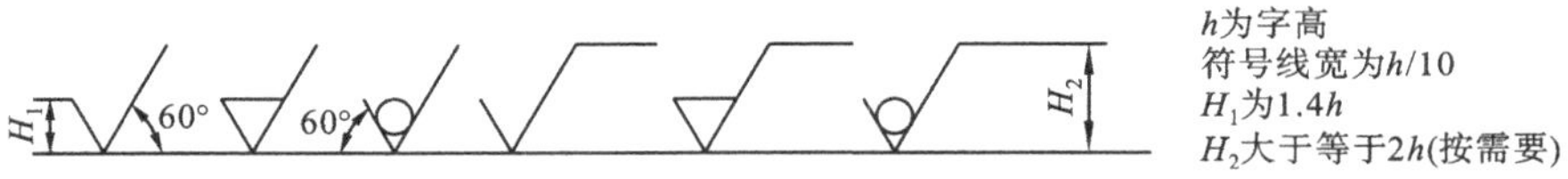

图 7-42　表面结构符号的画法

表 7-5　标注表面结构的图形符号及含义

符　号	含　义	符　号	含　义
	表面结构的基本图形符号(仅用于简化代号标注，没有补充说明时不能单独使用)		允许任何工艺的完整图形符号
	表示去除材料的扩展图形符号		去除材料的完整图形符号
	表示不去除材料的扩展图形符号，或保持上道工序形成的表面		不去除材料的完整图形符号

当在图样某个视图上构成封闭轮廓的各表面有相同的表面结构要素时，在完整图形符号上加上一圆圈，标注在图样中工件的封闭轮廓线上，如图 7-43 所示。

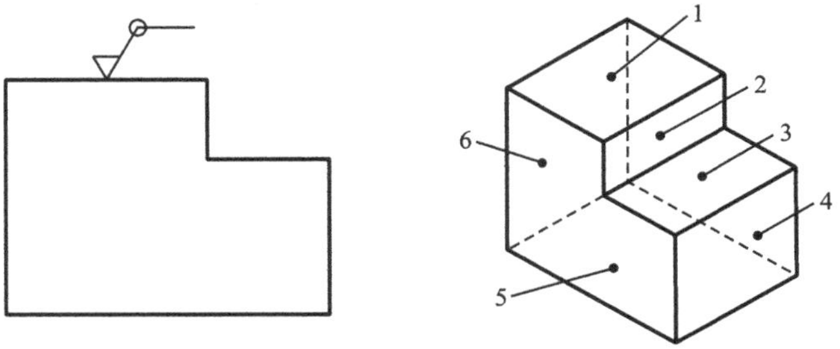

图 7-43　对周边各面有相同的表面结构要求的注法

注：图示的表面结构符号是指对图形中封闭轮廓的六个面的共同要求（不包括前后面）。

3. 表面结构完整图形符号的组成

为了明确表面结构要求，除了标注表面结构参数和数值外，必要时为了保证表面的功能特征，应对表面结构补充标注不同要求的规定参数。在完整符号中，对表面结构的单一要求和补充要求应注写在如图 7-44 所示的指定位置。

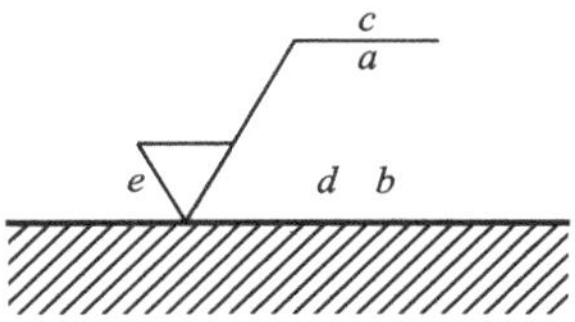

图 7-44　补充要求的注写位置

在图 7-44 中，位置 a～e 分别注写以下内容：

（1）位置 a　注写表面结构的单一要求；

（2）位置 a 和 b　注写两个或多个表面结构要求；

（3）位置 c　注写加工方法、表面处理、涂层或其他加工工艺要求等，如车、磨、镀等加工表面；

（4）位置 d　注写所要求的表面纹理和纹理的方向；

（5）位置 e　注写加工余量，注写所要求的加工余量，以毫米为单位给出数值。

4. 表面结构代号

表面结构符号中注写了具体参数代号及数值等要求即称为表面结构代号。表面结构代号的示例及含义见表 7-6。

表 7-6　标注表面结构的代号及含义

No	代号示例	含义/解释	补充说明
1	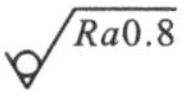	表示不允许去除材料，单向上限值，默认传输带，R 轮廓，算数平均偏差 0.8 μm，评定长度为 5 个取样长度（默认），“16％规则”（默认）	参数代号与极限值之间应留空格（下同），本例未标注传输带，应理解为默认传输带，此时取样长度可由 GB/T 10610 和 GB/T 6062 中查取

续表

No	代号示例	含义/解释	补充说明
2	√Rzmax0.2	表示去除材料，单向上限值，默认传输带，R轮廓，粗糙度最大高度的最大值0.2 μm，评定长度为5个取样长度(默认)，“最大规则”	示例No.1～No.4均为单向极限要求，且均为单向上限值，则均可不加注“U”，若为单向下限值，则应加注“L”
3	√0.008—0.8/Ra3.2	表示去除材料，单向上限值，传输带0.008～0.8 mm，R轮廓，算数平均偏差3.2 μm，评定长度为5个取样长度(默认)，“16%规则”(默认)	传输带“0.008—0.8”中的前后数值分别为短波和长波滤波器的截止波长(λ_s—λ_c)，以示波长范围。此时取样长度等于λ_c，即lr=0.8 mm
4	√—0.8/Ra3 3.2	表示去除材料，单向上限值，传输带：根据GB/T 6062，取样长度0.8 mm(λ_s默认)，R轮廓，算数平均偏差3.2 μm，评定长度包含3个取样长度，“16%规则”(默认)	传输带仅注出一个截止波长值(本例0.8表示λ_c值)，另一截止波长值λ_s，应理解为默认值，由GB/T 6062中查知λ_s=0.0025 mm
5	√U Ramax3.2 L Ra0.8	表示不允许去除材料，双向极限值，两极限值均使用默认传输带，R轮廓，上限值：算数平均偏差3.2 μm，评定长度为5个取样长度(默认)，“最大规则”，下限值：算数平均偏差0.8 μm，评定长度为5个取样长度(默认)，“16%规则”(默认)	本例未双向极限要求，用“U”和“L”分别表示上限值和下限值。在不致引起歧义时，可不加注“U”和“L”

5. 表面结构要求在图样中的注法

表面结构要求对每一表面一般只标注一次，并尽可能注在相应的尺寸及其公差的同一视图上，其注写和读取方向应与尺寸的注写好读取方向一致，具体示例见表7-7。

表7-7 表面结构要求标注形式和特点

标注形式	说明
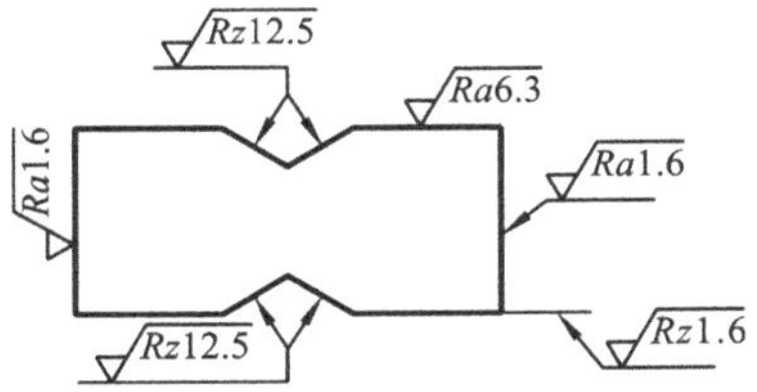	表面结构要求可标注在轮廓上，其符号应从材料外指向并接触表面

续表

标注形式	说　　明
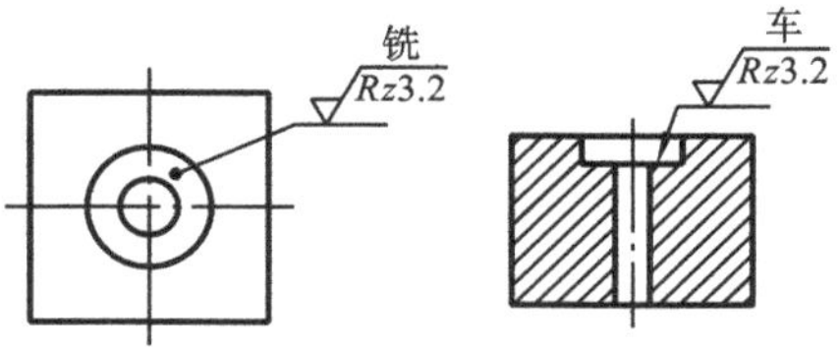	表面结构要求符号可用带箭头或黑点的指引线引出标注
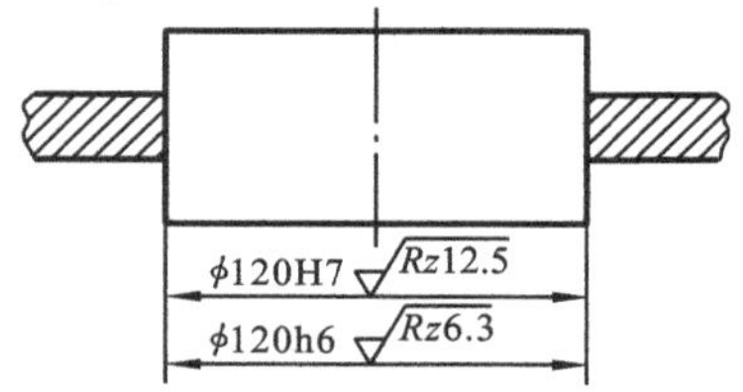	在不致引起误解时，表面结构要求可以标注在给定的尺寸线上
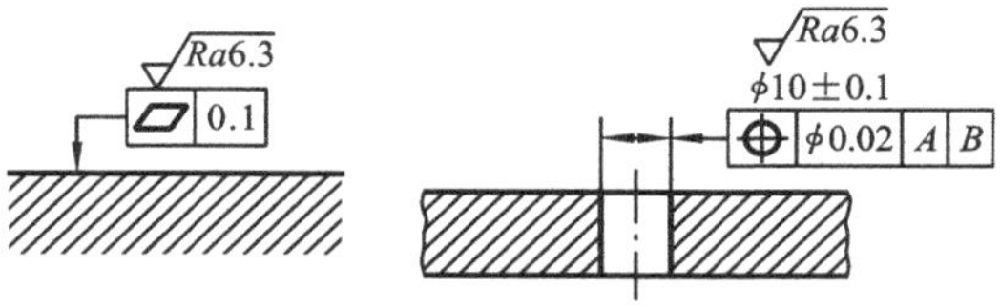	表面结构要求可标注在形位公差的框格上方
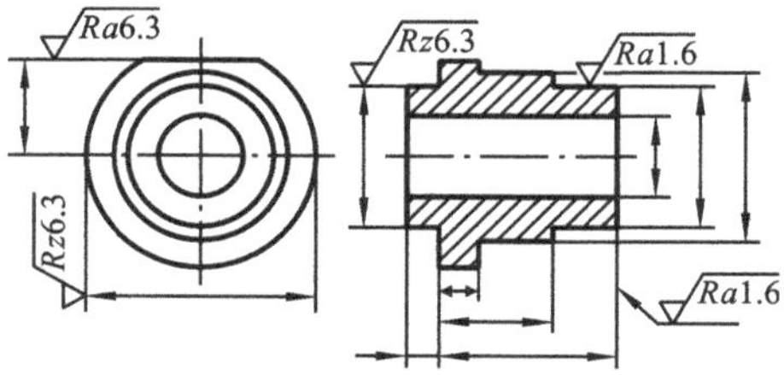	表面结构要求可以直接注在延长线上，或用带箭头的指引线引出标注
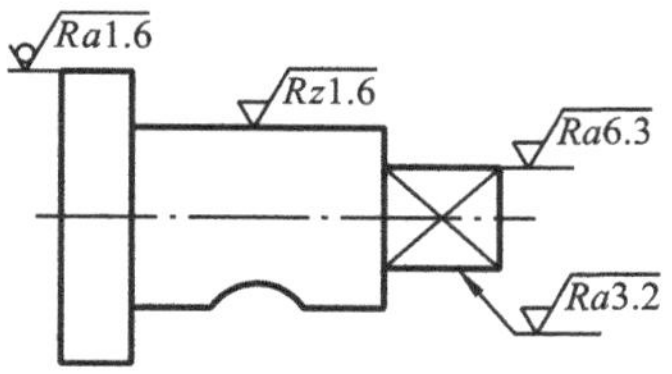	圆柱和棱柱的表面结构要求的注法

6. 表面结构要求在图样中的简化注法

1）有相同表面结构要求的简化注法

如果在工件的多数（包括全部）表面有相同的表面结构要求时，则其表面结构要求可统一标注在图样的标题栏附近。

在圆括号内给出无任何其他标注的基本符号，如图 7-45(a)所示。

在圆括号内给出不同的表面结构要求，如图 7-45(b)所示。

不同的表面结构要求应直接标注在图形中，如图 7-45(a)、(b)所示。

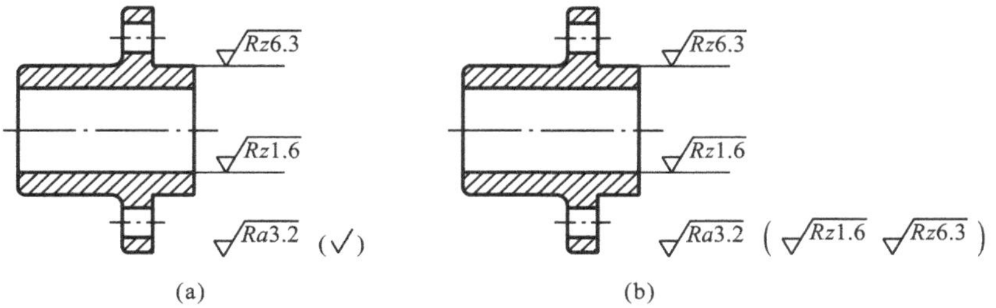

图 7-45　大多数表面有相同表面结构要求的简化注法

2）多个表面有共同要求的注法

用带字母的完整符号的简化注法，如图 7-46 所示，用带字母的完整符号，以等式的形式，在图形或标题栏附近，对有相同表面结构要求的表面进行简化标注。

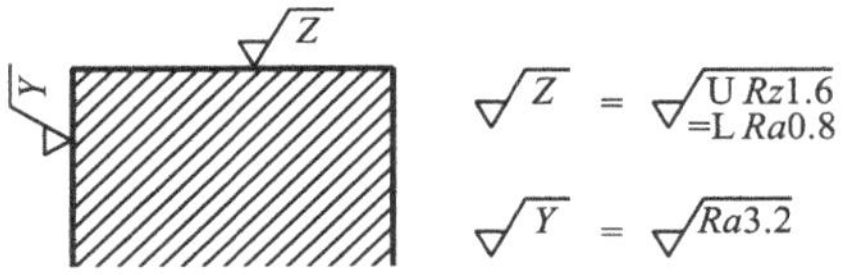

图 7-46　在图纸空间有限时的简化注法

只用表面结构符号的简化注法如图 7-47 所示，用表面结构符号，以等式的形式给出对多个表面共同的表面结构要求。

(a) 未指定工艺　(b) 要求去除材料　(c) 不允许去除材料

图 7-47　多个表面结构要求的简化注法

3）两种或多种工艺获得的同一表面的注法

由几种不同的工艺方法获得的同一表面，当需要明确每种工艺方法的表面结构要求时，可按图 7-48(a)所示进行标注（图中 Fe 表示基体材料为钢，Ep 表示加工工艺为电镀）。

图 7-48(b)所示为三个连续的加工工序的表面结构、尺寸和表面处理的标注。

第一道工序：单向上限值，$Rz=1.6\ \mu m$，“16%规则（默认），默认评定长度”，默认传输带，表面纹理没有要求，去除材料的工艺。

第二道工序：镀铬，无其他表面结构要求。

第三道工序：一个单向上限值，仅对长为 50 mm 的圆柱表面有效，$Rz=$

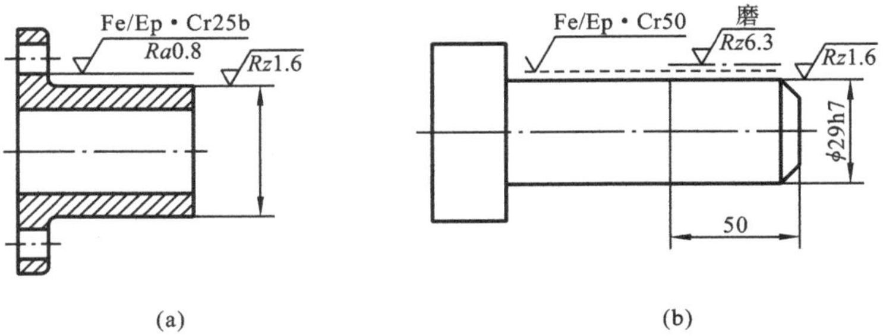

图 7-48　多种工艺获得同一表面的注法

6.3 μm，“16％规则”(默认)，默认评定长度，默认传输带，表面纹理没有要求，磨削加工工艺。

7. 极限与配合

极限与配合是零件图和装配图中一项重要的技术要求，也是检验产品质量的技术指标。中国国家标准化管理委员会颁布了《产品几何技术规范(GPS) 极限与配合》(GB/T 1800.1—2009)、GB/T 1800.2—2009、GB/T 1800.3－1998 等标准。它们的应用几乎涉及国民经济的各个部门，特别是对机械工业更具有重要的作用。

从一批规格相同的零(部)件中任取一件，不经修配，就能装到机器上去，并能保证使用要求，零件具有的这种性质称为互换性。现代化工业要求机器零(部)件具有互换性，这样，既能满足各生产部门广泛的协作要求，又能进行高效率的专业化生产。

1) 尺寸公差

制造零件时，为了使零件具有互换性，要求零件的尺寸在一个合理范围之内，由此就规定了极限尺寸。制成后的实际尺寸，应在规定的最大极限尺寸和最小极限尺寸范围内。允许尺寸的变动量称为尺寸公差，简称公差。有关公差的术语，以图 7-49(a)中圆柱孔尺寸 $\phi30\pm0.010$ 为例，说明如下。

(1) 基本尺寸　设计给定的尺寸，如 $\phi30$ 是根据计算和结构上的需要，所决定的尺寸。

(2) 极限尺寸　允许尺寸变动的两个极限值，它是以基本尺寸为基数来确定的。如图 7-49 中孔的最大极限尺寸 $30+0.01=\phi30.01$；最小极限尺寸 $30-0.01=\phi29.99$。

(3) 偏差　某一实际尺寸减其基本尺寸所得的代数差。

(4) 极限偏差　即指上偏差和下偏差。最大极限尺寸减其基本尺寸所得的代数差就是上偏差；最小极限尺寸减其基本尺寸所得的代数差即为下偏差。

国标规定偏差代号：孔的上、下偏差分别用 ES 和 EI 表示；轴的上、下偏差分别用 es 和 ei 表示。

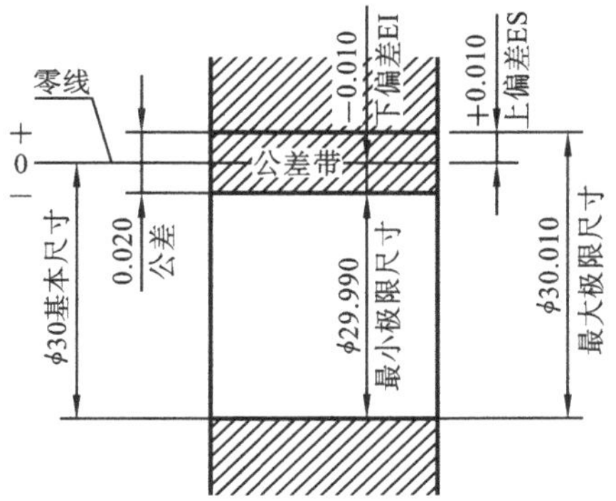

(a) 尺寸公差名次图解

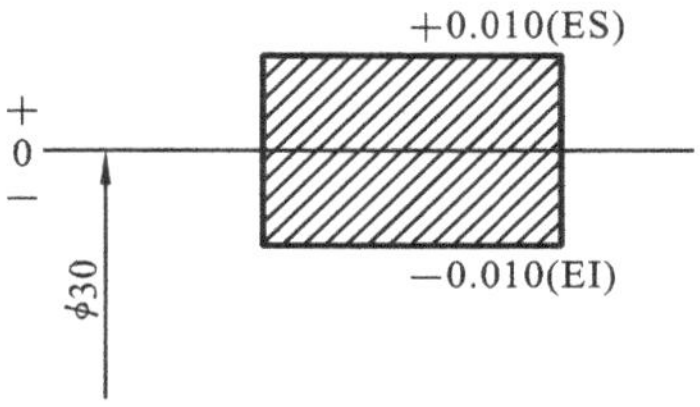

(b) 公差带图

图 7-49 尺寸公差基本概念及公差带图

上偏差 ES＝30.01－30＝＋0.010

下偏差 EI＝29.99－30＝－0.010

(5) 尺寸公差(简称公差)允许尺寸的变动量　即指最大极限尺寸与最小极限尺寸之差，30.01－29.99＝0.02；也等于上偏差与下偏差之代数差的绝对值 |0.01－(－0.01)|＝0.02。

(6) 零线　在公差带图(见图 7-49(b))中确定偏差的一条基准直线，即零偏差线。通常以零线表示基本尺寸。

(7) 公差带　在公差带图中，由代表上、下偏差的两条直线所限定的区域。图 7-49(b)就是图 7-49(a)的公差带图。

(8) 极限制　经标准化的公差与偏差制度。

2) 配合

基本尺寸相同的、相互结合的孔和轴公差带之间的关系称为配合。根据使用的要求不同，孔和轴之间的配合有松有紧，因而配合分为三类，即间隙配合、过渡配合和过盈配合，如图 7-50 所示。

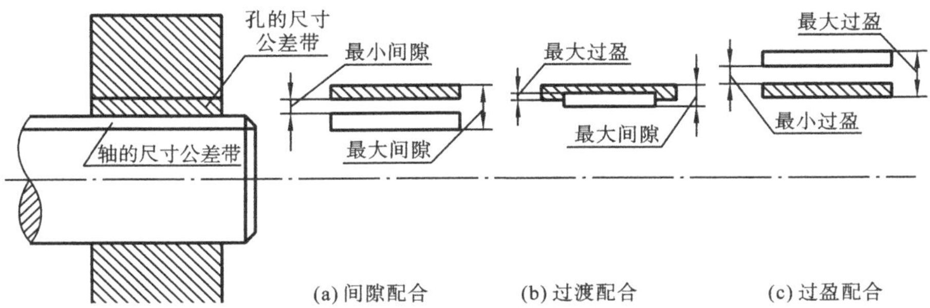

(a) 间隙配合　(b) 过渡配合　(c) 过盈配合

图 7-50 三种常用的配合

(1) 间隙配合　孔与轴装配时，有间隙(包括最小间隙等于零)的配合。如图7-50(a)所示，孔的公差带在轴的公差带之上。

(2) 过渡配合　孔与轴装配时，可能有间隙或过盈的配合。如图7-50(b)所示，孔的公差带与轴的公差带互相交叠。

(3) 过盈配合　孔与轴装配时有过盈(包括最小过盈等于零)的配合。如图7-50(c)所示，孔的公差带在轴的公差带之下。

3) 标准公差与基本偏差

公差带由“公差带大小”和“公差带位置”这两个要素组成。“公差带大小”由标准公差确定，“公差带位置”由基本偏差确定，如图7-51所示。

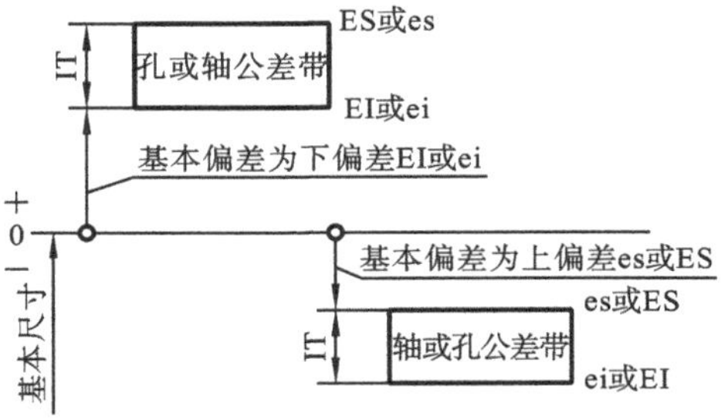

图7-51　孔、轴的基本偏差

(1) 标准公差　标准公差(IT)的数值由基本尺寸和公差等级来确定。其中公差等级确定尺寸的精确程度，也影响加工的难易程度。标准公差分为20个等级，即：IT01、IT0、IT1至IT18。IT表示标准公差，阿拉伯数字表示公差等级，它是反映尺寸精度的等级。IT01公差数值最小，精度最高；IT18公差数值最大，精度最低。在20级标准公差等级中，IT01～IT12用于配合尺寸，IT12～IT18用于非配合尺寸。

(2) 基本偏差　基本偏差是国家标准所列的用以确定公差带相对零线位置的上偏差或下偏差，一般指靠近零线的那个偏差。当公差带在零线的上方时，基本偏差为下偏差；反之，则为上偏差，如图7-52所示。基本偏差共有28个，它的代号用拉丁字母表示，大写为孔，小写为轴。

基本偏差系列见图7-52，其中A～H(a～h)用于间隙配合；J～ZC(j～zc)用于过渡配合或过盈配合。从基本偏差系列图中可以看到：孔的基本偏差A～H为下偏差，J～ZC为上偏差；轴的基本偏差a～h为上偏差，j～zc为下偏差；JS和js的公差带对称分布于零线两边，孔和轴的上、下偏差分别是+IT/2、−IT/2。基本偏差系列图只表示公差带的位置，不表示公差的大小，因此，公差带一端是开口的，开口的另一端由标准公差限定。

孔和轴的公差带代号由基本偏差代号与公差等级代号组成。例如：

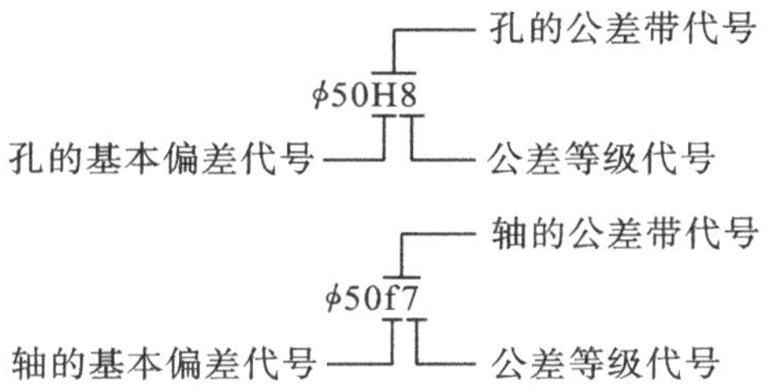

附表 30 摘录了 GB/T 1800.3—1998 规定的轴和孔的标准公差数值。

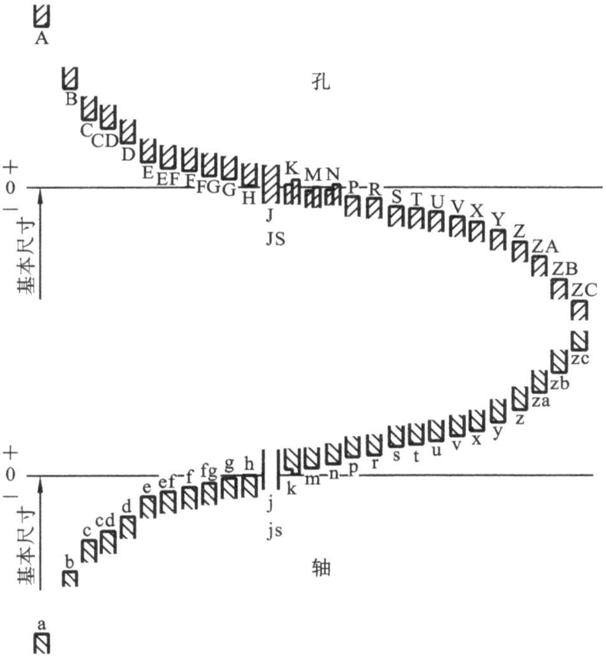

图 7-52　基本偏差系列

4) 配合制

在制造相互配合的零件时，使其中一种零件作为基准件，它的基本偏差固定，通过改变另一种基本偏差来获得各种不同性质配合的制度称为配合制。根据生产实际需要，国家标准规定了两种配合制。

(1) 基孔制配合　基本偏差为一定的孔的公差带，与不同基本偏差的轴的公差带形成各种配合的一种制度，如图 7-53(a)所示。基准孔的下偏差为零，用代号 H 表示。

(2) 基轴制配合　基本偏差为一定的轴的公差带，与不同基本偏差的孔的公差带形成各种配合的一种制度，如图 7-53(b)所示。基准轴的上偏差为零，用代号 h 表示。

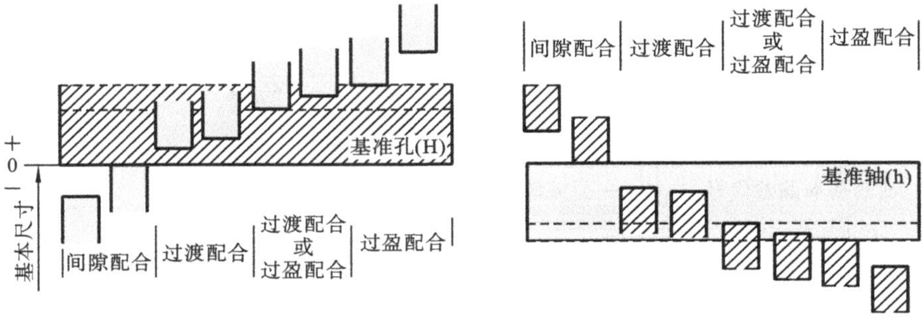

(a) 基孔制配合　　(b) 基轴制配合

图 7-53　两种常用的配合制

5）极限与配合的标注及查表

在装配图上标注极限与配合，采用的是组合式注法：它是在基本尺寸后面用一分数形式表示，分子为孔的公差带代号，分母为轴的公差带代号。通常分子中含 H 的为基孔制配合，分母中含 h 为基轴制配合，如图 7-54(a)所示。

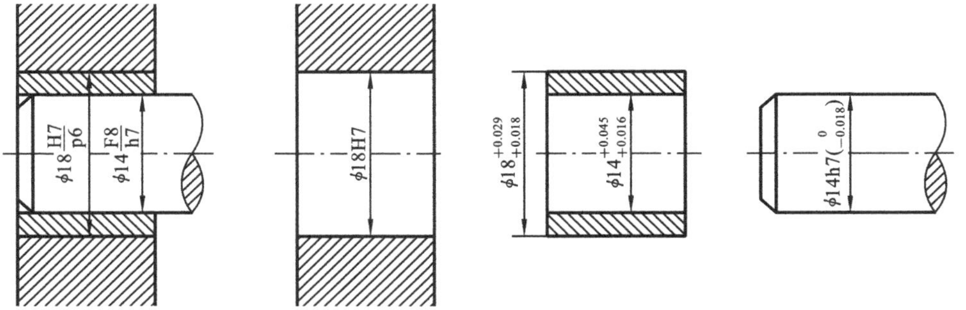

(a) 标注配合代号　(b) 孔的公差代号标注　(c) 孔和轴的极限偏差标注　(d) 轴的公差代号及极限偏差标注

图 7-54　极限与配合在图样上的标注

在零件图上标注公差的形式有三种：只注公差带代号，如图 7-54(b)所示；只注极限偏差数值，如图 7-54(c)所示；同时注公差带代号和极限偏差数值，如图 7-54(d)所示。

例 7-2　查表写出 $\phi 18\ \frac{H8}{f7}$ 的极限偏差数据。

解　对照配合代号可知，$\frac{H8}{f7}$ 是基孔制配合，其中 H8 是基准孔的公差代号；f7 是配合轴的公差带号。

(1) ϕ8H8 基准孔的极限偏差，可由附表 30 查得。在表中由基本尺寸从大于 14 至 18 的行和公差带 H8 的列相交处查得 ${}^{+27}_{0}$（即 ${}^{+0.027}_{0}$ mm），这就是基准孔的上、下偏差，所以 $\phi18H8$ 可写成 $\phi18^{+0.027}_{0}$。

(2) $\phi18f7$ 配合轴的极限偏差，可由附表 29 查得。在表中由基本尺寸从大于 14 至 18 的行和公差带 f7 的列相交处查得$^{-16}_{-34}$，它是配合轴的上偏差(es)和下偏差(ei)，所以 $\phi18f7$ 可写成 $\phi18^{-0.016}_{-0.034}$。

8. 形状和位置公差简介

1) 基本概念

在零件加工过程中，不仅会产生尺寸误差，也会出现形状和相对位置的误差，如加工轴时可能会出现轴线弯曲或一头粗、一头细的现象，这种现象属于零件形状误差。如图 7-55(a)所示，为了保证滚柱工作质量，除了注出直径的尺寸公差 $\phi12^{-0.006}_{-0.017}$外，还需要标注滚柱轴线的形状公差 | — | ϕ0.006 |，这个代号表示滚柱实际轴线直线度误差，必须控制在直径 ϕ0.006 mm 的圆柱面内。又如图 7-55(b)所示，箱体上两个孔是安装锥齿轮轴的孔，如果两孔轴线歪斜太大，就会影响锥齿轮的啮合传动。为了保证正常的啮合，应该使两孔轴线保持一定的垂直位置，所以要注上位置公差——垂直度要求，图中 | ⊥ | 0.05 | 说明一个孔的轴线，必须位于距离为 0.05 mm 且垂直于另一个孔的轴线的两平行平面之间。

由于形状和位置公差的误差过大，会影响机器的工作性能，因此对精度要求高的零件，除了应保证尺寸精度外，还应控制其形状和位置公差。形状和位置公差简称形位公差，是指零件的实际形状和实际位置对理想形状和理想位置所允许的最大变动量。形位公差在图样上的标注应按照 GB/T 1182—2008 的规定。

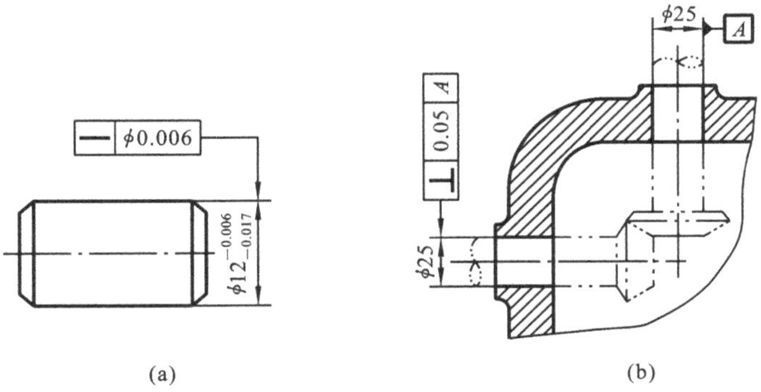

图 7-55 形状和位置公差示例

2) 形位公差的代号

形位公差的代号包括：形位公差特征项目符号、形位公差框格及指引线、基准符号、形位公差数值和其他有关符号等，如图 7-56(a)所示。基准代号如图 7-56(b)所示。

3) 形位公差的标注与识读

形位公差在图样中以框格形式标注。表 7-8 列举了常见的形位公差标注示

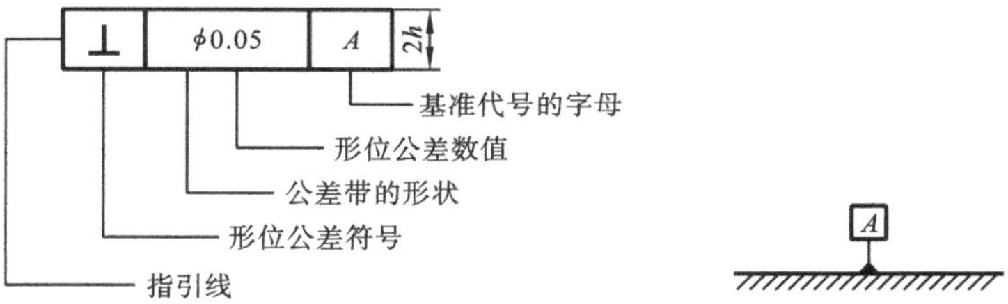

(a) 形位公差代号　　　　(b) 基准代号

图 7-56　形状公差代号及基准代号

例及其识读说明。

表 7-8　形位公差符号及代号标注与识读示例

分类	特征项目及符号	标注示例	识读说明
形状公差	直线度 —	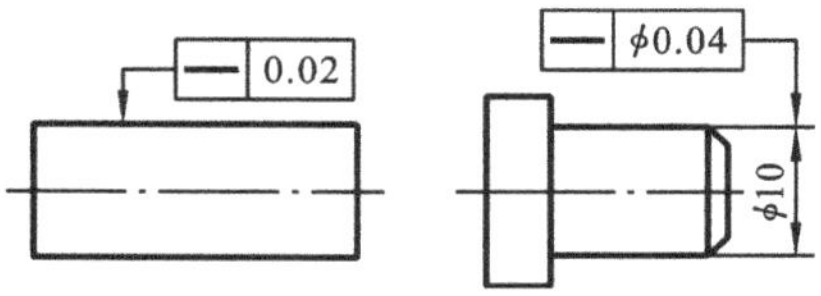	(1) 圆柱表面上任意素线的直线度公差为0.02 mm。 (2) ϕ10 轴线的直线度公差为ϕ0.04 mm
	平面度 ▱	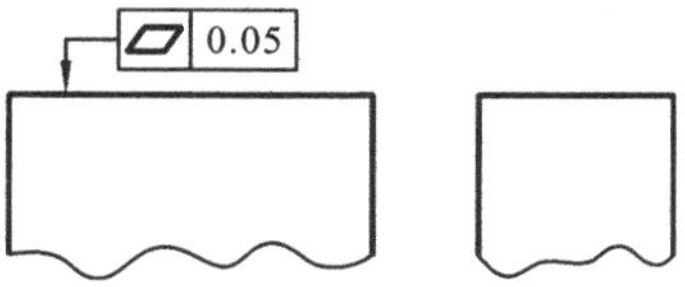	实际平面的形状所允许的变动全量为 0.05 mm
	圆度 ○	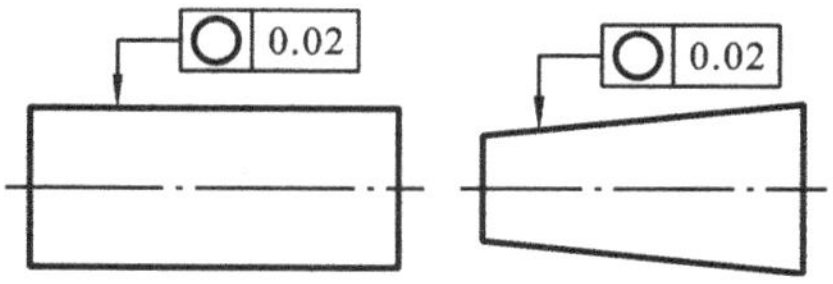	在垂直于轴线的任一截面上，实际圆的形状所允许的变动全量为 0.02 mm
	圆柱度 ⌭	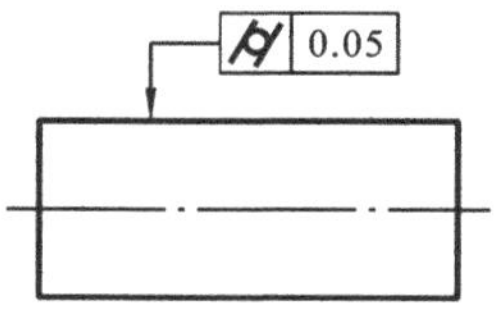	实际圆柱面的形状所允许的变动全量为 0.05 mm

续表

分类	特征项目及符号	标注示例	识读说明
形状或位置公差	线轮廓度 ⌒	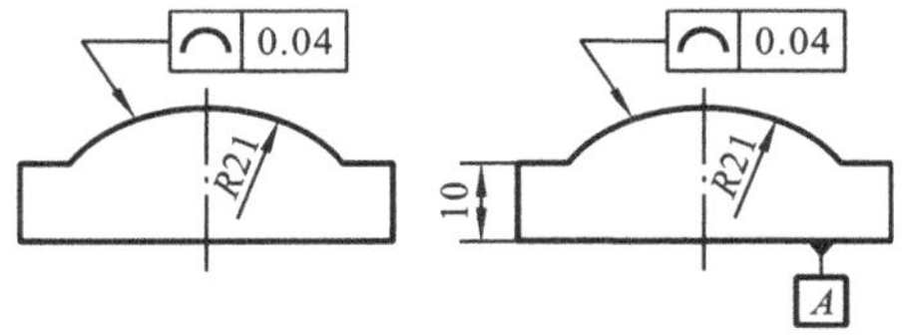	在零件宽度方向，任一横截面上实际线的轮廓形状（或对基准 A）所允许的变动全量为 0.04 mm（尺寸线上有方框之尺寸为理论正确尺寸）
形状或位置公差	面轮廓度 ⌓	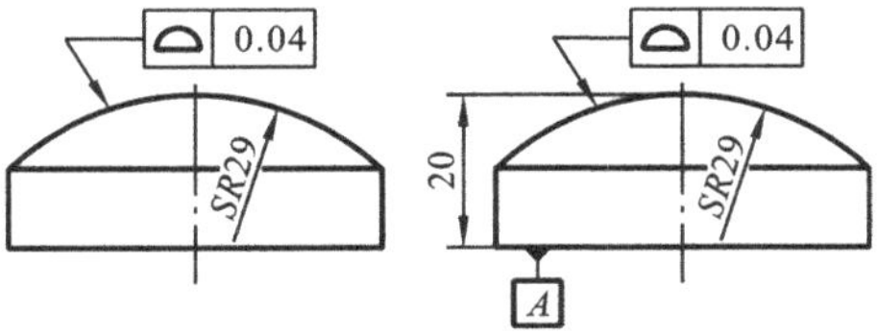	实际表面的轮廓形状（或对基准 A）所允许的变动全量为 0.04 mm
位置公差 定向	平行度 // 垂直度 ⊥ 倾斜度 ∠	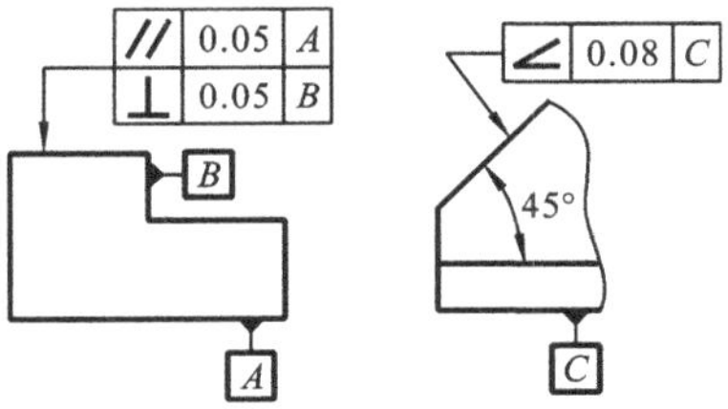	实际要素对基准在方向上所允许的变动全量：//为 0.05 mm，⊥为 0.05 mm，∠为 0.08 mm
位置公差 定位	同轴度 ◎ 对称度 ⌯ 位置度 ⊕	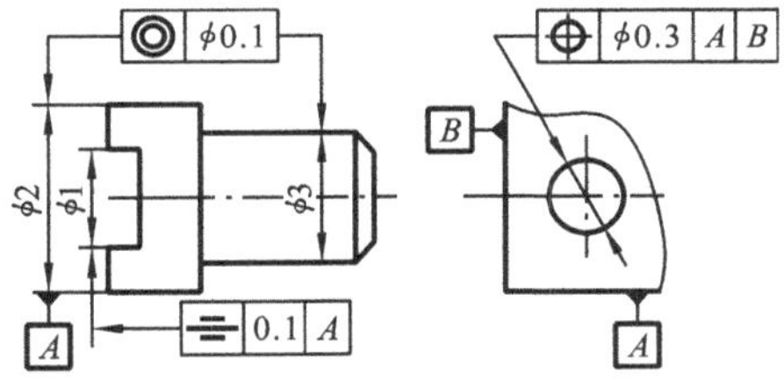	实际要素对基准在位置上所允许的变动全量：◎为 0.01 mm，⌯为 0.01 mm，⊕为 0.03 mm（尺寸线上有方框尺寸为理论正确尺寸）
位置公差 跳动	圆跳动 ↗ 全跳动 ⌰	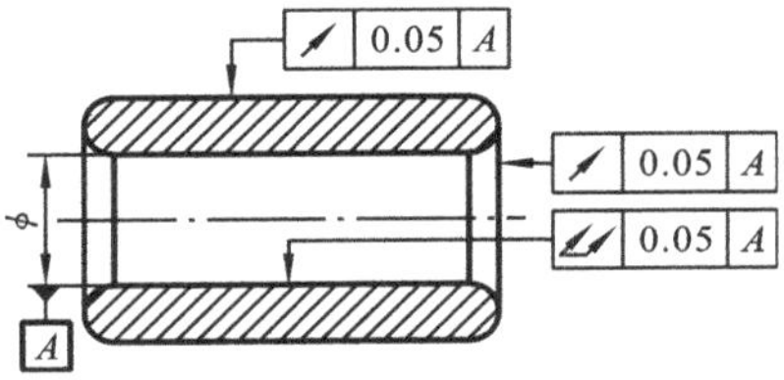	（1）实际要素绕基准轴线回转一周时所允许的最大跳动量（圆跳动）。 （2）实际要素绕基准轴线连续回转时所允许的最大跳动量（全跳动）。 图中从上至下所注，分别为径向圆跳动、端面圆跳动及径向全跳动

9．形位公差标注示例

图 7-57 所示为一根气门阀杆，从图中可以看到，当被测定的要素为线或表面时，从框格引出的指引线箭头，应指在该要素的轮廓线或其延长线上。当被测要素是轴线时，应将箭头与该要素的尺寸线对齐，如 M8×1 轴线的同轴度注法。当基准要素是轴线时，应将基准符号与该要素的尺寸线对齐，如基准 A。

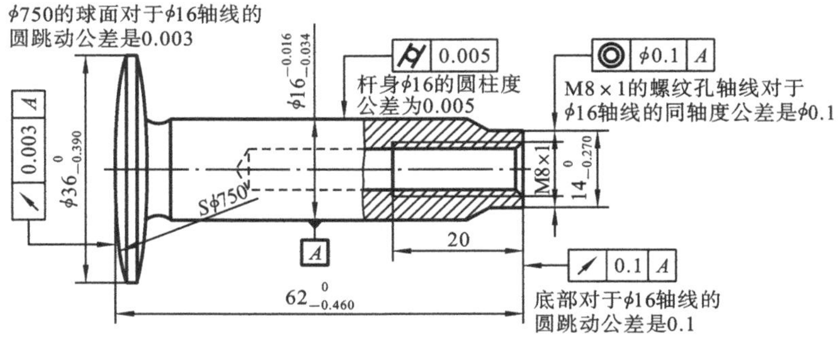

图 7-57　图样标注示例（气门阀杆）

10．零件的互换性

所谓零件的互换性，就是从一批相同的零件中任取一件，不经修配就能装配使用，并能保证使用性能要求，零部件的这种性质称为互换性。零、部件具有互换性，不但给装配、修理机器带来方便，还可用专用设备生产，提高产品数量和质量，同时降低产品的成本。要满足零件的互换性，就要求有配合关系的尺寸在一个允许的范围内变动，并且在制造上又是经济合理的。

因此，前面介绍的公差配合制度就是实现互换性的重要基础。

7.5　识读零件图

零件图是制造和检验零件的依据，是反映零件结构、大小及技术要求的载体。识读零件图的目的就是根据零件图想象零件的结构形状，了解零件的尺寸和技术要求。为了更好地读懂零件图，最好能联系零件在机器或部件中的位置、功能，以及与其他零件的关系来读图。

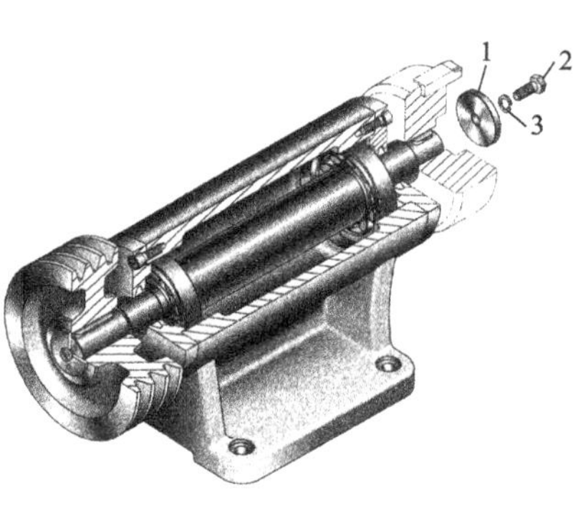

图 7-58　铣床立轴装配轴测图

1—挡圈；2—螺钉；3—垫圈

图 7-58 所示为铣床立轴的装配轴测图。铣床立轴是安装在铣床上的一个部件，用来安装铣刀（图中用细双点画线画出）。当动力通过 V 带轮带动轴转动时，

轴带动铣刀旋转，对工件进行平面铣削加工。轴通过滚动轴承安装在座体内，座体通过底板上的四个沉孔安装在铣床上。由此可见，轴、V带轮和座体是铣床立轴的主要零件。

7.5.1 轴

1. 结构分析

对照图7-58所示的铣床立轴装配轴测图和图7-59所示的铣床立轴轴测分解图，可以看出，轴的左端通过普通平键与V带轮连接，右端通过两个普通平键（双键）与铣刀连接，用挡圈和螺钉固定在轴上，轴上有两个安装端盖的轴段和两个安装滚动轴承的轴段，通过轴承把轴安装在座体上，再通过螺钉、端盖实现轴向固定。安装轴承的轴段，其直径要与轴承的内径一致，轴段长度与轴承的宽度一致。安装V带轮的轴段长度要根据V带轮的轮毂宽度来确定。

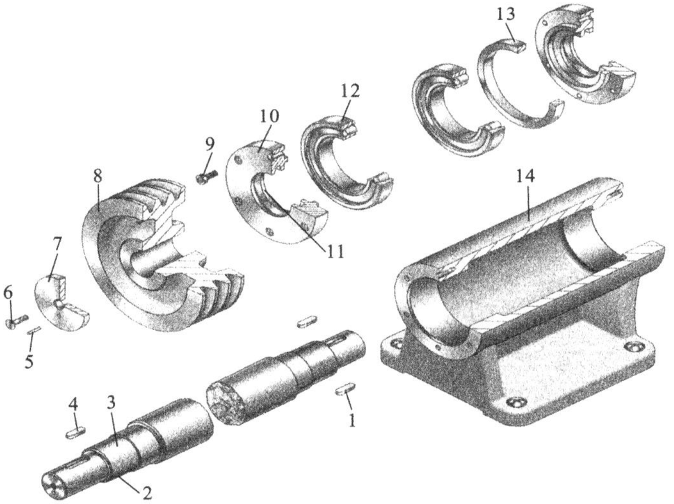

图7-59 铣床立轴轴测分解图

1—双键；2—轴肩面 M；3—轴；4—键；5—销；6—螺钉；7—挡圈；
8—V带轮；9—螺钉；10—端盖；11—槽内填充毡圈；12—滚动轴承；13—调整环；14—座体

2. 表达分析

采用一个基本视图（主视图）和若干辅助视图表达。轴的两端用局部剖视表示键槽和螺孔、销孔。截面相同的较长轴段采用折断画法。用两个断面图分别表示单键和双键的宽度和深度。用局部视图的简化画法表达键槽的形状。用局部放大图表示砂轮越程槽的结构，如图7-60所示。

3. 尺寸分析

(1) 以水平轴线为径向（高度和宽度方向）主要尺寸基准，由此直接注出安装V带轮、滚动轴承和铣刀用的、有配合要求的轴段尺寸，如 ϕ28k7、ϕ35k6、ϕ25h6

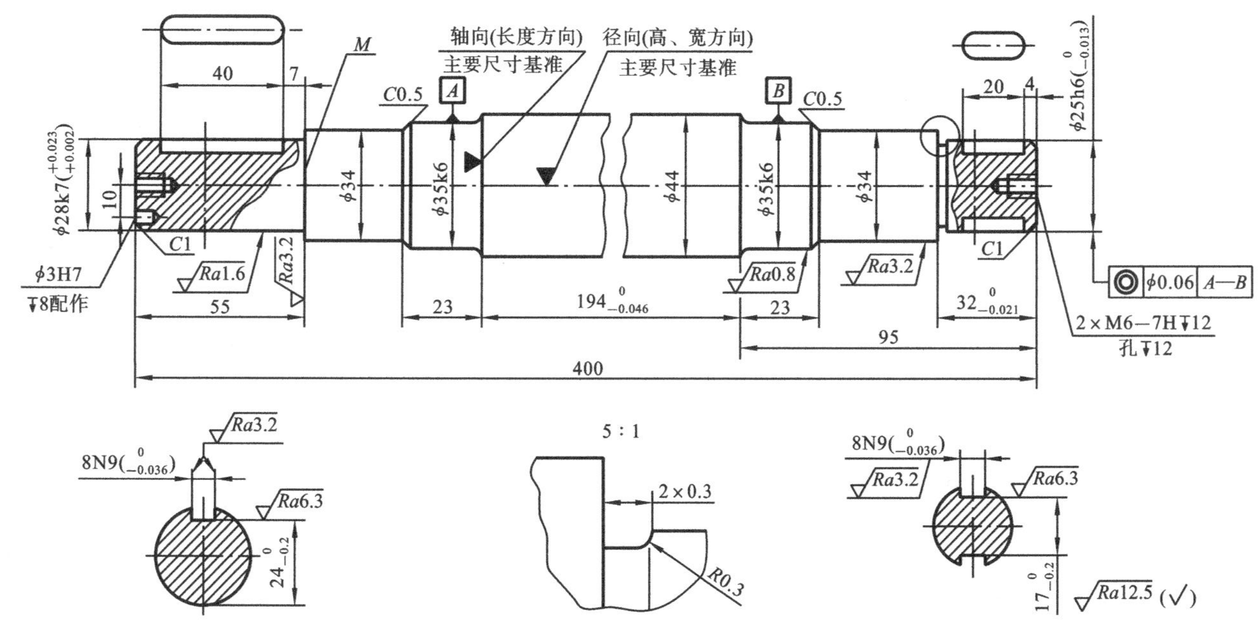

技术要求

1. 调质(220~250)HBS。
2. 未注圆角$R1.6$。

制图	(姓名)	(日期)	轴	比例	
审核				(图号)	
(校名		学号)	45		

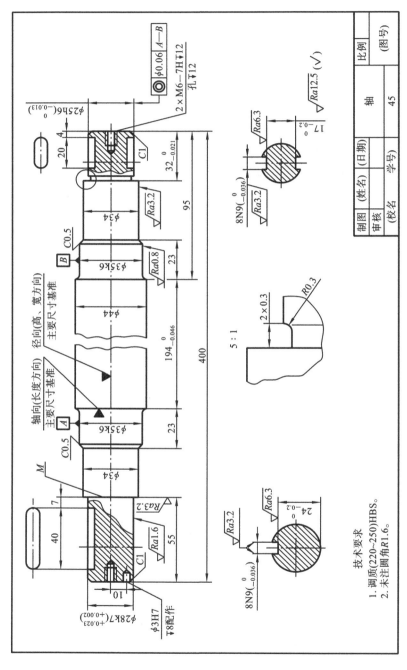

图 7-60　轴零件图

等。

(2) 以中间最大直径轴段的端面(可选择其中任一端面)为轴向(长度方向)主要尺寸基准,由此注出 23、$194_{-0.046}^{\ 0}$ 和 95;再以轴的左、右端面以及 M 端面为长度方向尺寸的辅助基准。由右端面注出 $32_{-0.021}^{\ 0}$、4、20;由左端面注出 55;由 M 端面注出 7、40;尺寸 400 是长度方向主要基准与辅助基准之间的联系尺寸。

(3) 轴上与标准件连接的结构,如键槽、销孔、螺纹孔的尺寸,按标准查表获得。

(4) 轴向尺寸不能注成封闭尺寸链,选择不重要的轴段 ϕ34(与端盖的轴孔没有配合要求)为尺寸开口环,不注长度方向尺寸,使长度方向的加工误差都集中在这段上。

4. 看懂技术要求

(1) 凡注有公差带尺寸的轴段,均与其他零件有配合要求。如注有 ϕ28k7、ϕ35k6、ϕ25h6 的轴段,对表面粗糙度要求较严。Ra 上限值分别为 1.6 μm 或 0.8 μm。

(2) 安装铣刀的轴段 ϕ25h6 尺寸线的延长线上所指的形位公差代号,其含义为 ϕ25h6 的轴线对公共基准轴线 A—B 的同轴度误差不大于 0.06。

(3) 轴(45 钢)应经调质处理(220～250 HBS),以提高材料的韧度和强度。所谓调质是淬火后在 450～650 ℃下进行高温回火。

7.5.2 V 带轮

1. 结构分析

V 带轮是传递旋转运动和动力的零件。从图 7-61 中可看出,V 带轮通过键与轴连接,因此,在 V 带轮的轮毂上必有轴孔和轴孔键槽。V 带轮的轮缘上有三个 A 形轮槽,轮毂与轮缘用幅板连接。

2. 表达分析

V 带轮按加工位置轴线水平放置,其主体结构形状是带轴孔的同轴回转体。主视图采用全剖视图,表示 V 带轮的轮缘(V 形槽的形状和数量)、幅板和轮毂,轴孔键槽的宽度和深度用局部视图表示。

3. 尺寸和技术要求分析

(1) 以轴孔的轴线为径向基准,直接注出 ϕ140(基准圆直径)和 ϕ28H8(轴孔直径)。

(2) 以 V 带轮的左、右对称面为轴向基准,直接注出 50、11、10 和 15±0.3 等尺寸。

(3) V 带轮的轮槽和轴孔键槽为标准结构要素,必须按标准查表,标注标准数值。

(4) 外圆 ϕ147 表面及轮缘两端面对于孔 ϕ28 轴线的圆跳动公差为 ϕ0.3。

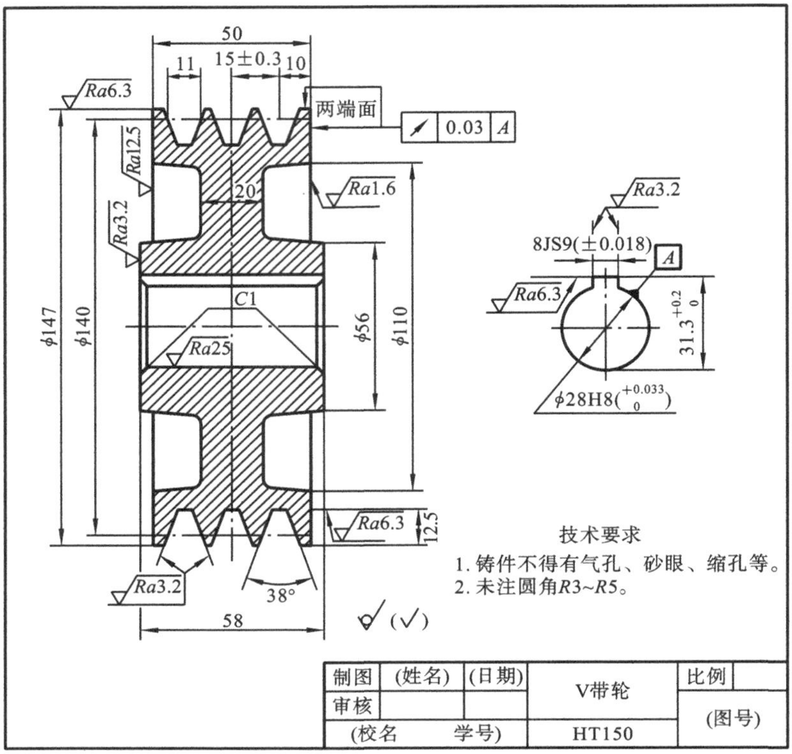

图 7-61 V 带轮零件图

7.5.3 座体

1. 结构分析

座体在铣床立轴部件中起支承轴、V 带轮和铣刀及包容的功用。如图 7-62 所示，座体的结构形状可分为两部分：上部分为圆筒状，两端的轴孔支承轴承，其轴孔直径与轴承外径一致，两侧外端面制有与端盖连接的螺纹孔，中间部分孔的直径大于两端孔的直径（直接铸造不加工）；下部是带圆角的方形底板，有四个安装孔，将铣床立轴安装在铣床上；为了接触平稳和减少加工面，底板下面的中间部分做成通槽。座体的上、下两部分用支承板和肋板连接。

2. 表达分析

座体的主视图按工作位置放置，采用全剖视图，表达座体的形体特征和空腔的内部结构。左视图采用局部剖视图，表示底板和肋板的厚度，以及底板上沉孔和通槽的形状。在圆柱孔端面上表示了螺纹孔的位置，由于座体前后对称，俯视图可画出其对称的一半或局部，本例采用 A 向局部视图，表示底板的圆角和安装孔的位置。

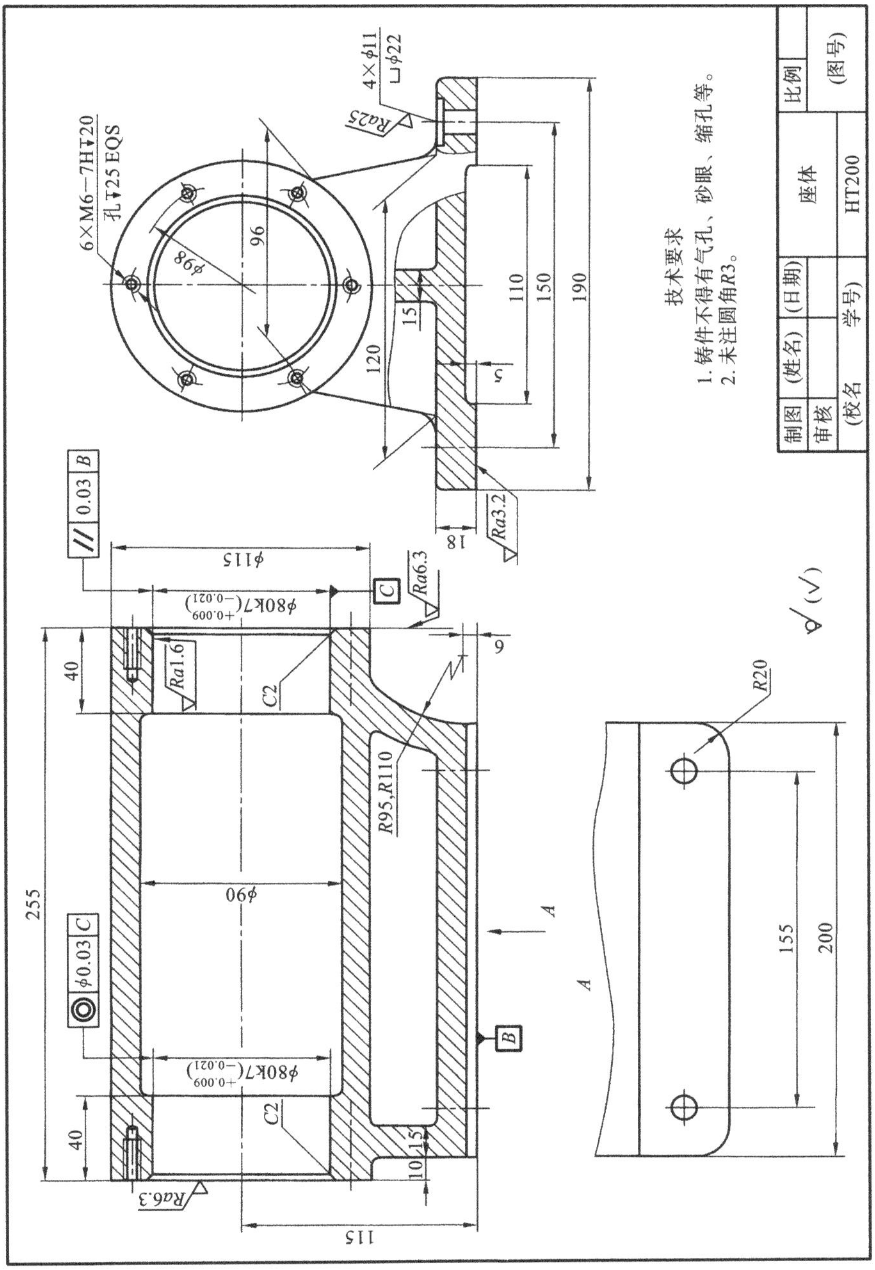
6×M6—7H↧20
孔↧25 EQS
4×ϕ11
⊔ϕ22
Ra25
ϕ98
96
110
150
190
120
15
5
18
Ra3.2
//
0.03
B
ϕ115
ϕ80k7($^{+0.009}_{-0.021}$)
C
Ra6.3
6
Ra1.6
C2
R95,R110
40
255
ϕ0.03
ϕ90
A
R20
155
200
10
115
技术要求
1. 铸件不得有气孔、砂眼、缩孔等。
2. 未注圆角R3。
制图
(姓名)
(日期)
座体
比例
(图号)
审核
(校名
学号)
HT200

图 7-62 座体零件图

3. 尺寸分析

（1）选择座体底面为高度方向主要尺寸基准，圆筒的任一端面为长度方向主要尺寸基准，前后对称面为宽度方向主要尺寸基准。

（2）直接注出按设计要求的结构尺寸和有配合要求的尺寸。如主视图中的 115 是确定圆筒轴线的定位尺寸，ϕ80k7 是与轴承配合的尺寸，40 是两端轴孔长度方向的定位尺寸。左视图和 A 向局部视图中的 150 和 155 是四个安装孔的定位尺寸。

（3）考虑工艺要求，注出工艺结构尺寸，如倒角、圆角等。左视图中螺孔和沉孔尺寸的标注形式参阅表 7-2。

（4）其余尺寸及有关技术要求请读者自行分析。

7.5.4 识读零件图实例

例 7-3 识读图 7-63 所示的零件图。

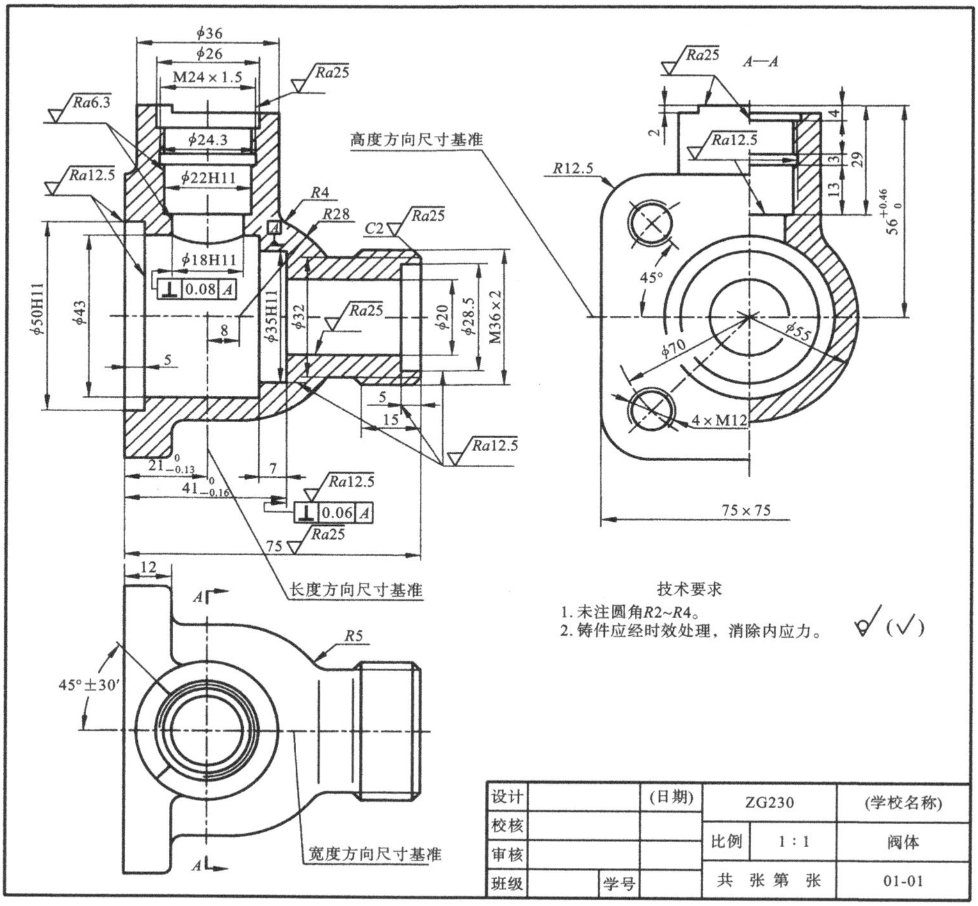

图 7-63 球阀阀体零件图

图 7-63 所示为球阀阀体的零件图，看图的四个步骤如下。

1. 概括了解

从标题栏可知，零件的名称是阀体，属箱体类零件，材料是铸钢，该零件是铸件。阀体的内、外表面都有一部分要进行切削加工，加工之前必须先进行时效处理。

2. 分析视图，想象形状

该阀体用三个基本视图表达它的内外形状。主视图采用全剖视，主要表达内部结构形状，俯视图表达外形。左视图采用 $A—A$ 半剖视，补充表达内部形状及方形凸缘的结构。

看图时先从主视图开始。阀体左端通过螺柱和螺母与阀盖连接，形成球阀容纳阀芯的 $\phi43$ 空腔，左端的 $\phi50H11$ 圆柱形槽与阀盖的圆形凸台相配合；阀体空腔右侧的 $\phi35H11$ 圆柱形槽，用来放置球阀关闭时不泄漏流体的密封圈；阀体右端有用于连接系统中管道的外螺纹 M36×2，内部阶梯孔 $\phi28.5$、$\phi20$ 与空腔相通；在阀体上部的 $\phi36$ 圆柱体中，有 $\phi26$、$\phi22H11$、$\phi18H11$ 的阶梯孔与空腔相通，在阶梯孔内容纳阀杆、填料压紧套；阶梯孔顶端 90°扇形限位凸块(对照俯视图)，用来控制扳手和阀体的旋转角度。

经过上述分析，对于阀体在球阀中与其他零件之间的装配关系已比较清楚。然后再对照阀体的主、俯、左视图综合想象它的形状：球形主体结构的左端是方形凸缘；右端是同轴相交的大圆柱体、小圆柱体和球体；上部的圆柱体分别与左端凸缘和右端的球体相交。

3. 分析尺寸

阀体的结构形状比较复杂，标注尺寸很多，这里仅分析其中主要尺寸，其余尺寸请读者自行分析。

以阀体水平轴线为径向(高度方向)尺寸基准，注出定形尺寸 $\phi50H11$、$\phi35H11$、$\phi20$ 和 M36×2 等。同时还要注出水平轴线到顶端的定位尺寸 $56^{+0.46}_{0}$(在左视图上)。

以阀体垂直孔的轴线为长度方向尺寸基准，注出阀体上部定形尺寸 $\phi36$、M24×1.5、$\phi22H11$、$\phi18H11$ 等。同时还要注出铅垂孔轴线与左端面的定位尺寸 $21^{0}_{-0.13}$。

以阀体前后对称面为宽度方向尺寸基准，注出阀体的圆柱体外形尺寸 $\phi55$、左端的方形凸缘外形尺寸 75×75 及四个螺孔的定位尺寸 $\phi70$。同时还要注出扇形限位凸块的角度定位尺寸 $45°\pm30'$(在俯视图上)。

4. 了解技术要求

经上述尺寸分析可看出，阀体中的一些主要尺寸多数都标注了公差代号或偏差数值，如上部阶梯孔 $\phi22H11$ 与填料压紧套有配合关系，$\phi18H11$ 与阀杆有配合关系，与此对应的表面粗糙度要求也较高，其 Ra 值为 3.2 μm。阀体左端和空

腔右端的阶梯孔 ϕ50H11、ϕ35H11 分别与密封圈有配合关系，因为密封圈的材料是塑料，所以相应的表面粗糙度要求稍低，其 Ra 值为 12.5 μm。零件上不太重要的加工表面的表面粗糙度，其 Ra 值为 25 μm。除去三个端面和左端的外螺纹部分，外表面其他部位的表面粗糙度都保持原来状态。

主视图中对于阀体的形位公差要求是：空腔右端相对水平轴线的垂直度公差为 0.06；ϕ18H11 圆柱孔相对 ϕ35H11 圆柱孔的垂直度公差为 0.08。

7.6 AutoCAD 绘制零件图

利用 AutoCAD 绘制零件图时，不仅要对图样中的文字和尺寸进行标注，还需要标注图样中的表面粗糙度、尺寸公差和形位公差等内容。本节将对此类技术要求的标注进行简单的介绍。

7.6.1 零件图中技术要求的标注

AutoCAD 提供了“图案填充”和“渐变色”功能，用以对绘制的图形进行多种图案填充和逐渐变色渲染。操作方法如下。

1. 形位公差的标注

(1) 选择“标注”下拉菜单中的“公差(T)…”菜单项，或者单击“标注”工具栏的“公差”图标按钮，都可以绘制形位公差的框格。便捷的标注方式是单击“标注”工具栏的“快速引线”图标按钮，系统提示如下。

命令：_qleader

指定第一个引线点或[设置(S)]〈设置〉：S↙

选择设置项后，出现“引线设置”对话框，如图 7-64 所示。

“引线设置”对话框可以设置指引线的形式、箭头的样式和尺寸，可以设置引线标注的内容，在此选中“公差”单选项，如图 7-64 所示，单击“确定”按钮退出。

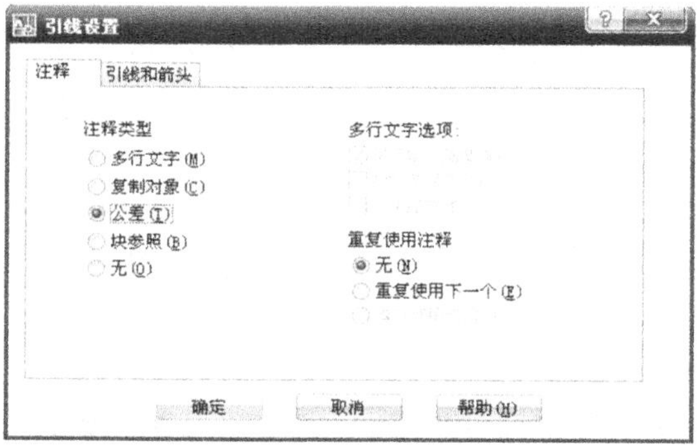

图 7-64 “引线设置”对话框

(2) 系统接着要求输入指引线的起点(A)、转折点(B)和终点(C),如图 7-65 所示。输入完毕后弹出"形位公差"对话框,如图 7-66 所示。

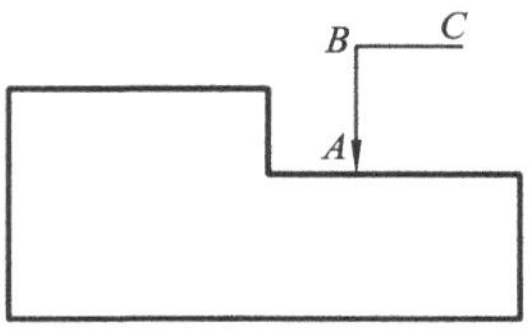

图 7-65 指引线的标注

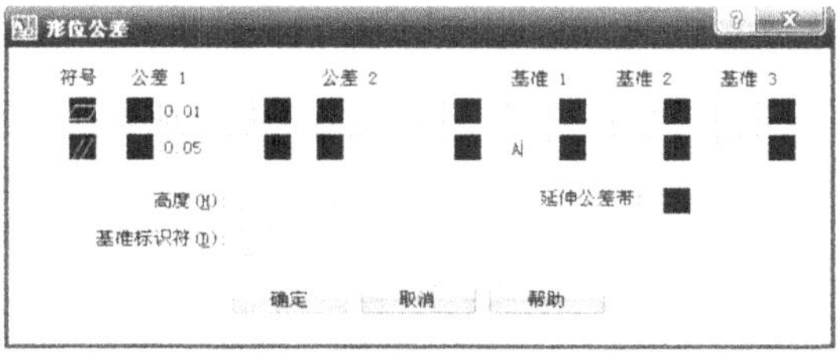

图 7-66 "形位公差"对话框

(3) 在"形位公差"对话框中单击"符号"下面的黑色方块,打开"特征符号"选项框,如图 7-67 所示,单击选择需要的符号,系统自动将符号放置在符号框中,如图 7-66 所示。选择右下角的黑色方块为放弃,选择结束后,"特征符号"选择框自行关闭。

(4) 在"形位公差"对话框的"公差 1"文本框里输入公差数值,如果公差值为直径,单击公差数值文本框左边的黑框,系统自动加注直径符号 ϕ。单击文本框右边的黑框,可为公差值加注"附加符号"。系统可以一次标注两个公差值和两项公差内容。

(5) 在"形位公差"对话框的"基准 1"文本框里输入对应基准代号,单击文本框右边的黑框,可以加注"附加符号"。

(6) 单击"确定"按钮退出,结束操作,如图 7-68 所示。

图 7-67 中底部的基准符号,需要另外绘制,可以做成带属性的图块插入在图中。

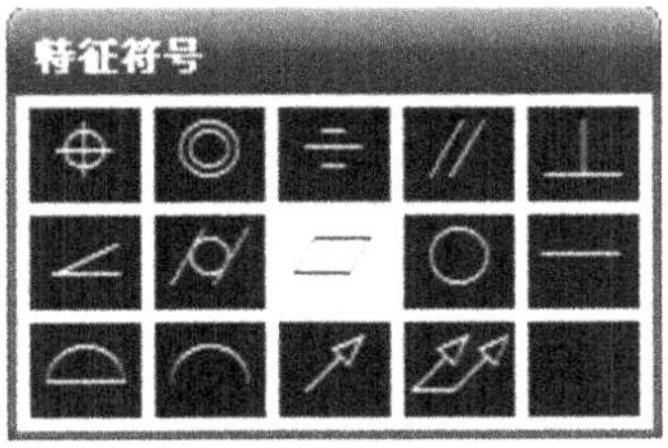

图 7-67 "特征符号"选择框

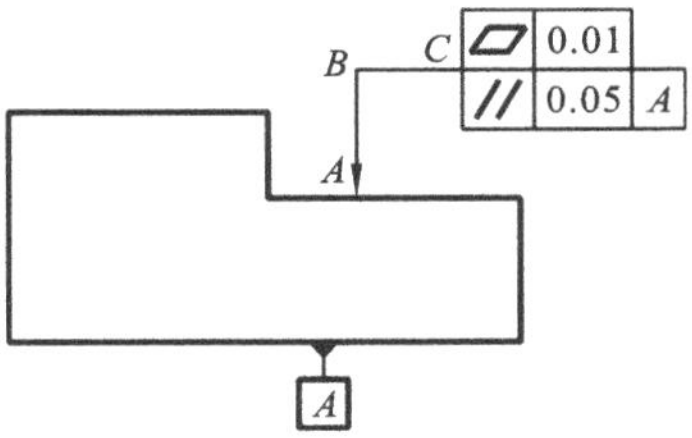

图 7-68 形位公差的标注

2. 表面粗糙度的标注与块的属性

零件图中需要标注各处表面粗糙度的符号和不同的数值,利用带属性的块,可以使得标注更加方便、快捷。操作方法如下。

(1) 首先绘制出表面粗糙度符号,如图 7-69(a)所示。

(2) 选择"绘图"下拉菜单中的"块(K)"子菜单的"定义属性(D)…"菜单项,

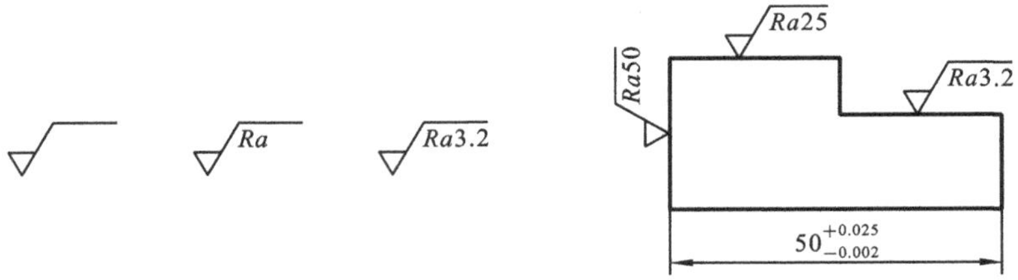

(a)　(b)　(c)　(d)

图 7-69　“块属性”的设置和应用

打开“属性定义”对话框，如图 7-70 所示。

（3）在“属性定义”对话框的“属性”选区，可以注写标记和提示，以及设置常用的数据（也可以不设）。在“文字选项”选区，设置属性的字体、尺寸和样式，如图 7-70 所示。设置完成后单击“确定”按钮退出，系统提示在图形上指定属性插入的位置，指定位置后操作自行结束，显示如图 7-69(b)所示。

（4）按照前述方法，将表面粗糙度符号和设置的属性一起创建成图块，创建结束时系统弹出如图 7-71 所示的“编辑属性”对话框，单击“确定”按钮退出，完成操作，显示如图 7-69(c)所示。

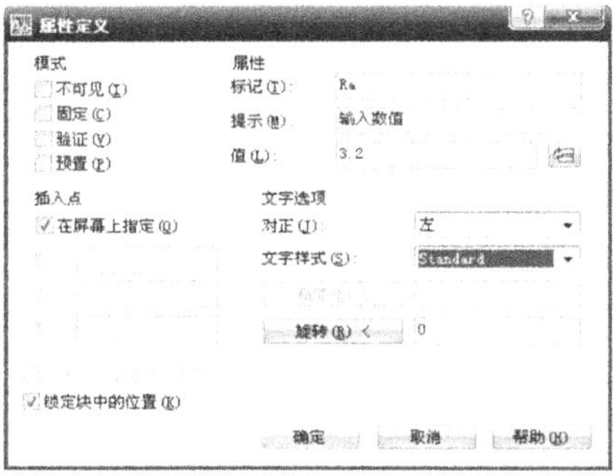

图 7-70　“属性定义”对话框

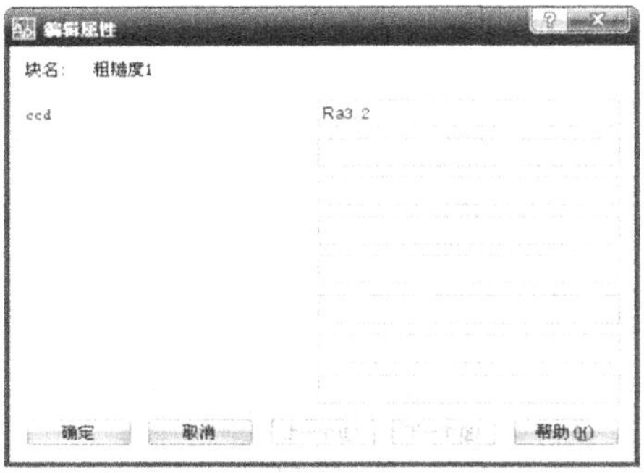

图 7-71　“编辑属性”对话框

（5）调用“块插入”命令。

命令：_insert

指定插入点或[基点(B)/比例(S)/X/Y/Z/旋转(R)]：(指定在图形中的插入位置)

输入属性值

提示输入〈Ra3.2〉：Ra25 ↙(输入指定的 Ra 符号和数值，如果不输入，则为系统设置的默认值)

⋮

操作结果如图 7-69(d)所示。

3. 零件尺寸公差的标注

在零件图中标注具有公差的尺寸时，利用“对象特性管理器”注写是一种常用的便捷方法。

(1) 首先调用“标注”命令，标注出指定的尺寸，如图 7-69 中所示的尺寸 50。

(2) 双击该尺寸，打开该尺寸的“特性管理”对话框，如图 7-72 所示。在其中的“公差”栏中选择“显示公差”，并在列表中指定公差的形式。然后注写各项偏差值，设置小数点位数、偏差数值字体、尺寸数据的比例。图 7-72 中设置的上、下偏差数值分别为 0.002 和 0.025，系统默认上偏差为正、下偏差为负，如果符号不同，数值前需要注写“－”号。设置小数点后保留三位小数，偏差数值的高度为尺寸数值的 0.5 倍，标注显示如图 7-72 所示。

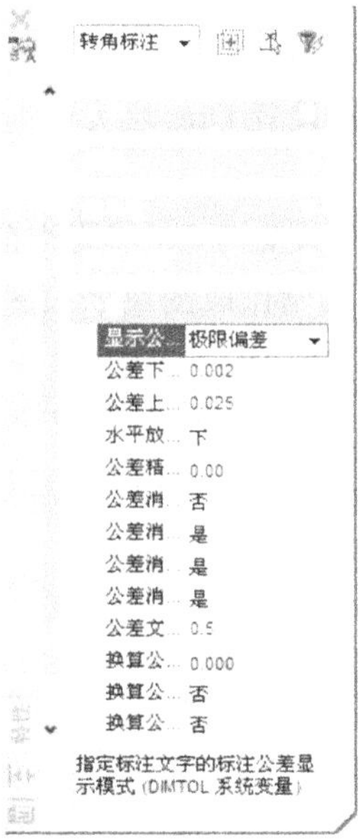

图 7-72 偏差尺寸的标注

7.6.2 AutoCAD 绘制零件图的方法

例 7-4 以图 7-73 所示的轴承座零件为例，介绍绘制零件图的方法和步骤。

1. 设置绘图环境

根据轴承座的尺寸，设置绘图界限为 297 mm×210 mm；单位精度为毫米制，无小数位；图层分为五层：Main 层为黄色，线型为 Continue，线宽为 0.4 mm，用于画轮廓线；Center 层为红色，线型为 Center，线宽为 0.18 mm，用于画对称线和细点画线；Dim 层为蓝色，线型为 Continue，线宽为 0.18 mm，用于标注尺寸；Hatch 层为绿色，线型为 Continue，线宽为 0.18 mm，用于画剖面线；Text 层为青色，线型为 Continue，线宽为 0.18 mm，用于文本标注等；0 层为原有层，保持不变备用，命令与操作方法同前。

2. 绘制零件图

绘图步骤如下。

(1) 设置 Center 层为当前层，使用“直线”命令和“偏移”命令，在合适的位置上画对称线、细点画线和边框线、标题栏，如图 7-74 所示。

(2) 设置 Main 层为当前层，用“直线”和“圆”命令画主要轮廓线，用“偏移”、“圆角”、“修剪”等编辑命令进行修改，如图 7-75 所示。

（3）设置 Hatch 层为当前层，用“图案填充”命令绘制剖面线，如图 7-76 所示。

（4）设置 Dim 层为当前层，标注相应的尺寸、尺寸公差及形位公差，如图7-77所示。

（5）设置 Text 层为当前层，按照上面的方法，绘制表面粗糙度符号，设置属性并将其制作成图块插入图形中。

（6）用“多行文本”命令填写技术要求及标题栏等。

（7）检查、整理，完成全图，如图 7-73 所示。

（8）选择“文件(F)”下拉菜单中的“另存为(A)…”菜单项，将图形存盘。

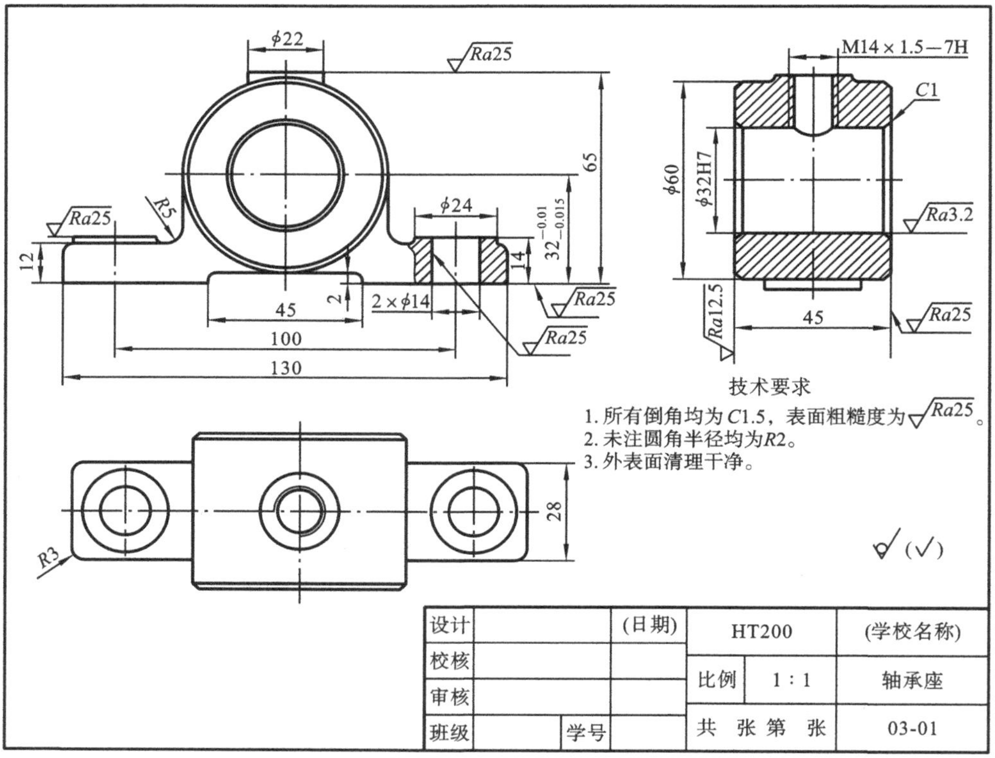

图 7-73　轴承零件图

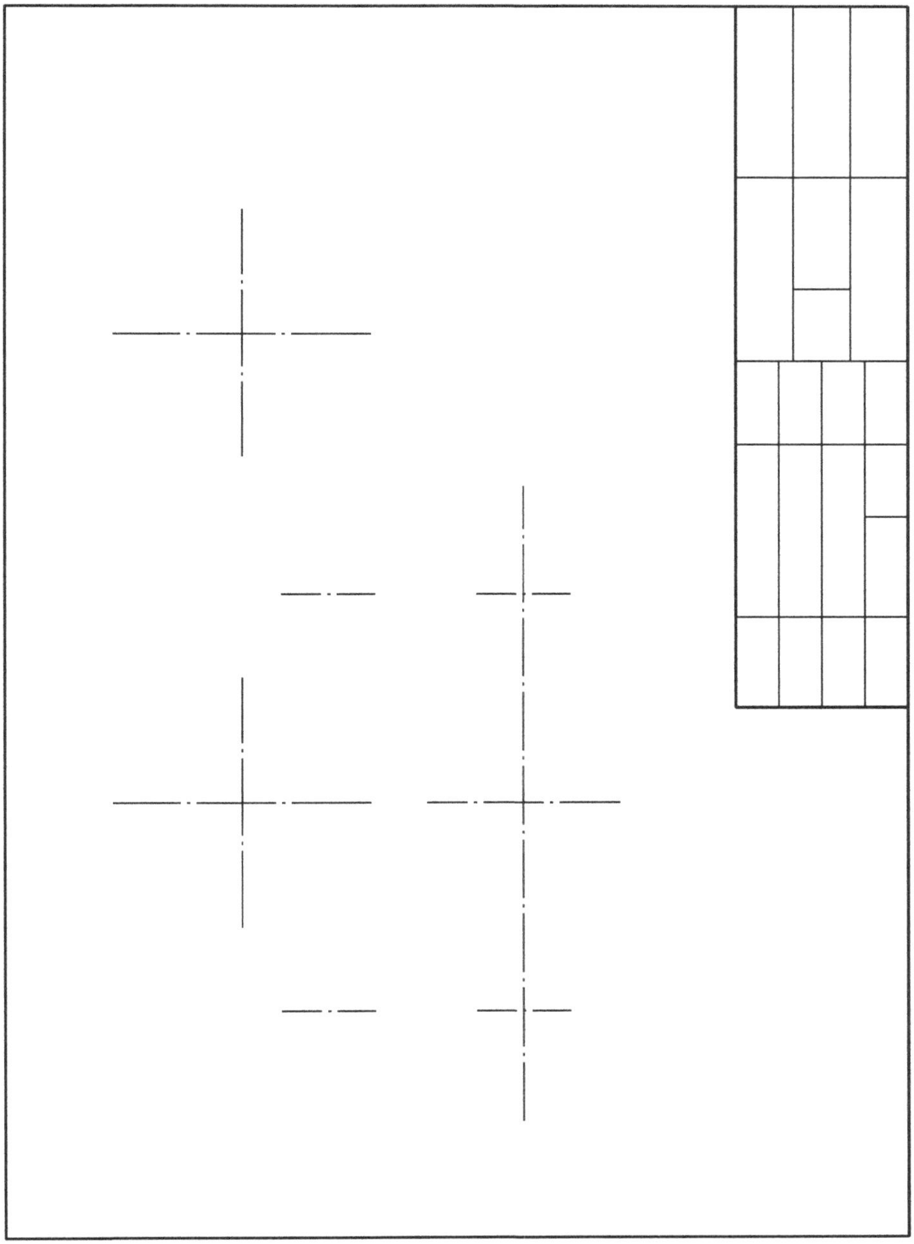

图 7-74 画对称线、细点画线

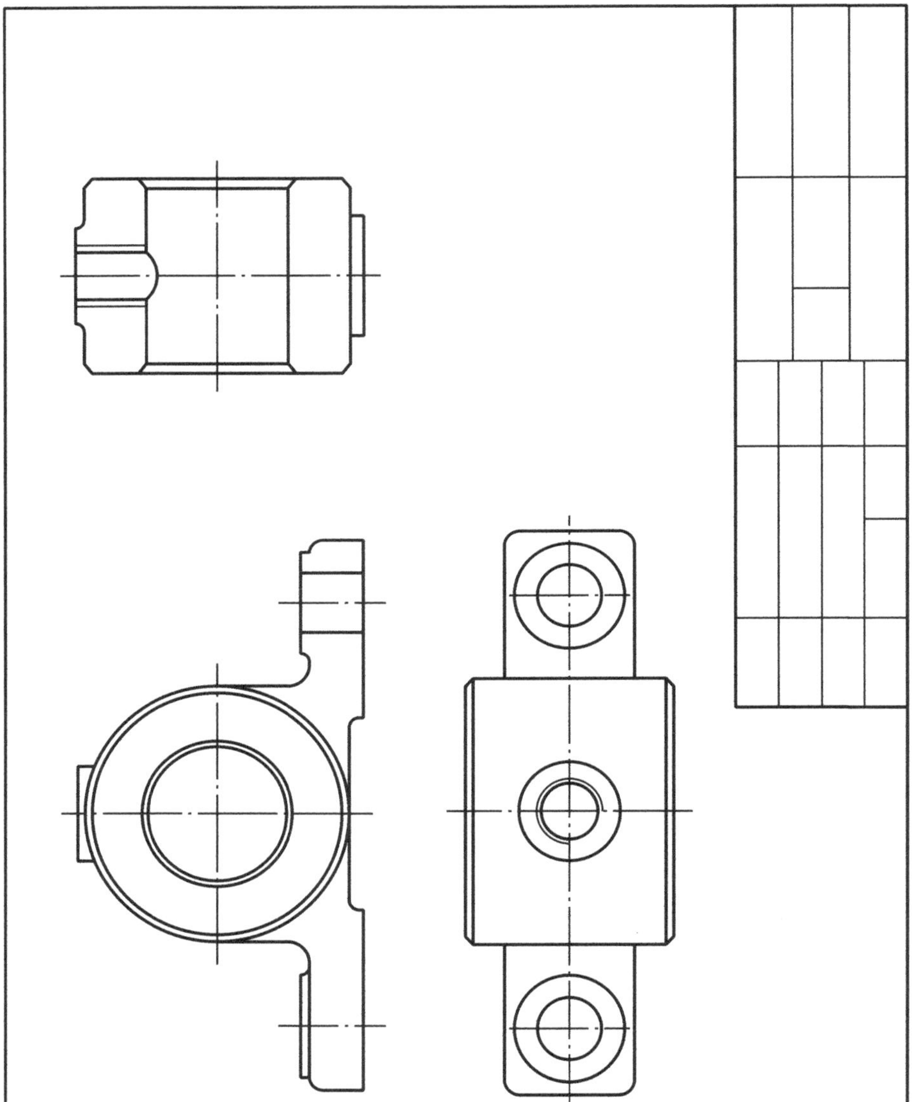

图 7-75　画轮廓线

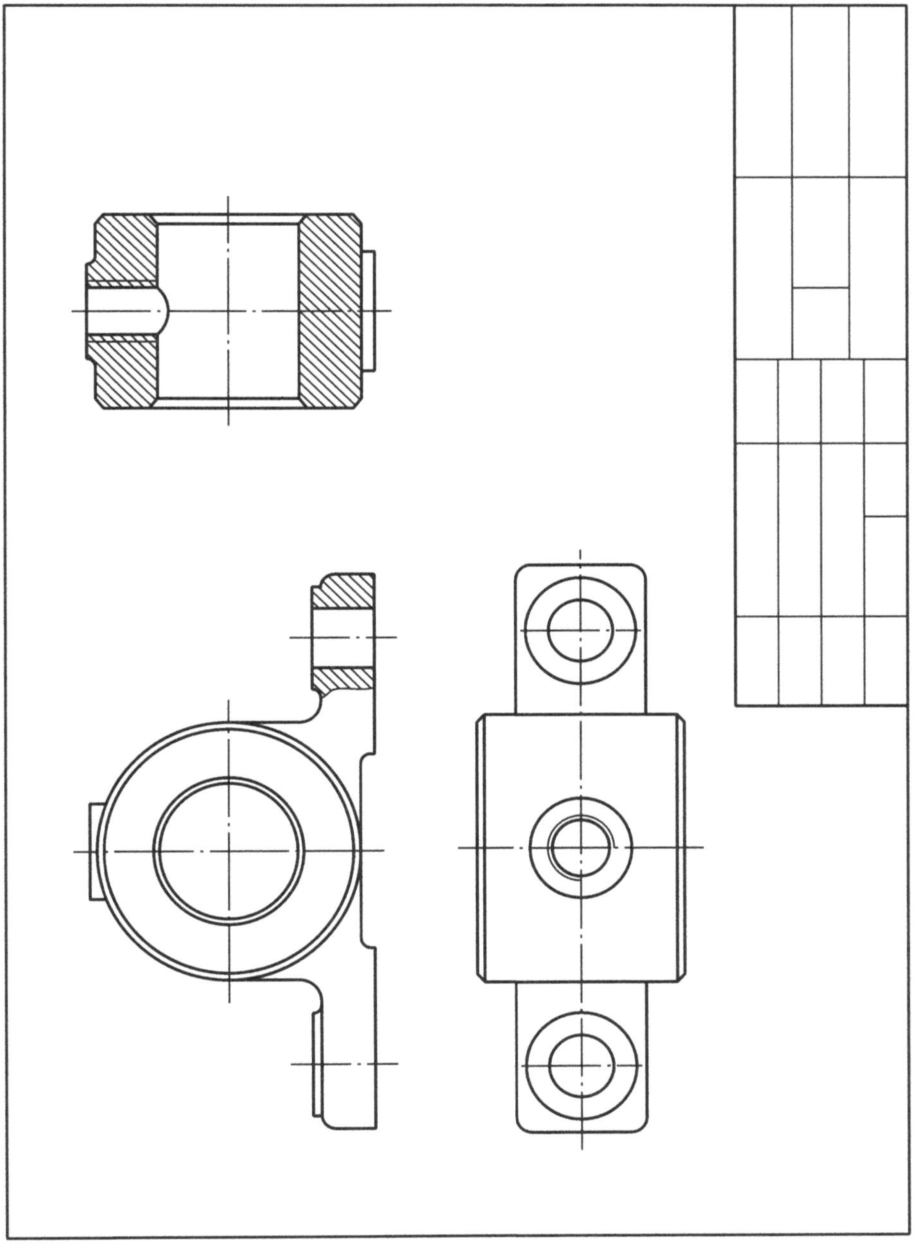

图 7-76　绘制剖面线

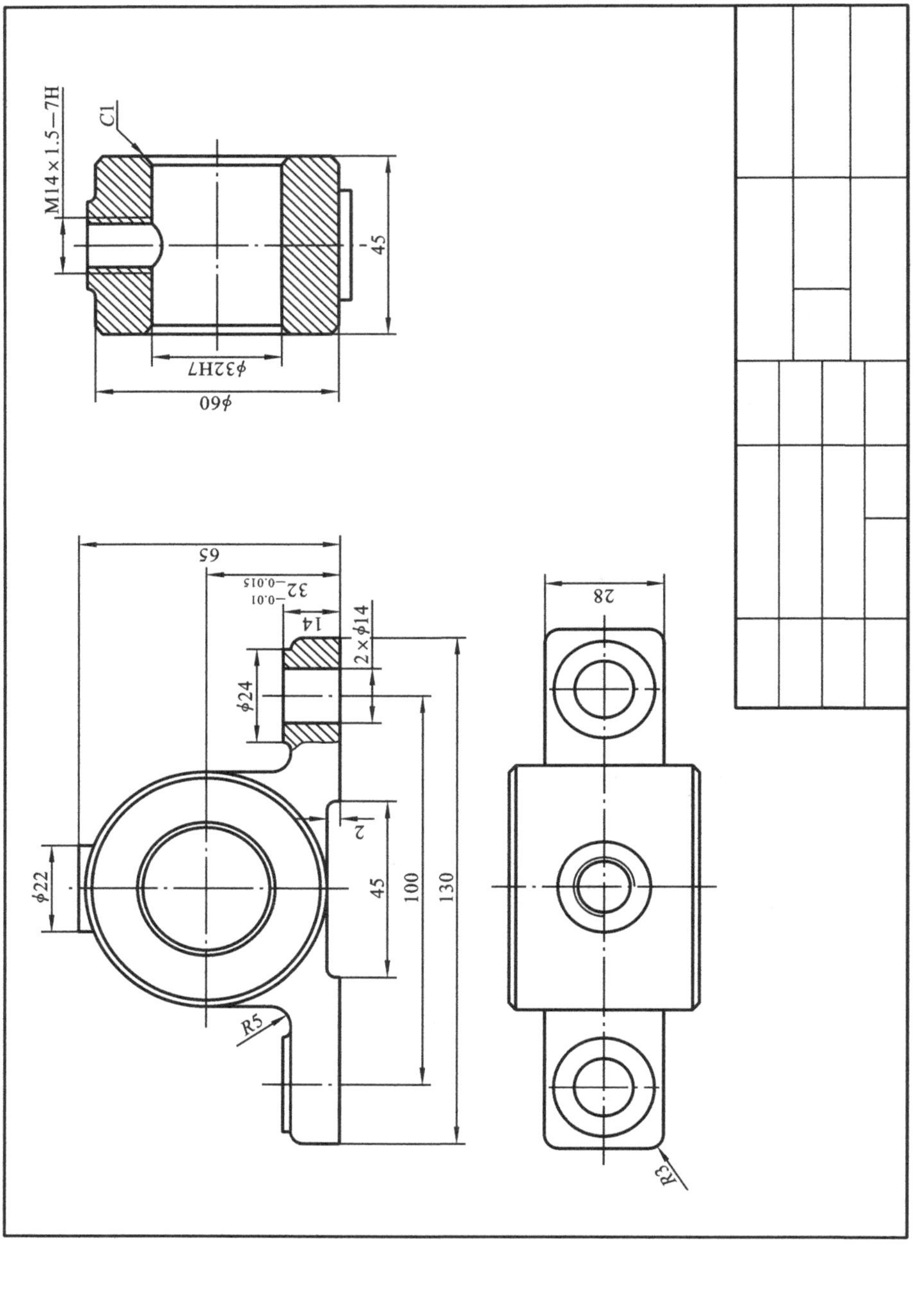
M14×1.5—7H
C1
45
φ32H7
φ60
65
$32^{-0.01}_{-0.015}$
14
2×φ14
φ24
φ22
2
45
100
130
R5
28
R3

图 7-77　标注尺寸

本章小结

（1）零件图有四个组成部分：图形、尺寸、技术要求和标题栏。

（2）不同的零件要用不同的视图表达。

（3）根据零件的结构特点，可将零件分成四类：轴类、盘盖类、叉架类和箱类。各类零件的视图表示、尺寸标注和技术要求有一定的规律可循。

（4）尺寸标注必须准确、完整、合理。

（5）技术要求的主要内容是表面粗糙度、极限与配合、形位公差等。

（6）表面粗糙度是零件加工表面上具有的较小间距和微小峰谷不平的程度。评定表面粗糙度的常用参数为轮廓算数平均偏差 Ra，其值越小，表面越光滑。

（7）互换性是规格相同的零件未经选配即可装配，并满足功能性要求的性质。极限与配合是为了使零件具有互换性而建立起来的一种技术制度。

（8）国家标准规定了两种配合制度（基孔制、基轴制）、20 个等级的标准公差和 28 个基本偏差。

（9）形位公差是指零件的实际形状和位置相对于理论形状和位置的允许变动量。国家标准规定了形状和位置公差分为两类，共 14 项。

（10）识读零件图的方法和步骤：看标题栏；分析图样；分析形体；分析尺寸；看技术要求。

第8章 装配图

本章提要

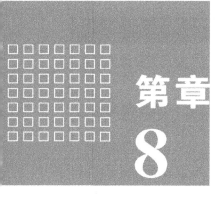

本章主要介绍装配图的作用和内容；装配图的表达方法和尺寸标注；装配图绘制、编制零件序号和编写明细栏；看懂装配图和从装配图中拆画零件图。

8.1 装配图概述

装配图是指表达机器或部件的工作原理、连接方式、装配关系的图样，是进行设计、装配、检验、安装、调试和维修所必需的技术文件。其中表示部件的图样，称为部件装配图；表示一台完整机器的图样，称为总装配图或总图。

8.1.1 装配图的作用

在产品设计过程中，一般先按设计要求画出装配图，然后根据装配图拆画零件图。装配时，是根据装配图表达的装配要求将各零部件按一定的顺序进行装配的。使用、管理和维修机器时，是通过装配图来了解机器的结构、性能和工作原理的。因此，装配图是设计和绘制零件图的主要依据，是装配生产过程、调试、安装、维修的主要技术文件。

8.1.2 装配图的内容

装配图一般具备以下几方面的内容，如图8-1所示。

1. 一组视图

综合应用各种表达方法，选用一组视图来表达机器或部件的工作原理、装配关系、连接及安装方式和主要零件的结构形状。

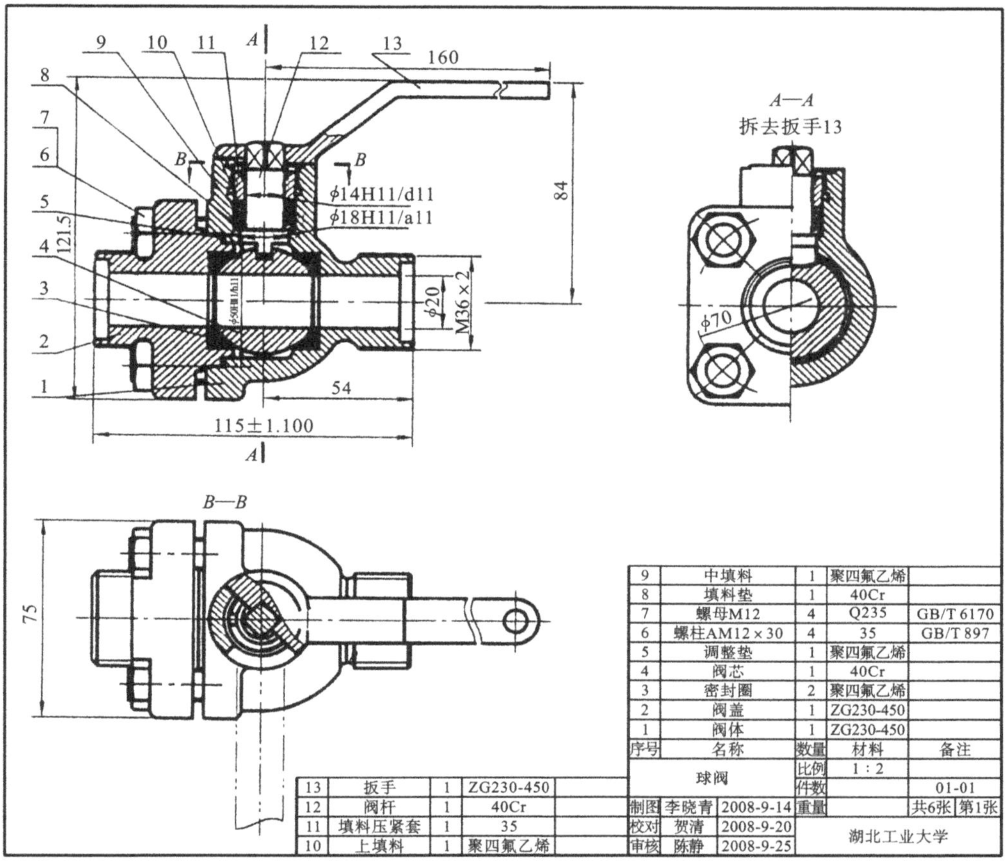

序号	名称	数量	材料	备注
13	扳手	1	ZG230-450	
12	阀杆	1	40Cr	
11	填料压紧套	1	35	
10	上填料	1	聚四氟乙烯	
9	中填料	1	聚四氟乙烯	
8	填料垫	1	40Cr	
7	螺母M12	4	Q235	GB/T 6170
6	螺柱AM12×30	4	35	GB/T 897
5	调整垫	1	聚四氟乙烯	
4	阀芯	1	40Cr	
3	密封圈	2	聚四氟乙烯	
2	阀盖	1	ZG230-450	
1	阀体	1	ZG230-450	

球阀			比例	1:2	
			件数		01-01
制图	李晓青	2008-9-14	重量		共6张 第1张
校对	贺清	2008-9-20	湖北工业大学		
审核	陈静	2008-9-25			

图 8-1　球阀装配图

2. 必要的尺寸

装配图中应具有表明机器或部件的规格、性能，以及装配、安装、检验、运输等方面所需要的尺寸。它与零件图中标注尺寸的要求不同。

3. 技术要求

用文字或符号说明机器或部件的性能、装配、检验、调试及使用等方面的要求。

4. 零件的序号、明细栏和标题栏

为了便于看图和生产管理，对装配图中每种零件都要编写序号，并编制明细栏，注写出零件的序号、名称、规格、数量、材料和标准编号等内容。标题栏用来注明机器或部件的名称、规格、比例、图号及主要责任人等。

8.2 装配图的表达方法

装配图的视图表达方法和零件图基本相同，前面介绍过的表达零件的各种方法均适用于装配图。由于机器(或部件)是由若干零件组成的，装配图主要表达的是机器(或部件)的工作原理和零件之间的装配、连接关系，所以装配图除了有与零件图相同的一般表达方法外，还有一些特殊的表达方法。

8.2.1 装配图的规定画法

(1) 装配图中相邻零件的接触面、基本尺寸相同的配合面只画一条轮廓线。但当两相邻件的基本尺寸不同，即使间隙很小，也须画出两条轮廓线(可适当夸大间隙)。如图 8-1 的主视图中注有 ϕ18H11/a11、ϕ14H11/d11 的配合面及螺母 7 与阀盖 2 的接触面等，都只画一条线；阀盖 2 与阀体 1 的非接触面等，都画两条线，表示各自的轮廓。

(2) 两相邻零件的剖面线方向应相反。当有多个零件相邻剖面线的方向相同时，应间距不同或间距相同而错开位置以示区别，如图 8-1 所示。应注意同一零件在各视图中的剖面线方向和间距应保持一致。

(3) 当剖切平面通过紧固件、销、键，以及实心轴、手柄、球等零件时，均按不剖切绘制。表达这些零件上的局部结构，如键、销连接等，可以采用局部剖视表达。

8.2.2 特殊表达方法

1. 拆卸画法

为了表达被遮挡的装配关系或其他零件，可以假想拆去一个或几个在其他视图中已表达清楚的零件，只画出所要表达的部分，并在视图上方标注“拆去××”的说明，这种方法称为拆卸画法。如图 8-1 左视图中右半部分是拆去扳手 13 后画出的，它在主、左视图中已经表达清楚。

2. 沿结合面剖切画法

为了表达内部结构，可假想沿某些零件的结合面剖切后画出投影。零件的结合面上不画剖面符号，但被剖切到的零件则必须画出剖面符号。如图 8-2 所示，转子泵装配图中的右视图(A—A 剖视图)就是沿泵盖和泵体接触面剖切后画出的。

3. 假想画法

(1) 需要表达装配图中某零件的运动极限位置时，用细双点画线画出该零件的极限位置轮廓，如图 8-1 俯视图中球阀手柄的极限工作位置。

(2) 当需要表示本装配件与其他零件的安装关系时，如图 8-2 所示，用细双

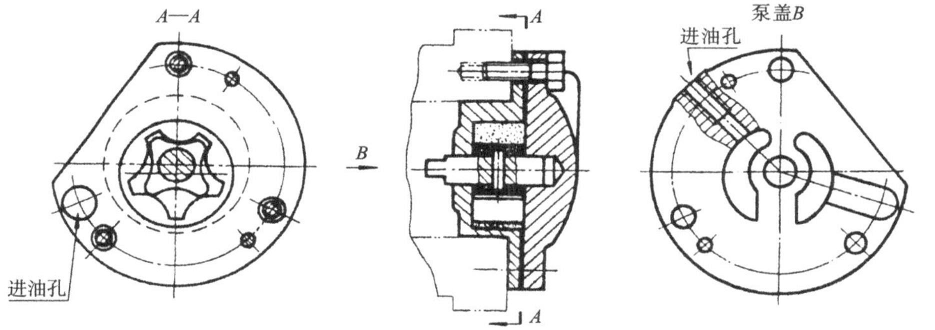

图 8-2 转子泵装配图

点画线画出相邻件的部分相关轮廓。

4. 夸大画法

在装配图中，如果绘制的直径或厚度小于 2 mm 的孔或薄片、小间隙等，为了表达清楚，允许适当夸大画出。当尺寸在装配图中难以明显表达时，可不按比例而采用夸大的画法表达，如图 8-2 中的垫片采用了夸大画法画出。

5. 简化画法

(1) 多个相同规格的紧固组件，如螺栓、螺母、垫片组件，同一规格只需画出一组的装配关系，其余可用细点画线表示其安装位置，如图 8-3 所示。

(2) 装配图中的滚动轴承可以采用如图 8-3 所示的简化画法。

(3) 外购成品件或另有装配图表达的组件，虽剖切平面通过其对称中心线，也可以简化为只画其外形轮廓。

(4) 零件的一些工艺结构，如小圆角、倒角、退刀槽均可不画出。

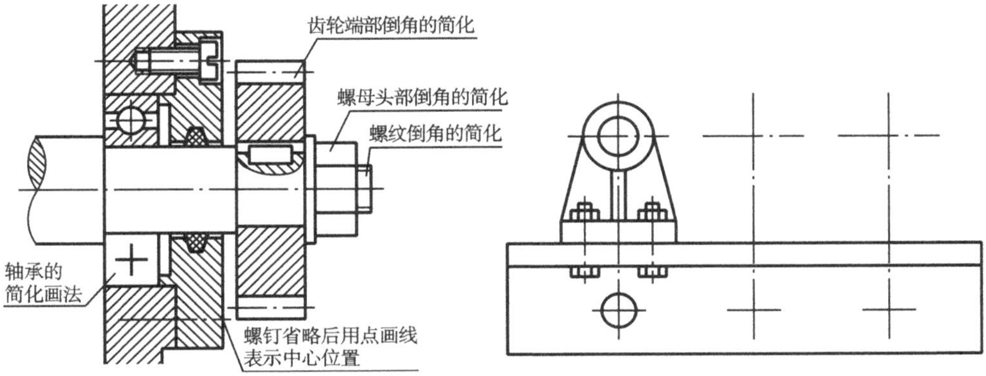

图 8-3 装配图简化画法

6. 零件的单独表达画法

当某个零件在装配图中没有表达清楚，而又影响到对装配关系、工作原理的理解时，可以只画出该零件的某个视图或剖视图，但应标明视图名称和投影方向。如图 8-2 转子油泵装配图中，单独表达了泵盖的 B 向视图，并作了相应的标注“泵盖 B”。

8.2.3 装配图的视图选择步骤和原则

1. 分析装配体，明确表达内容

一般从实物和有关资料了解装配体的用途、性能和工作原理入手，仔细分析各零件的结构特点及装配关系，从而明确所要表达的具体内容。

2. 选择主视图

画主视图时，一般将装配体按工作位置放置；投影方向通常选择最能反映该装配体的工作原理、传动系统、零件间主要的装配关系和主要结构特征的方向作为主视图的投影方向。

3. 选择其他视图

选定主视图后，对于那些装配关系、工作原理及主要零件的主要结构还没有表达清楚的部分，应选择适当的其他视图来补充表达。一般情况下，机器或部件中的每一种零件至少应在视图中出现一次。

如果部件比较复杂，还可以同时考虑几种表达方案进行比较，最后选定一个较好的表达方案。

8.3 装配图尺寸标注和技术要求

8.3.1 装配图的尺寸标注

装配图的主要功能是表达产品的装配关系，而不是制造零件的依据，因此一般只需标出如下几种类型的尺寸。

1. 规格性能尺寸

规格性能尺寸是表示产品或部件的性能或规格的重要尺寸，是设计和使用的重要参数，如图 8-1 中球阀的公称通径尺寸 ϕ20。

2. 装配尺寸

装配尺寸包括以下两类尺寸。

(1) 配合尺寸　表示两零件间配合性质的尺寸，一般在尺寸数字后面都注明配合代号，如图 8-1 中的 ϕ18H11/a11、ϕ14H11/d11 等。

(2) 相对位置尺寸　表示设计或装配机器（部件）时，需要保证重要相对位置的尺寸，如图 8-4 中的尺寸 91、32。

3. 安装尺寸

机器或部件安装时涉及的尺寸应在装配图中标出，供安装时使用，如图 8-1

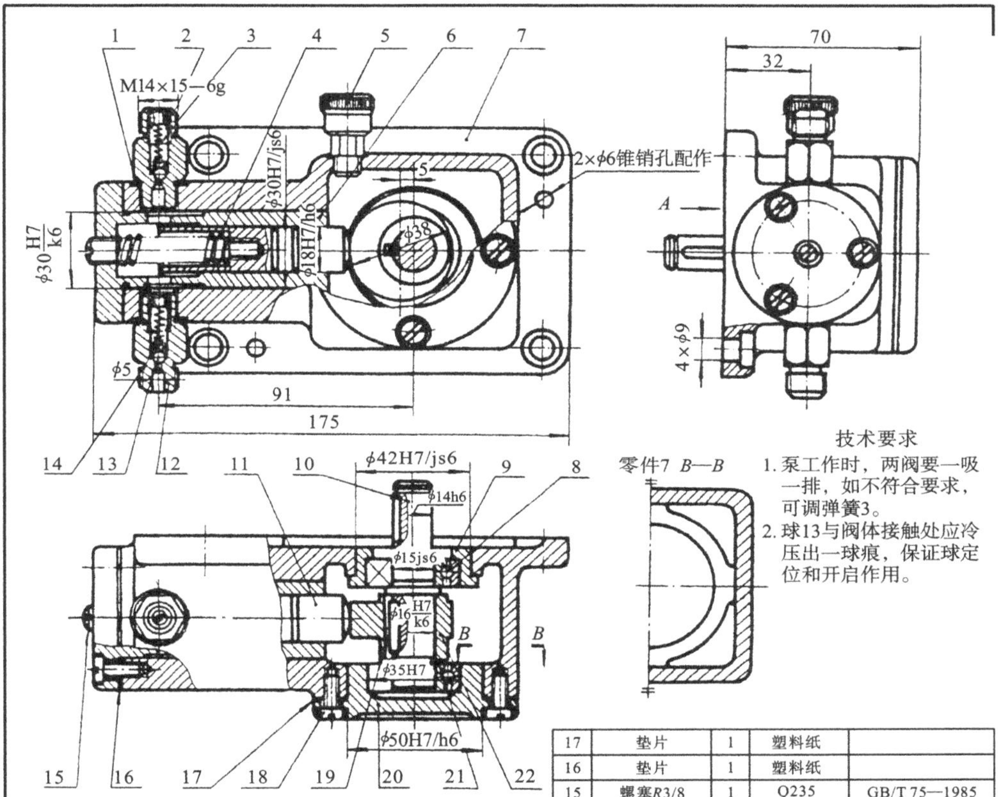

技术要求

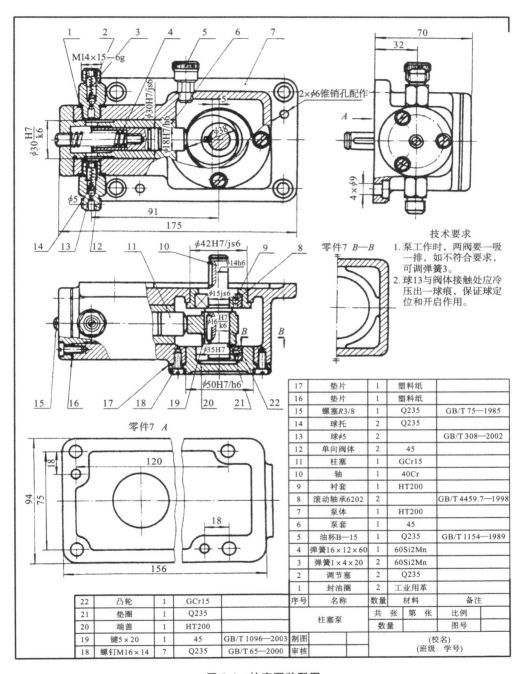

1. 泵工作时，两阀要一吸一排，如不符合要求，可调弹簧3。
2. 球13与阀体接触处应冷压出一球痕，保证球定位和开启作用。

零件7 A

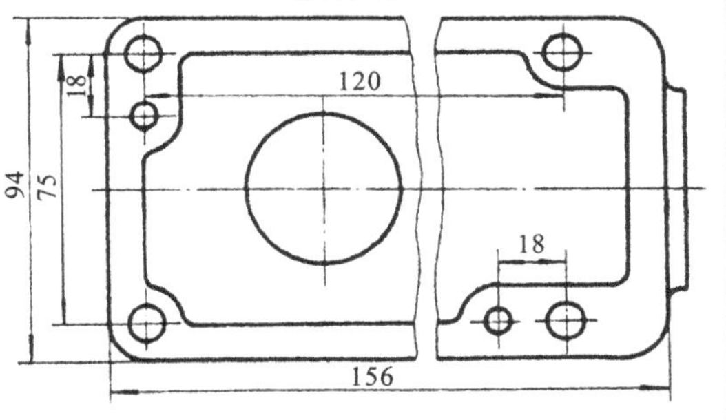

序号	名称	数量	材料	备注
22	凸轮	1	GCr15	
21	垫圈	1	Q235	
20	端盖	1	HT200	
19	键5×20	1	45	GB/T 1096—2003
18	螺钉M16×14	7	Q235	GB/T 65—2000
17	垫片	1	塑料纸	
16	垫片	1	塑料纸	
15	螺塞R3/8	1	Q235	GB/T 75—1985
14	球托	2	Q235	
13	球ϕ5	2		GB/T 308—2002
12	单向阀体	2	45	
11	柱塞	1	GCr15	
10	轴	1	40Cr	
9	衬套	1	HT200	
8	滚动轴承6202	2		GB/T 4459.7—1998
7	泵体	1	HT200	
6	泵套	1	45	
5	油杯B—15	1	Q235	GB/T 1154—1989
4	弹簧16×12×60	1	60Si2Mn	
3	弹簧1×4×20	2	60Si2Mn	
2	调节塞	2	Q235	
1	封油圈	2	工业用革	

柱塞泵		共 张 第 张	比例	
		数量	图号	
制图			(校名)	
审核			(班级 学号)	

图 8-4 柱塞泵装配图

中球阀与管道的安装连接尺寸 M36×2、54、84。

4. 外形尺寸

标注出部件或机器的外形轮廓尺寸，如图 8-1 中球阀的总长 115±1.100、总宽 75 及总高 121.5，为部件的包装和安装所占空间的大小提供数据。

5. 其他重要尺寸

其他重要尺寸是指在设计中经过计算确定或选定的，但又未包括在上述几类尺寸中的重要尺寸。如运动零件的极限尺寸、主体零件的重要尺寸等。

必须指出：不是每一张装配图都具有上述尺寸，有时某些尺寸兼有几种意义，如图 8-1 球阀中的尺寸 115±1.100，既是外形尺寸，又与安装有关。装配图的尺寸标注，应根据部件的作用，反映设计者的意图。

8.3.2 装配图的技术要求

在装配图中，可用简明文字逐条说明在装配过程中应达到的技术要求，应予保证调整间隙的方法或要求，产品执行的技术标准和试验、验收时的技术规范，以及产品外观（如油漆、包装）等要求。

不同性能的机器或部件，其技术要求不同，一般包括性能、装配、检验、使用等方面的要求和条件，如图 8-4 中的技术要求。

性能要求指机器或部件的规格、参数、性能指标等；装配要求一般指装配方法和顺序，装配时的有关说明，装配时应保证的精确度、密封性等要求；检验要求指基本性能的检验方法和要求，如对泵、阀等进行油压试验的要求以及装配后必须保证达到的准确度和关于其检验方法的说明等；使用要求指对产品的基本性能、维护的要求以及使用操作时的注意事项。此外，有些机器或部件可能还包括对其涂饰、包装、运输、通用性和互换性的要求等。

编制技术要求时，可参阅同类产品的图样，根据具体情况确定，如已在零件图上提出的技术要求，在装配图上一般可以不必注写。当装配图中需用文字说明的技术要求，可写在标题栏的上方或左边，也可以另写成技术要求文件，作为图样的附件。

8.4 装配图中零、部件序号与明细栏

为了便于读图、图样管理和生产准备工作；装配图中的零件或部件应进行编号，这种编号称为零件的序号。装配图中零件或部件序号及编排方法应遵循国家标准 GB/T 4458.2—2003：零件的序号、名称、数量、材料等自下而上填写在标题栏上方的明细栏中，表达由较多零件和部件组装成的一台机器的装配图时，可为装配图另附按 A4 幅面专门绘制的明细表。

8.4.1　零、部件序号

1. 编写序号的一般规定

(1) 装配图中所有的零、部件均应编号。

(2) 同一装配图中规格相同的零、部件用一个序号，一般只标注一次，在明细栏中须填写相同零件的数量；多处出现的相同的零、部件，必要时也可重复标注。

(3) 装配图中零、部件的序号应与明细栏(表)中的序号一致。

(4) 装配图中所用的指引线和基准线应按 GB/T 4457.2—2003 的规定绘制。

(5) 装配图中字体的写法应符合 GB/T 14691—1993 的规定。

2. 序号的编排方法

装配图中编写零、部件序号的方法具体要求简述如下，如图 8-5 所示。

(1) 序号数字一般注写在水平线上或圆内，序号数字的字高比该装配图中所注的尺寸数字的高度大一号(见图 8-5(a))或大两号(见图 8-5(b))。序号数字也可注写在指引线非零件端附近，此时序号数字的字高比该装配图中所注的尺寸数字的高度大两号(见图 8-5(c))。

(2) 水平线或圆用细实线绘制。

(3) 圆点在指引线的末端，画在所指零件的实体内。指引线末端不便画出圆点时，可在指引线末端画出箭头，箭头指向该零件的轮廓线，如图 8-5(d)所示。

(4) 指引线用细实线绘制，指引线之间不允许相交，但允许弯折一次，当指引线通过剖面线区域时应与剖面线斜交，避免与剖面线平行，如图 8-5(d)、(e)所示。

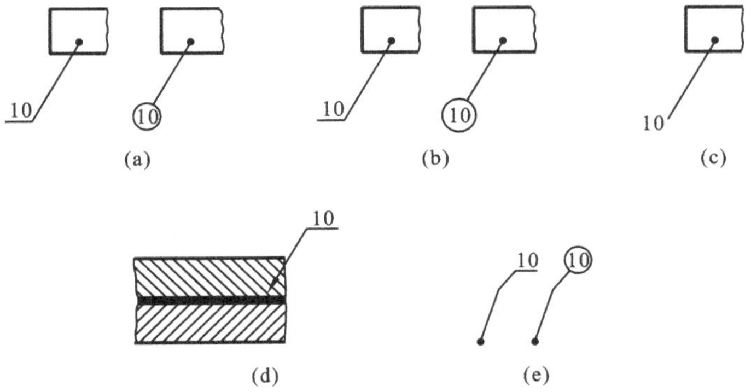

图 8-5　序号的编写形式

(5) 一组紧固件及装配关系清楚的零件组，可以采用公共指引线，如图 8-6 所示。

(6) 序号应整齐地排列在水平或垂直方向，并按顺时针或逆时针顺序编号。

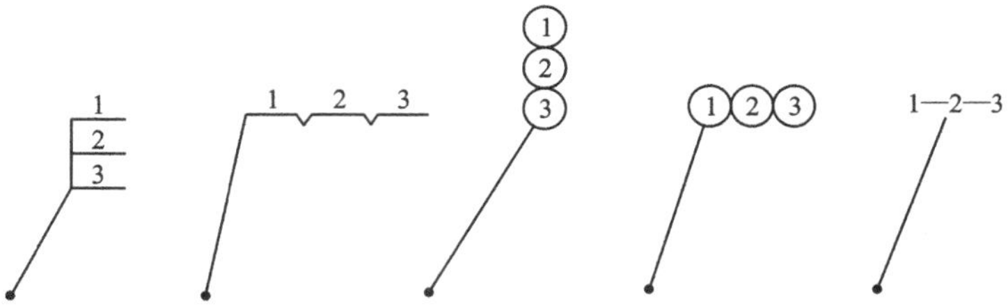

图 8-6　公共指引线的编注形式

当在整个一组图形外围无法连续排列时，可只在某个图形周围的水平或垂直方向按顺序排列，如图 8-1、图 8-7 中的序号排列。

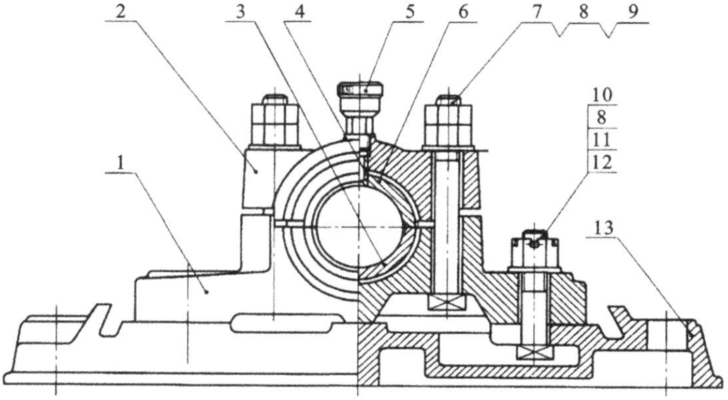

图 8-7　装配图中序号的排列

8.4.2　标题栏与明细栏

国家制图标准 GB/T 10609.1—2008 与 GB/T 10609.2—1989 对标题栏和装配图中的明细栏格式作了明确规定，但各企业有时也有各自的标题栏、明细栏格式。供学习时使用的明细栏格式如图 8-8 所示。

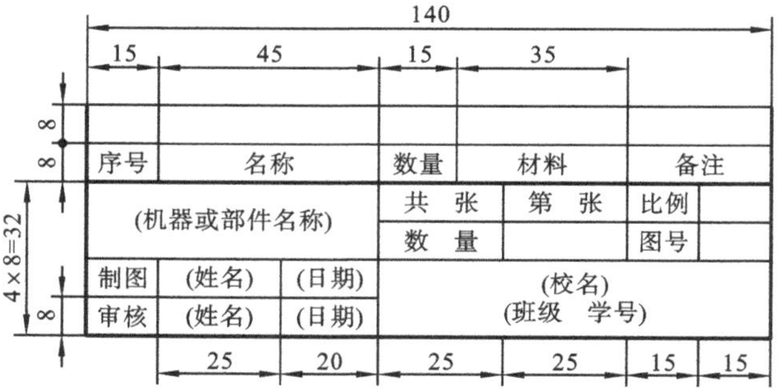

图 8-8　标题栏及明细栏

零件明细栏一般画在标题栏上方，并与标题栏对正。当标题栏上方位置不够时，可在标题栏左方继续列表如图 8-4 所示。明细栏中的零件序号应由下向上依次排列，以便于编排序号遗漏时进行补充。对标准件，应在备注栏中注明标准编号。

8.5 装配结构

在设计和绘制装配图的过程中，为了保证机器或部件的性能，方便零件的加工、装配和拆卸，应仔细考虑机器或部件的加工和装配的合理性。

8.5.1 接触面的合理结构

（1）两零件在同一方向只能有一对接触面，如图 8-9 所示。这样既保证了零件接触间良好，又便于加工和装配。

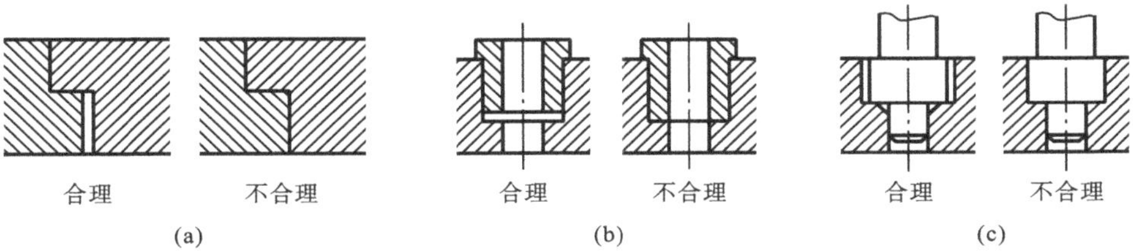

图 8-9 同一方向的接触面

（2）轴与孔的端面相配合时，孔边应倒角或轴的根部应切槽，如图 8-10 所示。

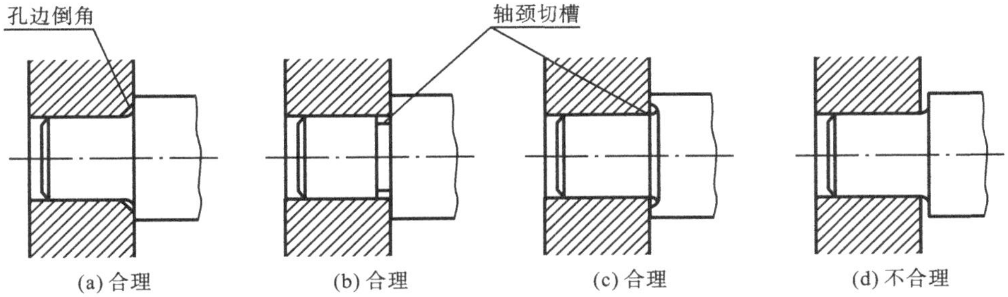

图 8-10 轴与孔的配合

8.5.2 装拆方便的合理结构

（1）在用轴肩或孔肩定位滚动轴承时，其高度应小于轴承内圈或外圈的厚度，以便拆卸，如图 8-11 所示。

（2）当零件用螺纹紧固件连接时，为便于装拆，应加手孔或用双头螺柱，或留

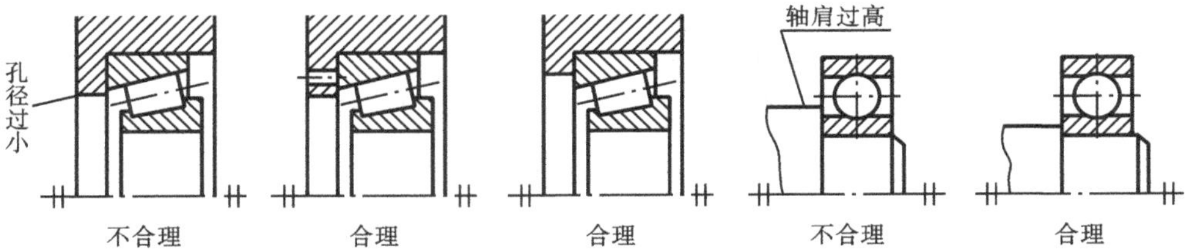

图 8-11　滚动轴承的合理结构

出螺钉装拆空间，或留出扳手的活动空间，如图 8-12 所示。

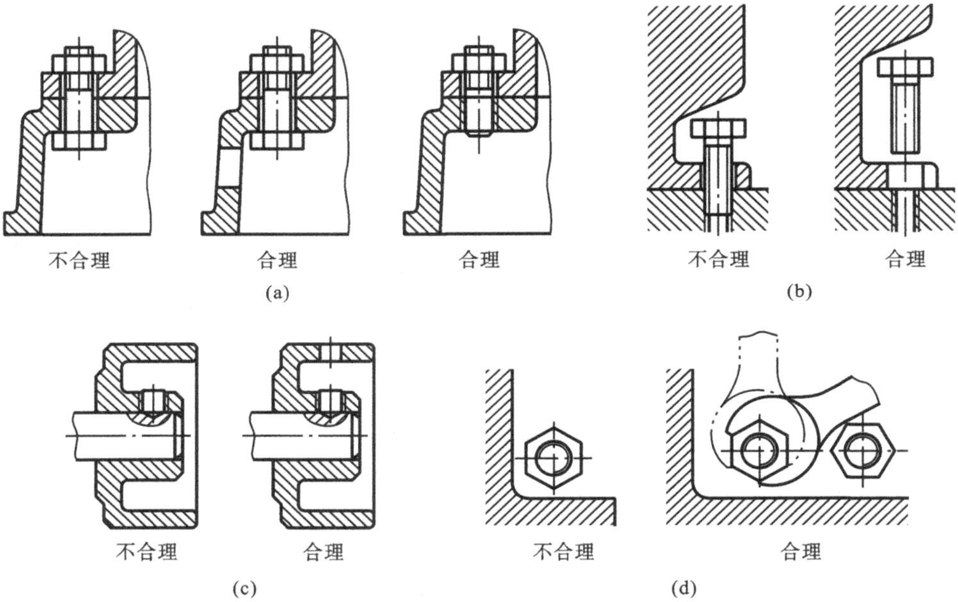

图 8-12　螺纹紧固件的合理结构

8.6　装配图的画法

装配图的视图必须清楚地表达机器（或部件）的工作原理，各零件之间的相对位置和装配关系，以及尽可能表达出主要零件的基本形状。因此，在确定视图表达方案之前，要详细了解该机器或部件的工作情况和结构特征。在此基础上分析并掌握各零件间的装配关系和它们相互间的作用，进而考虑选取何种表达方法。

8.6.1　拟定表达方案

表达方案包括选择主视图、确定视图数量和表达方法。

1. 主视图的选择

一般按部件的工作位置(或安装位置)放置主视图,并使主视图能够较多地表达出机器(或部件)的工作原理、传动系统、零件间主要的装配关系及主要零件的结构形状特征。

通常机器(或部件)都是由一些主要或次要的装配干线所组成,为了清楚表达这些装配关系,常通过装配干线的轴线将部件剖开,画出剖视图。

2. 其他视图的配置

在确定主视图后,还要根据机器(或部件)的结构形状特征,选用其他表达方法。注意在满足表达重点的前提下,力求视图数量少、图形布置合理;优先选用基本视图,并对其采用适当剖视,以表达有关内容;要充分利用各种视图的表达方法,达到图形简洁、减少冗余的目的。

3. 表达方案的分析比较

表达方案一般不是唯一的,应对不同的方案进行分析、比较和调整,使最终选定的方案既能满足上述要求,又便于绘图和看图。

如图 8-1 所示球阀装配图的主视图采用全剖,清楚地表达了球阀的工作原理、两条主要装配干线的装配关系和一些零件的形状,俯视图表达了另一条次要装配干线的装配关系、手柄转动的极限位置和一些零件的形状。

8.6.2　画装配图的方法和步骤

1. 画装配图的方法

从画图顺序来分有以下两种方法。

(1)“由内向外”　从各装配线的核心零件开始,按装配关系逐层向外扩展画出各个零件,最后画出壳体、箱体等支承、包容零件的部分。这种画图过程与大多数设计过程一致,画图的过程也就是设计过程,在设计新机器、绘制装配图时多被采用。此方法的另一优点是可以避免不必要的“先画后擦”,有利于提高绘图效率和清洁图面。

(2)“由外向内”　先将支承、包容作用较大与结构较复杂的箱体、壳体或支架等零件画出,再按照装配干线和装配关系逐个画出其他零件。这种方法多用于根据已有零件图“拼画”装配图(对已有机器进行测绘或整理设计新机器的技术文件)。此方法的画图过程常与较形象、具体的部件装配过程一致,利于空间想象。

具体采用哪一种画法,应视作图方便而定。

2. 画装配图的步骤

根据图 8-13 所示的齿轮油泵的装配示意图,采用“由内向外”的方法绘制齿轮油泵的装配图的步骤如下:

齿轮油泵装配图的表达方案,首先需要确定主视图,然后配合主视图选择其

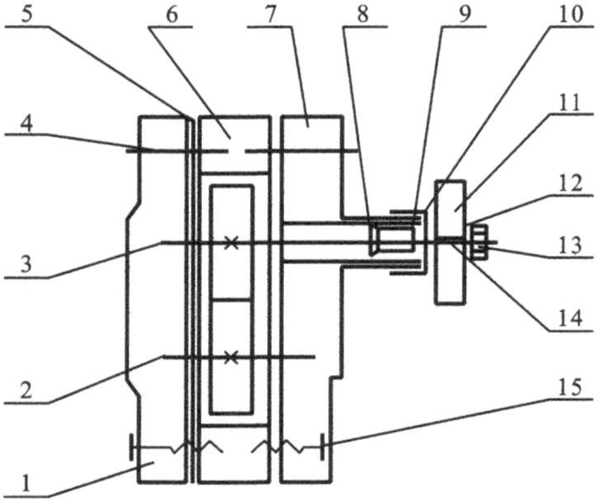

图 8-13　齿轮油泵装配示意图

1—左端盖；2—齿轮轴；3—传动齿轮轴；4—销；5—垫片；
6—泵体；7—右端盖；8—密封圈；9—轴套；10—压紧螺母；
11—传动齿轮；12—垫圈；13—螺母；14—键；15—螺钉

他视图。主视图的安放位置采用安装面水平放置，即两齿轮轴水平放置，投射方向垂直于两齿轮轴的轴线平面，采用全剖视图，增加一个左视图。左视图采用沿左端盖 1 与泵体 6 结合面剖切后移去了垫片 5 的半剖视图，能清楚地反映油泵的外部形状，齿轮的啮合情况以及吸、压的工作原理。再辅以局部剖视图反映吸、压油口的情况。

（1）确定比例和图幅　根据已选定的表达方案及部件的复杂程度确定比例、图幅、图框以及标题栏。在可能情况下，尽量选取 1∶1 的比例。按视图配置和尺寸来安排各视图的位置，要注意留出编注零件序号、标注尺寸、绘制明细栏和注写技术要求的位置。

（2）布置视图的位置　确定各视图的装配干线和主体零件的安装基准面在图面上的位置，首先画出这些中心线和端面线，如图 8-14(a)所示。

（3）画出各个视图底稿　一般应先从主视图或其他能够清楚地反映装配关系的视图入手，先画出主要支承零件或起主要定位作用的基准零件的主要轮廓。画出主要零件泵体的轮廓线，两个视图要联系起来画，如图 8-14(b)所示。注意不要急于将该零件的内部轮廓全部画出，而只需确定装入其内部的零件的安装基准线，因为被安装在内部的零件遮盖的那部分是不必画出的，如主视图的齿轮组件遮盖了泵体内型腔交线和出油口；根据齿轮轴和泵体的相对位置，画出齿轮轴 2、传动齿轮轴 3 的视图，如图 8-14(c)所示；依次画出其他零件，如图 8-14(d)所示。

（4）标注尺寸　装配图中应标注前面所介绍的五种类型的尺寸。

（5）画剖面线，编排零件序号，填写明细栏、标题栏，编写技术要求，检查加深图线，并经最后校核确认无误后签署姓名。完成装配图的全部内容，如图 8-15 所示。

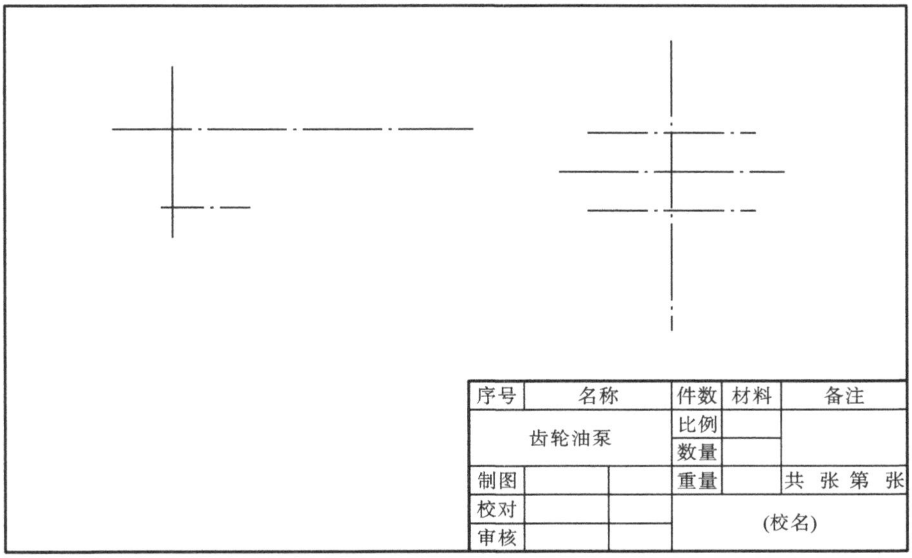

(a)

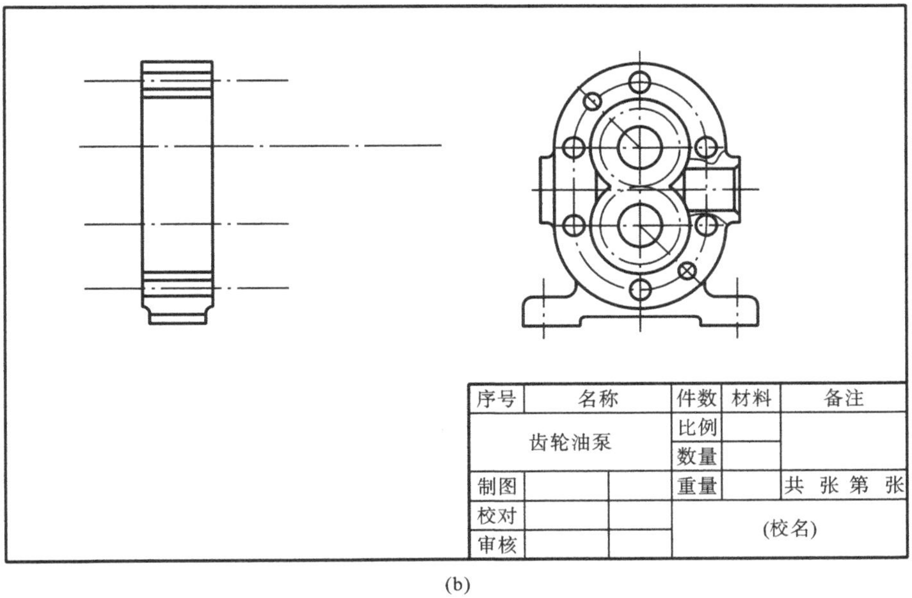

(b)

图 8-14 齿轮油泵装配图的绘图步骤

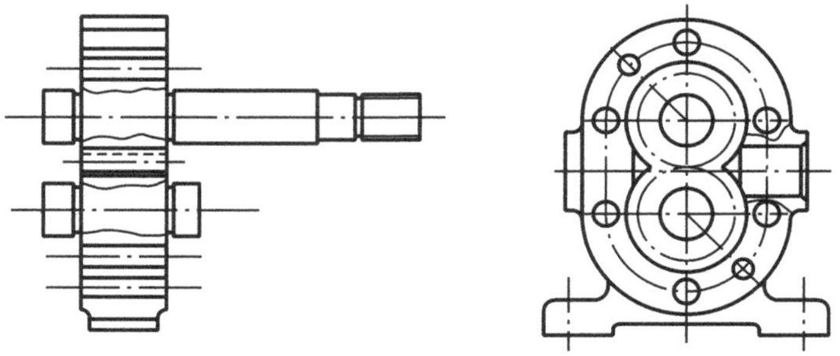

序号	名称		件数	材料	备注
齿轮油泵			比例		
			数量		
制图			重量		共 张 第 张
校对			(校名)		
审核					

(c)

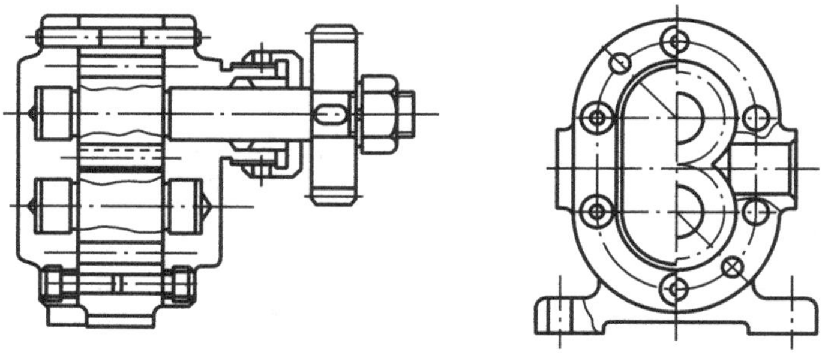

序号	名称		件数	材料	备注
齿轮油泵			比例		
			数量		
制图			重量		共 张 第 张
校对			(校名)		
审核					

(d)

续图 8-14

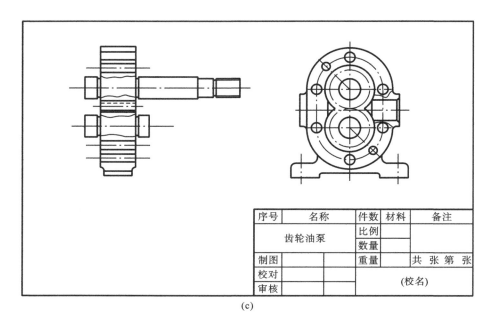

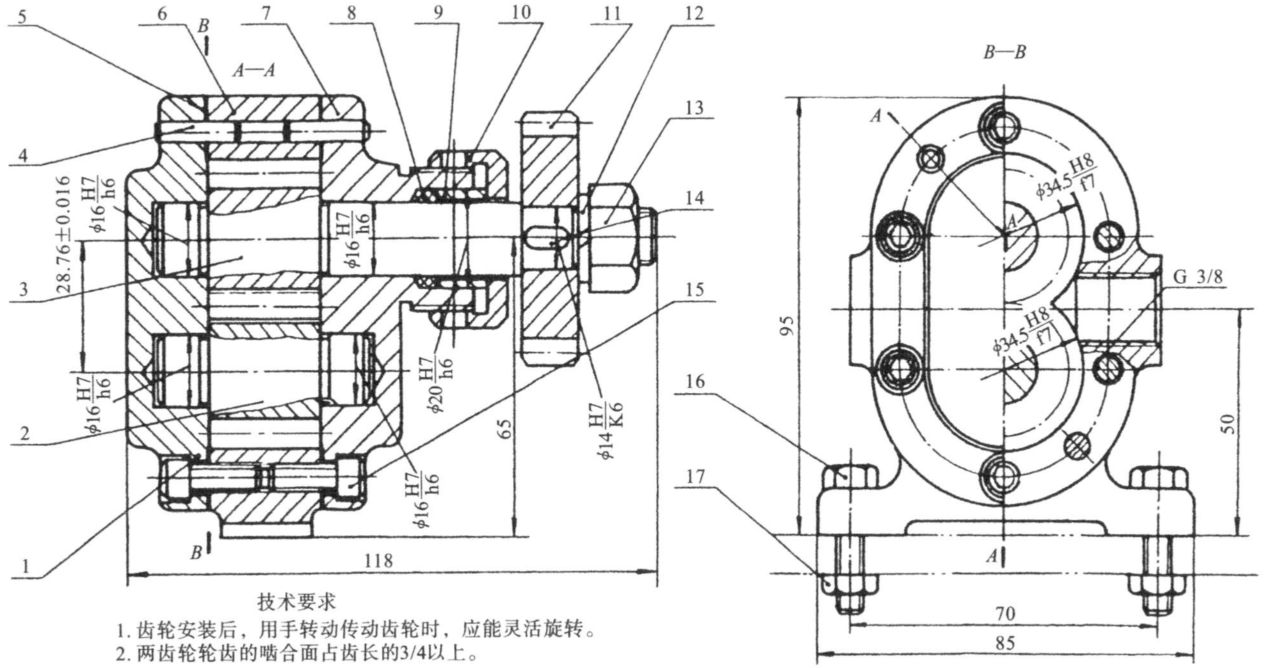

技术要求

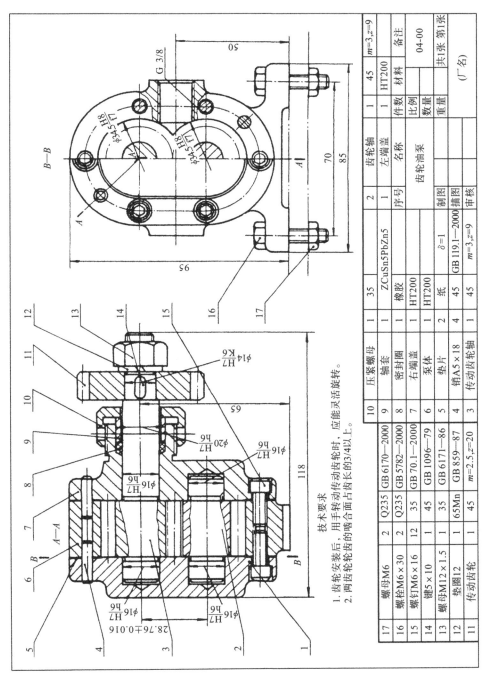

1. 齿轮安装后，用手转动传动齿轮时，应能灵活旋转。
2. 两齿轮轮齿的啮合面占齿长的3/4以上。

					10	压紧螺母	1	35		2	齿轮轴	1	45	m=3,z=9
17	螺母M6	2	Q235	GB 6170—2000	9	轴套	1	ZCuSn5PbZn5		1	左端盖	1	HT200	
16	螺栓M6×30	2	Q235	GB 5782—2000	8	密封圈	1	橡胶		序号	名称	件数	材料	备注
15	螺钉M6×16	12	35	GB 70.1—2000	7	右端盖	1	HT200		齿轮油泵		比例		04-00
14	键5×10	1	45	GB 1096—79	6	泵体	1	HT200				数量		
13	螺母M12×1.5	1	35	GB 6171—86	5	垫片	2	纸	δ=1	制图		重量		共1张 第1张
12	垫圈12	1	65Mn	GB 859—87	4	销A5×18	4	45	GB 119.1—2000	描图		(厂名)		
11	传动齿轮	1	45	m=2.5,z=20	3	传动齿轮轴	1	45	m=3,z=9	审核				

图 8-15 齿轮油泵装配图

8.7 读装配图和拆画零件图

8.7.1 读装配图

在机器或部件的设计、装配、使用及技术交流时都需要读装配图，因此读装配图是从事工程技术或管理工作必备的基本能力。

1. 读装配图的要求

（1）了解机器和部件的性能、功能、工作原理。

（2）明确机器或部件的结构，包括：由哪些零件组成，各零件如何定位、固定，零件间的装配关系。

（3）明确各零件的作用，部件的功用、性能和工作原理。

（4）弄清各零件的结构形状、功能及拆、装顺序和方法。

2. 读装配图的方法和步骤

1）概括了解并分析视图

（1）查阅标题栏、明细栏及有关的说明书　了解机器或部件的名称及其组成零件的类型、数量等，据此大致判断机器或部件及其组成零件的作用、复杂程度、制造方法等。

如图 8-15 所示，齿轮油泵是机器中用来输送润滑油的一个部件，是由泵体、左右端盖、运动零件（如传动齿轮、齿轮轴等）、密封零件以及标准件等所组成。对照零件序号以及明细栏可以看出：齿轮油泵共由 17 种零件装配而成，并采用两个视图表达。齿轮油泵的外形尺寸是 118、85、95，由此知道这个齿轮油泵的体积不大。

（2）表达分析　分析各视图之间的关系，找出主视图，弄清各个视图所表达的部位、投射方向、表达重点等。看图时，一般应按主视图→其他基本视图→其他辅助视图的先后顺序进行。

如图 8-15 所示全剖视的主视图，反映了组成齿轮油泵各个零件间的装配关系，左视图是采用沿左端盖 1 与泵体 6 接合面剖切后移去了垫片 5 的半剖视图，清楚地反映吸、压油的情况。

2）深入了解工作原理和装配关系

在概括了解的基础上，要进一步阅读装配图，包括分析各条装配干线，弄清各零件间的相互配合关系，以及零件间的定位、连接方式。对运动零件，要了解运动在零件间是如何传递的。

泵体 6 是齿轮油泵中的主要零件之一，它的内腔容纳一对吸油和压油的齿轮。将齿轮轴 2、传动齿轮轴 3 装入泵体后，两侧有左端盖 1、右端盖 7 支承这一对齿轮轴的旋转运动。由销 4 将左、右端盖与泵体定位后，再用螺钉 15 将左、右端盖与泵体连接成整体。为了防止泵体与端盖结合面处以及传动齿轮轴 3 伸出段漏油，分别用垫片 5 及密封圈 8、轴套 9、压紧螺母 10 密封。

齿轮轴 2、传动齿轮轴 3、传动齿轮 11 是油泵中的运动零件。当传动齿轮 11 按逆时针方向(从左视图观察)转动时，通过键 14，将扭矩传递给传动齿轮轴 3，经过齿轮啮合带动齿轮轴 2，从而使后者作顺时针方向转动。如图 8-15 所示，当一对齿轮在泵体内作啮合传动时，啮合区内右边空间的压力降低而产生局部真空，油池内的油在大气压力作用下进入油泵低压区内的吸油口，随着齿轮的转动，齿槽中的油不断被带至左边的压油口把油压出，送至机器中需要润滑的部分。

3）对尺寸及其配合进行分析

如图 8-15 所示，根据零件在部件中的作用和要求，应注出齿轮油泵中相应的公差代号。例如，传动齿轮 11 要带动传动齿轮轴 3 一起转动，除了键把两者连成一体传递扭矩外，还须定出相应的配合。在图中可以看到，它们之间的配合尺寸是 ϕ14H7/k6，属于基孔制的过渡配合，由附表 29 查得：

孔的尺寸是 $\phi 14^{+0.018}_{0}$，轴的尺寸是 $\phi 14^{+0.012}_{+0.001}$，即

配合的最大间隙 $=0.018-0.001=+0.017$，

配合的最大过盈 $=0-0.012=-0.012$。

齿轮与端盖在支承处的配合尺寸是 ϕ16H7/h6；轴套与右端盖的配合尺寸是 ϕ20H7/h6；齿轮轴的齿顶圆与泵体内腔的配合尺寸是 ϕ34.5H8/f7，尺寸 28.76 ±0.016 是一对啮合齿轮的中心距，这个尺寸准确与否将会直接影响齿轮的啮合传动。尺寸 65 是传动齿轮轴线离泵体安装面的高度尺寸。28.76±0.016 和 65 分别是设计和安装所要求的尺寸。

4）了解各零件的结构形状和作用

分析零件的结构形状是看装配图的难点。看图时，一般先从主要零件入手，按照与其邻接及装配关系依次逐步扩大到其他零件。

分析零件必须先分离出零件，其方法是：根据零件的编号和各视图的对应关系，找出该零件的各有关部分，同时，根据同一零件在各个剖视图上剖面线方向、间隔都相同的特点，找出零件的对应投影关系，并想象出零件的形状。对在装配图中未表达清楚的部分，则可通过其相邻零件的关系再结合零件的功用，判断该零件的结构形状。读者可结合齿轮油泵进行分析。

5）归纳小结

综合归纳上述读图的内容，把它们有机地联系起来，系统地理解工作原理和结构特点；了解各零件的功能形状和装配关系；分析出装配干线的装拆顺序等。

8.7.2 由装配图拆画零件图

在机器或部件的设计过程中，根据已设计出的装配图绘制零件图简称为拆画零件图。现以图 8-15 中齿轮油泵右端盖（序号 7）为例进行拆画零件图分析。

1. 分离零件、补充部分结构

补齐装配图中被遮挡的轮廓线和投影线，分析并想象出零件的结构形状后，对装配图中未表达清楚的结构进行补充设计，分析零件的加工工艺，补充被省略简化了的工艺结构。由主视图可见：右端盖上部有传动齿轮轴 3 穿过，下部有齿轮轴 2 轴颈的支承孔，在右部凸缘的外圆柱面上有外螺纹，用压紧螺母 10 通过轴套 9 将密封圈 8 压紧在轴的四周。由左视图可见：右端盖的外形为长圆形，沿周围分布有六个螺钉沉孔和两个圆柱销孔。

2. 重新确定零件的表达方案

零件在装配图中的位置是由装配关系确定的，不一定符合零件表达的要求。在拆画零件图时，应根据零件图视图选择的原则，重新选择合适的表达方案。

一般情况下，箱体类零件主视图所选放置位置应与装配一致，即按工作位置选取主视图；这样方便于装配工作和拆画零件图时与装配图对照。而轴套类零件的主视图一般应按加工位置放置，即轴线水平放置。

装配图中的螺纹连接是按外螺纹画法绘制的，拆画零件图时要特别注意内螺纹结构要改用内螺纹画法。

3. 标注零件图尺寸

零件图上需注出制造、检验所需的全部尺寸。标注方法可归纳为以下几种：

（1）装配图中已给定的相关尺寸应直接标注在零件图上；

（2）装配图中标注的配合尺寸，需查标准后注出尺寸的上、下偏差值；

（3）根据明细栏中给出的参数算出有关尺寸，如齿轮的分度圆直径、齿顶圆直径等；

（4）对零件上的工艺结构，查出有关国家标准后注出或按工艺常规选用；

（5）次要部位的尺寸，按比例在装配图上量取，数值经过圆整后标注。

4. 确定零件的技术要求

零件各表面的粗糙度等级及其他技术要求，应根据零件的作用和装配要求来确定。要恰当地确定技术要求，应具有足够的工程知识和经验。有时也可以根据零件加工工艺，查阅有关设计手册，或参考同类型产品加以比较确定。

5. 标题栏

标题栏中所填写的零件名称、材料、数量等要与装配图明细栏中的内容一致。

按上述步骤画出齿轮油泵右端盖零件图如图 8-16 所示。

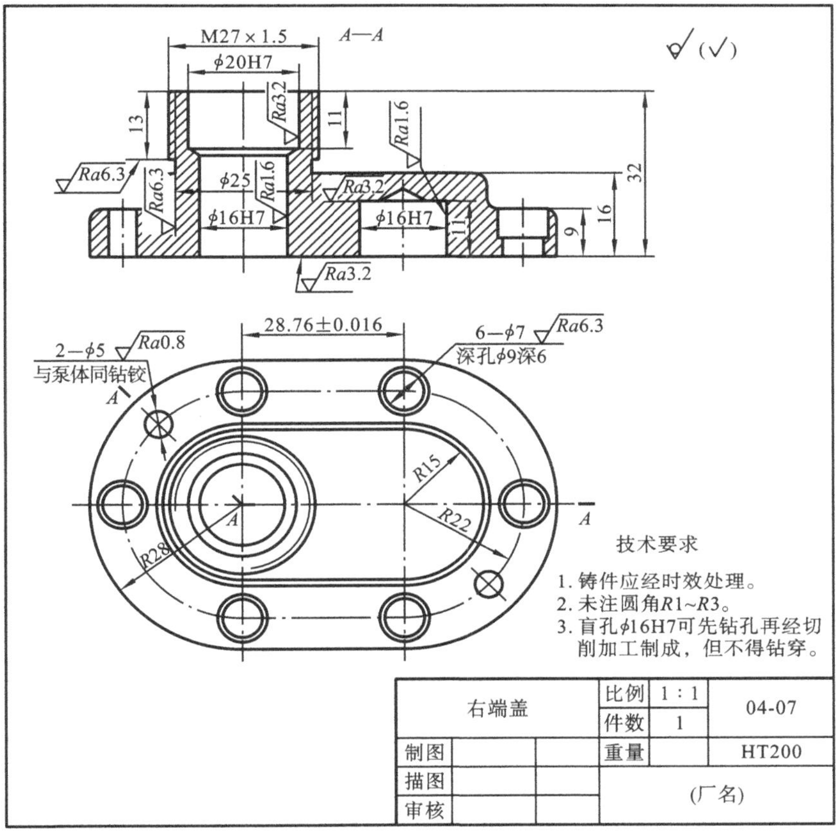

图 8-16 右端盖零件图

8.8 AutoCAD 机械装配图绘制

8.8.1 直接绘制螺栓连接装配图

采用直接绘图法抄画所示螺栓连接装配图（见图 8-17），软件采用 AutoCAD2008，图幅采用 A4（竖放），绘图比例采用 1∶1，螺栓连接采用近似画法。

1. 设置绘图环境

1）启动 AutoCAD2008

单击“开始”→“程序”→“Autodeskl”→“AutoCAD2008-Simplified ch-AutoCAD2008”，启动 AutoCAD2008。

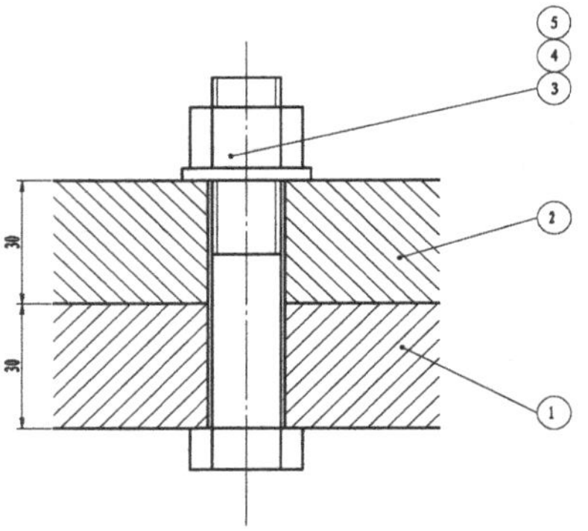

5	垫圈16	1	65Mn	GB/T 97.1—2002
4	螺母M16	1	35	GB/T 6170—2000
3	螺栓M16×90	1	35	GB/T 5782—2000
2	被连接件2	1	45	
1	被连接件1	1	45	
序号	名　称	数量	材　料	备　注

螺栓连接	比例	数量	材料	
	1:1			
制图				
校核				

图 8-17　螺栓连接装配图

2）设置图层

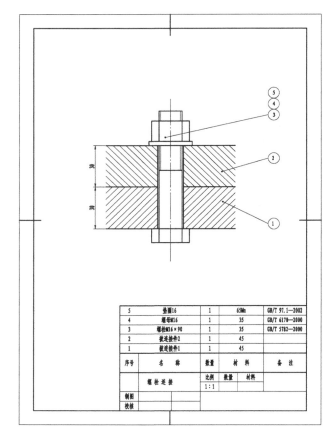

单击“格式”→“图层”，系统弹出“图层特性管理器”对话框，单击“新建”按钮，新建 5 个图层，如图 8-18 所示，单击“确定”，完成图层设置。

2. 设置图幅

1）绘制竖 A4 图幅的外边框

将“细实线”设置为当前层，单击“绘图”→“矩形”，命令提示行如下。

指定第一个角点或[倒角(C)/标高(E)/圆角(F)/厚度(T)/宽度(W)]：0，0

指定另一个角点或[面积(A)/尺寸(D)/旋转(R)]：210，297

完成图幅外边框的绘制，如图 8-19 所示。

2）绘制竖 A4 图幅的内边框

将“粗实线”设置为当前层，单击“绘图”→“矩形”，命令提示行如下。

指定第一个角点或[倒角(C)/标高(E)/圆角(F)/厚度(T)/宽度(W)]：10，10

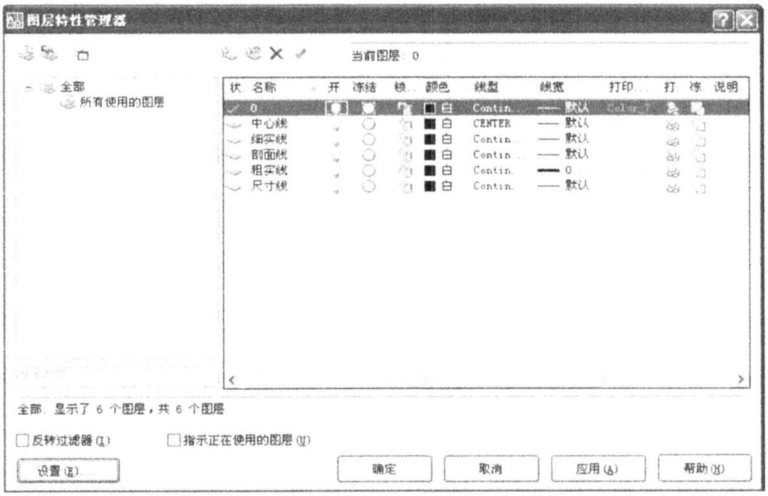

图 8-18　图层设置

指定另一个角点或[面积(A)/尺寸(D)/旋转(R)]:200,287

完成图幅内边框的绘制,如图 8-19 所示。

3) 绘制标题栏

将“粗实线”设置为当前层,绘制标题栏外边框,具体尺寸参考本书第 1 章。将“细实线”设置为当前层,绘制标题栏内边框,具体尺寸参考本书第 1 章。完成后标题栏如 8-20 所示。

图 8-19　边框

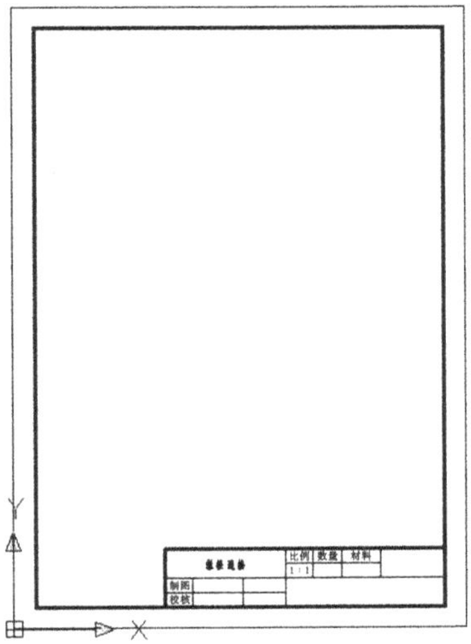

图 8-20　标题栏

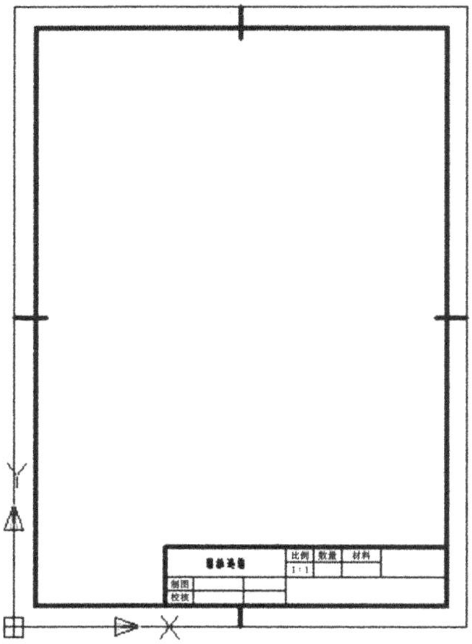

图 8-21　对中符号

4）绘制对中符号

将“粗实线”设置为当前层，单击“绘图”→“矩形”，命令提示行如下。

命令：_line 指定第一点：(用鼠标捕捉外边框线中边线的中点)

指定下一点或[放弃(U)]：15(鼠标向右移动，拉出起点的 0°极轴追踪线，通过键盘输入距离后回车)

指定下一点或[放弃(U)]：回车结束。

完成左边线的对中符号绘制。其余三个对中符号可按上述方法完成绘制，完成后对中符号如图 8-21 所示。

3. 绘制主视图

1）绘制中心线

将“中心线”设置为当前层，单击“绘图”→“直线”，命令提示行如下。

命令：_line 指定第一点：(在绘图区合适位置单击，确定中线的起点)

指定下一点或[放弃(U)]：100(鼠标向下移动，拉出起点的 270°极轴追踪线，通过键盘输入距离后回车)

指定下一点或[放弃(U)]：回车结束。

完成中心线的绘制，如图 8-22(a)所示。

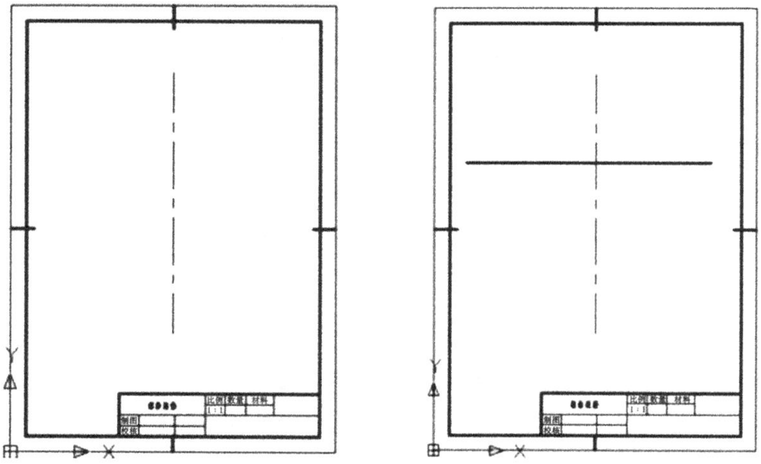

(a)　　(b)

图 8-22　绘制主视图(一)

2）绘制被连接件

将“粗实线”设置为当前层，单击“绘图”→“直线”，命令提示行如下。

命令：_line 指定第一点：（在绘图区合适位置单击，确定中线的起点）

指定下一点或[放弃（U）]：160（鼠标向右移动，拉出起点的0°极轴追踪线，通过键盘输入距离后回车）

完成水平直线的绘制，如图8-22(b)所示。

单击“修改”→“偏移”，命令提示行如下。

指定偏移距离或[通过（T）/删除（E）/图层（L）]<10.0000>：30（输入偏移距离30，回车）

选择要偏移的对象，或[退出（E）/放弃（U）]<退出>：（拾取刚绘制的水平直线）

指定要偏移的那一侧上的点，或[退出（E）/多个（M）/放弃（U）]<退出>：（在刚绘制的水平直线下方任意一点单击）

选择要偏移的对象，或[退出（E）/放弃（U）]<退出>：（拾取刚绘制的水平直线）

指定要偏移的那一侧上的点，或[退出（E）/多个（M）/放弃（U）]<退出>：（在刚绘制的水平直线上方任意一点单击）

完成水平直线绘制，如图8-23(a)所示。

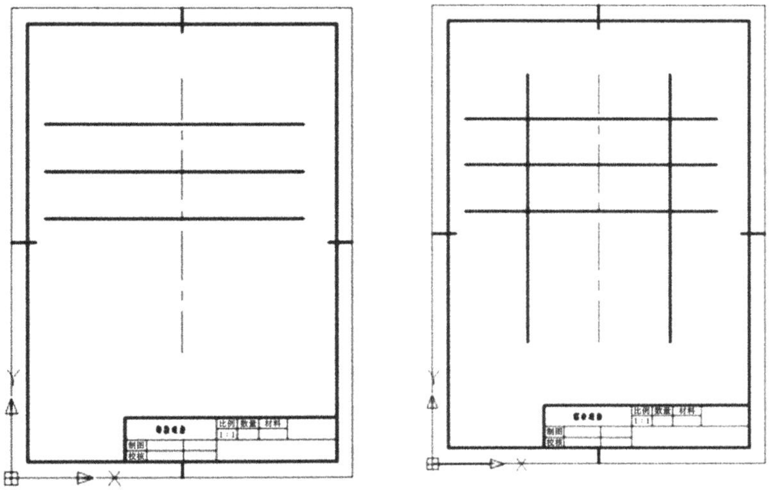

(a)　　(b)

图8-23　绘制主视图(二)

单击“修改”→“偏移”，命令提示行如下。

指定偏移距离或[通过（T）/删除（E）/图层（L）]<10.0000>：45（输入偏移距离45，回车）

选择要偏移的对象，或[退出(E)/放弃(U)]＜退出＞：(拾取之前绘制的中心线)

指定要偏移的那一侧上的点，或[退出(E)/多个(M)/放弃(U)]＜退出＞：(在之前绘制的中心线左侧单击)

选择要偏移的对象，或[退出(E)/放弃(U)]＜退出＞：(拾取之前绘制的中心线)

指定要偏移的那一侧上的点，或[退出(E)/多个(M)/放弃(U)]＜退出＞：(在之前绘制的中心线右侧单击)

完成垂直直线绘制，如图 8-23(b)所示。

单击“修改”→“修剪”，整理上一步绘制的水平直线和垂直直线，如图8-24(a)所示。

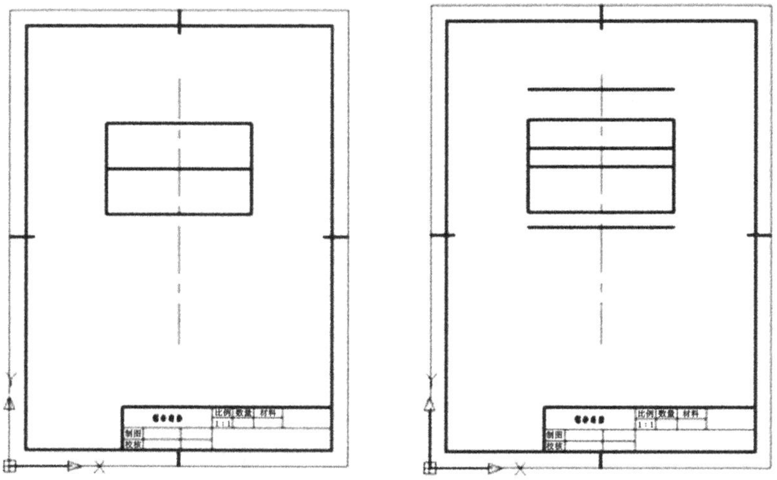

(a) (b)

图 8-24 绘制主视图(三)

3）绘制螺栓

运用“偏移”命令，将被连接件中的底部水平直线先向下偏移 10 个图形单位，再分别向上偏移 85、42 个图形单位，如图 8-24(b)所示。

运用“偏移”命令，将中心线分别向左、右偏移 8、9、13.1 个图形单位，如图 8-25(a)所示。

运用“修剪”命令，整理图形，如图 8-25(b)所示。

将“细实线”设置为当前层，运用“偏移”命令，将中心线分别向左、右偏移 6.8 个图形单位，如图 8-26(a)所示。

运用“修剪”命令，整理图形，如图 8-26(b)所示。

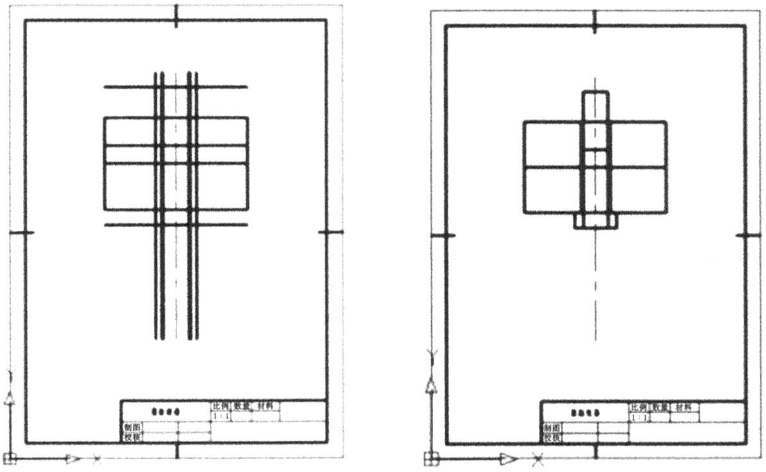

(a) (b)

图 8-25 绘制主视图(四)

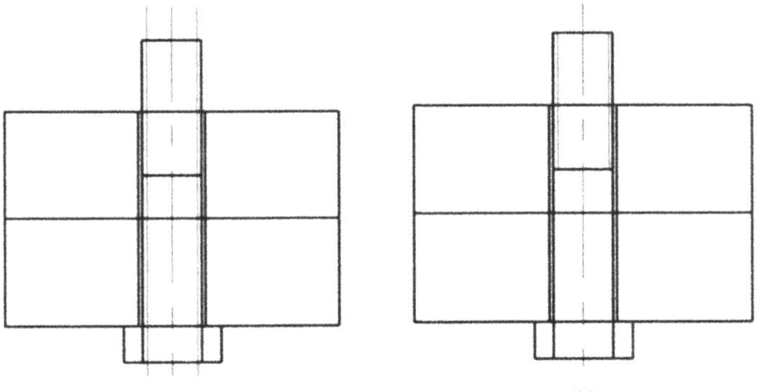

(a) (b)

图 8-26 绘制主视图(五)

4）绘制垫圈

将“粗实线”设置为当前层，运用“偏移”命令，先将中心线分别向左、右偏移 15 个图形单位，再将被连接件的上边线向上偏移 3 个图形单位，如图 8-27(a)所示。

运用“修剪”命令，整理图形，如图 8-27(b)所示。

5）绘制螺母

将“粗实线”设置为当前层，运用“偏移”命令，先将中心线分别向左、右偏移 13.1 个图形单位，再将被连接件的上边线向上偏移 17.8 个图形单位，如图 8-28(a)所示。

运用“修剪”命令，整理图形，如图 8-28(b)所示。

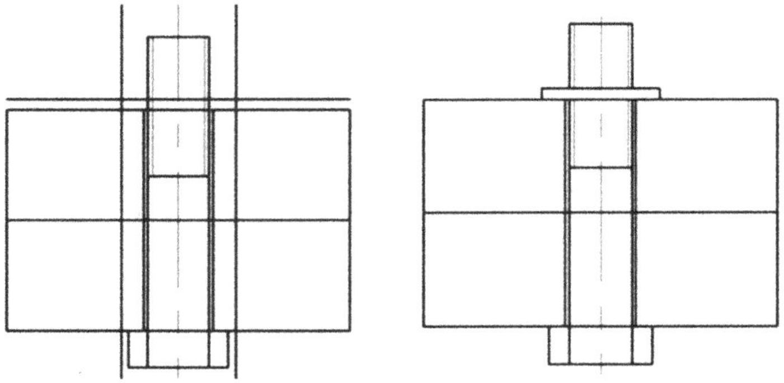

(a) (b)

图 8-27　绘制主视图(六)

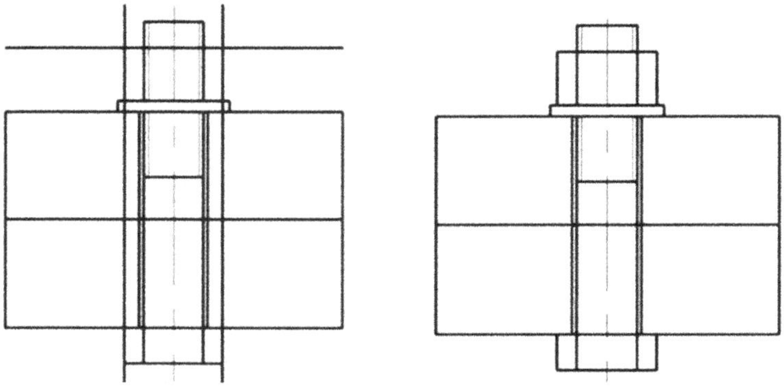

(a) (b)

图 8-28　绘制主视图(七)

4. 绘制剖面线

将“剖面线”设置为当前层，单击“绘图”→“图案填充”，系统弹出“图案填充和渐变色”对话框，在该对话框中将“图案”设置为“ANSI31”、“角度”设置为“0”、比例设置为“1”，如图 8-29 所示，单击“拾取点”图标，“边界图案填充”对话框消失，命令提示行如下。

命令：_bhatch

拾取内部点或[选择对象(S)/删除边界(B)]：正在选择所有对象……(用鼠标在需要填充的区域内单击，如图 8-30(a)所示，选中区域的边界线变为虚线，回车完成选择)

这时再次弹出“图案填充和渐变色”对话框，单击“确定”，完成下面被连接件剖面线的绘制，如图 8-30(b)所示。

按上述相同的步骤，将“角度”设置为“90”、“图案”设置为“ANSI31”、比例设置为“1”，完成上面连接件剖面线的绘制，如图 8-31(a)所示。

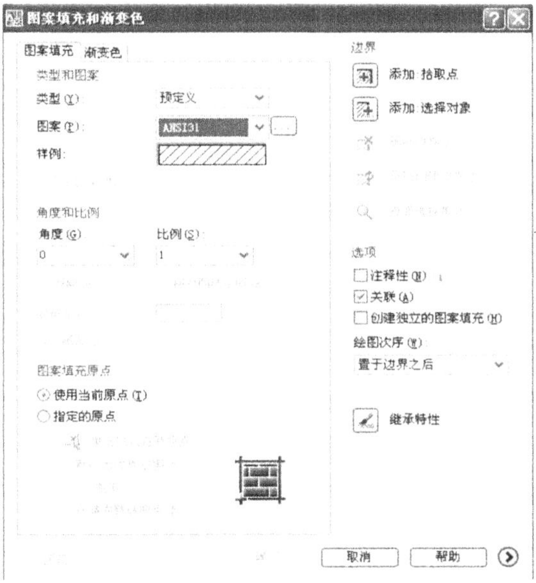

图 8-29 绘制主视图(八)

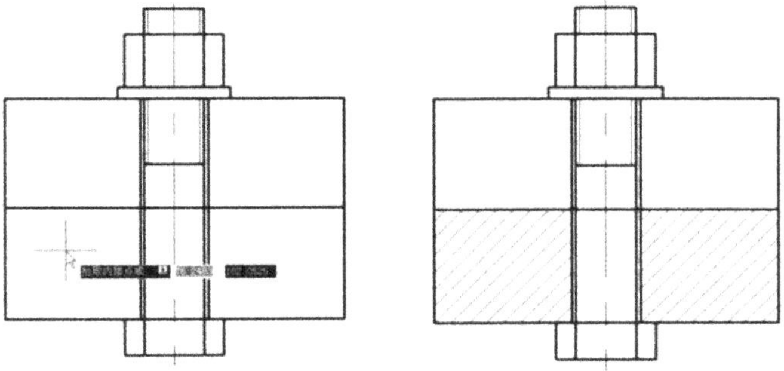

(a) (b)

图 8-30 绘制主视图(九)

单击“修改”→“删除”,删除被连接件左、右两边线,如图 8-31(b)所示。

5. 标注尺寸

单击“标注”→“线性”,标注被连接件的厚度尺寸,如图 8-32(a)所示。

6. 标注序号

单击“标注”→“多重引线”,标注各组件序号,如图 8-32(b)所示。

7. 制作明细栏

运用“直线”和“偏移”命令绘制明细表,用“文字”命令填写文字,如图 8-33 所示。

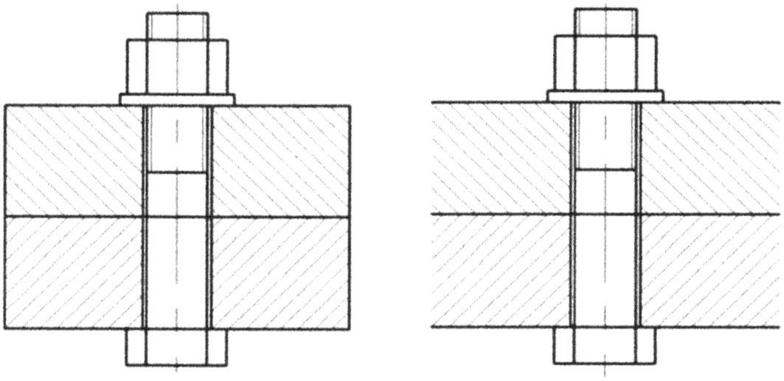

(a) (b)

图 8-31　绘制主视图(十)

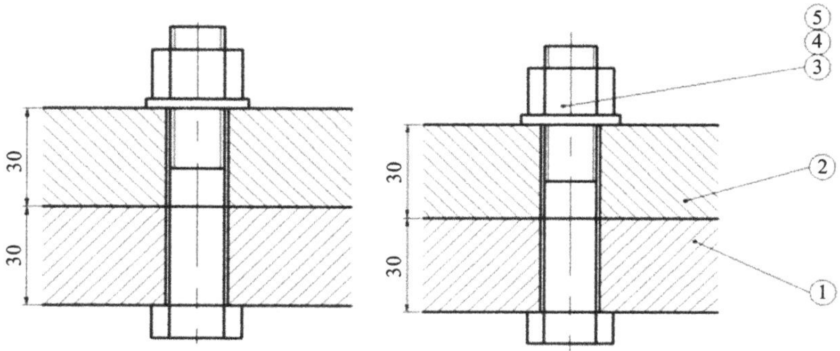

(a) (b)

图 8-32　绘制主视图(十一)

5	垫圈16	1	65Mn		GB/T 97.1—2002
4	螺母M16	1	35		GB/T 6170—2000
3	螺栓M16×90	1	35		GB/T 5782—2000
2	被连接件2	1	45		
1	被连接件1	1	45		
序号	名称	数量	材料		备注
	螺栓连接	比例	数量	材料	
		1：1			
制图					
校核					

图 8-33　明细栏

8．保存

对全图进行检查修改，确认无误后，单击“保存”按钮，将所绘图形存盘，最终完成后的全图如图 8-34 所示。

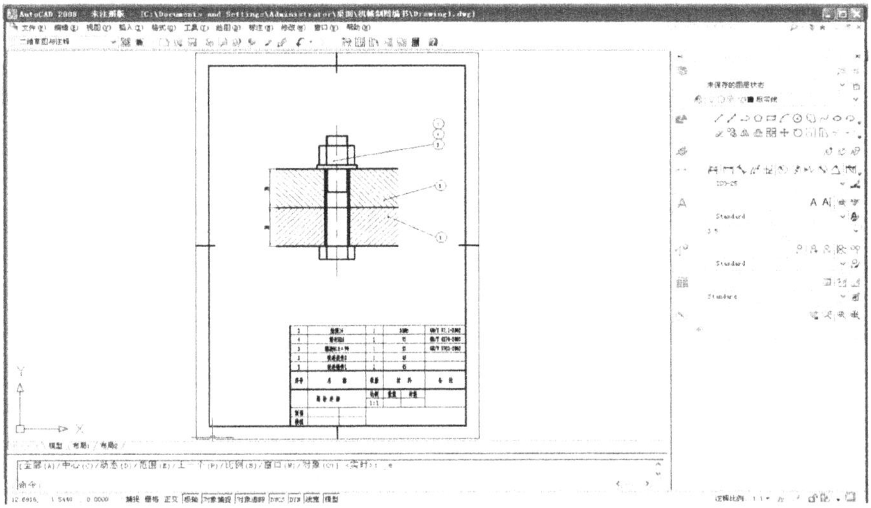

图 8-34　全图

8.8.2　用块插入法绘制螺栓连接装配图

下面介绍采用用块插入法抄画所示螺栓连接装配图(见图 8-1)的步骤,软件采用 AutoCAD2008,图幅采用 A4(竖放)纸张,绘制比例采用 1∶1,螺栓连接采用近似画法。

1. 绘制被连接件 1 的零件图并定义成块

1) 启动 AutoCAD2008

单击"开始"→"程序"→"Autodeskl→"AutoCAD2008-Simplified ch-AutoCAD2008",启动 AutoCAD2008。

2) 设置图层

单击"格式"→"图层",系统弹出"图层特性管理器"对话框,单击"新建"按钮,新建 5 个图层,如图 8-35 所示,单击"确定",完成图层设置。

3) 绘制被连接 1 的零件图

将"中心线"层设置为当前层,运用"直线"命令,在绘图区合适区域绘制一长度适中的垂直中心线。

将"粗实线"层设置为当前层,单击"绘图"→"直线",命令提示行如下。

命令:_line 指定第一点:(用鼠标在中心线适当位置拾取一点,回车)

指定下一点或[放弃(U)]:45(鼠标向下移动,拉出起点的 0°极轴追踪线,通过键盘输入距离后回车)

指定下一点或[放弃(U)]:30(鼠标向下移动,拉出起点的 90°极轴追踪线,通过键盘输入距离后回车)

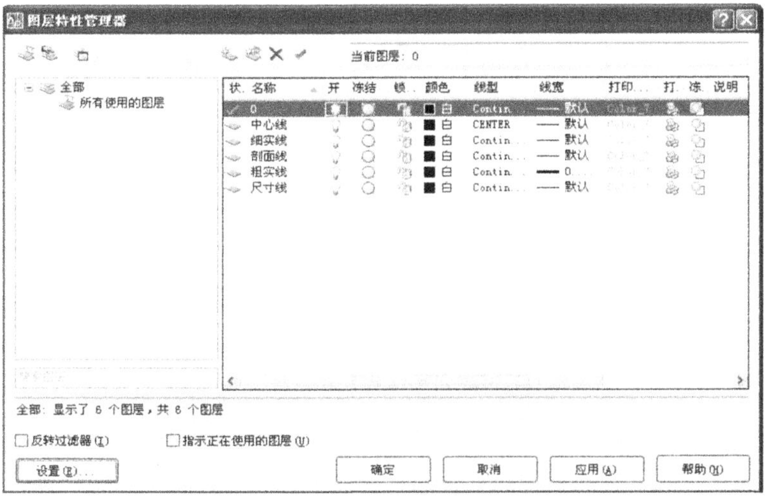

图 8-35　图层设置

指定下一点或[放弃(U)]:45(鼠标向下移动，拉出起点的 180°极轴追踪线，通过键盘输入距离后回车)

完成后的结果如图 8-36 所示。

单击“修改”→“镜像”，命令提示行如下。

命令:_mirror

选择对象:找到 1 个，总计 3 个(用鼠标拾取 3 根粗实线，回车)

指定镜像线的第一点:指定镜像线的第二点:(用鼠标拾取中心线的两个端点，回车)

要删除源对象吗？[是(Y)/否(N)]<N>:n

完成后的结果如图 8-37 所示。

图 8-36　被连接件 1 零件图(一)

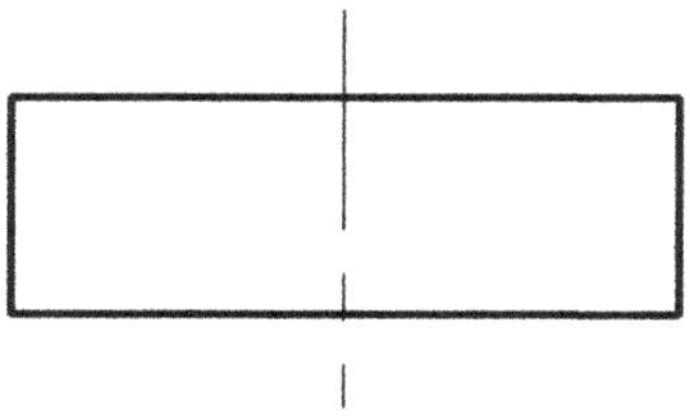

图 8-37　被连接件 1 零件图(二)

用“偏移”命令，将中心线分别向左、右偏移 9 个图形单位，完成的结果如图 8-38(a)所示。

用“修剪”命令，对图形进行整理，完成后的结果如图 8-38(b)所示。

将“剖面线”层设置为当前层，用“图案填充”命令在剖切区域创建剖面线，首先

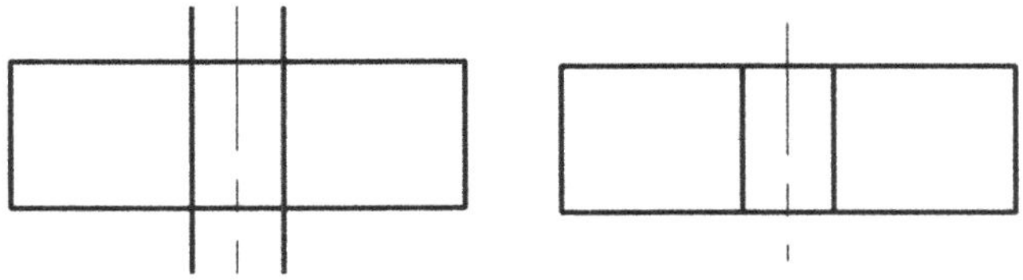

(a)　　　　(b)

图 8-38　被连接件 1 零件图(三)

将“图案”设置为“ANSI31”、“角度”设置为“0”、比例设置为“1”，完成后的结果如图 8-39(a)所示。然后删除左右两条垂直边线，完成后的结果如图 8-39(b)所示。

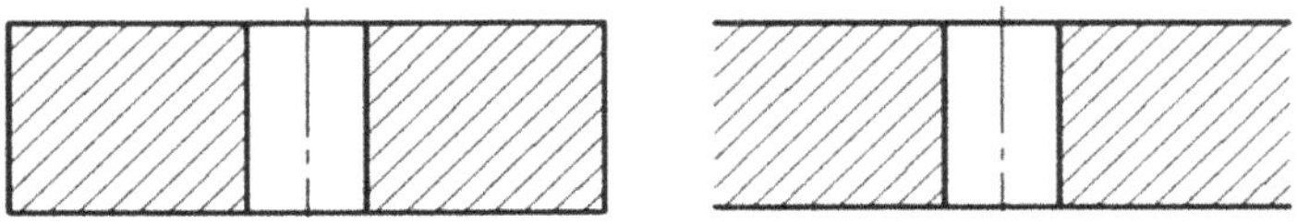

(a)　　　　(b)

图 8-39　被连接件 1 零件图(四)

4) 将被连接件 1 定义成块

单击“绘图”→“块”→“创建”，系统弹出“块定义”对话框，将“名称”定义为“被连接 1”，如图 8-40 所示。单击“选择对象”按钮，“块定义”对话框消失，回到绘图界面，命令行提示如下。

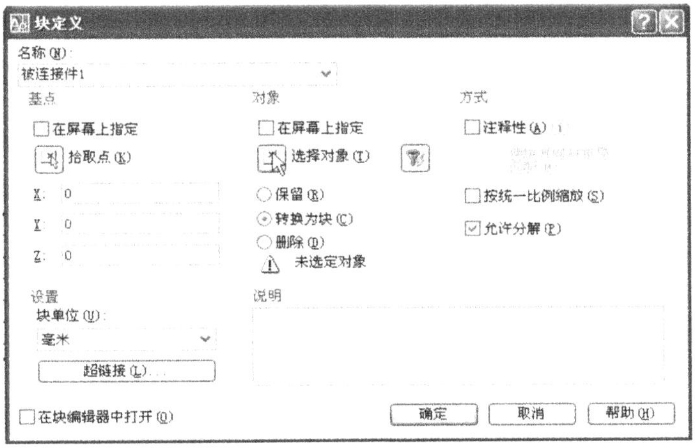

图 8-40　定义块(一)

命令:_block
选择对象:(用鼠标框选全图)
选择对象:(回车,结束选择)

“块定义”对话框重新出现，单击“拾取点”按钮，“块定义”对话框再次消失，回到绘图界面，命令行提示如下。

指定插入基点：(用鼠标拾取中心线与下边线的交点)

“块定义”对话框重新出现，如图 8-41 所示，单击“确定”按钮，完成创建块的操作。

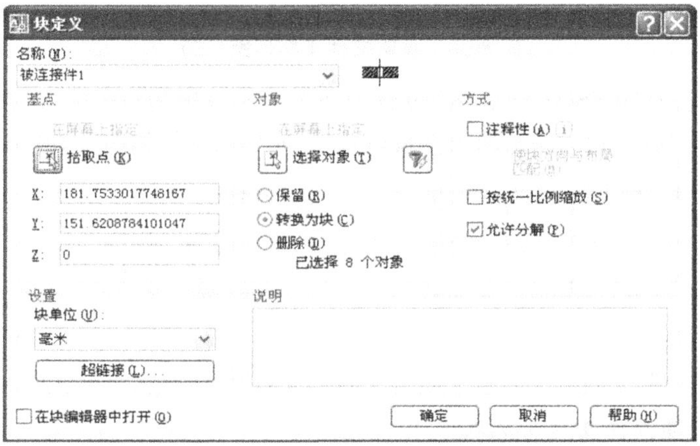

图 8-41　定义块(二)

在命令行“WBLOCK”或“W”(块存盘命令)，回车，系统弹出“写块”对话框，如图 8-42(a)所示。在对应“源”的三个选项中选择“块”，然后在右边下拉列表中选择“被连接件 1”，在“文件名和路径”中输入块文件名称和存盘路径，如图 8-42(b)所示，最后单击“确定”按钮，完成块存盘操作。

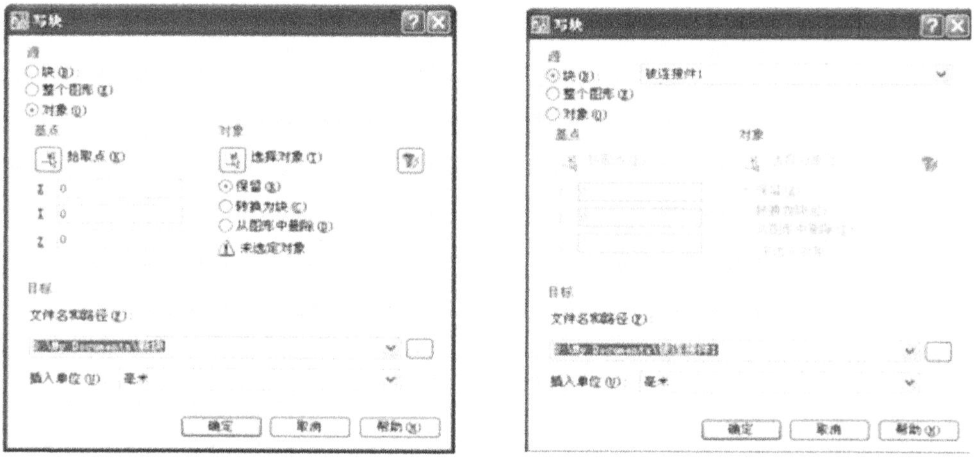

图 8-42　定义块(三)

2. 绘制被连接件 2 的零件图并定义成块

按照被连接件 1 零件图的绘制方法和步骤，完成被连接件 2 的零件图绘制，注意剖面线的倾斜方向应与被连接件 1 的方向相反，完成后的结果如图 8-43 所示。

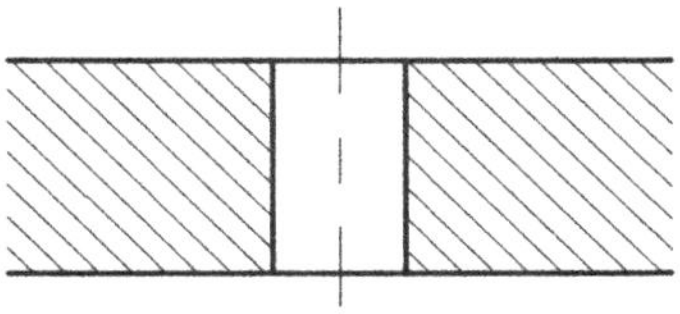

图 8-43　被连接件 2 零件图

按照被连接件 1 零件图定义成块的方法和步骤，将被连接件 2 的零件图定义成块，将其名称定义为“被连接件 2”，其基点选择中心线与上边线的交点。

3. 绘制螺栓的零件图并定义成块

运用“直线”、“偏移”、“修剪”等命令，完成螺栓的零件图绘制，具体绘图步骤这里不再赘述，完成后的结果如图 8-44(a)所示。

按照被连接件 1 零件图定义成块的方法和步骤，将螺栓的零件图定义成块，将其命名为“螺栓”，其基点选择如图 8-44(b)所示。

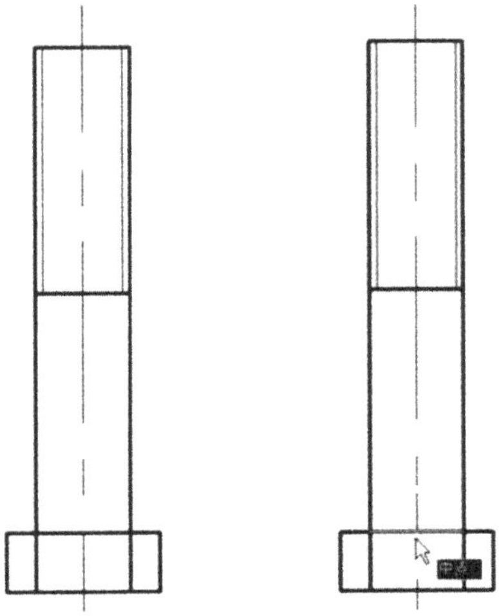

(a)　(b)

图 8-44　螺栓零件图

4. 绘制螺母的零件图并定义成块

运用“直线”、“偏移”、“修剪”等命令，完成螺栓的零件图绘制，具体绘图步骤这里不再赘述，完成后的结果如图 8-45(a)所示。

按照被连接件 1 零件图定义成块的方法和步骤，将螺母的零件图定义成块，将其命名为“螺母”，其基点选择如图 8-45(b)所示。

5. 绘制垫圈的零件图并定义成块

运用“直线”、“偏移”、“修剪”等命令，具体绘图步骤这里不再描述，完成后的结果如图 8-46(a)所示。

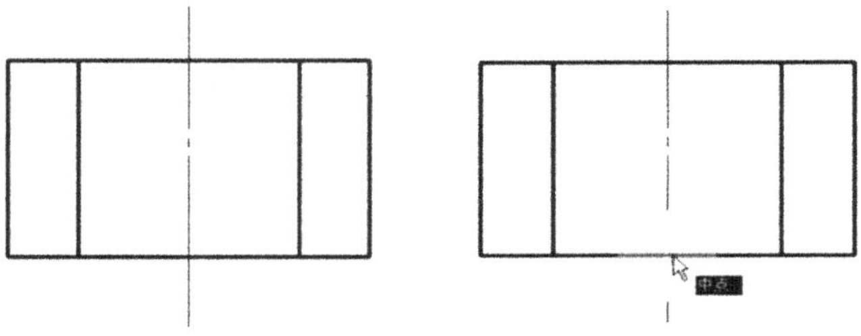

图 8-45　螺母零件图

按照被连接件 1 零件图定义成块的方法和步骤，将垫圈的零件图定义成块，将其命名为“垫圈”，其基点选择如图 8-46(b)所示。

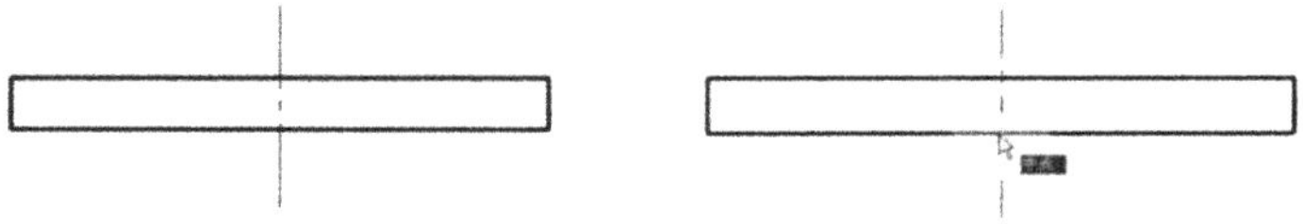

图 8-46　垫圈零件图

6. 用块插入法将绘制的零件图拼装成装配图

1）将被连接件 1 插入图幅中

采用 A4 图幅，已提前绘制好，单击“插入”→“块”，系统弹出“插入”对话框，如图 8-47 所示。单击“浏览”按钮，弹出“选择图形文件”对话框，如图 8-48 所示。在该对话框中选择要插入的图形文件“被连接件 1”，单击“打开”，返回“插入”对话框，单击“确定”按钮，将“被连接件 1”插入到图幅中合适的区域，如图 8-49 所示。

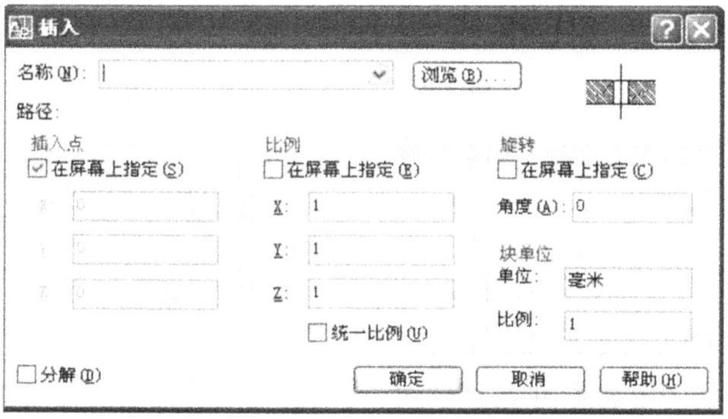

图 8-47　“插入”对话框

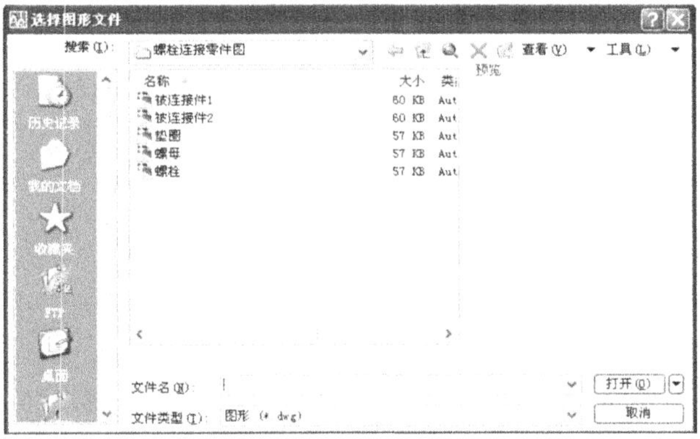

图 8-48 “选择图形文件”对话框

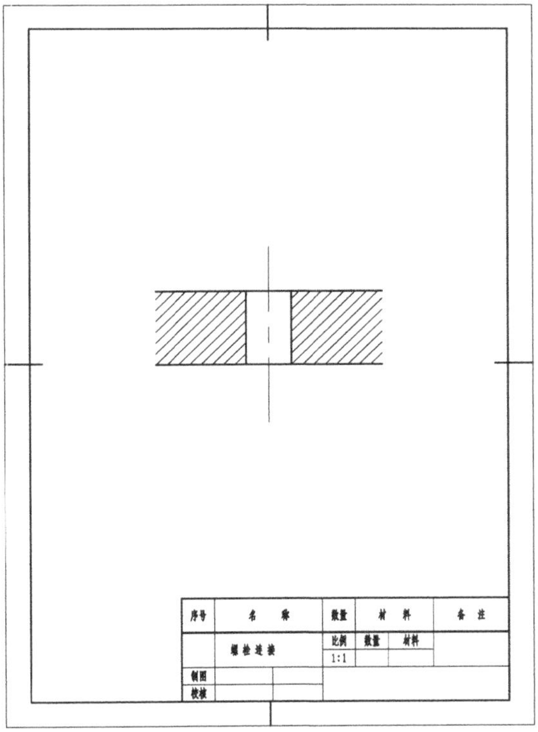

图 8-49 插入被连接件 1

2）将被连接件 2 插入图幅中

按照被连接件 1 插入图幅中的方法和步骤，将被连接件 2 插入被连接的 1 的上方，插入点选择中心线与被连接件 1 上边线的交点，如图 8-50 所示，单击“确定”按钮，完成被连接 2 的装配，如图 8-51 所示。

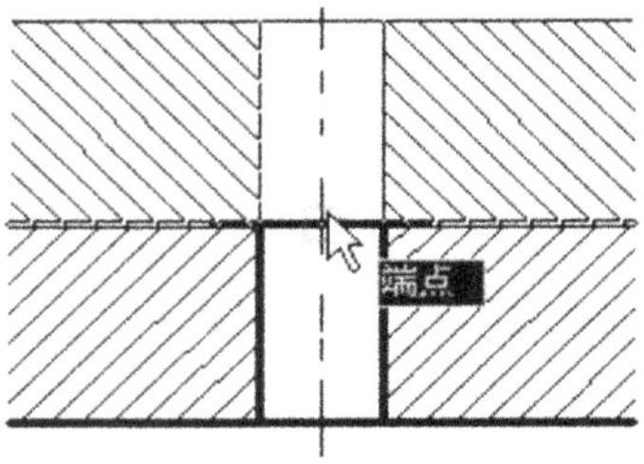

图 8-50　插入点

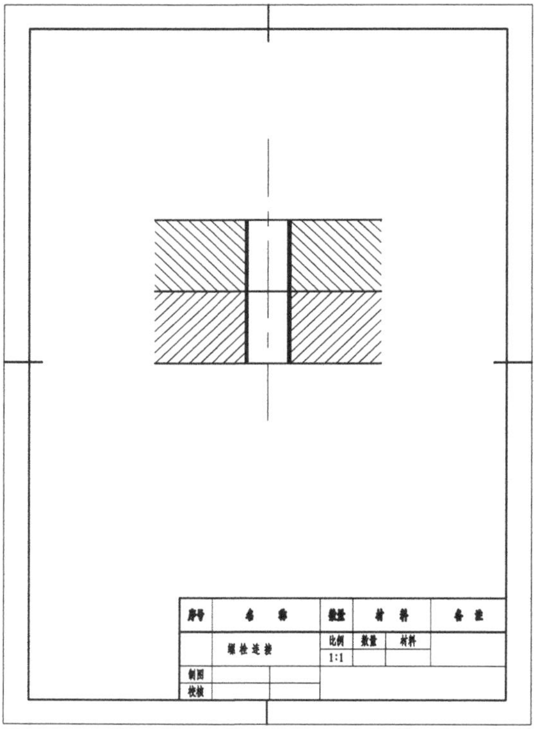

图 8-51　插入被连接件 2

3）将螺栓插入图幅中

按照被连接件 1 插入图幅中的方法和步骤，将螺栓插入螺栓孔内，插入点选择中心线与被连接件 1 下边线的交点，如图 8-52 所示，单击“确定”按钮，完成螺栓的装配，如图 8-53 所示。

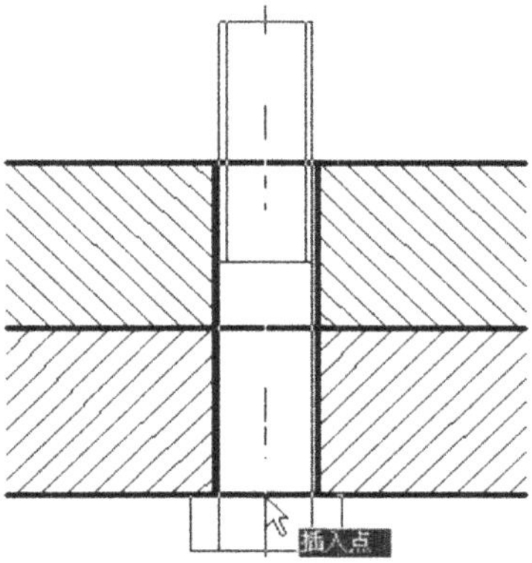

图 8-52 插入点

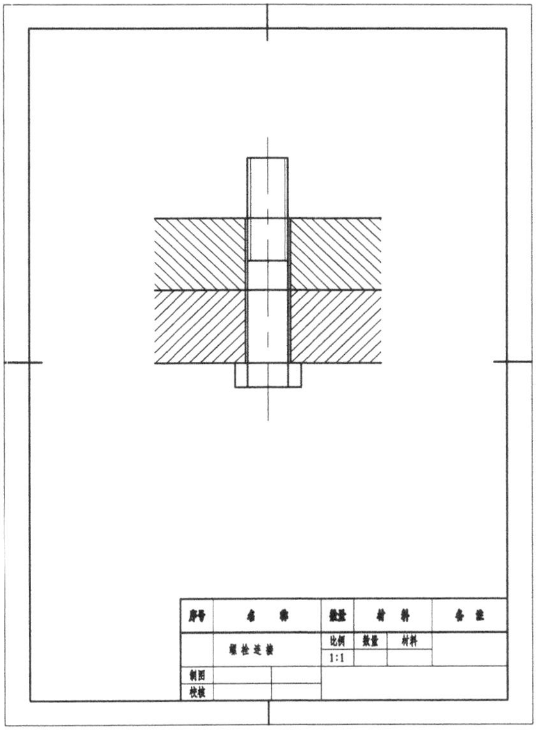

图 8-53 插入螺栓

4）将垫圈插入图幅中

按照被连接件 1 插入图幅中的方法和步骤，将垫圈插入螺栓上，插入点选择中心线与被连接件 2 上边线的交点，如图 8-54 所示，单击“确定”按钮，完成螺栓的装配，如图 8-55 所示。

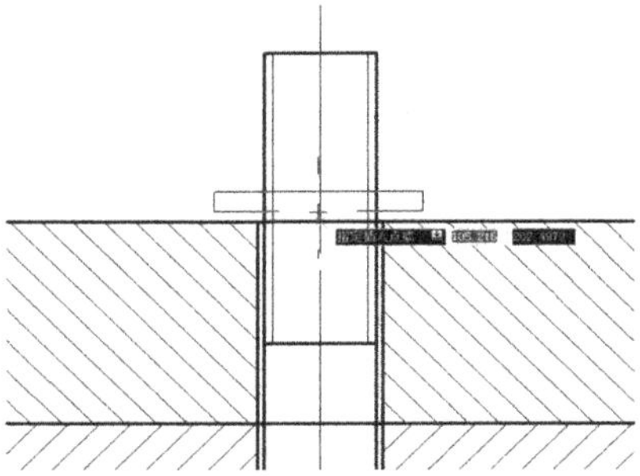

图 8-54　插入点

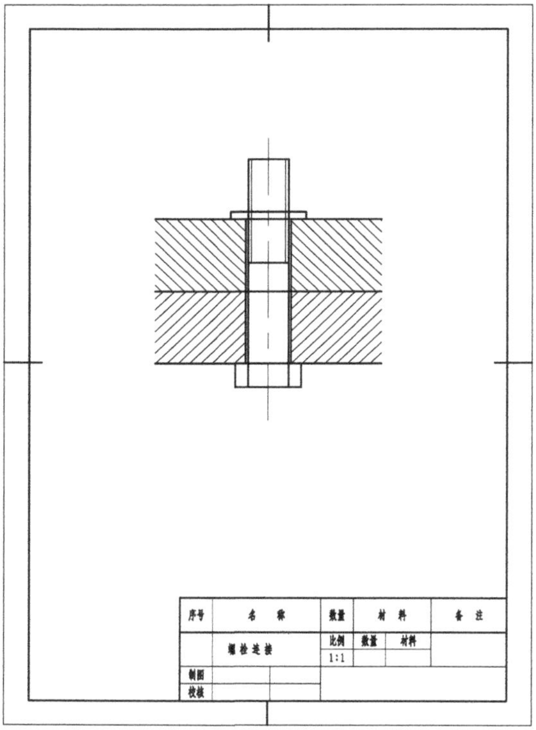

图 8-55　插入垫圈

5）将螺母插入图幅中

按照被连接件 1 插入图幅中的方法和步骤，将螺母插入螺栓上，插入点选择中心线与垫圈上边线的交点，如图 8-56 所示，单击“确定”按钮，完成螺栓的装配，如图 8-57 所示。

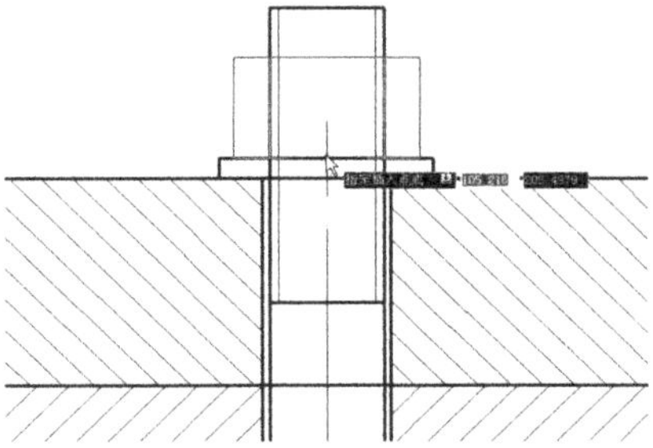

图 8-56 插入点

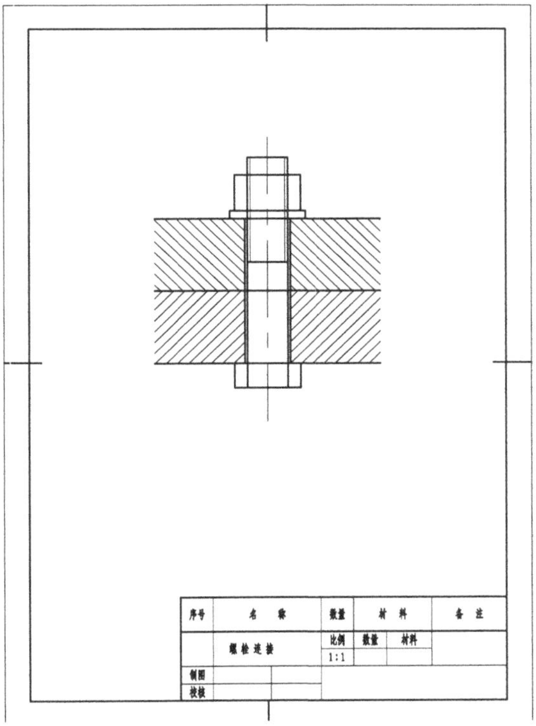

图 8-57 插入螺母

7. 处理装配图中不可见的线

认真分析零件装配后图线的可见性,不可见的线要删除。

单击"修改"→"分解",命令行提示如下。

命令:_explode

选择对象:(用鼠标框选需要分解的图块,选中后图块中的图线变为虚线,回车)

用"删除"、"修剪"等命令,整理图形,完成后的结果如图 8-58 所示。

后面的绘图步骤，如标注尺寸、标注序号、绘制明细栏及其保存与 8.8.1 节介绍的直接绘制法相同，这里不再赘述，完成后的结果如图 8-59 所示。

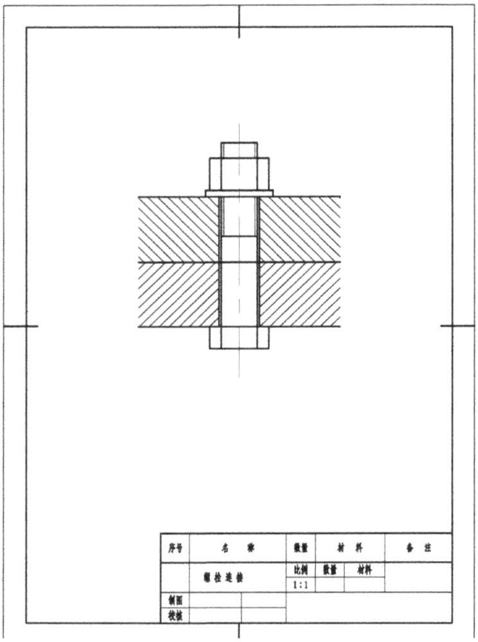
序号
名 称
数量
材 料
备 注
螺栓连接
比例
数量
材料
1:1
制图
校核

图 8-58 螺栓连接装配图(一)

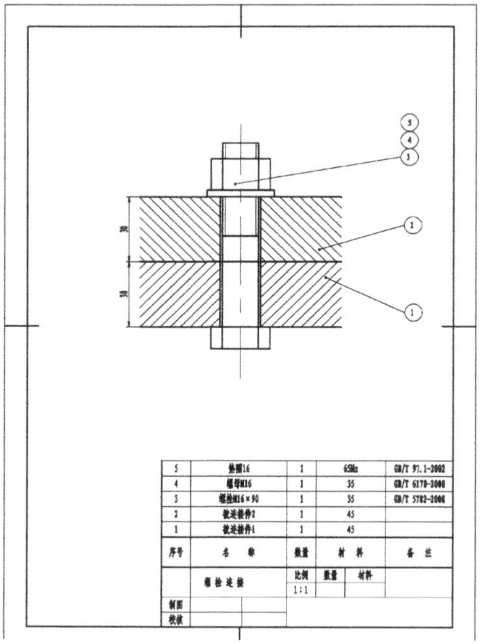
5
4
3
1
1
5 垫圈16 1 65Mn GB/T 97.1-2002
4 螺母M16 1 35 GB/T 6170-2000
3 螺栓M16×90 1 35 GB/T 5782-2000
2 被连接件2 1 45
1 被连接件1 1 45
序号
名 称
数量
材 料
备 注
螺栓连接
比例
数量
材料
1:1
制图
校核

图 8-59 螺栓连接装配图(二)

8.8.3 根据装配示意图和零件绘制装配图

根据定位器的装配示意图(见图 8-60)和零件图(见图 8-61 至图 8-66),绘制其装配图,软件采用 AutoCAD2008,图幅采用 A4(竖放),绘图比例采用 1∶1。

定位器安装在仪器的机箱内壁上。工作时,定位轴的球面端插入被固定零件的孔中。当被固定零件需要变换位置时,应拉动把手,将定位轴从该零件孔中拉出。松开把手后,压簧使定位轴回复原位。

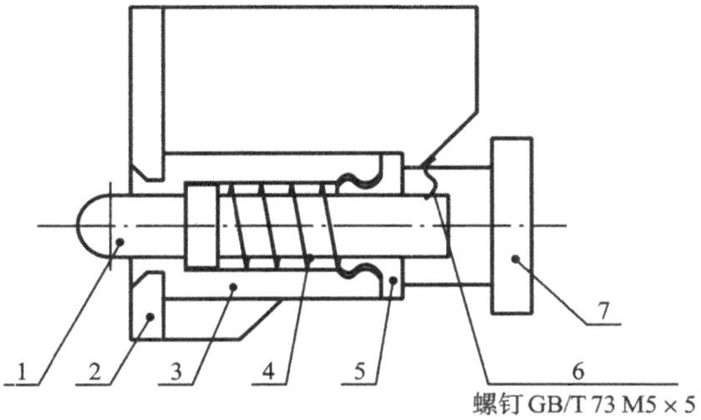

图 8-60 定位器装配示意图

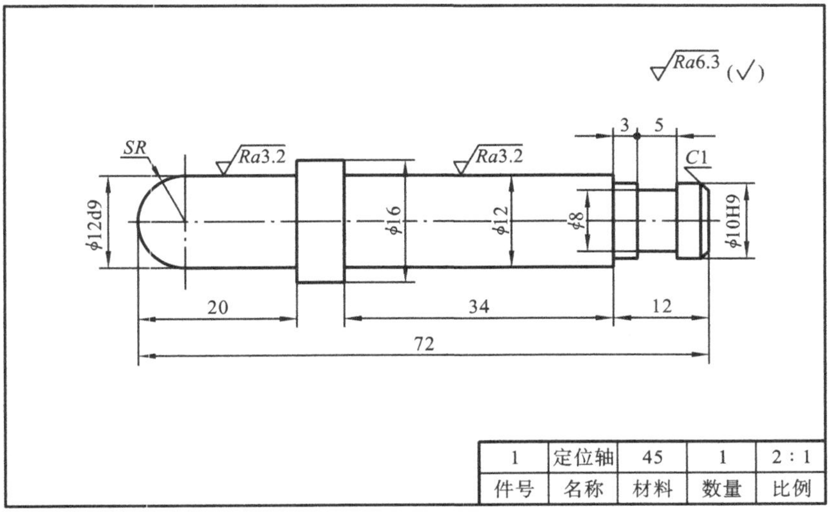

图 8-61 定位轴

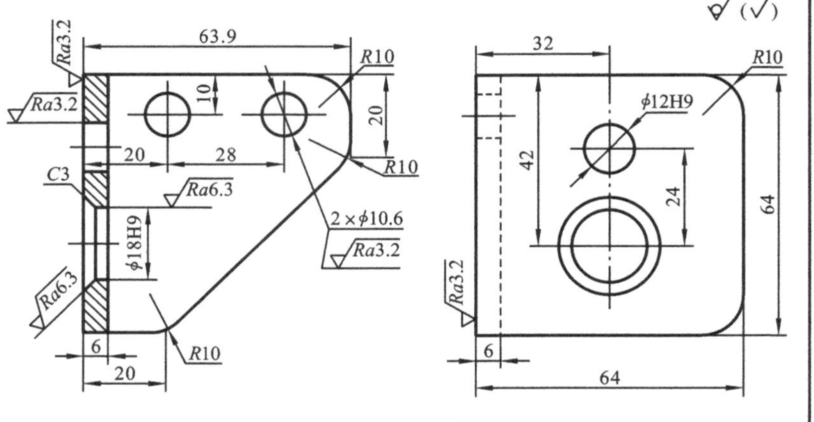

2	支架	35	1	1∶1
件号	名称	材料	数量	比例

图 8-62　支架

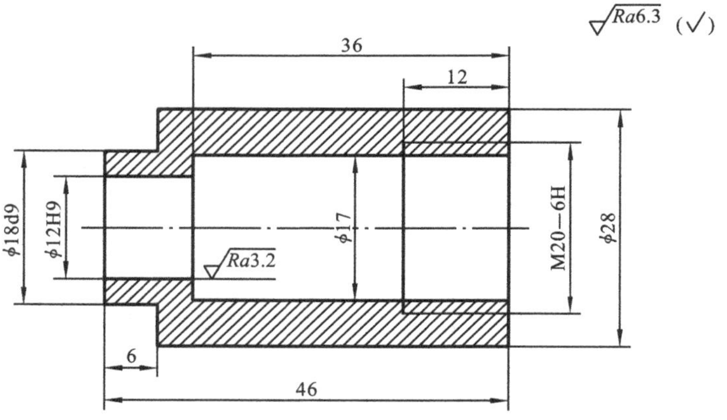

3	套筒	35	1	2∶1
件号	名称	材料	数量	比例

图 8-63　套筒

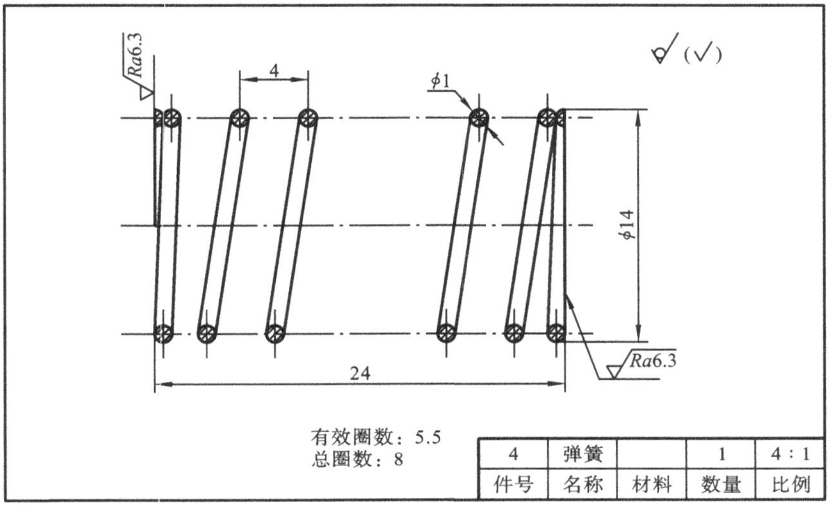

图 8-64　弹簧

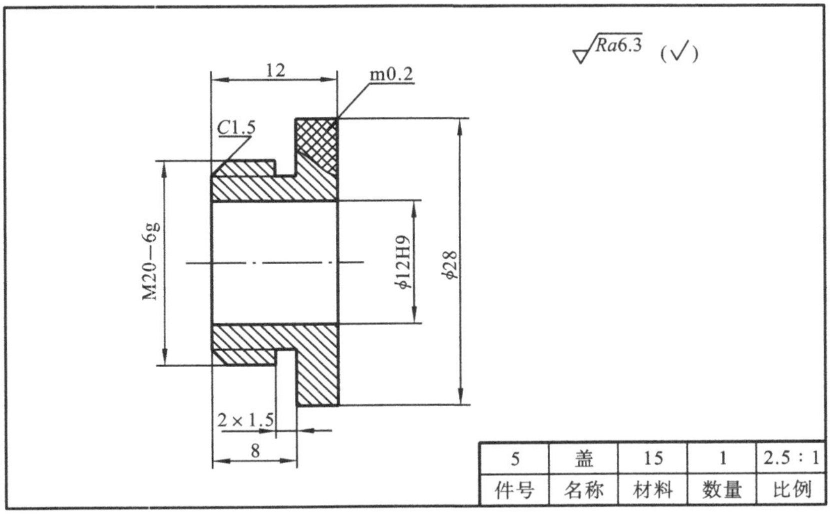

图 8-65　盖

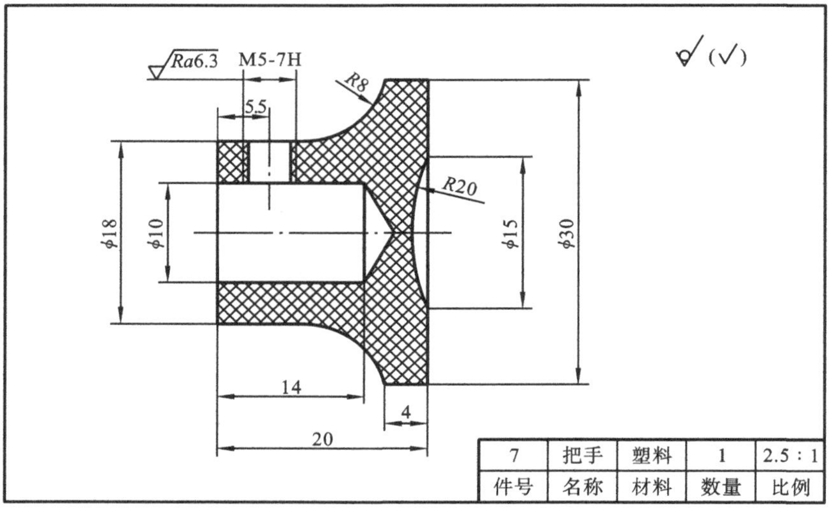

图 8-66　把手

1. 绘制定位轴零件图并定义成外部块

单击“格式”→“图层”，系统弹出“图层特性管理器”对话框，单击“新建”按钮，新建 5 个图层，如图 8-67 所示，单击“确定”，完成图层设置。

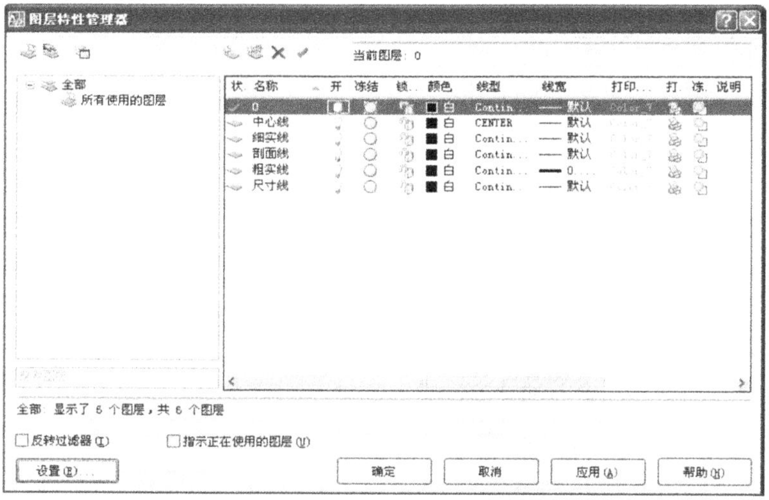

图 8-67　图层设置

1）绘制定位轴零件图

将“中心线”层设置为当前层，单击“绘图”→“直线”，命令行提示如下。

命令：_line 指定第一点：(在绘图区域合适位置单击)

指定下一点或[放弃(U)]：＜极轴开＞150(鼠标向右移动，拉出起点的 0°极

轴追踪线，通过键盘输入距离后回车）

指定下一点或[放弃(U)]：(回车结束)

命令：(回车)

命令：_line 指定第一点：(在水平中心线上方合适位置单击)

指定下一点或[放弃(U)]：<极轴开>40(鼠标向右移动，拉出起点的 90°极轴追踪线，通过键盘输入距离后回车)

完成后的结果如图 8-68 所示。

图 8-68 绘制定位轴(一)

将“粗实线”层设置为当前层，用“圆”命令绘制 $R6$ 圆，圆心选择水平中心线和垂直中心线交点。

用“偏移”命令将垂直中心线分别向右偏移 14、20、54、57、62、65、66 个图形单位，完成后的结果如图 8-69 所示。

图 8-69 绘制定位轴(二)

用“偏移”命令将水平中心线分别向上偏移 6、8、5、4 个图形单位，完成后的结果如图 8-70 所示。

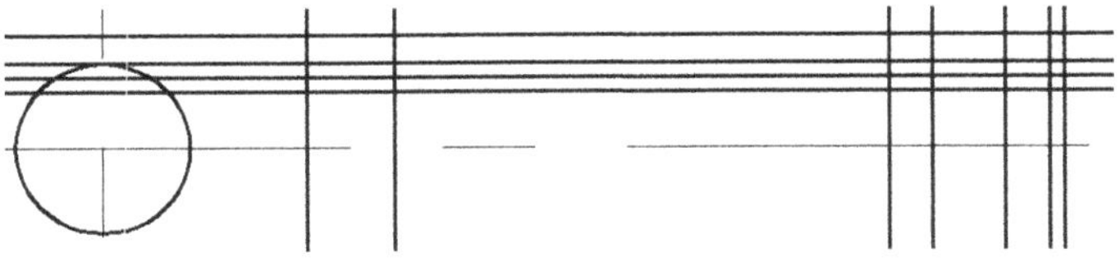

图 8-70 绘制定位轴(三)

用“偏移”命令，整理图形。

用“倒斜角”命令倒角，完成后的结果如图 8-71 所示。

用“镜像”命令，完成定位轴零件图的绘制，如图 8-72 所示。

2) 将定位轴零件图定义成外部块

在命令行输入“Wblock”或“W”，回车，系统弹出“写块”对话框，在对应“源”

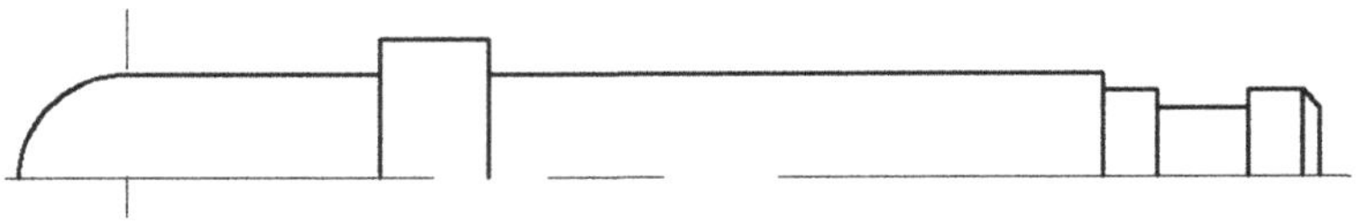

图 8-71　绘制定位轴(四)

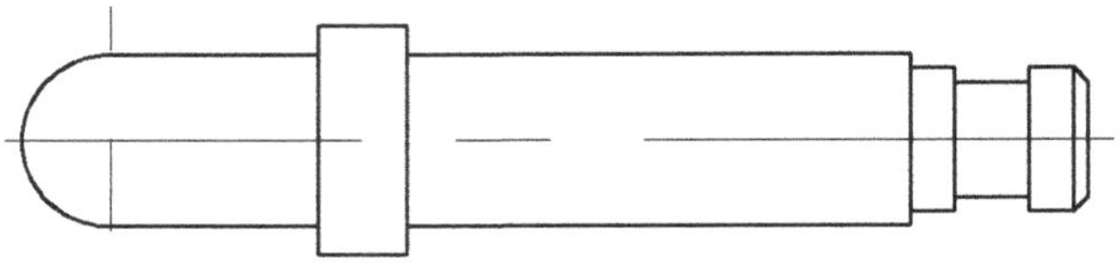

图 8-72　绘制定位轴(五)

的三个选项中选择“对象”，如图 8-73 所示。单击“选择对象”按钮，“写块”对话框消失，回到绘图界面，选择定位轴图形为外部块的对象，回车，“写块”对话再次出现。单击“拾取点”按钮，“写块”对话框再次消失，进入绘图界面，基点的选择如图 8-74 所示。在“文件名和路径”中设置名称、存盘路径，单击“确定”按钮，完成写块操作。

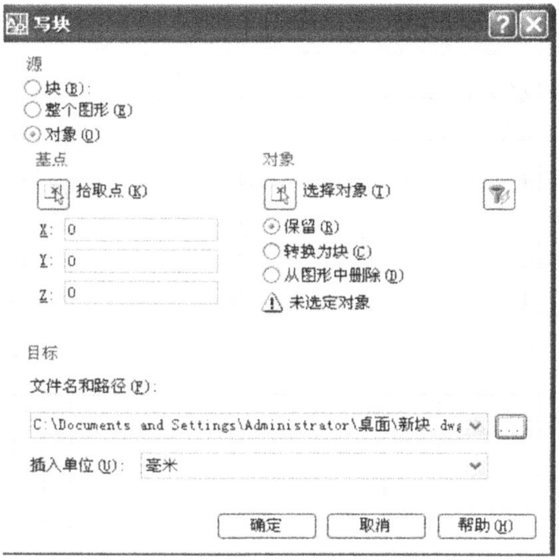

图 8-73　“写块”对话框

2. 绘制支架零件图并定义成外部快

由于装配体中只用到主视图，因此只需绘制主视图，即可满足装配需要。

1）绘制支架零件图

新建 5 个图层，方法和步骤同上所述。将“粗实线”层设置为当前层，用“直

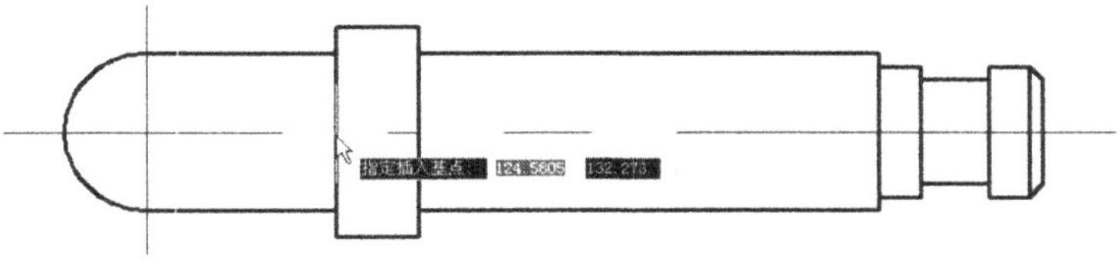

图 8-74 基点的选择

线”命令,在绘图区域适当位置绘制一个边长为 64 的正方形,如图 8-75(a)所示。用“倒斜角”命令,对正方形右下角倒 44×45°斜角。用“倒圆角”命令,对正方形右上角到倒 $R10$ 圆角。完成后的结果如图 8-75(b)所示。

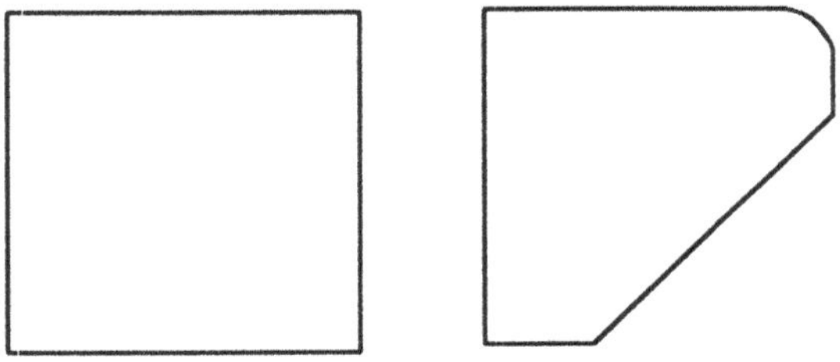

(a) (b)

图 8-75 绘制支架零件图(一)

将“中心线”层设置为当前层,用“偏移”命令,将图形中最上边水平线分别向下偏移 10、18、42 个图形单位。将图形中最左边竖直线分别向右偏移 20、28 个图形单位,如图 8-76(a)所示。

用“修剪”、“延伸”命令调整中心线长度,完成后的结果如图 8-76(b)所示。

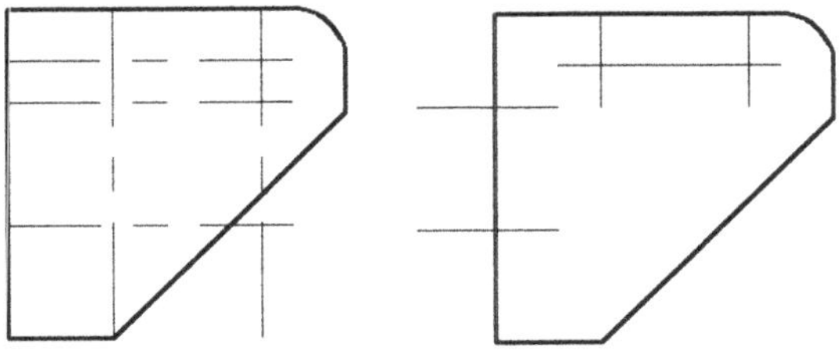

(a) (b)

图 8-76 绘制支架零件图(二)

将“粗实线”层设置为当前层,用“圆”命令,在图形中绘制两个 $R5.3$ 圆。

用“偏移”命令,将最上边的水平直线向下偏移 12、24、33、51 个图形单位。将最左边的竖直线向右偏移 6 个图形单位。完成后的结果如图 8-77(a)所示。

用“修剪”命令,整理图形,完成后的结果如图 8-77(b)所示。

用“倒斜角”、“延伸”等命令,在图形中倒两个 3×45°斜角。完成后的结果如

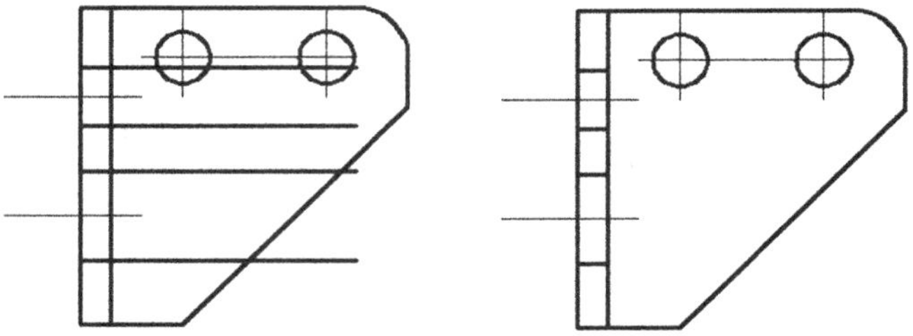

(a)　　　　　　　　　　(b)

图 8-77　绘制支架零件图(三)

图 8-78(a)所示。

将“剖面线”层设置为当前层,用“图案填充”命令,在图形中需要创建剖面线的区域创建剖面线,将“图案”设置为“ANSI31”、“角度”设置为“0”、比例设置为“1”。完成后的结果如图 8-78(b)所示。

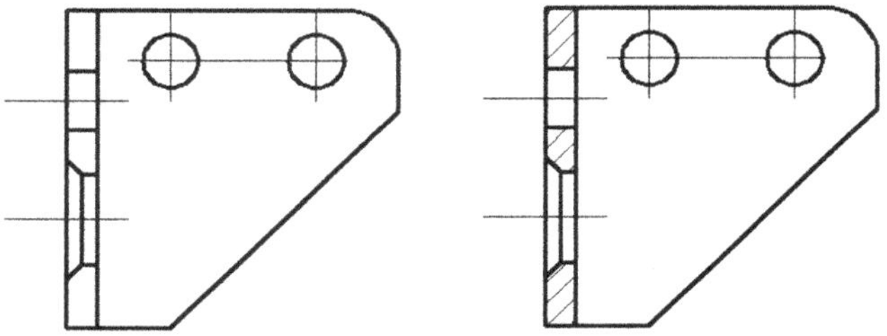

(a)　　　　　　　　　　(b)

图 8-78　绘制支架零件图(四)

2) 将支架零件图定义成外部块

按照定位轴零件图定义成外部块的方法和步骤,将支架零件图定义成外部块,定义其文件名为“支架”,其基点选择在左上角点。

3. 绘制套筒零件图并定义成外部块

1) 绘制套筒零件图

新建 5 个图层,方法和步骤同上所述。

将“中心线”层设置为当前层,用“直线”命令,在绘图区域适当位置绘制长度 60 的水平中心线。

将“粗实线”层设置为当前层,用“偏移”命令,将水平中心线分别向上偏移 6、8.5、9、14 个图形单位,完成后的结果如图 8-79 所示。

用“直线”命令,在图形左侧适当位置绘制长 20 的竖直线,完成后的结果如图 8-80(a)所示。用“偏移”命令,将直线分别向右偏移 6、9、10、34、46 个图形单位,完成后的结果如图 8-80(b)所示。用“修剪”命令,整理图形,完成后的结果如

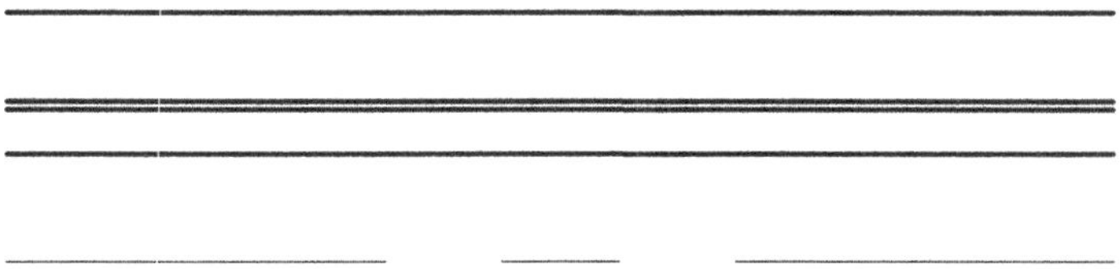

图 8-79 绘制套筒零件图(一)

图8-80(c)所示。

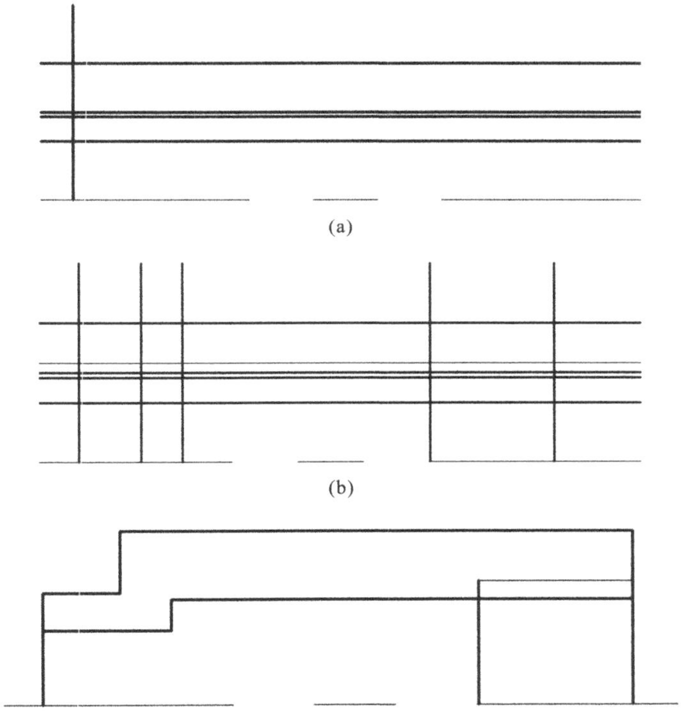

(a)

(b)

(c)

图 8-80 绘制套筒零件图(二)

将“剖面线”层设置为当前层，用“图案填充”命令，在图形中需要创建剖面线的区域创建剖面线，将“图案”设置为“ANSI31”、“角度”设置为“90”、比例设置为“1”。完成后的结果如图 8-81(a)所示。用“镜像”命令，完成套筒零件图的绘制，如图 8-81(b)所示。

2）将支架零件图定义成外部块

按照定位轴零件图定义成外部块的方法和步骤，将套筒零件图定义成外部块，定义其文件名为“套筒”，其基点选择在最左边竖直线与中心线的交点。

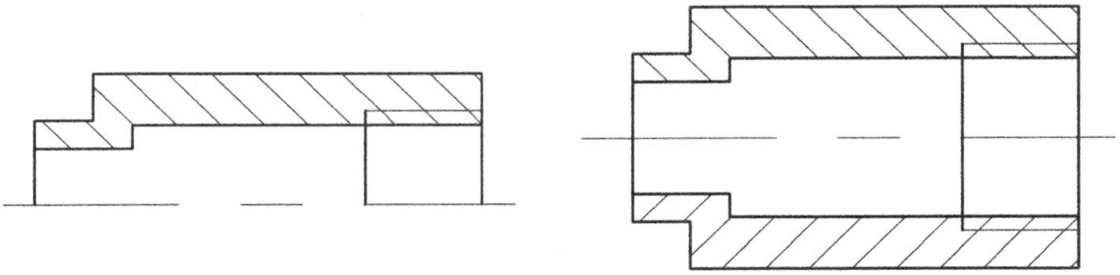

(a)　　　　　　(b)

图 8-81　绘制套筒零件图(三)

4. 绘制弹簧零件图并定义成外部块

弹簧在安装后的轴向尺寸，由定位轴、套筒、盖的尺寸而定，经计算其长度为 22 mm，所以在绘制弹簧零件图时，应将弹簧的轴向尺寸缩短 2 mm。另外根据弹簧的规定画法，绘制弹簧零件图时可每端只画两圈。

1）绘制弹簧零件图

新建 5 个图层，方法和步骤同上所述。

将“中心线”层设置为当前层，用“直线”命令，在绘图区域适当位置绘制长度 22 的水平中心线。用“偏移”命令，将水平中心线分别向上、下偏移 6.5 个图形单位，完成后的结果如图 8-82 所示。

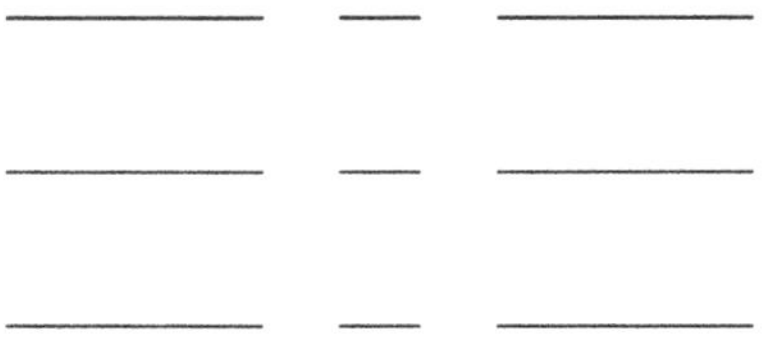

图 8-82　绘制弹簧零件图(一)

将“粗实线”层设置为当前层，用“圆弧”命令，在最上边中心线上绘制两个 $R0.5$ 的半圆，圆心选择中心线两个端点。用“圆”命令，在上边中心线左侧绘制一个 $R0.5$ 的圆，圆心距离中心线端点 1 mm，在最下边中心线上绘制两个 $R0.5$ 的圆，圆心距离中心线端点 0.5 mm。完成后的结果如图 8-83(a)所示。用“直线”命令，绘制弹簧左右两端结构，完成后的结果如图 8-83(b)所示。

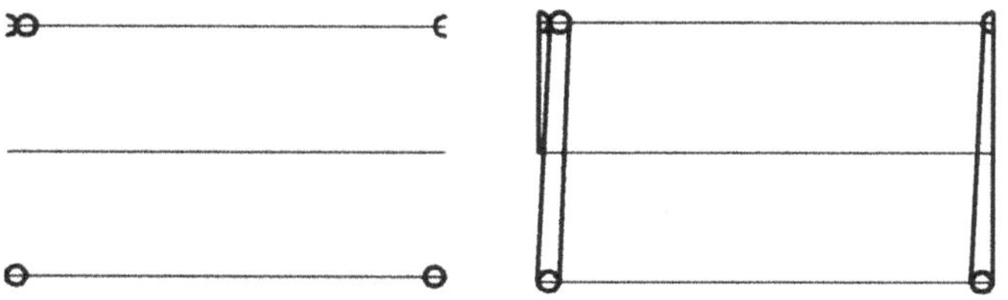

(a)　　　　　　(b)

图 8-83　绘制弹簧零件图(二)

用“圆”命令，在最上边中心线左侧绘制一个 $R0.5$ 的圆，圆心距离中心线左侧端点 5 mm，在下边中心线左侧绘制一个 $R0.5$ 的圆，圆心距离中心左侧端点 3 mm。完成后的结果如图 8-84(a)所示。

用“直线”命令，绘制与两圆外切的两条直线。完成后的结果如图 8-84(b)所示。

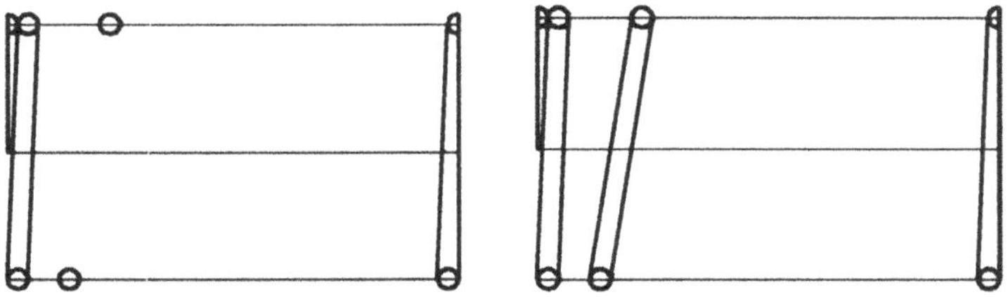

(a) (b)

图 8-84 绘制弹簧零件图(三)

按照上述相同方法和步骤，完成右侧弹簧结构绘制。也可用“带基点复制”、“粘贴”命令完成右侧弹簧结构绘制。调节中心线长度，完成后的结果如图 8-85 所示。

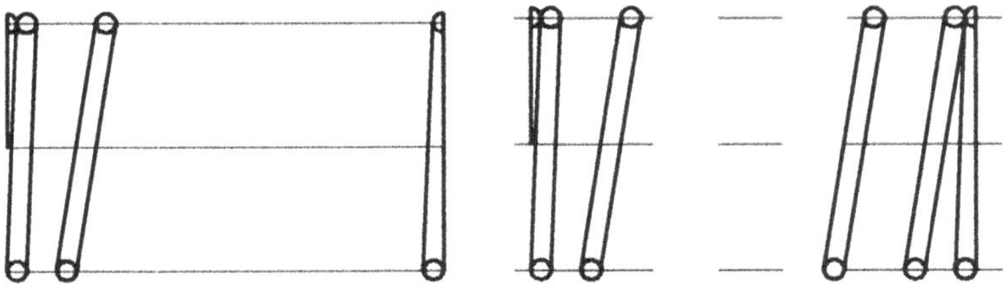

(a) (b)

图 8-85 绘制弹簧零件图(四)

2）将弹簧零件图定义成外部块

按照定位轴零件图定义成外部块的方法和步骤，将弹簧零件图定义成外部块，定义其文件名为“弹簧”，其基点选择在最右侧竖直线与中间中心线的交点处。

5. 绘制端盖零件图并定义成外部块

1）绘制端盖零件图

新建 5 个图层，方法和步骤同上所述。

将“中心线”层设置为当前层，用“直线”命令，在绘图区域适当位置绘制一长度为 20 的水平中心线。

将“粗实线”层设置为当前层，用“偏移”命令，将水平中心线分别向上偏移 6、8.5、10、14 个图形单位，完成后的结果如图 8-86 所示。

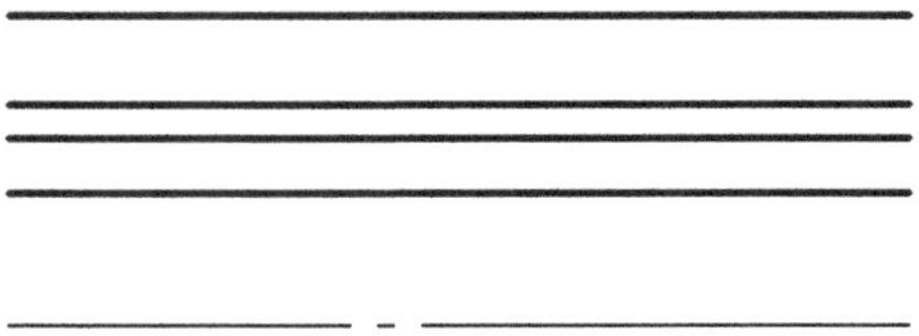

图 8-86 绘制端盖零件图(一)

用“直线”命令，图形区域左侧适当位置绘制一长度为 20 竖直线，完成后的结果如图 8-87(a)所示。用“偏移”命令，将竖直线分别向右侧偏移 6、8、12 个图形单位。完成后的结果如图 8-87(b)所示。

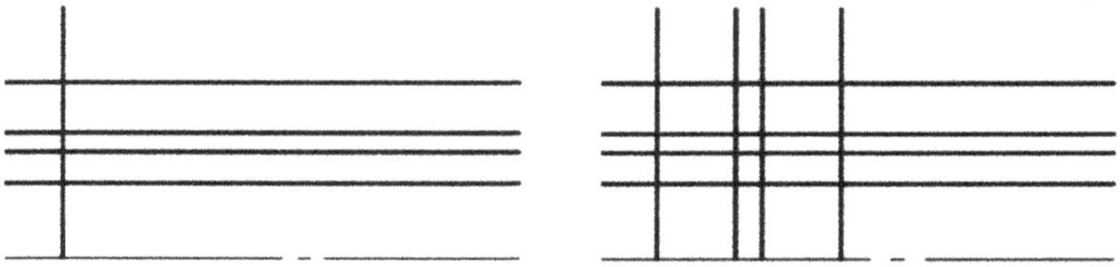

(a)　　　　(b)

图 8-87 绘制端盖零件图(二)

用“修剪”命令，整理图形，完成后的结果如图 8-88 所示。

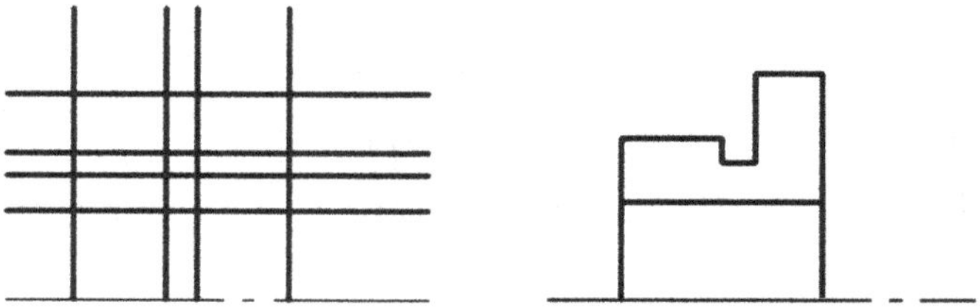

(a)　　　　(b)

图 8-88 绘制端盖零件图(三)

用“倒斜角”命令，在图形左侧倒 1.5×45°角。完成后的结果如图 8-89(a)所示。

将“细实线”层设置为当前层，用“直线”命令，绘制螺纹牙底圆的投影，完成后的结果如图 8-89(b)所示。

将“粗实线”层设置为当前层，用“直线”命令，在图形右侧合适位置绘制一条水平线，完成后的结果如图 8-90(a)所示。用“图案填充”命令，在图形右侧上部绘制滚花结构(相交的斜线)，将“图案”设置为“ANSI37”、“角度”设置为“0”、比例设置为“0.25”。然后删除刚刚绘制的水平直线。完成后的结果如图 8-90(b)所示。

将“粗实线”层设置为当前层，在图形右侧合适位置绘制一条波浪线。用“镜

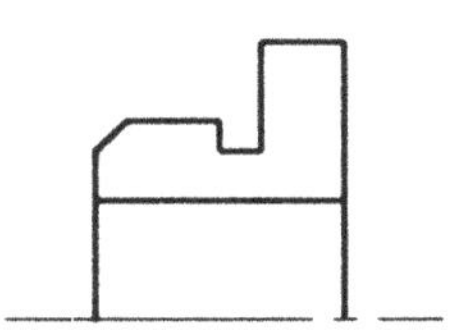

(a) (b)

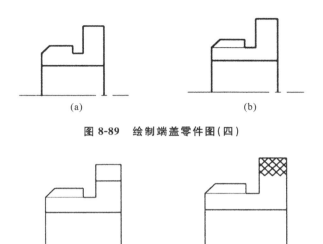

图 8-89 绘制端盖零件图(四)

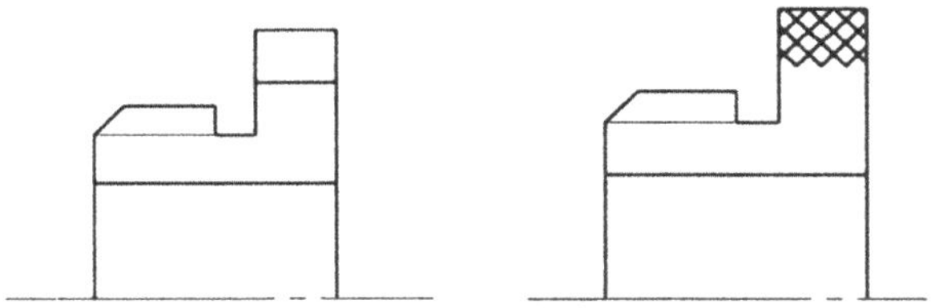

(a) (b)

图 8-90 绘制端盖零件图(五)

像”命令,对图形镜像进行镜像操作。完成后的结果如图 8-91(a)所示。

将“粗实线”层设置为当前层,用“图案填充”命令,在图形中需要创建剖面线的区域创建剖面线,将“图案”设置为“ANSI31”、“角度”设置为“0”、比例设置为“0.75”。完成后的结果如图 8-91(b)所示。

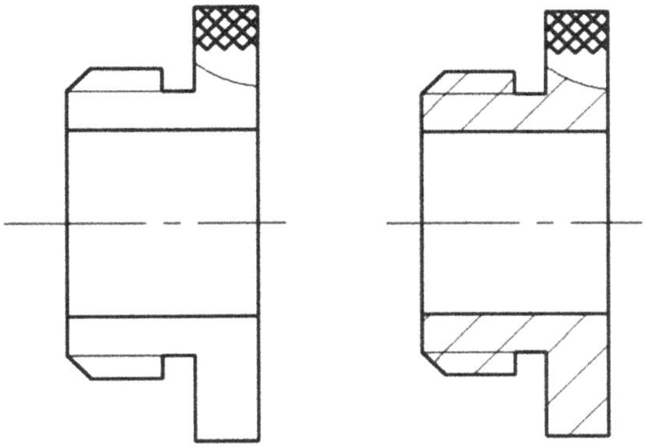

(a) (b)

图 8-91 绘制端盖零件图(六)

2)将端盖零件图定义成外部块

按照将定位轴零件图定义成外部块的方法和步骤,将端盖零件图定义成外部块,定义其文件名为“端盖”,其基点选择在最右边竖直线与水平中心线的交点处。

6. 绘制把手零件图并定义成外部块

1）绘制把手零件图

新建5个图层，方法和步骤如同上述。

将"中心线"层设置为当前层，用"直线"命令，在绘图区域适当位置绘制一长度为30的水平中心线。

将"粗实线"层设置为当前层，用"偏移"命令，将水平中心线分别向上偏移5、9、15个图形单位，完成后的结果如图8-92所示。

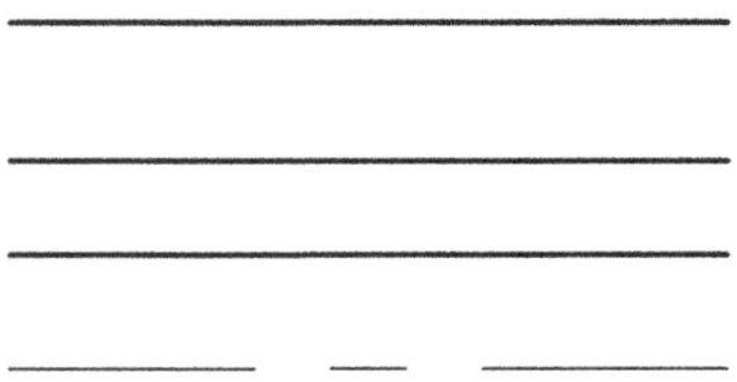

图8-92　绘制把手零件图(一)

用"直线"命令，图形区域左侧适当位置绘制一长度为20竖直线，完成后的结果如图8-93(a)所示。用"偏移"命令，将竖直线分别向右侧偏移14、16、20个图形单位。完成后的结果如图8-93(b)所示。

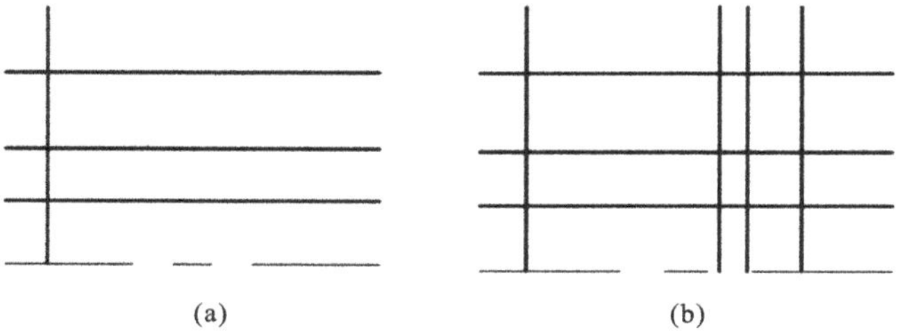

图8-93　绘制把手零件图(二)

用"修剪"命令，整理图形，完成后的结果如图8-94所示。

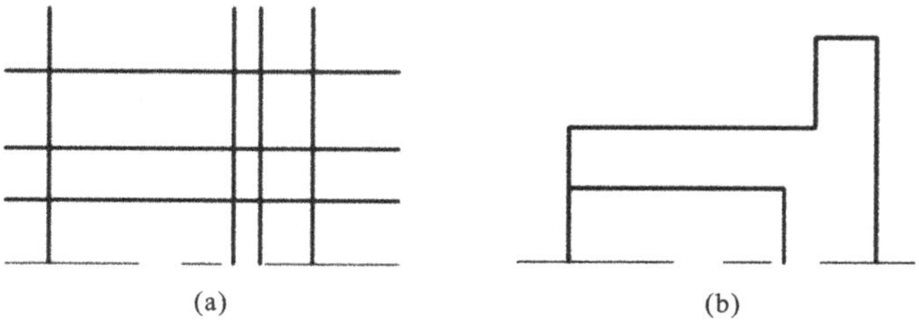

图8-94　绘制把手零件图(三)

用"圆"命令，在图形右侧绘制一个$R8$的圆。用"偏移"命令，将水平中心线向上偏移17个图形单元，完成后的结果如图8-95(a)所示。用"圆"命令，在图形

中绘制一个 $R8$ 的圆，圆心选择在刚刚绘制的圆与刚刚绘制的直线的交点处，完成后的结果如图 8-95(b)所示。用“修剪”、“删除”命令，整理图形，完成后的结果如图 8-95(c)所示。

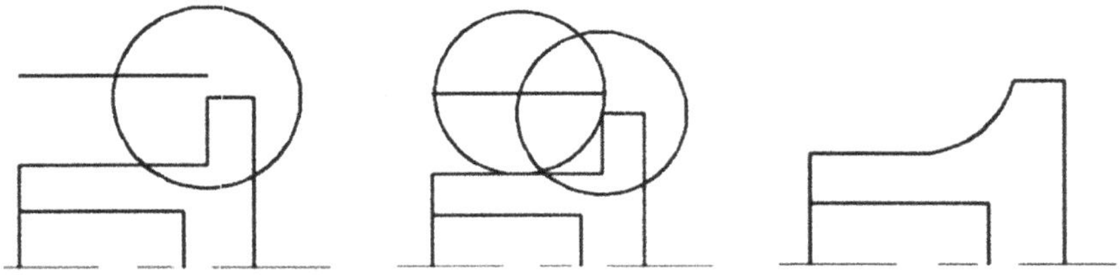

(a) (b) (c)

图 8-95 绘制把手零件图(四)

用“直线”命令，利用“极轴追踪”功能，绘制一条与水平方向成 60°夹角的直线，如图 8-96(b)所示。用“镜像”命令，对图形进行镜像操作，完成后的结果如图 8-97(a)所示。用“偏移”命令，将水平中心线分别向上、下偏移 7.5 个图形单位。完成后的结果如图 8-97(b)所示。

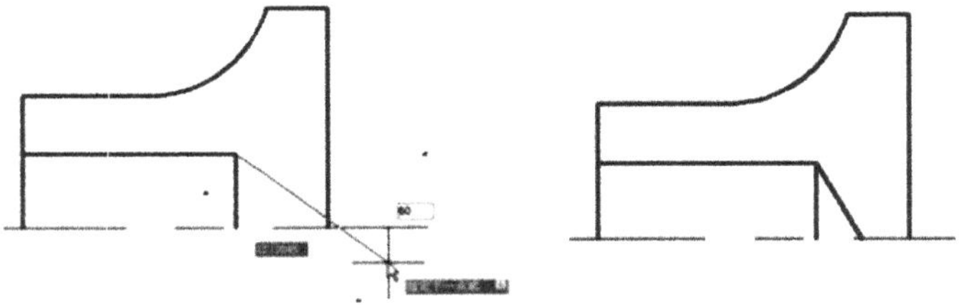

(a) (b)

图 8-96 绘制把手零件图(五)

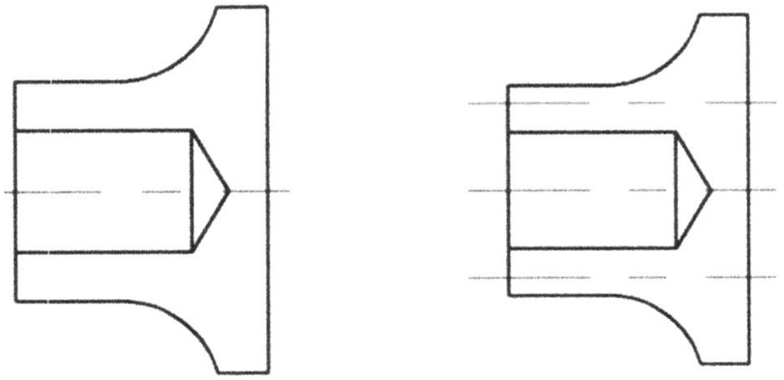

(a) (b)

图 8-97 绘制把手零件图(六)

用“圆弧”命令，利用“起点、端点、半径”绘制右侧 $R20$ 的圆弧，完成后的结果如图 8-98(a)所示。用“删除”命令，整理图形，完成后的结果如图 8-98(b)所示。

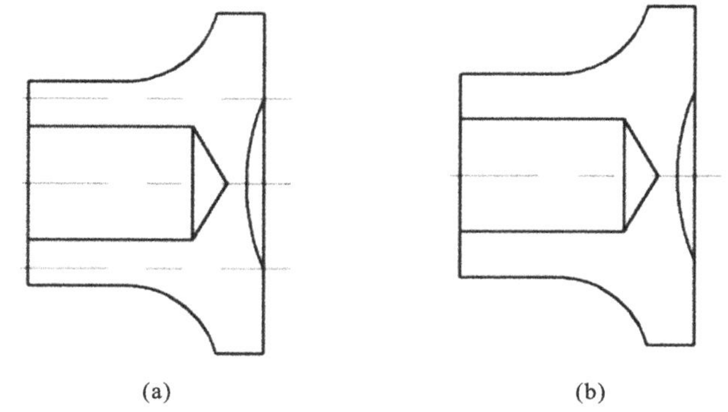

图 8-98　绘制把手零件图(七)

将“中心线”层设置为当前层，用“偏移”命令，将最左侧竖直线向偏移 5.5 个图形单位，用“修剪”、“延伸”命令整理后的结果如图 8-99(a)所示。将“粗实线”层设置为当前层，用“偏移”命令，将刚刚绘制的中心线分别向左、右偏移 2.125 个图形单位。将“细实线”层设置为当前层，用“偏移”命令，将刚刚绘制的中心线分别向左、右偏移 2.5 个图形单位。完成后的结果如图 8-99(b)所示。用“修剪”命令整理后的结果如图 8-99(c)所示。

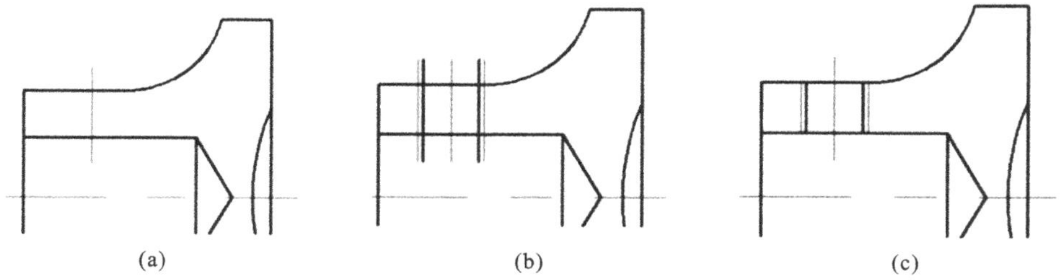

图 8-99　绘制把手零件图(八)

将“剖面线”层设置为当前层，在图形中绘制滚花结构(相交的斜线)，将“图案”设置为“ANSI37”、“角度”设置为“0”、比例设置为“0.5”。完成后的结果如图 8-100 所示。

2）将把手零件图定义成外部块

按照将定位轴零件图定义成外部块的方法和步骤，将把手零件图定义成外部块，定义其文件名为“把手”，其基点选择在最左边垂直直线与水平中心线的交点处。

7. 绘制定位螺钉零件图并定义成外部块

1）绘制定位螺钉零件图

新建 5 个图层，方法和步骤同上所述。

将“中心线”层设置为当前层，用“直线”命令，在绘图区域适当位置绘制一长

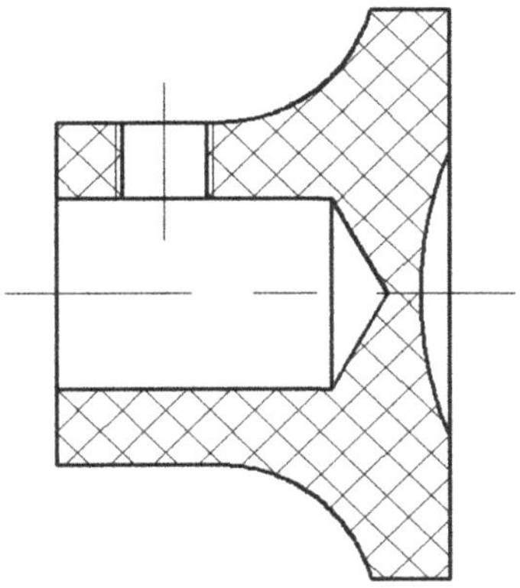

图 8-100 绘制把手零件图(九)

度为 10 的竖直中心线。将“粗实线”层设置为当前层，在绘图区域适当位置绘制一长度为 10 的水平直线。完成后的结果如图 8-101(a)所示。用“偏移”命令，将刚刚绘制的水平直线分别向下偏移 0.375、4.25、5 个图形单位，完成后的结果如图 8-101(b)所示。用“偏移”命令，将竖直中心线分别向左、右偏移 2.5 个图形单位，完成后的结果如图 8-101(c)所示。

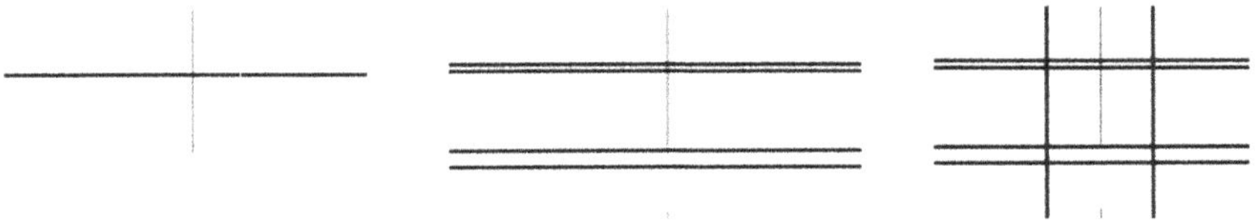

(a) (b) (c)

图 8-101 绘制定位螺钉零件图(一)

用“修剪”命令，整理图形，完成后的结果如图 8-102(a)所示。用“倒斜角”命令，对图形的四个角进行倒斜角，上面两个角倒 0.375×45°，下面两个角倒 0.75×45°。完成后的结果如图 8-102(b)所示。

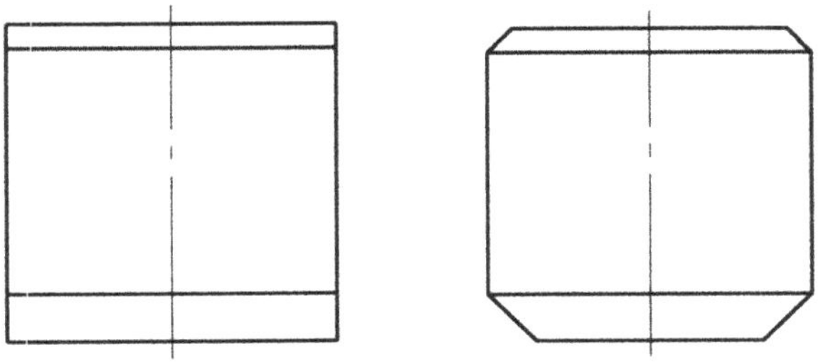

(a) (b)

图 8-102 绘制定位螺钉零件图(二)

用“偏移”命令，将竖直中心线分别向左、右偏移 0.4 个图形单位，将最上边水平直线向下偏移 1.63 个单位，完成后的结果如图 8-103(a)所示。用“修剪”命令，整理图形，完成后的结果如图 8-103(b)所示。将“细实线”层设置为当前层，用“直线”命令，绘制螺纹牙底圆的投影，完成后的结果如图 8-103(c)所示。

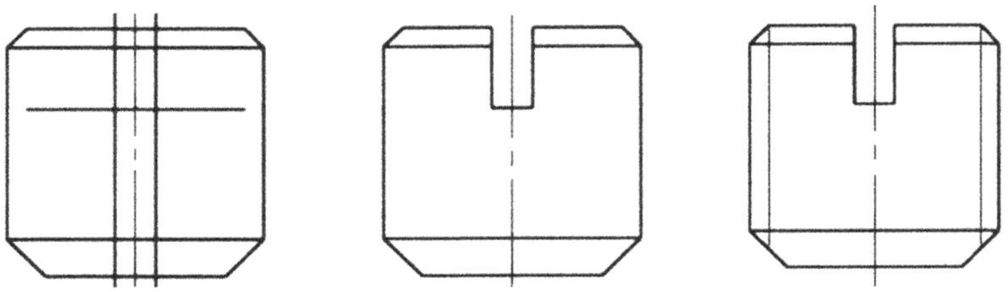

(a) (b) (c)

图 8-103　绘制定位螺钉零件图(三)

2）将定位螺钉零件图定义成外部块

按照将定位轴零件图定义成外部块的方法和步骤，将定位螺钉零件图定义成外部块，定义其文件名为“定位螺钉”，其基点选择在最下边水平直线与水平中心线的交点处。

8. 拼装定位器装配图

1）将支架插入图幅中

采用 A4 图幅，已提前绘制好，单击“插入”→“块”，系统弹出“插入”对话框，如图 8-104 所示。单击“浏览”按钮，弹出“选择图形文件”对话框，如图 8-105 所示。在弹出对话框中选择要插入的图形文件“支架”，单击“打开”，返回“插入”对话框，单击“确定”按钮，将“支架”插到图幅中合适的区域，如图 8-106 所示。

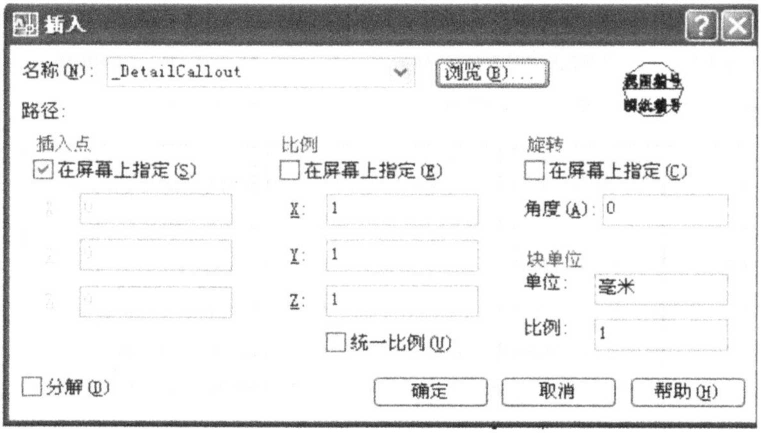

图 8-104　“插入”对话框

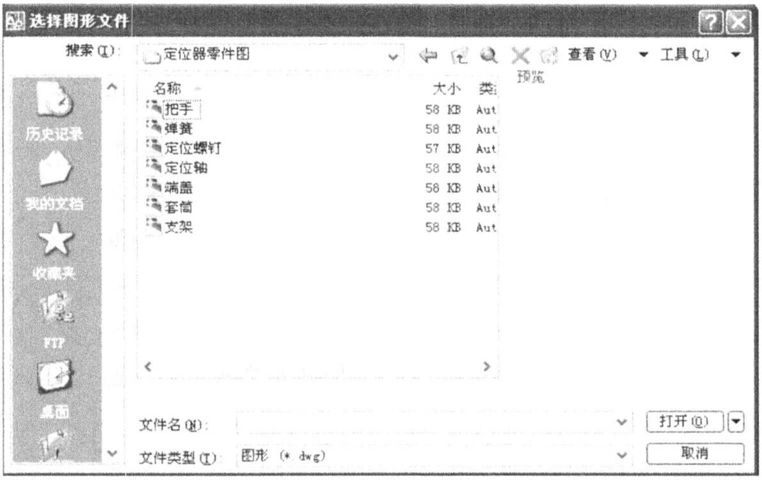

图 8-105 “选择图形文件”对话框

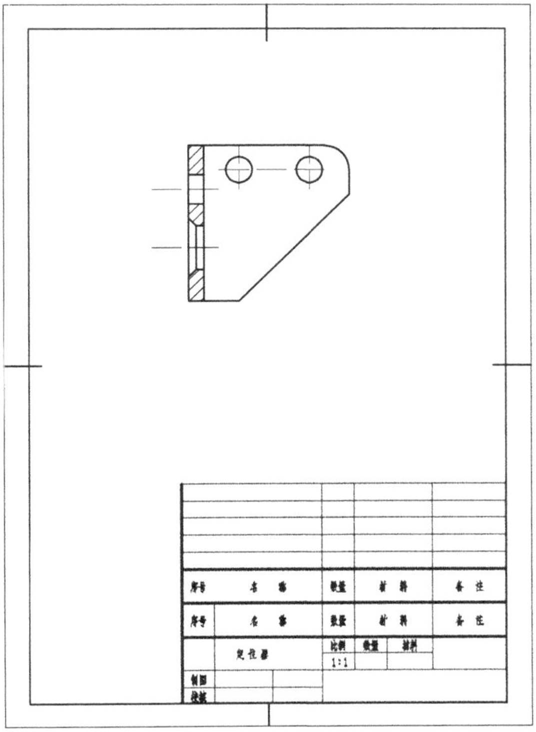

图 8-106 定位器装配图(一)

2）将套筒插入图幅中

按照将支架插入图幅中的方法和步骤，将套筒插入支架上的 $\phi18$ 孔上，插入点选择在支架上 $\phi18$ 孔中心线与支架最左边竖直线的交点处，如图 8-107(a)所示，单击“确定”按钮，完成套筒的装配，如图 8-107(b)所示。

认真分析零件装配后图线的可见性，将不可见的线删除。

单击“修改”→“分解”，命令行提示如下。

命令：_explode

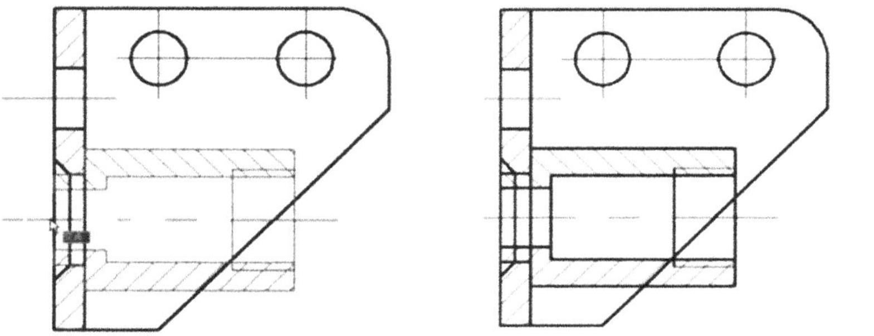

(a) (b)

图 8-107 定位器装配图(二)

选择对象：(用鼠标框选支架和套筒，选中后图块中的图线变为虚线，回车)

用“删除”、“修剪”等命令，整理图形，完成后的结果如图 8-108 所示。

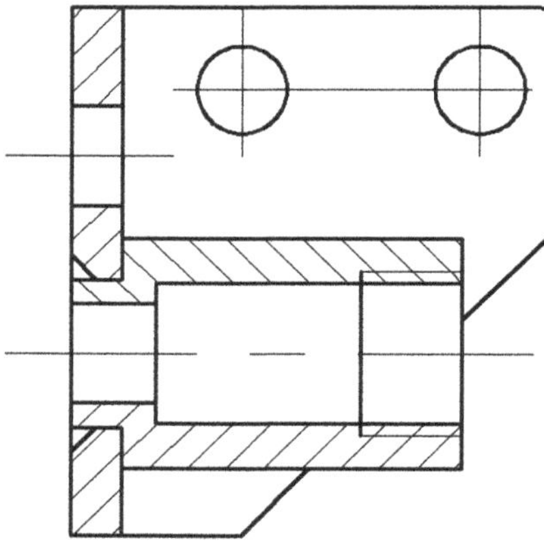

图 8-108 定位器装配图(三)

3）将端盖插入图幅中

按照将支架插入图幅中的方法和步骤，将端盖插入套筒右侧的端盖安置孔 M20，插入点选择在套筒 M20 孔中心线与套筒最右边垂直直线的交点处，如图 8-109(a)所示，单击“确定”按钮，完成套筒的装配，如图 8-109(b)所示。

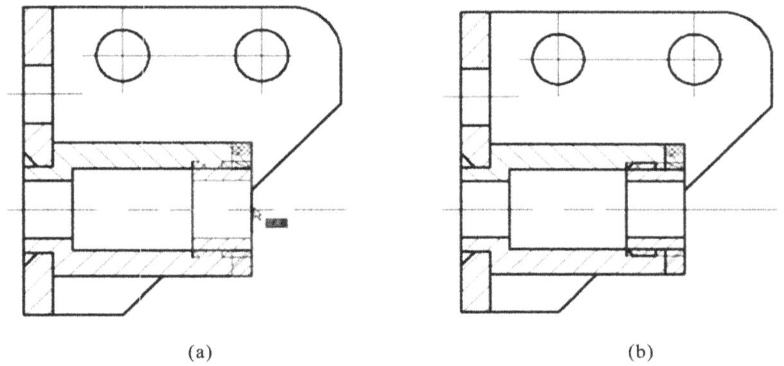

图 8-109　定位器装配图(四)

将端盖向右移动 4 mm，单击“修改”→“移动”，命令行提示如下。

命令：_move

选择对象：(用鼠标选择对象，选中后图块中的图线变为虚线，回车)

指定基点或[位移(D)]＜位移＞：0，0(指定移动起点，回车)

指定第二个点或＜使用第一个点作为位移＞：4，0(指定移动终点，回车)

完成后的结果如图 8-110(a)所示。

认真分析零件装配后图线的可见性，将不可见的线删除。按照上述支架和套筒的分解方法和步骤，将端盖分解。然后用“删除”、“修剪”“命令删除不可见线。另外，套筒与端盖的剖面线在螺纹的旋合部分重合，需将套筒、端盖的剖面线删除，重新绘制螺纹旋合部分和剖面线，完成后的结果如图 8-110(b)所示。

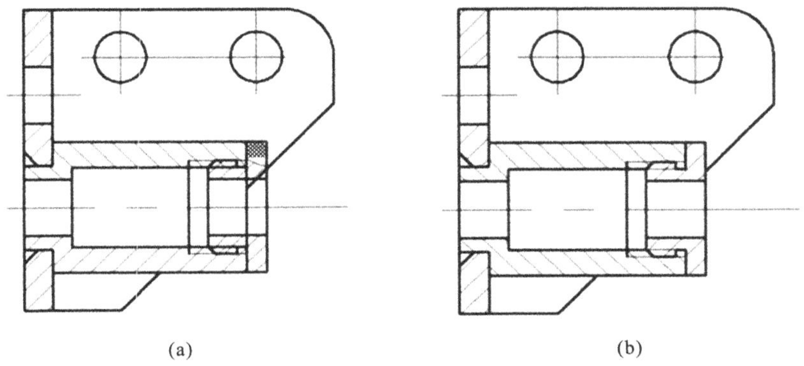

图 8-110　定位器装配图(五)

4) 将定位轴插入图幅中

按照将支架插入图幅中的方法和步骤，将定位轴插入套筒左侧的定位轴安置孔 $\phi12$ 中，插入点选择在套筒上 $\phi12$ 孔中心线与套筒上 $\phi12$ 孔右端面投影线的交点处，如图 8-111(a)所示，单击“确定”按钮，完成定位轴的装配，如图 8-111(b)

所示。

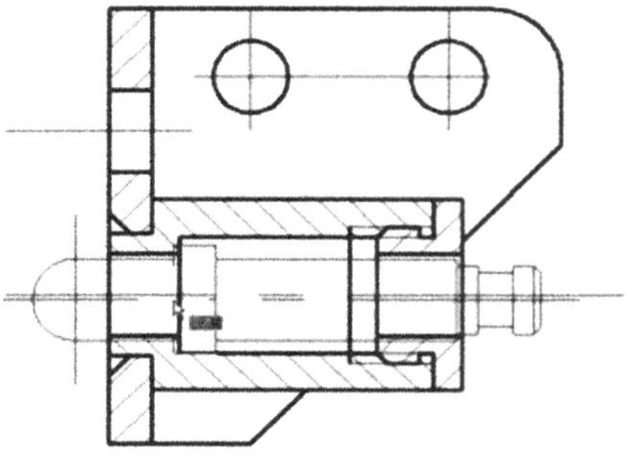

(a)

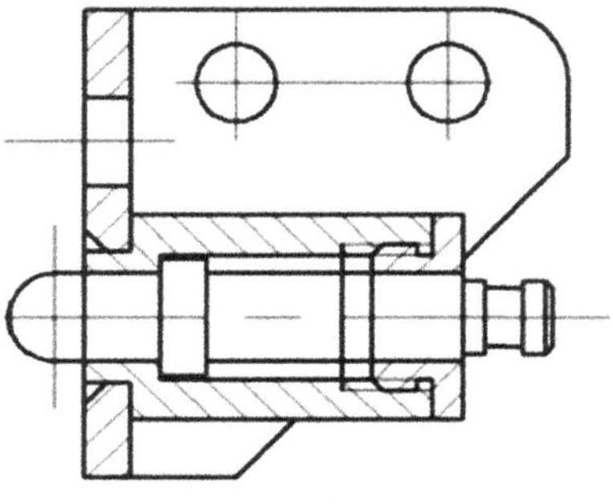

(b)

图 8-111　定位器装配图(六)

认真分析零件装配后图线的可见性,不可见的线要删除。按照上述支架和套筒的分解方法和步骤,将定位轴分解。然后用“删除”、“修剪”命令删除不可见线。完成后的结果如图 8-112 所示。

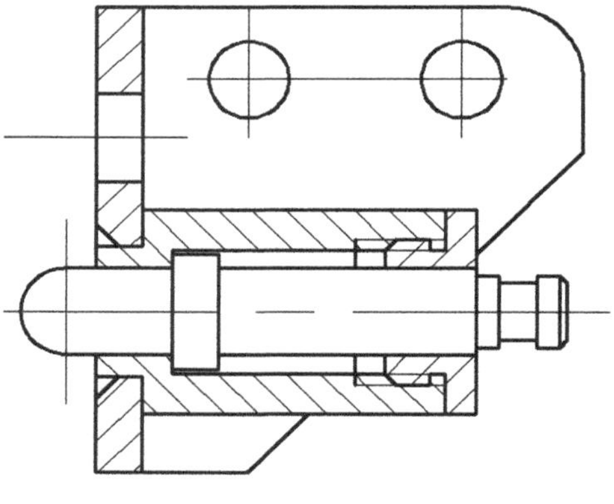

图 8-112　定位器装配图(七)

5）将弹簧插入图幅中

按照将支架插入图幅中的方法和步骤,将弹簧插入定位轴 ϕ12 部位上,插入点选择在套筒中心线与套筒最右边竖直线的交点处,如图 8-113(a)所示,单击“确定”按钮,完成弹簧的装配,如图 8-113(b)所示。

按照上述端盖的移动方法,将弹簧向右移动 12 mm,完成后的结果如图 8-113(c)所示。

认真分析零件装配后图线的可见性,将不可见的线删除。按照上述支架和套筒的分解方法和步骤,将弹簧分解。然后用“删除”、“修剪”命令删除不可见线。完成后的结果如图 8-113(d)所示。

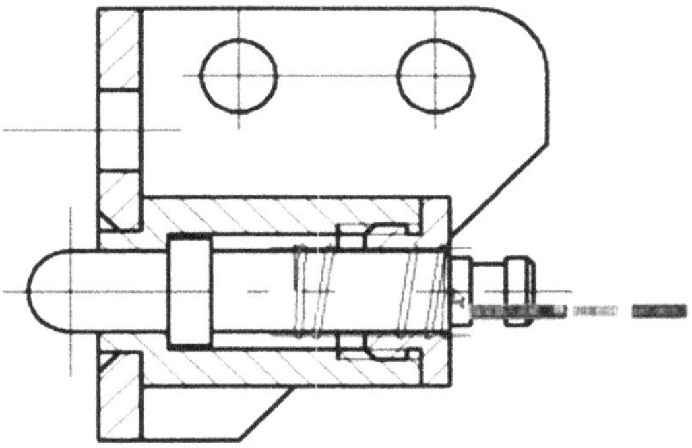

(a)

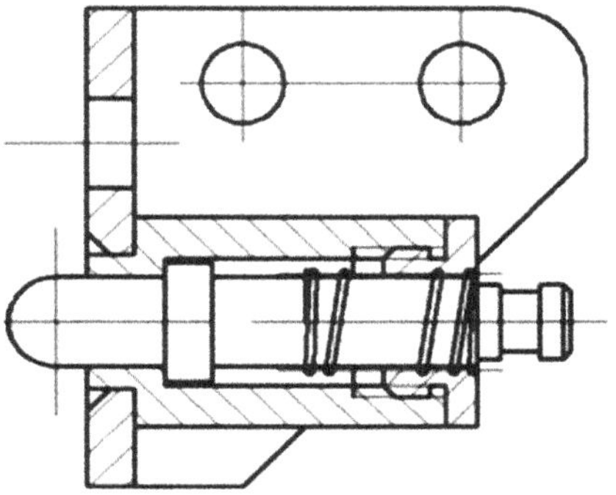

(b)

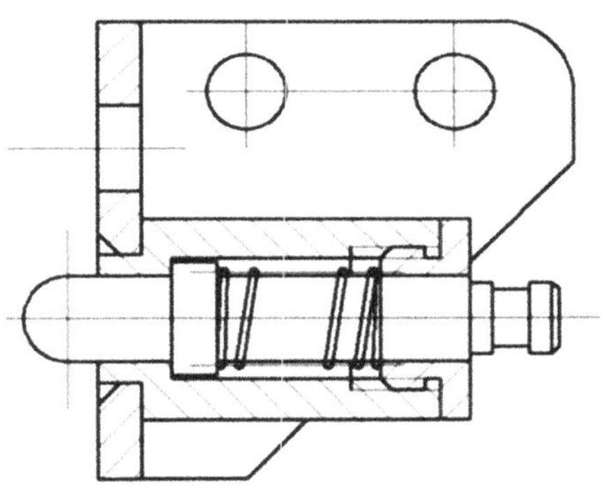

(c)

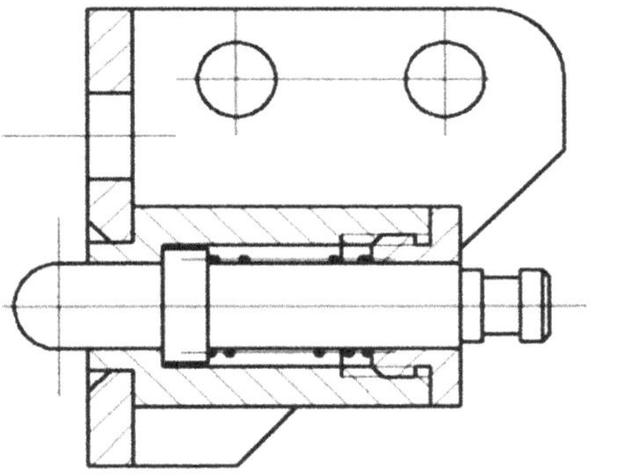

(d)

图 8-113　定位器装配图(八)

6）将把手插入图幅中

按照将支架插入图幅中的方法和步骤，将把手插入定位轴右侧 $\phi10$ 部位上，插入点选择在套筒中心线与套筒最右边竖直线的交点处，如图 8-114(a)所示，单击“确定”按钮，完成弹簧的装配，如图 8-114(b)所示。

认真分析零件装配后图线的可见性，将不可见的线删除。按照上述支架和套筒的分解方法和步骤，将把手分解。然后用“删除”、“修剪”命令删除不可见线。完成后的结果如图 8-115 所示。

7）将定位螺钉插入图幅中

按照将支架插入图幅中的方法和步骤，将定位螺钉插入到把手上部的安置孔 M6 上，插入点选择在定位轴右侧 $\phi8$ 圆柱部分边缘投影线的中点上，如图 8-116(a)所示，单击“确定”按钮，完成弹簧的装配，如图 8-116(b)所示。

认真分析零件装配后图线的可见性，将不可见的线删除。按照上述支架和套筒的分解方法和步骤，将定位螺钉分解。然后用“删除”、“修剪”命令删除

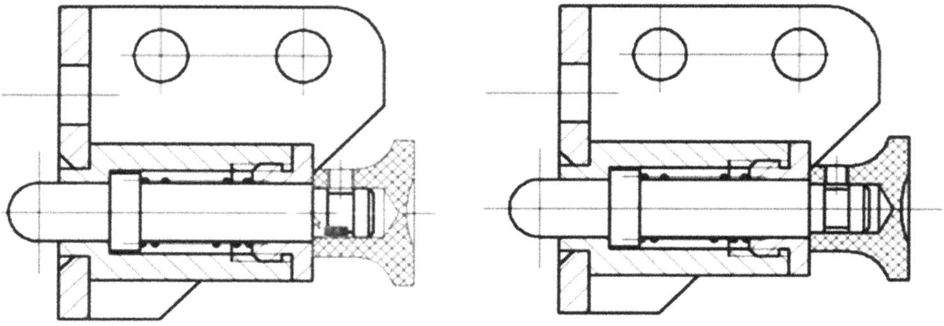

(a)　　(b)

图 8-114　定位器装配图(九)

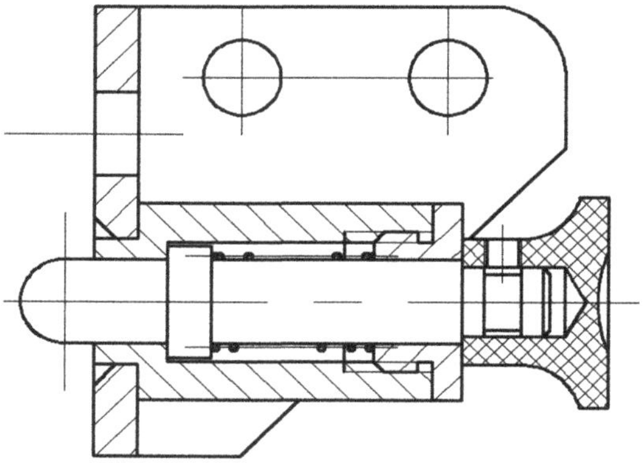

图 8-115　定位器装配图(十)

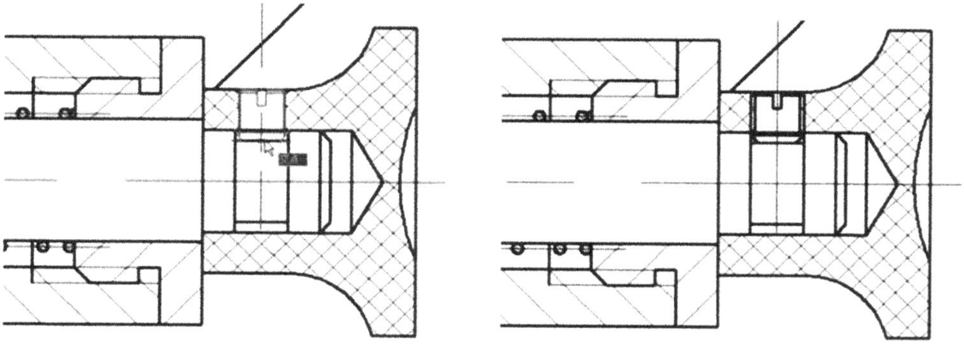

(a)　　(b)

图 8-116　定位器装配图(十一)

不可见线。另外定位螺钉与把手的剖面线在螺纹的旋合部分重合，需将把手的剖面线删除，重新绘制螺纹旋合部分和剖面线，完成后的结果如图 8-117 所示。

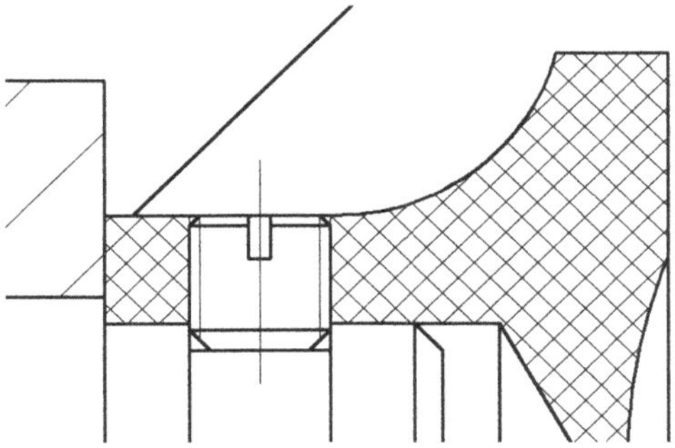

图 8-117 定位器装配图(十二)

9. 标注序号

单击“标注”→“多重引线”，标注各组件序号，如图 8-118 所示。

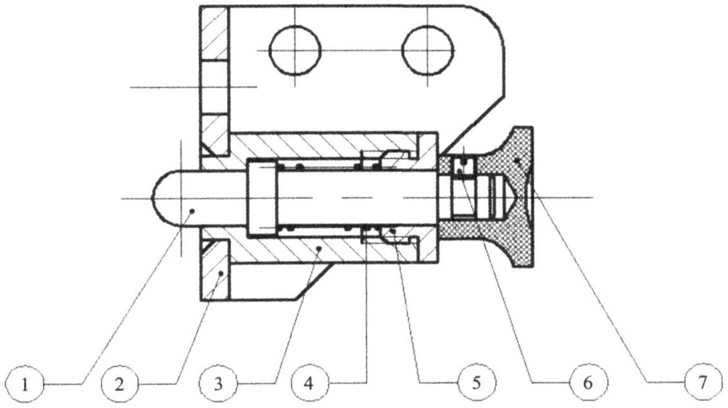

图 8-118 标注序号

10. 制作明细栏

运用“直线”和“偏移”命令绘制明细表，用“文字”命令填写文字，如图 8-119 所示。

11. 保存

对全图进行检查、修改，确认无误后，单击“保存”按钮，将所绘图形存盘，最终完成后的定位器装配图如图 8-120 所示。

5	把手	1	ABS	
6	定位螺钉M5×5	1	Q235	GB/T 73—1985
5	盖	1	45	
4	弹簧	1	65Mn	
3	套筒	1	45	
2	支架	1	45	
1	定位轴	1	45	
序号	名称	数量	材料	备注
	定位器	比例	数量	材料
		1∶1		
制图				
校核				

图 8-119 制作明细栏

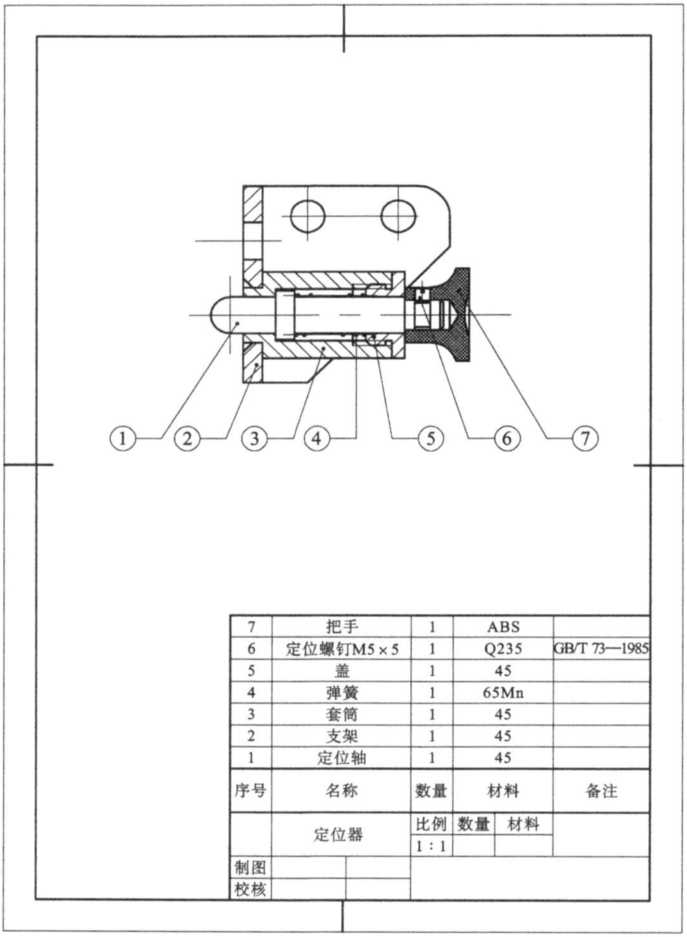

图 8-120 定位器装配图

本章小结

（1）介绍了装配图的作用及内容，装配图是表达部件或机器的图样，常用来表示部件或机器的工作原理、零件间的装配关系和相对位置，以及装配、检验、安装时所需的尺寸数据和技术要求。因此，装配图一般应包含以下五方面的内容：一组表达机器或部件的图形；必要的尺寸；技术要求；零件的序号和明细栏；标题栏等。

（2）重点介绍了装配图的画法。应掌握装配图的视图选择方法、装配图的规定画法和特殊画法。

（3）装配图的尺寸标注应掌握装配图中不需标出零件的全部尺寸，一般只标注下面几类尺寸：性能（规格）尺寸；装配尺寸；安装尺寸；外形尺寸；其他重要尺寸。

（4）识读装配图和拆画零件图是本章的难点，应掌握识读装配图的方法和步骤，能正确分离零件，熟练拆画零件图。

（5）主要介绍了 AutoCAD 绘制装配图的方法和操作步骤，应能运用 AutoCAD2008 绘制机械装配图。

第9章 AutoCAD 图形管理与输出

本章提要

本章主要介绍图形尺寸和属性信息查询、块的属性和应用、图形的输入输出，以及页面布局和打印设置。并介绍绘图仪和打印机的安装，以及文件的设置等有关图形输出的操作。当读者利用 AutoCAD 建立了图形文件后，通常要进行绘图这一最后环节的工作，即图形输出。通过本章的学习，读者可以熟练掌握图形绘制完成以后的输出方法，增强图形的交流形式。

9.1 查询图形信息

当我们需要查询图形的基本信息(如距离、面积、特定对象的属性及质量特性等)时。可以通过 AutoCAD 的查询工具，使我们能方便地得到图形的相关信息。

1. 距离查询

单击"工具"→"查询"或工具栏的"查询"图标，再选择"距离"命令，如图9-1所示。

确保捕捉状态为自动捕捉，然后在绘图区内单击待查询距离的两个端点。在命令提示区域内会自动显示出查询的结果。

2. 查询面积和周长

AutoCAD 提供两种查询模式：一种是选取点的形式；另一种是直接选取对象的形式，但这种直接选取对象的形式只能适用于圆、矩形、椭圆及多边形等规则几何图形。

以矩形为例，分别用两种查询模式查询矩形的面积和周长。

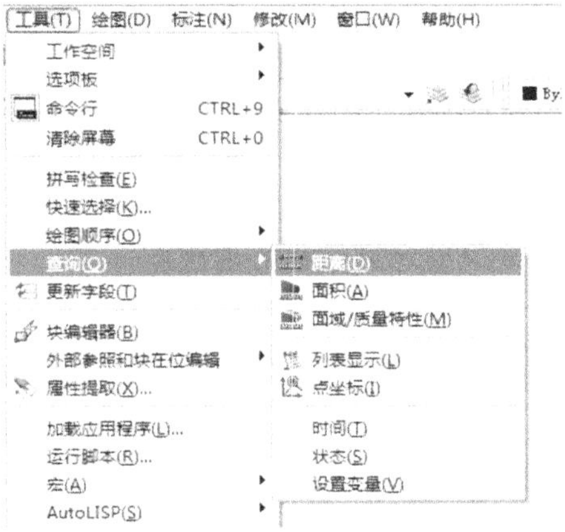

图 9-1　距离查询命令

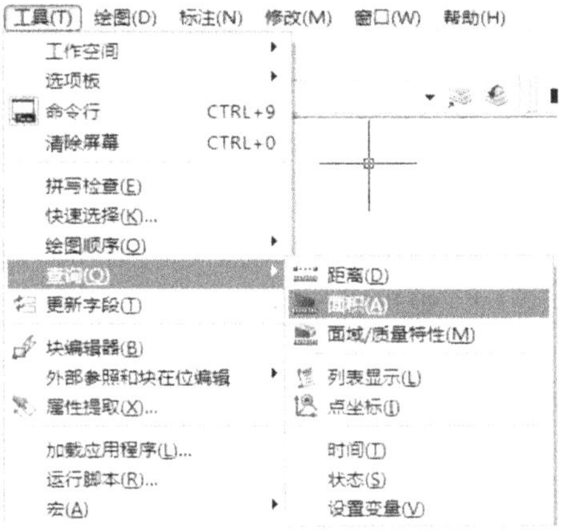

图 9-2　面积查询命令

1）选取点形式

单击“工具”→“查询”或工具栏的“查询”图标，再选择“面积”命令，如图 9-2 所示。

直接在绘图区选择例如矩形的四个顶点，然后按右键或“Enter”键结束。查询结果直接显示在命令提示区，如图 9-3 所示。

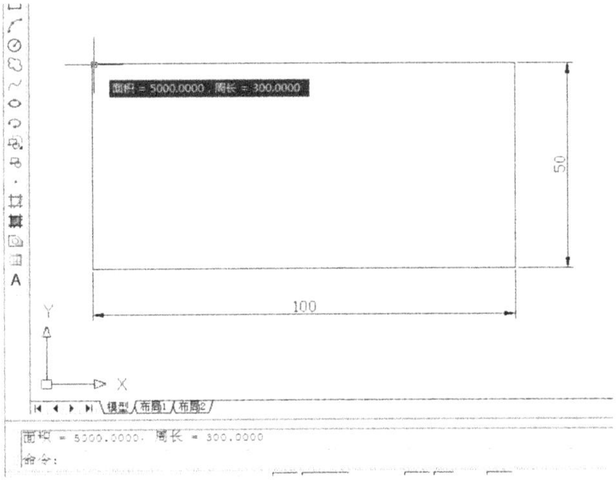

图 9-3　面积和周长的查询

2）直接选取对象形式

单击“工具”→“查询”或工具栏的“查询”图标，再选择“面积”命令，在命令提示栏内输入字母“O”(表示按对象查询)，然后在绘图区中选择矩形。

当查询一个由多种图元构成的复杂图形的面积及周长时，此时需要将所有图元连接成为一个多段线。

操作步骤如下。

单击“修改”→“对象”→“多段线”命令或直接输入命令“pe”，在命令提示栏内输入“多条”选项“M”，框选所有图元，点击回车键确定完成。然后单击“工具”→“查询”→“面积”命令，在命令提示栏内输入字母“O”（表示按对象查询），最后在绘图区中选择已建立好的封闭多段线，系统会自动完成周长和面积的计算。

3. 查询面域/质量特性

面域/质量特性是针对实体特征所做的质量、体积、惯性矩等特性的查询。操作步骤如下。

单击“工具”→“查询”或工具栏的“查询”图标，再选择“面域/质量特性”命令，在绘图区内选择要查询的实体表面，然后按右键或“Enter”键结束，系统会自动弹出查询结果窗口，并提示是否将查询结果记入文件。如需记录，则输入“Y”并给出文件名即可；如不需记录，则输入“N”退出，如图 9-4 所示。

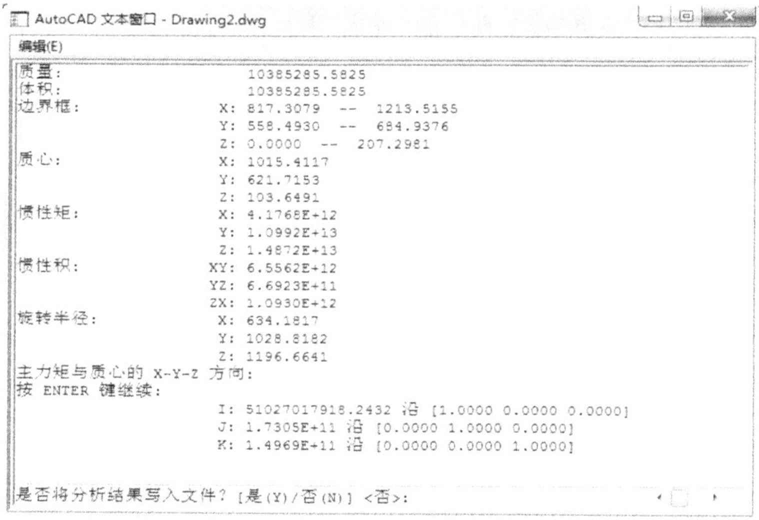

图 9-4　面域/质量特性查询

4. 查询对象状态

该命令可以查询当前绘图空间的所有信息，如当前空间、当前布局、当前图层、当前颜色、当前线型和当前材料等。

9.2　图块、图块属性和外部参照

块也称图块，是指由一个或多个对象组成的对象集合，常用于绘制复杂、重复的图形。块对象可以由直线、圆弧、圆等对象以及定义的属性组成，是

AutoCAD 图形设计中的一个重要概念。在绘制图形时，如果图形中有大量相同或相似的内容，或者所绘制的图形与已有的图形文件相同，则可以把要重复绘制的图形创建成块，并根据需要为块创建属性，指定块的名称、用途及设计者等信息，在需要时直接插入它们，从而提高绘图效率。

当然，读者也可以把已有的图形文件以参照的形式插入当前图形中（即外部参照），或是通过 AutoCAD 设计中心浏览、查找、预览、使用和管理 AutoCAD 图形、块、外部参照等不同的资源文件。

1. 应用图块

将一个或多个对象创建为一个块，通常有两种操作方法。一种是创建内部块，即所创建的块只能在内部使用，这种块保存在创建该块的图形数据中。在创建该块的图形中，读者可以进行多次的插入操作，这比直接绘制或通过复制的方法来绘制多个相同对象所占用的资源要小很多。另一种方法是创建外部块。这种块可以在任何一幅图形中使用，并以单独的图形文件形式进行保存。读者可以通过创建外部块的方式来建立自己需要的符号库。

1）创建块

选择下拉菜单“绘图”中“块”的“创建”命令，打开“块定义”对话框，可以将已绘制的对象创建为块。如图 9-5 所示。

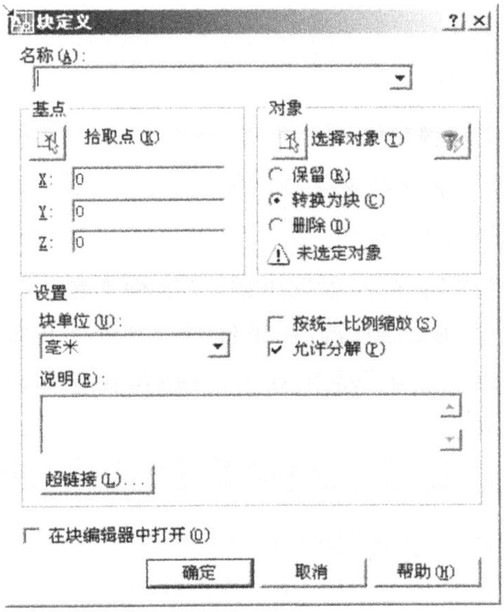

图 9-5　“块定义”对话框

然后在“块定义”对话框的“名称”文本框中输入块的名称。在“块定义”对话框的“基点”选项组中，读者可以直接在“X:”、“Y:”和“Z:”文本框中输入“基点”的坐标。注意：输入坐标值后不要按“Enter”键；读者也可以单击“拾取点”左侧的按钮，切换到绘图区选择基点。

在“块定义”对话框的“对象”选项组中，单击“选择对象”左侧的按钮，可以切换到绘图区选择组成块的；也可以单击“快速选择”按钮，使用系统弹出的如图 9-6 所示的“快速选择”对话框，设置所选择对象的过滤条件。最后单击对话框中的按钮 确定 ，完成块的创建。

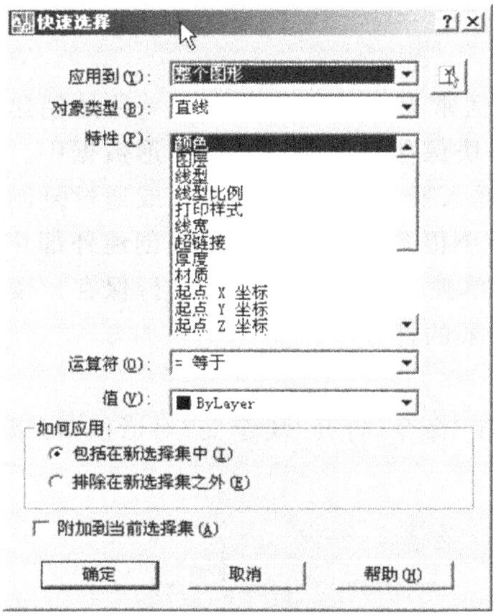

图 9-6　“快速选择”对话框

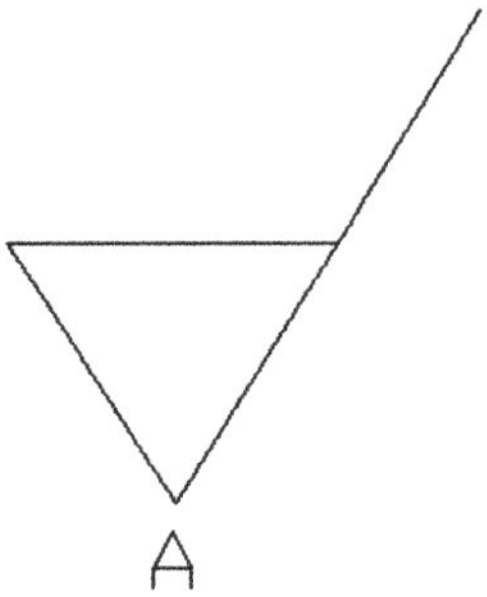

图 9-7　表面粗糙度符号

例 9-1　将如图 9-7 所示的表面粗糙度符号创建为一个名为“表面粗糙度”的内部块。

在该对话框的“名称”下拉列表框中输入“表面粗糙度”。

单击“拾取点”按钮，在绘图区内用鼠标捕捉到表面粗糙度符号上的点 A。

在“块定义”对话框中单击“选择对象”按钮后返回绘图区，用鼠标选择表面粗糙度图形后按“Enter”键返回“块定义”对话框。

在“说明”文本框中输入注释“表面粗糙度符号”后单击“确定”按钮，完成创建块的操作。

将该图形保存为“表面粗糙度”。

2）插入块

创建图块后，在需要的时候就可以将它插入当前的图形中。在插入一个块时，必须指定插入点、缩放比例和旋转角度。下面介绍插入块的一般操作步骤。

（1）进入插入界面　选择下拉菜单“插入”中的“块”，系统弹出如图 9-8 所示的“插入”对话框。读者可以利用它在图形中插入块或其他图形，并且在插入块的同时还可以改变所插入块或图形的比例与旋转角度。

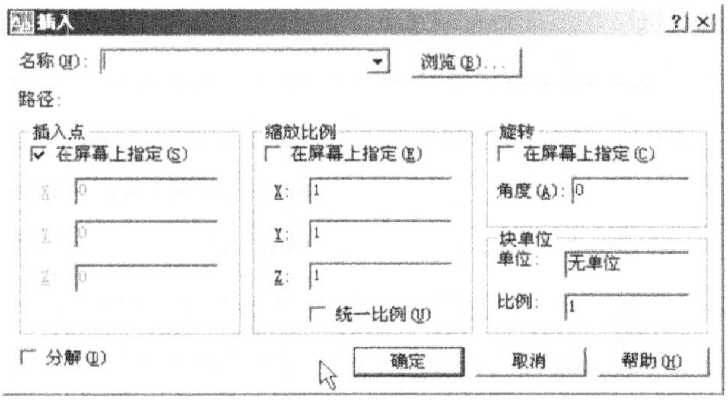

图 9-8 “插入”对话框

(2) 选取或输入块的名称　在“插入”对话框的“名称”下拉列表中选择或输入块名称，也可以单击其后的按钮 浏览(B)... ，从系统弹出的“选择图形文件”对话框中选择保存的块或图形文件。

(3) 设置块的插入点　在“插入”对话框的“插入点”选项组中，可直接在“X:”、“Y:”和“Z:”文本框中输入点的坐标来给出插入点，注意输入坐标值后不要按“Enter”键；也可以通过选中 ☑ 在屏幕上指定(S) 复选框，在屏幕上指定插入点位置。

(4) 设置插入块的缩放比例　在“插入”对话框的“比例”选项组中，可直接在“X:”、“Y:”和“Z:”文本框中输入所插入的块在此三个方向上的缩放比例值(默认值均为 1)，注意输入比例值后不要按“Enter”键；也可以通过选中 ☑ 在屏幕上指定(S) 复选框，在屏幕上指定。

(5) 设置插入块的旋转角度　在“插入”对话框的“旋转”选项组中，可在“角度”文本框中输入插入块的旋转角度值，注意输入旋转角度值后不要按“Enter”键；也可以通过选中 ☑ 在屏幕上指定(S) 复选框，在屏幕上指定旋转角度。

(6) 确定是否分解块　选中 ☐ 分解(D) 复选框可以将插入的块分解成一个个单独的基本对象。

(7) 在“插入点”选项组中如果选中 ☑ 在屏幕上指定(S) 复选框，单击对话框中的 确定 按钮后，系统自动切换到绘图窗口，在绘图区某处单击指定块的插入点，至此便完成了块的插入操作。

3) 保存图块

在 AutoCAD 2008 中，使用“WBLOCK”(写块)命令可以将图形中的全部或者部分对象以文件的形式写入磁盘。写块的操作步骤如下。

在命令行输入“WBLOCK”，此时系统弹出“写块”对话框，如图 9-9 所示。

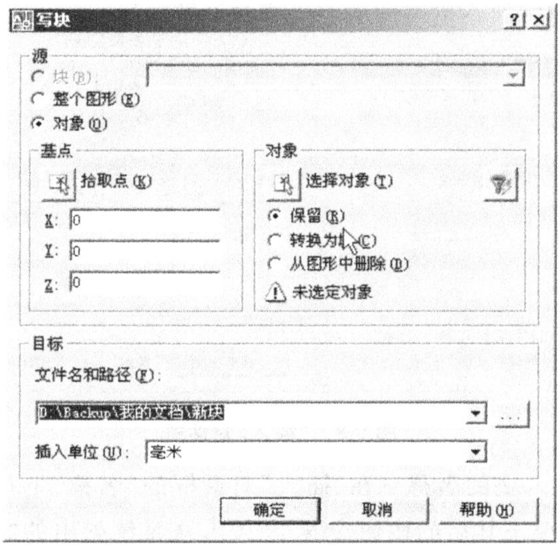

图 9-9 “写块”对话框

定义组成块的对象来源。在“写块”对话框的“源”选项组中，有以下三个单选项（即 块(B)、整个图形(E)、对象(O)）用来定义写入块的来源，根据实际情况选取其中之一。

设定写入块的保存路径和文件名。在“目标”选项组的 文件名和路径(F): 下拉列表框中，输入块文件的保存路径和名称；也可以单击下拉列表框后面的按钮 ... ，在弹出的“浏览图形文件”对话框中设定写入块的保存路径和文件名。

设置插入单位。在 插入单位(U): 下拉列表框中选择从 AutoCAD 设计中心拖动块时的缩放单位。

单击对话框中的 确定 按钮，完成块的写入操作。

2. 图块属性

在绘图过程中，常需要插入多个不同名称或附加信息的图块，如果依次对各个图块进行文本标注，则会降低绘图速度，此时可以通过为图块定义属性来解决这个难题。

块属性是附属于块的非图形信息，是块的组成部分，可包含在块定义中的文字对象。在定义一个块时，属性必须预先定义而后选定。通常属性用于在块的插入过程中进行自动注释。块属性由属性标记名和属性值两部分组成，属性值既可以是变化的，也可以是不变的。

1）定义块属性

下面介绍如何定义带有属性的块，操作步骤如下。

（1）选择下拉菜单“绘图”中的“块”中“定义属性”命令，此时系统将弹出如图

9-10 所示的“属性定义”对话框创建块属性。

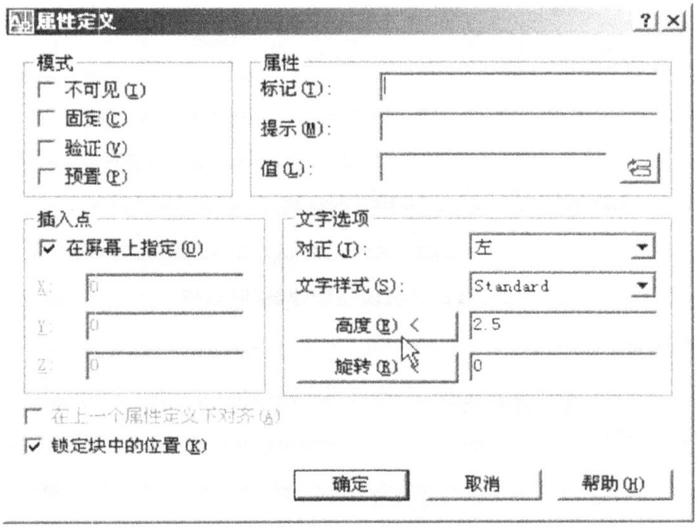

图 9-10 “属性定义”对话框

(2) 定义属性模式　在“模式”选项组中，设置有关的属性模式。

(3) 定义属性内容　在“属性”选项组中的 标记(T): 文本框中输入属性的标记；在 提示(M): 文本框输入插入块时系统显示的提示信息；在 值(L): 文本框中输入属性的值。

(4) 定义属性文字的插入点　在“插入点”选项组中，可直接在“X:”、“Y:”和“Z:”文本框中输入点的坐标；也可以选中 ☑ 在屏幕上指定(O) 复选框，在绘图区中拾取一点作为插入点。确定插入点后，系统将以该点作为参照点，按照“文字选项”组中设定的文字特征来放置属性值。

(5) 定义属性文字的特征选项　在“文字选项”组中设置文字的放置特征。此外，在“属性定义”对话框中如果选中 ☐ 在上一个属性定义下对齐(A) 复选框，表示当前属性将采用上一个属性的文字样式、字高及旋转角度，且另起一行按上一个属性的对正方式排列；如果选中 ☑ 锁定块中的位置(K) 复选框，则表示锁定块参照中属性的位置。

(6) 单击对话框中的 确定 按钮，完成属性定义。

2) 修改块属性

(1) 选择下拉菜单“修改”命令中“对象”的“属性”下的“块属性管理器”命令，系统将会弹出图 9-11 所示的“块属性管理器”对话框。

(2) 单击“块属性管理器”对话框中的 编辑(E)... 按钮，系统弹出如图 9-12

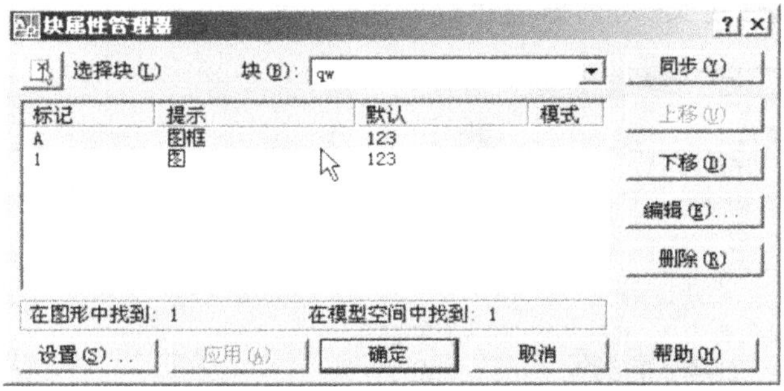

图 9-11 “块属性管理器”对话框

所示的“编辑属性”对话框。

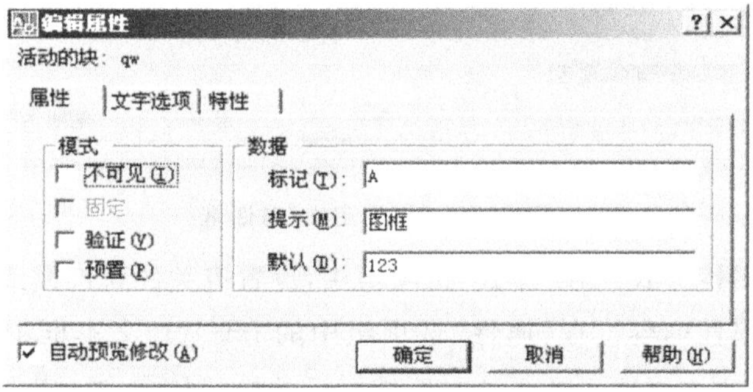

图 9-12 “编辑属性”对话框

（3）在“块属性管理器”对话框中，可编辑修改块的属性。

（4）编辑完成后，单击对话框中的 确定 按钮，完成属性的编辑。

3）使用属性

如果已经将属性附着于块，读者就可以随时使用插入块命令 INSERT 插入带属性的块。插入时，读者可以根据提示更改属性值以满足不同的使用要求。

3. 使用外部参照

外部参照与块有相似的地方，但它们的主要区别是：一旦插入了块，该块就永久性地插入当前图形中，成为当前图形的一部分；而以外部参照方式将图形插入到某一图形（称之为主图形）后，被插入图形文件的信息并不直接加入主图形中，主图形只是记录参照的关系，例如，参照图形文件的路径等信息。另外，对主图形的操作不会改变外部参照图形文件的内容。当打开具有外部参照的图形时，系统会自动把各外部参照图形文件重新调入内存并在当前图形中显示出来。

为一个图形建立外部参照，具体步骤如下。

（1）选择下拉菜单“插入”命令中“外部参照”命令，系统将弹出“选择参照文件”对话框，如图 9-13 所示。在其中选择参照文件后，并单击 打开(O) 按钮，将打开如图 9-14 所示的“外部参照”对话框。

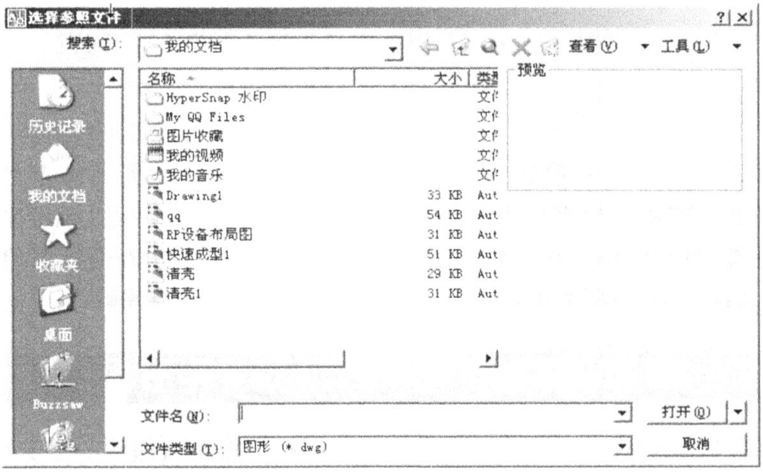

图 9-13 “选择参照文件”对话框

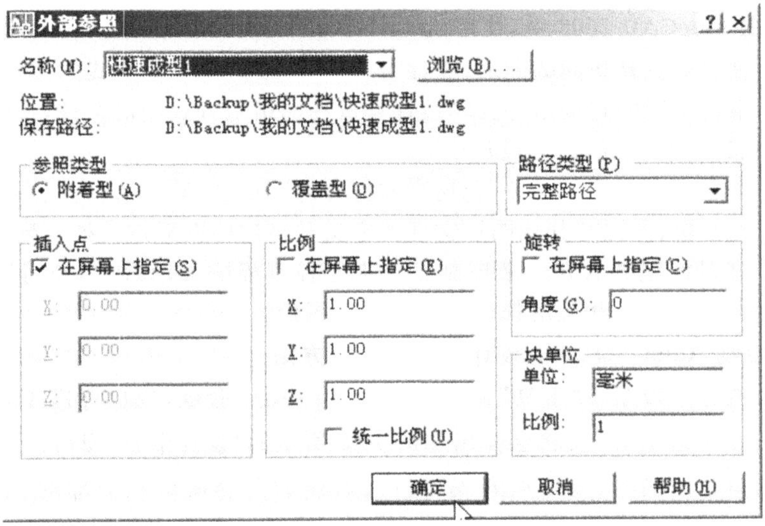

图 9-14 “外部参照”对话框

(2) 根据需要选择“外部参照”对话框中的“参照类型”组中不同选项，其中选择 附加型(A) 选项将显示嵌套参照中的嵌套内容；选择 覆盖型(O) 选项将不显示嵌套参照中的嵌套内容。

(3) 在“路径类型”下拉列表框中选择不同路径选项，其中包括“完整路”、“相对路径”和“无路径”三个选项，将路径类型设置为“相对路径”之前，必须保存当前图形。对于嵌套的外部参照而言，相对路径始终参照其存储位置，并不一定参照当前打开的图形。

(4) 在“插入点”选项组中，可直接在“X:”、“Y:”和“Z:”文本框中输入点的坐标；也可以选中 ☑ 在屏幕上指定(Q) 复选框，在绘图区中拾取一点作为插入点。

(5) 单击对话框中的 确定 按钮，完成建立外部参照。

在 AutoCAD 2008 中，可以在“外部参照”选项板中对外部参照进行编辑和管理。单击选项板上方的“附着”按钮可以添加不同格式的外部参照文件；在选项板下方的外部参照列表框中显示当前图形中各个外部参照文件名称；选择任意一个外部参照文件后，在下方“详细信息”选项组中显示该外部参照的名称、加载状态、文件大小、参照类型、参照日期及参照文件的存储路径等内容。

9.3 使用 AutoCAD 设计中心

AutoCAD 设计中心（AutoCAD design center，简称 ADC）为读者提供了一个直观且高效的工具，它与 Windows 资源管理器类似。

1. 了解 AutoCAD 设计中心

1) 在 AutoCAD 2008 中，使用 AutoCAD 设计中心可以完成如下工作。

(1) 创建对频繁访问的图形、文件夹和 Web 站点的快捷方式。

(2) 根据不同的查询条件在本地计算机和网络上查找图形文件，找到后可以将它们直接加载到绘图区或设计中心。

(3) 浏览不同的图形文件，包括当前打开的图形和 Web 站点上的图形库。

(4) 查看块、图层和其他图形文件的定义并将这些图形定义插入到当前图形文件中。通过控制显示方式来控制设计中心控制板的显示效果，还可以在控制板中显示与图形文件相关的描述信息和预览图像。

2) 启动 AutoCAD 2008 设计中心的具体方法

通过选择下拉菜单“工具”命令中的“设计中心”命令，或在标准工具栏中单击设计中心按钮，系统将会弹出如图 9-15 所示的“设计中心”窗口。

该窗口由左侧的“文件夹列表”窗口、右侧的内容窗口和上部的“命令工具栏”组成。“文件夹列表”窗口的树状视图显示当前资源内容的层次表，内容窗口显示在树状视图中所选的源对象中的项目。内容窗口包含“文件图标”窗口、“文件预览”窗口及“说明窗口”。

3) 用设计中心打开图形

设计中心界面中包含一组工具按钮和选项卡，利用它们可以打开并查看图形。可以通过以下几种方式在设计中心中打开图形。

(1) 单击“加载”按钮，系统弹出如图 9-16 所示的“加载”对话框，利用该对话框可以从本地和网络驱动器或通过 Internet 加载图形文件。

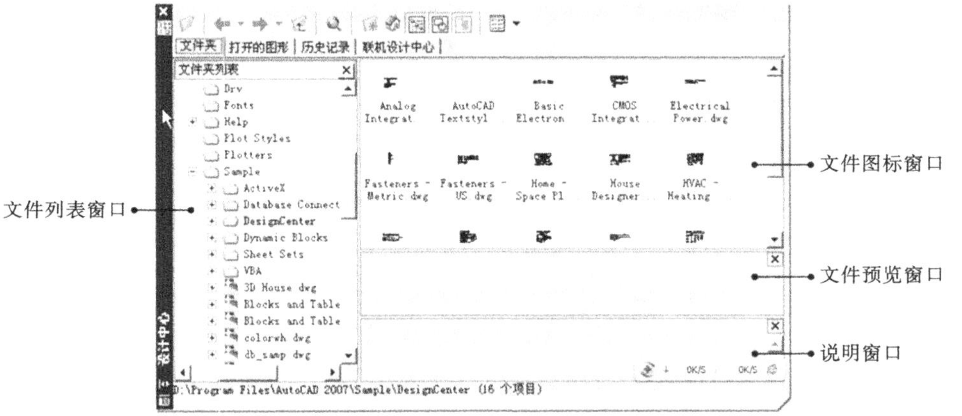

图 9-15 “AutoCAD 设计中心”对话框

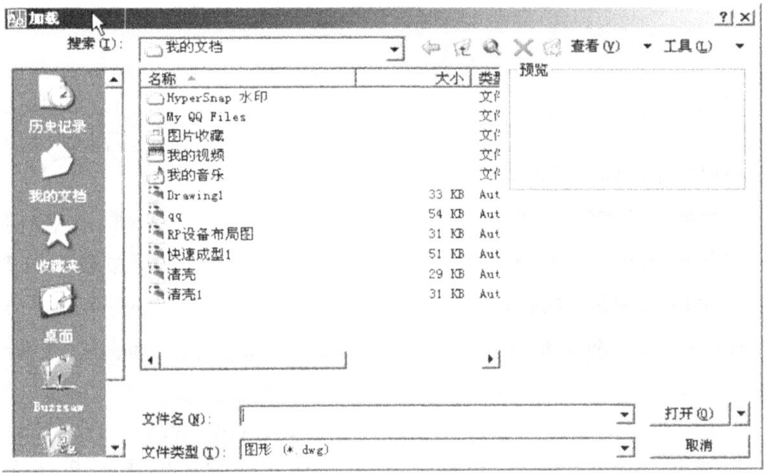

图 9-16 “加载”对话框

(2) 单击“搜索”按钮 ，系统弹出如图 9-17 所示的“搜索”对话框，利用该对话框可以快速查找对象。

2. 在绘图区插入内容

利用 AutoCAD 设计中心可以很方便地找到所需要的内容，然后依据该内容的类型，将其添加(插入)到当前的 AutoCAD 图形中去。下面介绍几种常用的向已打开的图形中添加对象的方法。

(1) 插入保存在磁盘中的块　先在设计中心窗口左边的文件列表中，单击块所在的文件夹名称，此时该文件夹中的所有文件都会以图标的形式列在其右边的文件图标窗口中；从内容窗口中找到要插入的块，然后选中该块并按住鼠标左

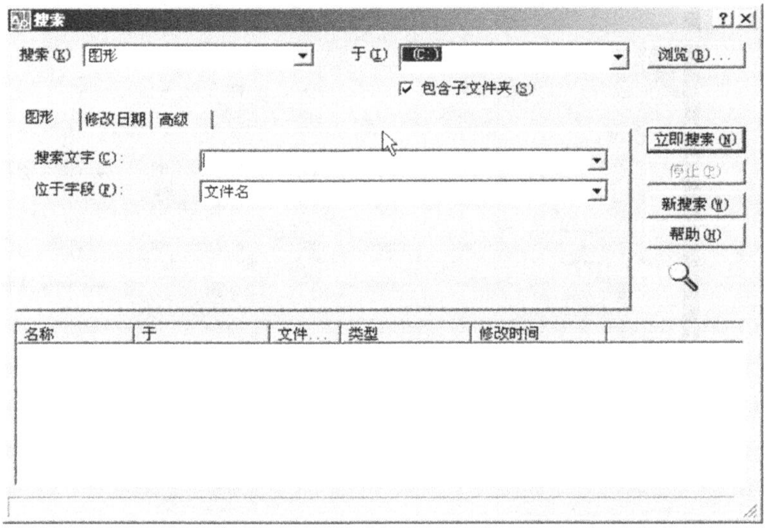

图 9-17 “搜索”对话框

键将其拖到绘图区后释放，AutoCAD 将按下拉菜单“工具”中的“选项”对话框的“读者系统配置”选项卡中确定的单位，自动转换插入比例，然后将该块在指定的插入点按照默认旋转角度插入。

（2）加载外部参照　先在设计中心窗口左边的文件列表中，单击外部参照文件所在的文件夹名称，然后再用鼠标右键将内容窗口中需要加载的外部参照文件拖到绘图窗口后释放，在弹出的快捷菜单中选择“附着为外部参照”命令，在系统弹出的“外部参照”对话框中，读者可以通过给定插入点、缩放比例及旋转角度来加载外部参照。

（3）复制文件中的图像　利用 AutoCAD 设计中心，可以将某个图形中的图层、线性、文字样式、标注样式、布局及块等对象复制到新的图形文件中，这样既可以节省设置的时间，又可以保证不同图形文件结构的统一性。其操作方法为：先在设计中心窗口左边的文件列表中，选择某个图形文件，此时该文件中的标注样式、图层、线性等对象出现在右边的窗口中，单击其中的某个对象，然后将它们拖到已打开的图形文件中后松开鼠标按键，即可将该对象复制到当前的文件中去。

3. 使用工具选项板

单击工具选项板窗口切换图标，即可弹出工具选项板，如图 9-18 所示。AutoCAD 提供了许多包括机械、电力、建筑等常用的图形和符号。读者可以很方便地调用所需要的图形和符号。读者还可以根据需要改变图形比例和旋转角度等。

1）从对象与图像创建及使用工具

可以通过将对象从图形拖至工具选项板(一次一项)来创建工具。对象可以是几何对象(如直线、圆或多段线等)、标注、块、图案填充、实体填充、渐变填充、光栅图像和外部参照中的任何一项。

然后可以使用新工具创建与拖至工具选项板的对象具有相同特性的对象。例如,如果将线宽 0.05 mm 的红色圆从图形拖至工具选项板,则新工具将创建一个线宽为 0.05 mm 的红色圆。如果将块或外部参数参照拖至工具选项板,则新工具将在图形中插入一个具有相同特性的块或外部参照。

2）创建和使用命令工具

在如图 9-18 所示的工具选项板上右击选择“自定义命令”菜单。打开“自定义”对话框。

“自定义”对话框打开后,就可以将工具从工具栏拖到工具选项板上,或者将工具从“自定义读者界面”(CUI)编辑器拖到工具选项板上。

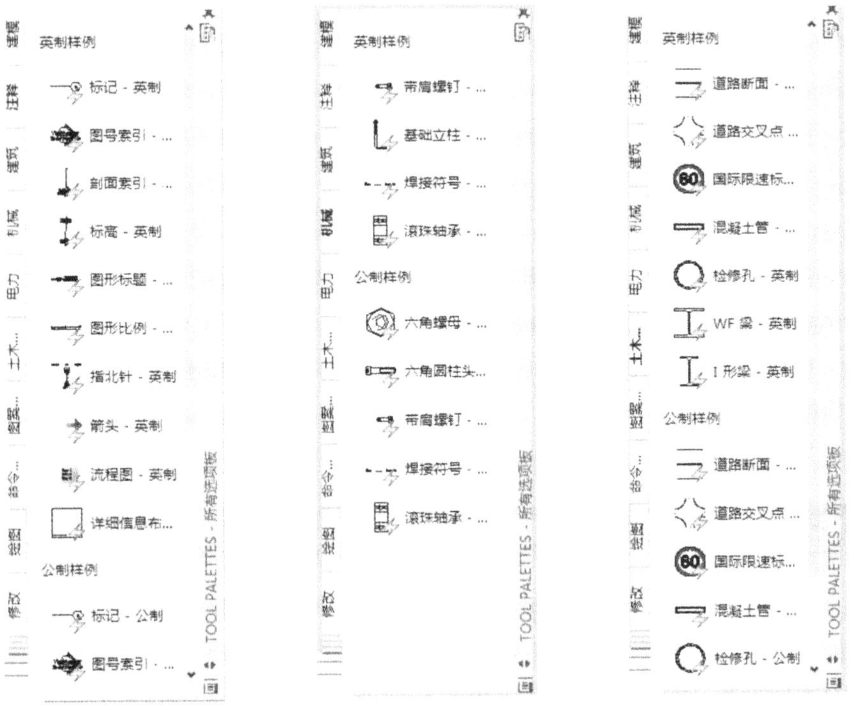

图 9-18 工具选项板

将命令添加到工具选项板后,可以单击工具来执行此命令。例如,单击工具选项板上的“保存”工具可以保存图形,其效果与单击“标准”工具栏上的“保存”按钮相同。

3）控制工具特性

只要工具位于选项板上，就可以更改其特性。例如，可以更改块的插入比例或填充图案的角度。

要更改工具特性，请在某个工具上单击鼠标右键，然后单击快捷菜单中的“特性”命令以显示“工具特性”对话框，如图 9-19 所示。

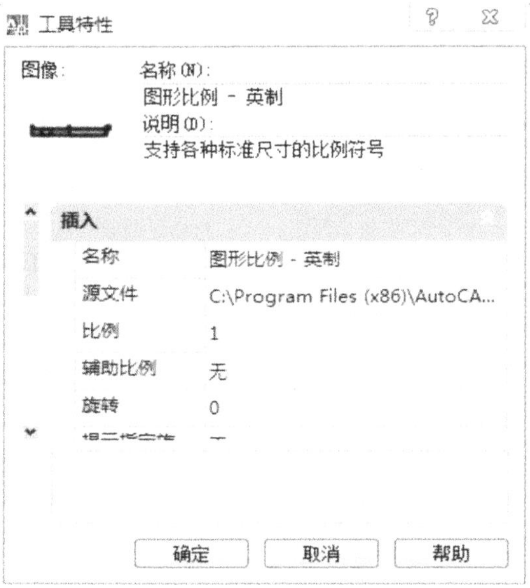

图 9-19　更改工具特性

“工具特性”对话框中包含以下两类特性。

(1)“插入”特性或“图案”特性　用来表示控制与对象有关的特性，如比例、角度和旋转。

(2) 基本特性　可用来代替当前图形特性设置，如图层、颜色和线形等。

9.4　图形文件输出

在 AutoCAD 中除了能绘图和编辑图形实体，将图形输出到图纸上外，还能以各种格式输出文件，进行格式转换供其他应用程序使用。这样可以合理有效地使用不同的应用软件，使各个应用软件实现图形和数据资源共享。本节将介绍 AutoCAD 的 DXF 格式文件和其他格式文件的输出。

1. DFX 文件输出

AutoCAD 的开放体系结构具有数据共享性好、交换性强的优点。可以用 AutoLISP、ADS 和 VB 等开发工具及语言来进行复杂的数据交换，使 AutoCAD

的一些集成工具实现数据共享。

由于 AutoCAD 应用的日趋普及，DXF 文件也逐渐成为一种标准文件交换格式，它为实现数据的共享及交换提供了可能。

DXF(drawing interchange file)格式是 AutoCAD 图形以 ASCII 文本格式存取的数据文件。ASCII 码格式的 DXF 文件包括指定对象有关信息的标题、命名项定义(如层、视区等)的表格、组成块的各实体定义、结束字等基本内容。使用时可根据需要改变文件中的数据。

2. 其他格式文件输出

菜单命令："文件"→"输出"

命令行：Export

AutoCAD 可以将绘制好的图形输出为其他格式的文件，方法很简单，选择"文件"菜单中的"输出"命令，或直接在命令区输入"export"命令，回车后系统将弹出"输出"对话框，如图 9-20 所示。在"保存类型"下拉列表中选择保存导出对象的文件格式后，并在该对话框的"文件名"文本框中键入文件名，单击"保存"按钮即可将 AutoCAD 图形对象保存为所需要的文件格式和文件名。

图 9-20 "输出数据"对话框

常用扩展名简介如下。

① 3DS：输出为 3D Studio(MAX)可接受的格式文件。执行命令为"3DSOUT"。

② WMF：输出为 Windows 元文件，以供不同 Windows 软件调用。执行命令为"WMFOUT"。

③ SAT：输出为 ACIS 实体对象文件。执行命令为“ACISOUT”。

④ STL：输出为实体对象立体画文件。执行命令为“STLOUT”。

⑤ EPS：输出为封装的 PostScript 文件。执行命令为“PSOUT”。

⑥ DXX：输出为 DXX 属性抽取文件。执行命令为“ATTEXT”。

⑦ BMP：输出为设备无关的位图文件，可供图像处理软件（如 PhotoShop 软件）调用。执行命令为“BMPOUT”。

⑧ DWG：输出为 AutoCAD 图形块文件，可供不同版本 CAD 软件调用。执行命令为“WBLOCK”。

9.5 图形图纸输出

1. 出图设备的安装与配置

AutoCAD 2008 提供了许多出图设备的驱动程序，利用其打印机管理，不仅可配置 AutoCAD 的本地或网络出图设备，还能为 Windows 等操作系统配置系统打印机。

1）硬件安装

可选硬件包括：打印机或绘图仪、数字化仪、串口或并口、网络卡、调制解调器或其他访问 Internet 的连接设备。硬件安装是指按输出设备的说明书的连接方法，将有关端口与计算机的 COM1 或 LPT1 端口相连（具体操作方法可参见有关硬件说明书）。

2）软件安装

在将出图设备连接完成后，还需要将出图设备驱动程序安装到计算机中才能用这些程序驱动出图的硬件设备进行工作。

操作方法：单击电脑左下角“开始”→“设置”→“打印机和传真”命令，在弹出“打印机和传真”对话框后，单击“添加打印机”选项，然后按“添加打印机向导”的提示进行安装。如图 9-21 所示。

安装并配置好打印机和绘图仪之后，就可以利用这些出图设备输出图形文件了。在出图时要注意根据具体的要求对打印机设置进行一些小的调整，以适应当前图形的要求。

在 AutoCAD 中，可使用内部打印机或 Windows 系统打印机输出图形，并能方便地修改打印机设置及其他打印机参数。

2. 设置打印参数

在完成某个图形绘制后，为了便于观察和实际施工制作，可将其打印输出到图纸上。在打印的时候，首先要设置打印的一些参数，如选择打印设备、设定打印样式、指定打印区域等，这些都可以通过打印命令调出的对话框来实现。

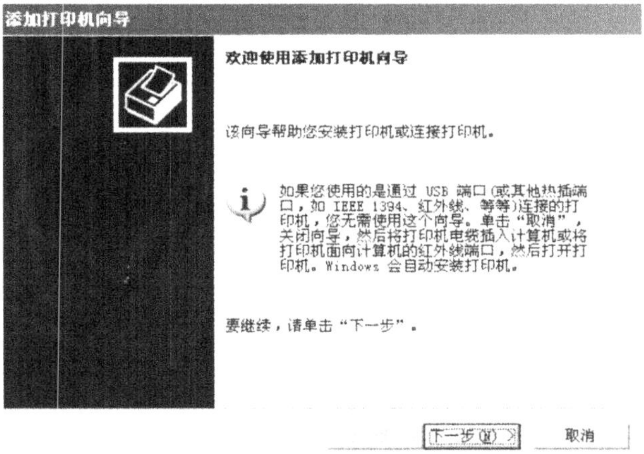

图 9-21　“添加打印机向导”对话框

菜单命令:“文件”→“打印”

工具栏:“标准工具栏”→“打印”

命令行:Plot

1) “打印”对话框

“打印”对话框如图 9-22 所示。其选项含义如下。

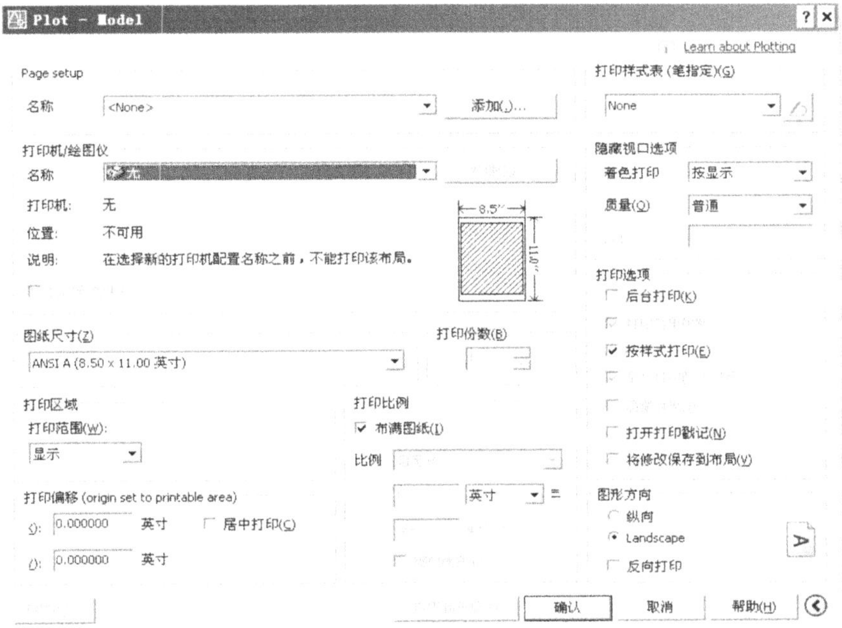

图 9-22　“打印”对话框

若要修改当前打印机配置，可单击名称后的“特性”按钮，打开“打印机配置编辑器”对话框，如图 9-23 所示，在对话框中可设定打印机的输出设置，如打印介质、图形、自定义图纸尺寸等。对话框中包含了三个选项卡，其含义分别如下。

（1）基本　在该选项卡中查看或修改打印设备信息，包含了当前配置的驱动器的信息。

（2）端口　在该选项卡中显示适用于当前配置的打印设备的端口。

（3）设备和文档设置　在该选项卡中可以指定图纸来源、尺寸及类型等，并能修改颜色深度和打印分辨率。

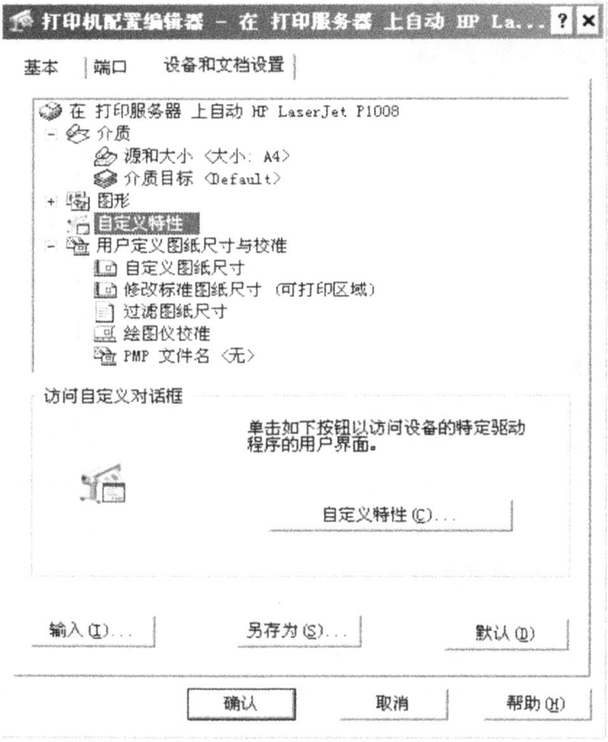

图 9-23　“打印机配置编辑器”对话框

2）打印样式表

打印样式用于修改图形打印的外观。图形中每个对象或图层都具有打印样式属性，通过修改打印样式可改变对象输出的颜色、线型、线宽等特性。如图9-24所示，在“打印样式表编辑器”对话框中可以指定图形输出时所采用的打印样式，在下拉列表框中有多个打印样式可供选择，可点击“修改”按钮对已有

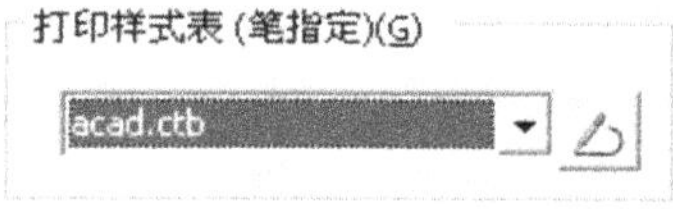

图 9-24　打印样式表对话框

的打印样式进行改动，如图 9-25 所示，或用“新建”按钮设置新的打印样式。打印样式分为以下两种。

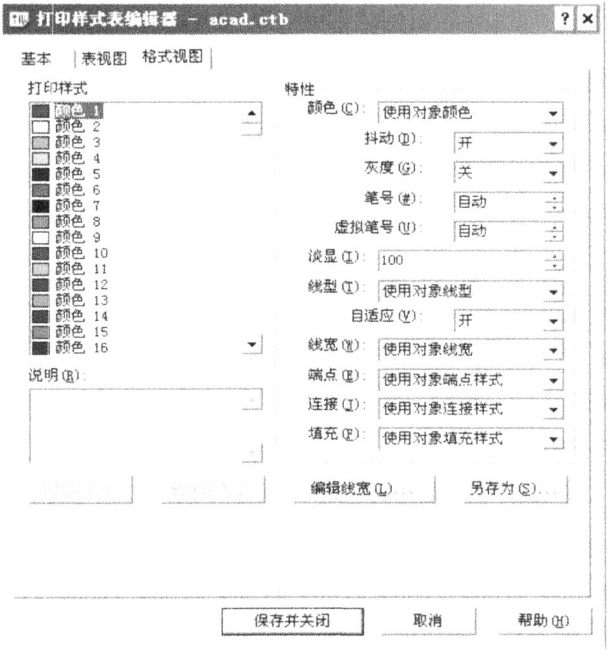

图 9-25 “打印样式表编辑器”对话框

(1) 颜色相关打印样式 该种打印样式表的扩展名为 ctb，可以将图形中的每个颜色指定打印的样式，从而在打印的图形中实现不同的特性设置。颜色现定于 255 种索引色，真彩色和配色系统在此处不可使用。使用颜色相关打印样式表不能将打印样式指定给单独的对象或图层。使用该打印样式的时候，需要先为对象或图层指定具体的颜色，然后在打印样式表中将指定的颜色设置为打印样式的颜色。指定了颜色相关打印样式表之后，可以将样式表中的设置应用到图形中的对象或图层。如果给某个对象指定了打印样式，则这种样式将取代对象所在图层所指定的打印样式。

(2) 命名相关打印样式 根据在打印样式定义中指定的特性设置来打印图形，命名打印样式可以指定给对象，与对象的颜色无关。命名打印样式的扩展名为 stb。

3) 设定打印区域

设定打印区域用来确定打印范围。“打印范围”下拉列表如图 9-26 所示，设定图形输出时的打印区域，该栏中各选项含义如下。

(1) 窗口 临时关闭打印对话框，在当前窗口选择一矩形区域，然后返回对话框，打印选取的矩形区域内的内容。此方法是选择打印区域最常用的方法，由于选择区域后一般情况下希望布满整张图纸，所以打印比例会选择“布满图纸”选项，以达到最佳效果。但这样打出来的图纸比例很难确定，常用于对比例要求不高的情况。

(2) 图形界限　打印包含所有对象的图形的当前空间。该图形中的所有对象都将被打印。

(3) 显示　打印当前视图中的内容。

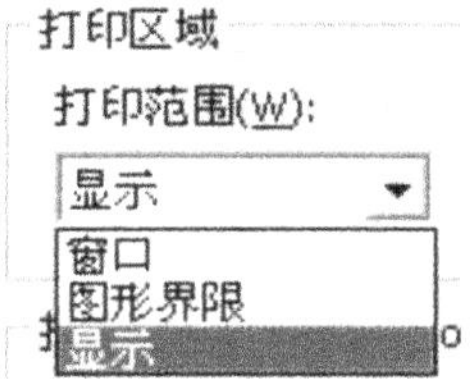

图 9-26　“打印范围”下拉列表

图 9-27　设置打印比例

4）设置打印比例

在“打印设置”选项卡的“打印比例”区域中设置出图比例，如图 9-27 所示。在“比例”下拉列表框中可选择读者出图的比例，如 1∶1，同时可以用“自定义”选项，在下面的框中输入比例换算方式来达到控制比例的目的。“布满图纸”选项是根据打印图形范围的大小，自动布满整张图纸。“缩放线宽”选项是在布局中打印的时候使用的，勾选上后，图纸所设定的线宽会按照打印比例进行放大或缩小，而未勾选则不管打印比例是多少，打印出来的线宽就是设置的线宽尺寸。

5）调整图形打印方向

图形在图纸上的打印方向可通过“图形方向”区域中的选项进行调整，如图 9-28所示。因为图形制作会根据实际的绘图情况来选择图纸是纵向还是横向，所以在图纸打印的时候一定要注意设置图形方向，否则图纸打印可能会出现部分超出纸张的图形无法打印出来。该栏中各选项的含义如下。

图 9-28　“图形方向”区域中的选项

纵向：图形以水平方向放置在图纸上。

Landscape：图形以竖直方向放置在图纸上。

反向打印：指定图形在图纸上倒置打印，即将图形旋转 180°打印，此复选框可与“纵向”、“Landscape”单选钮结合使用。

6）打印偏移位置

图形在图纸上的打印位置由“打印偏移”区域确定，如图 9-29 所示。可通过分别设置 X（水平）偏移和 Y（竖直）偏移来精确控制图形的位置，也可通过设置“居中打印”，使图形打印在图纸中间。

打印偏移量是通过将标题栏的左下角与图纸的左下角重新对齐来补偿图纸的页边距。读者可以通过测量图纸边缘与打印信息之间的距离来确定打印偏移。

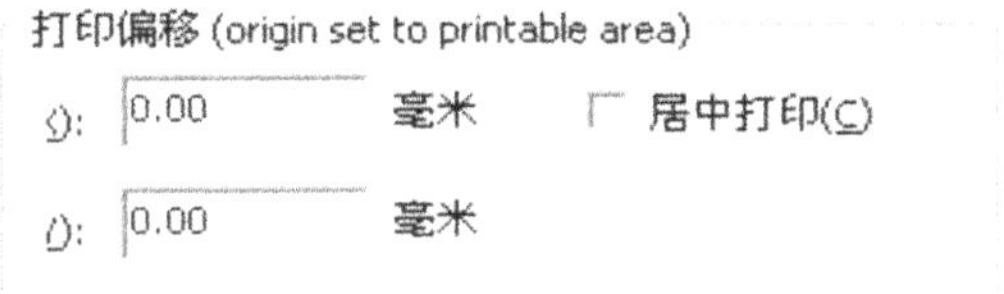

图 9-29 “打印偏移”区域中的选项

7）打印份数

该选项用来指定每次打印图纸的份数，如图 9-30 所示。

8）设置打印选项

打印过程中，还可以设置一些打印选项，在需要的情况下可以使用，如图9-31 所示。各个选项表示的内容如下。

图 9-30 “打印份数”区域中的选项

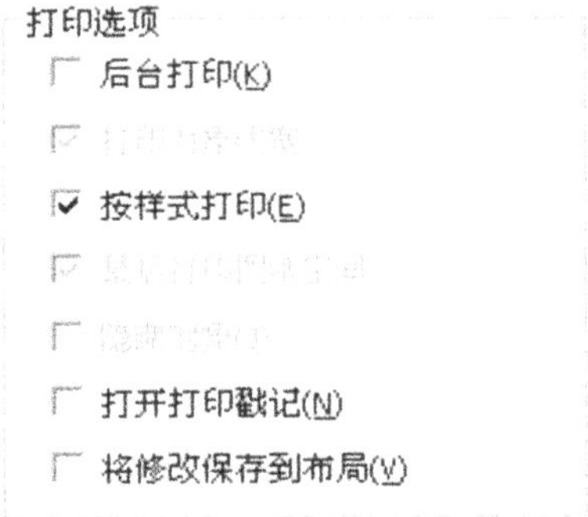

图 9-31 “打印选项”区域中的选项

（1）打印对象线宽　将打印指定给对象和图层的线宽。

（2）按样式打印　以指定的打印样式来打印图形。如果指定此选项将自动打印线宽；如果不选择此选项，将按指定给对象的特性打印对象而不是按打印样式打印。

（3）消隐打印　选择此项后，打印对象时消除隐藏线，不考虑其在屏幕上的显示方式。

（4）将修改保存到布局　将在“打印”对话框中所做的修改保存到布局中。

（5）打开打印戳记　使用打印戳记的功能。

9）预览打印效果

在图形打印之前使用预览框可以提前看到图形打印后的效果。这将有助于对打印的图形及时修改。如果设置了打印样式表，预览图将显示在指定的打印样式设置下的图形效果。

在预览效果的界面下，如图 9-32 所示，可以点击鼠标右键，在弹出的快捷菜单中有打印选项，点击即可直接在打印机上出图了；也可以退出预览界面，在“打印”对话框上点击“确定”按钮出图。

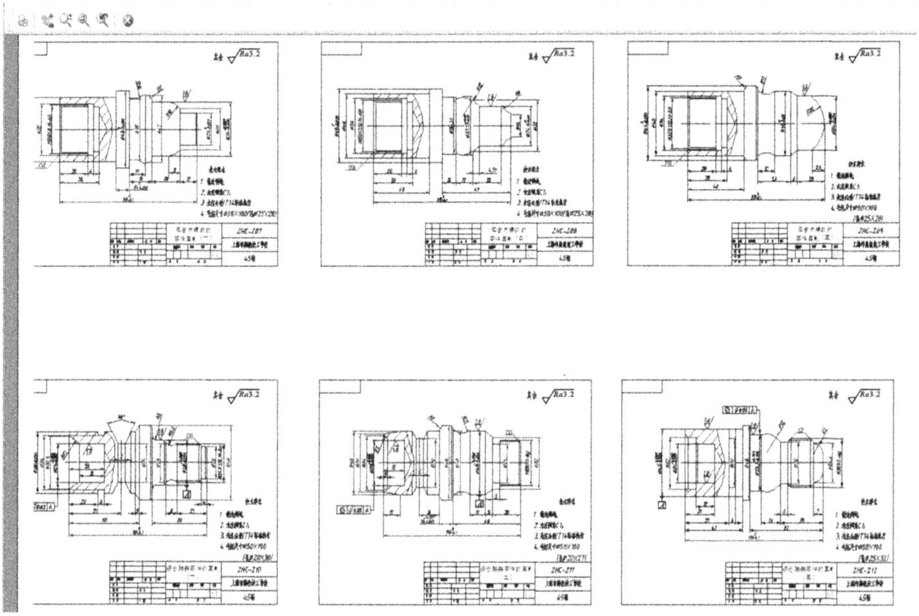

图 9-32　“打印预览”显示

读者在进行打印的时候要经过上面一系列的设置后，才可以正确地在打印机上输出需要的图样。当然，这些设置是可以保存的，“打印”对话框最上面有“页面设置”选项，读者可以新建页面设置的名称，来保存所有的打印设置。另外，中望 CAD 还提供从图纸空间出图，图纸空间会记录下设置的打印参数，从这个地方打印是最方便的选择。

9.6　将多个图样布置在一起打印

为了节省图纸，常常需要将几个图样布置在一起打印，具体方法如下。

例 9-2　将多个图样布置在一起打印。

(1) 选择“文件”→“新建”命令，建立一个新文件。

(2) 单击“绘图”工具栏上的 按钮，打开“插入”对话框，如图 9-33 所示。再单击 浏览(B)... 按钮，打开“选择图形文件”对话框，通过此对话框找到要插入的图形文件。

(3) 插入图样后，用 SCALE 命令缩放图形，缩放比例等于打印比例。

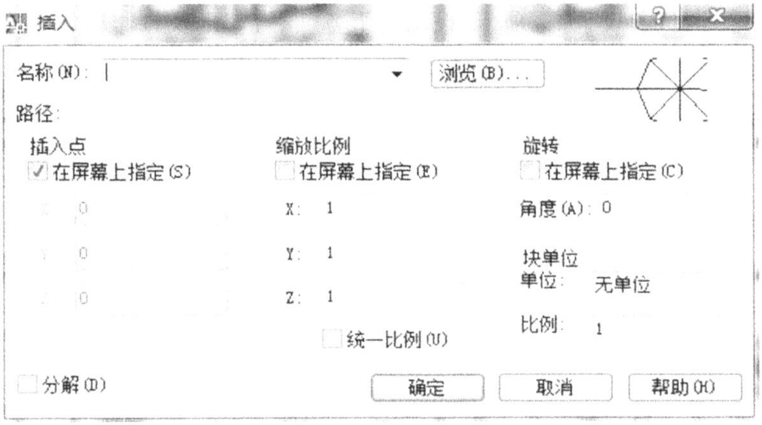

图 9-33 “插入”对话框

(4) 用同样方法插入其他所需图样，然后用 MOVE 命令调整图样位置，让其组成 A0 或 A1 幅面图纸。

(5) 用 1∶1 的比例打印新图形。

当将多个图样插入同一个文件时，若新插入文件的文件样式与当前图形文件的文字样式名称相同，则新插入的文件将使用当前图形文字样子。

9.7 创建电子图纸

读者可以通过 AutoCAD 的电子打印功能将图形存为 Web 上可用的“.dwf”格式文件，此种格式文件可使用 Autodesk 公司的 Volo View、Express Viewer 或 Internet 等浏览器查看和打印，并能对其进行平移和缩放操作，另外还可以控制图层和命名视图等。但是 DWF 文档不能直接转化成可以利用的 DWG 文档，也没有图线修改的功能，这样却在某种程度上保证了设计数据的安全。DWF 文档采用的是压缩的矢量数据格式，打开与传输的速度比 DWG 文档的快，察看 DWF 文档的软件界面简单易用，即便不懂 AutoCAD 使用技术也能很容易地查看 DWF 文档中的图样。

AutoCAD 提供了用于创建“.dwf”文件的“.pc3”文件，即“DWF6 ePlot.pc3”。利用它可生成针对打印和查看而优化的电子图形，这些图形具有白色背景和图纸边界等。

例 9-3 创建“.dwf”文件。

（1）选择“文件”→“打印”命令，打开“打印”对话框。

（2）在“名称(N)”下拉列表中选择“ePlot”打印机。

（3）在“打印样式表”区域的“名称(M)”下拉列表中选择打印样式。

（4）在“打印到文件”区域中指定要生成“.dwf”文件的名称和位置。

（5）进入“打印设置”选项卡，设定图纸幅面、打印区及打印比例等参数。

（6）单击“确定”按钮完成创建。

本章小结

本章主要介绍了图块的创建、插入和编辑，块属性的创建、修改及编辑，外部参照的建立与绑定，以及与块相关的 AutoCAD 设计中心的概念和作用，介绍了如何在设计中心查看、查找对象、图形的输入输出，以及页面布局和打印设置。归纳如下：

（1）查询图形信息；

（2）图块、图块属性和外部参照；

（3）使用 AutoCAD 设计中心；

（4）图形文件输出；

（5）图形图样输出；

（6）将多个图样布置在一起打印；

（7）创建电子图样。

其中图块的创建、插入及块属性的编辑、使用是本章的重点，熟练掌握并应用块和块属性的功能，会在绘图过程中起到事半功倍的效果。

第10章 机械三维图形简介

本章提要

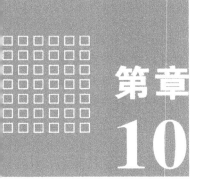

AutoCAD 除具有强大的二维绘图功能外，还具备基本的三维造型能力。在工程设计和绘图过程中，三维图形应用越来越广泛。AutoCAD 可以利用三种方式来创建三维图形，即线框模型方式、曲面模型方式和实体模型方式。若物体并无复杂的外表曲面及多变的空间结构关系，则使用 AutoCAD 可以很方便地建立物体的三维模型。读者可以用多种方法绘制三维实体，方便地进行编辑，并可以用各种角度进行三维观察。本章将介绍 AutoCAD 三维绘图的基本知识，简单的三维绘图所使用的功能，利用这些功能，读者可以设计出所需要的三维图样。

10.1 创建三维实体

10.1.1 三维几何模型分类

在 AutoCAD 中，读者可以创建三种类型的三维模型：线框模型、表面模型及实体模型。这三种模型在计算机上的显示方式是相同的，即以线架结构显示出来，但读者可用特定命令使表面模型及实体模型的真实性表现出来。

1. 线框模型

线框模型（wireframe model）是一种轮廓模型，它是用线（3D 空间的直线及曲线）表达三维立体，不包含面及体的信息。不能使该模型消隐或着色。又由于其不含有体的数据，读者也不能得到对象的质量、重心、体积、惯性矩等物理特性，不能进行布尔运算。图 10-1 显示了立体的线框模型，在消隐模式下也可看到后面的线。但线框模型结构简单，易于绘制。

2. 表面模型

表面模型(surface model)是用物体的表面表示物体。表面模型具有面及三维立体边界信息。表面不透明，能遮挡光线，因而表面模型可以被渲染及消隐。对于计算机辅助加工，读者还可以根据零件的表面模型形成完整的加工信息。但是不能对表面模型进行布尔运算。图10-2所示为两个表面模型的消隐效果，前面的薄片圆筒遮住了后面长方体的一部分。

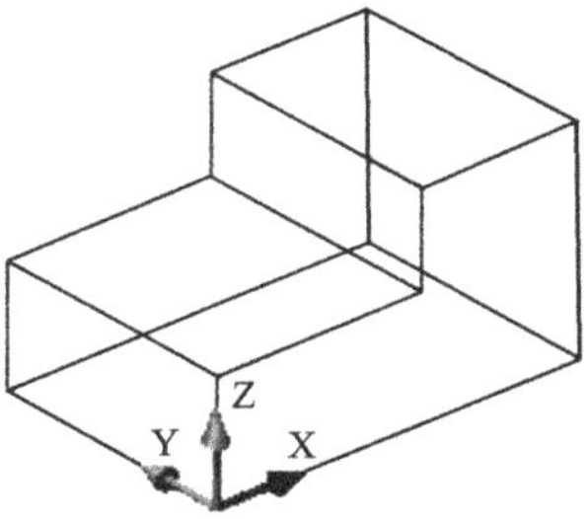

图 10-1　线框模型

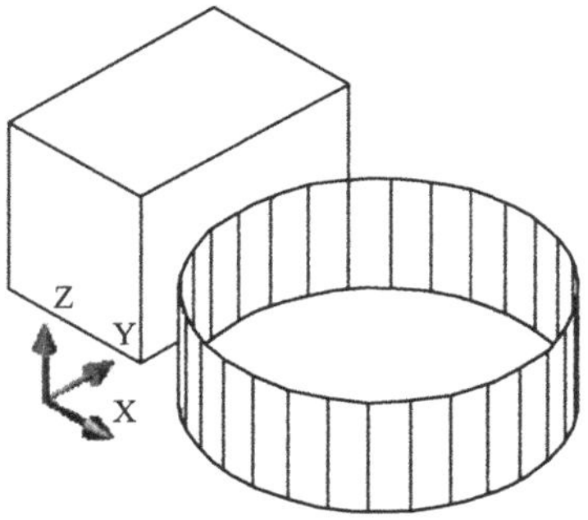

图 10-2　表面模型

3. 实体模型

实体模型具有线、表面、体的全部信息。对于此类模型，可以区分对象的内部及外部，可以对它进行打孔、切槽和添加材料等布尔运算，对实体装配进行干涉检查，分析模型的质量特性，如质心、体积和惯性矩。对于计算机辅助加工，读者还可利用实体模型的数据生成数控加工代码，进行数控刀具轨迹仿真加工等。图10-3所示为实体模型的例子。

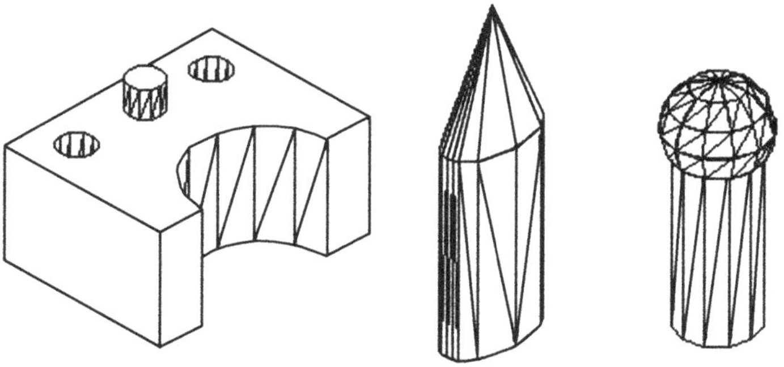

图 10-3　实体模型

10.1.2　三维视图

要进行三维绘图，首先要掌握观看三维视图的方法，以便在绘图过程中随时掌握绘图信息，并可以调整好视图效果后进行出图。

1. 视点

1）命令格式

命令行：Vpoint

菜单："视图"→"三维视图"→"视点(V)"

工具栏："视图"

控制观察三维图形时的方向及视点位置。工具栏中的点选命令实际上是视点命令的十个常用的视角：俯视、仰视、左视、右视、前视、后视、东南等轴测、西南等轴测、东北等轴测、西北等轴测，读者在变化视角的时候，尽量用这十个设置好的视角，这样可以节省不少时间。

2）操作步骤

图 10-4 中表示的是一个简单的三维图形，仅仅从左上角的平面视图，读者较难判断图形的样子。这时可以利用 Vpoint 命令来调整视图的角度，如图 10-4 中的右下角的视图，从而能够直观地感受到图形的形状。

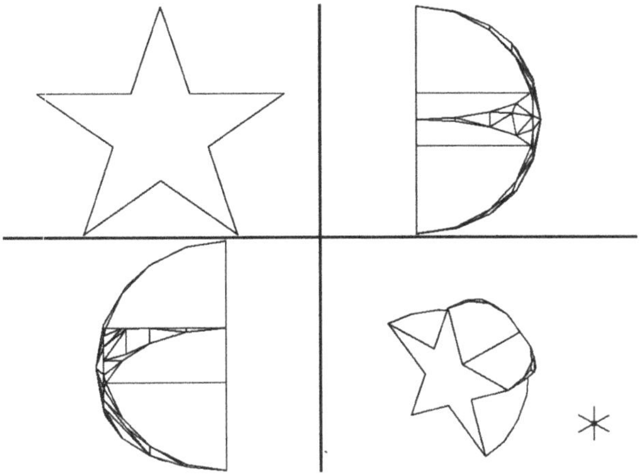

图 10-4　用 Vpoint 命令观看三维图形

命令：Vpoint　　//执行 Vpoint 命令

透视(PE)/平面(PL)/旋转(R)/＜视点＞＜0,0,1＞：　　//设置视点，回车结束命令

以上各选项的含义和功能说明如下。

视点：以一个三维点来定义观察视图的方向的矢量。方向为从指定的点指向原点 (0,0,0)。

透视(PE)：打开或关闭"透视"模式。

平面(P)：以当前平面为观察方向，查看三维图形。

旋转(R)：指定观察方向与 XY 平面中 X 轴的夹角，以及与 XY 平面的夹角，以确定新的观察方向。

3）注意事项

(1) 此命令不能在“布局”选项卡中使用。

(2) 在运行 Vpoint 命令后，直接按回车键，会出现如图 10-5 所示的“视点预置-基于 WCS”对话框，读者可以通过对话框内的内容设置视点的位置。

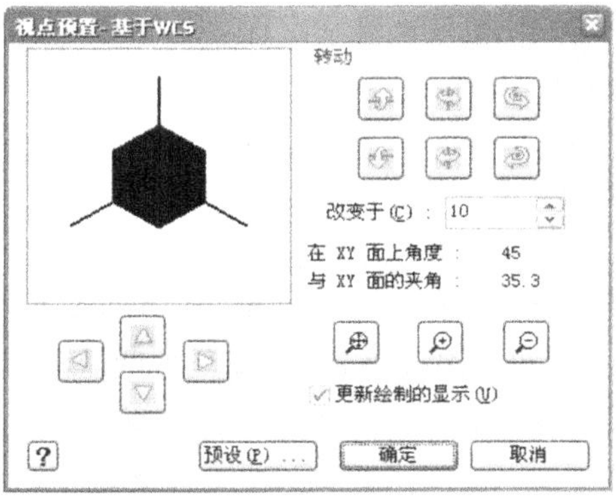

图 10-5 “视点预置-基于 WCS”对话框

2. 三维动态观察器

1）命令格式

命令行：Rtrot

菜单：“视图”→“三维动态观察器(B)”

工具栏：“三维动态观察器(B)”→“三维动态观察” 

进入三维动态观察模式，控制在三维空间中交互查看对象。该命令可使读者同时从 X、Y、Z 三个方向动态观察对象。

在不确定使用何种角度观察的时候，可以用该命令，因为该命令提供了实时观察的功能，读者可以随意用鼠标来改变视点，直到达到需要的视角的时候退出该命令，继续编辑。

2）注意事项

(1) 当 Rtrot 处于活动状态时，显示三维动态观察光标图标，视点的位置将随着光标的移动而发生变化，视图的目标将保持静止，视点围绕目标移动。如果水平拖动光标，视点将平行于世界坐标系(WCS)的 XY 平面移动。如果垂直拖动光标，视点将沿 Z 轴移动。

(2) 也可分别使用 RtrotX、RtrotY、RtrotZ 命令，分别从 X、Y、Z 三个方向观察对象。

(3) Rtrot 命令处于活动状态时，无法编辑对象。

3. 视觉样式

1) 命令格式

命令行：Shademode

菜单："视图"→"视觉样式"

设置当前视口的视觉样式。

2) 操作步骤

针对当前视口，可进行如下操作来改变视觉样式，如图10-6所示。

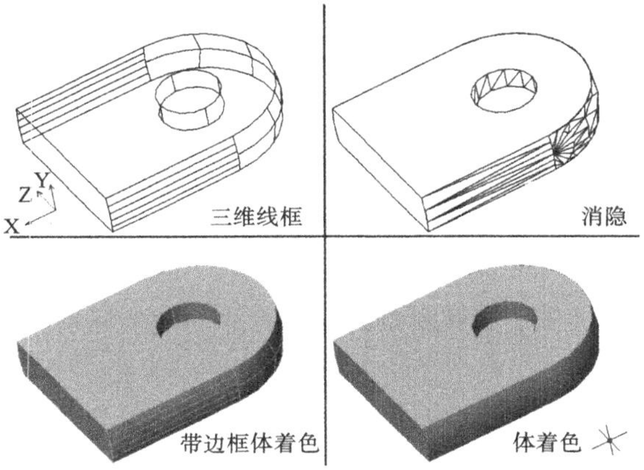

图10-6 视觉样式示意

命令：Shademode　　//执行Shademode命令

输入选项[二维线框(2D)/三维线框(3D)/消隐(H)/平面着色(F)/体着色(G)/带边框平面着色(L)/带边框体着色(O)]<体着色>：选择视觉样式后回车结束命令

以上各选项的含义和功能说明如下。

(1) 二维线框(2D)　显示用直线和曲线表示边界的对象。光栅和OLE对象、线型和线宽都是可见的。

(2) 三维线框(3D)　显示用直线和曲线表示边界的对象。

(3) 消隐(H)　显示用三维线框表示的对象，并隐藏表示后面被遮挡的直线。

(4) 平面着色(F)　在多边形平面间着色对象。此对象比体着色的对象平淡和粗糙。

(5) 体着色(G)　着色多边形平面间的对象，并使对象的边平滑化。着色的对象外观较平滑和真实。

(6) 带边框平面着色(L)　结合"平面着色"和"线框"选项。对象被平面着色，同时显示线框。

(7) 带边框体着色(O)　结合“体着色”和“线框”选项。对象被体着色，同时显示线框。

10.1.3　读者坐标系

读者坐标系(UCS)在二维绘图的时候也会用到，但没有三维那么重要。在三维制图的过程中，往往需要确定 XY 平面，很多情况下，单位实体的建立是在 XY 平面上产生的。所以读者坐标系在绘制三维图形的过程中，会根据绘制图形的要求，不断地进行设置和变更，这比绘制二维图形要频繁很多，正确地建立读者坐标系是建立 3D 模型的关键。

1. UCS 命令

1）命令格式

命令行：UCS

菜单：“工具”→“新建 UCS(W)”

工具栏：“UCS”→“UC”

用于坐标输入、操作平面和观察的一种可移动的坐标系统。

2）操作步骤

如图 10-7(a)所示，把该图中的原点与点 C 重合，X 轴方向为 CA 方向，Y 轴方向为 CB 方向，如图 10-7(b)所示。

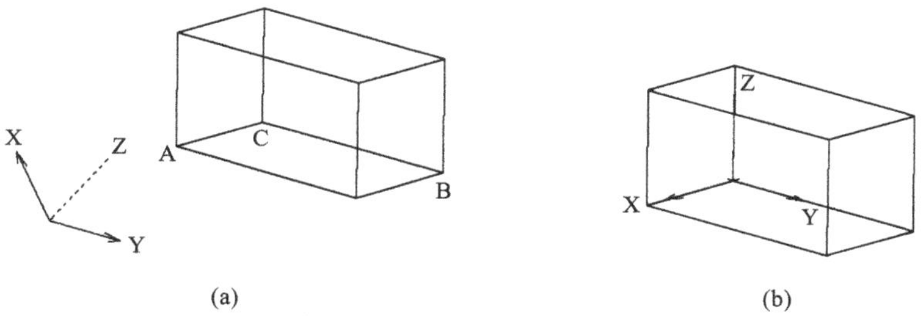

图 10-7　用 Vpoint 命令观看三维图形

命令：UCS　　//执行 UCS 命令

指定 UCS 的原点(O)/面(F)/? /对象(OB)/上一个(P)/视图(V)/世界(W)/3 点(3)/

新建(N)/移动(M)/删除(D)/正交(G)/还原(R)/保存(S)/X/Y/Z/Z 轴(ZA)/<世界>：输入 3　　//选择 3 点确定方式

新原点<0,0,0>：点选点 C　　//指定原点

正 X 值的点

<4.23,13.8709,13.4118>：点选点 A　　//指定 X 轴方向

XY 面上正 Y 值的点

<3.23,14.8709,13.4118>:点选点 B //指定 Y 轴方向

以上各选项的含义和功能说明如下。

(1) 原点(O) 只改变当前读者坐标系的原点位置,X、Y 轴方向保持不变,创建新的 UCS,如图 10-8 所示。

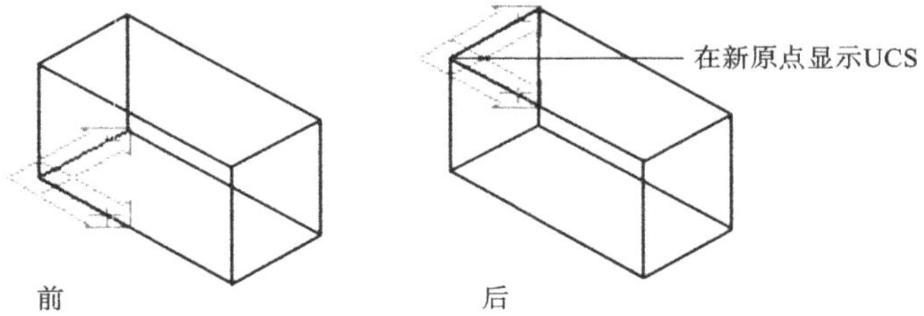

图 10-8 UCS 设置原点

(2) 面(F) 指定三维实体的一个面,使 UCS 与之对齐。可通过在面的边界内或面所在的边上单击以选择三维实体的一个面,亮显被选中的面。UCS 的 X 轴将与选择的第一个面上的选择点最近的边对齐。

(3) ? 列出所有定义的新 UCS 定义。

(4) 对象(OB) 可选取圆弧、圆、标注、直线、点、二维多段线、平面或三维面对象来定义新的 UCS。此选项不能用于下列对象:三维实体、三维多段线、三维网格、视口、多线、面域、样条曲线、椭圆、射线、构造线、引线、多行文字等。

根据选择对象的不同,UCS 坐标系的方向也有所不同,具体如表 10-1 所示。

表 10-1 对象与 UCS 坐标系方向的关系

对 象	UCS 坐标系的方向
圆弧	新 UCS 的原点为圆弧的圆心。X 轴通过距离选择点最近的圆弧端点
圆	新 UCS 的原点为圆的圆心。X 轴通过选择点
标注	新 UCS 的原点为标注文字的中点。新 X 轴的方向平行于当绘制该标注时生效的 UCS 的 X 轴
直线	离选择点最近的端点成为新 UCS 的原点。系统选择新的 X 轴,使该直线位于新 UCS 的 XZ 平面上。该直线第二个端点在新坐标系中的 Y 坐标为零
点	该点成为新 UCS 的原点
二维多段线	多段线的起点成为新 UCS 的原点。X 轴沿从起点到下一顶点的线段延伸
实体	二维实体的第一点确定新 UCS 的原点。新 X 轴沿前两点之间的连线方向
宽线	宽线的“起点”成为新 UCS 的原点,X 轴沿宽线的中心线方向

续表

对　象	UCS 坐标系的方向
三维面	取第一点作为新 UCS 的原点，X 轴沿前两点的连线方向，Y 轴的正方向取自第一点和第四点。Z 轴由右手定则确定
形、块参照属性定义	该对象的插入点成为新 UCS 的原点，新 X 轴由对象绕其拉伸方向旋转定义。用于建立新 UCS 的对象，在新 UCS 中的旋转角度为零

(5) 上一个(P)　取回上一个 UCS 定义。

(6) 视图(V)　以平行于屏幕的平面为 XY 平面，建立新的坐标系。UCS 原点保持不变。

(7) 世界(W)　设置当前读者坐标系为世界坐标系。世界坐标系 WCS 是所有读者坐标系的基准，不能被修改。

(8) 3 点(3)　指定新的原点以及 X、Y 轴的正方向。

(9) 新建(N)　定义新的坐标系。

(10) 移动(M)　移动当前 UCS 的原点或修改当前 UCS 的 Z 轴深度值，XY 平面的方向不发生改变。

(11) 删除(D)　删除已储存的坐标系。

(12) 正交(G)　以系统提供的六个正交 UCS 之一为当前 UCS，如图 10-9 所示。

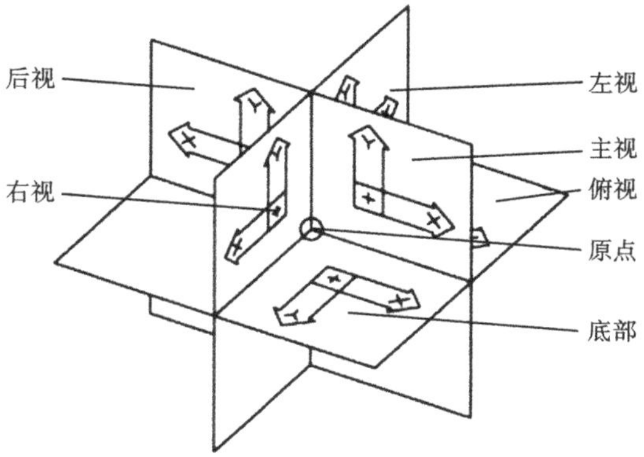

图 10-9　正交视图方向示意图

(13) 还原(R)　取回已储存的 UCS，使之成为当前读者坐标系。

(14) 保存(S)　保存当前 UCS 设置，并指定名称。

(15) X、Y、Z　绕指定的轴旋转当前的 UCS，以创建新的 UCS，如图 10-10 所示。

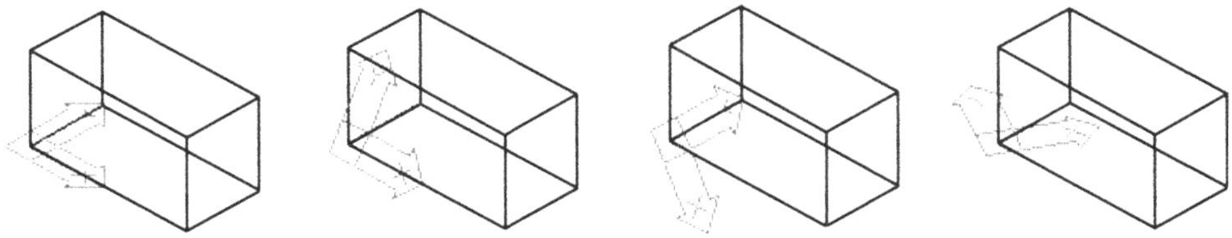

(a) 世界坐标系　(b) 绕X轴旋转60°　(c) 绕Y轴旋转60°　(d) 绕Z轴旋转60°

图 10-10　坐标系旋转示意

(16) Z 轴(ZA)　以特定的正向 Z 轴来定义新的 UCS。

2. 命名 UCS

命令行:DdUCS

菜单:“工具”→“命名 UCS(U)”

工具栏:“UCS”→“显示 UCS 对话框”

命名 UCS 是 UCS 命令的辅助,通过命名 UCS 可以对以下三种选项卡进行设置。

(1) “命名 UCS”选项卡　如图 10-11 所示,显示当前图形中所设定的所有 UCS,并提供详细的信息查询。可选择其中需要的 UCS 置为当前使用。

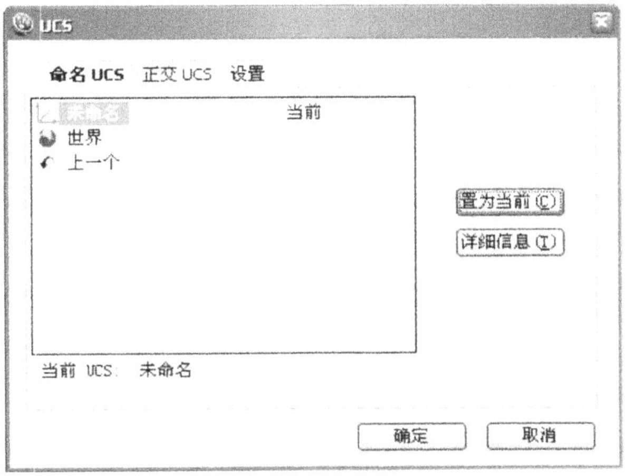

图 10-11　“命名 UCS”显示和设置

(2) “正交 UCS”选项卡　如图 10-12 所示,列出相对于目前 UCS 的六个正交坐标系,有详细信息供查询,并提供置为当前功能。

(3) “设置”选项卡　提供 UCS 的一些基础设定类同,如图 10-13 所示。一般情况下,没有特殊需要,不需要调整该设定。

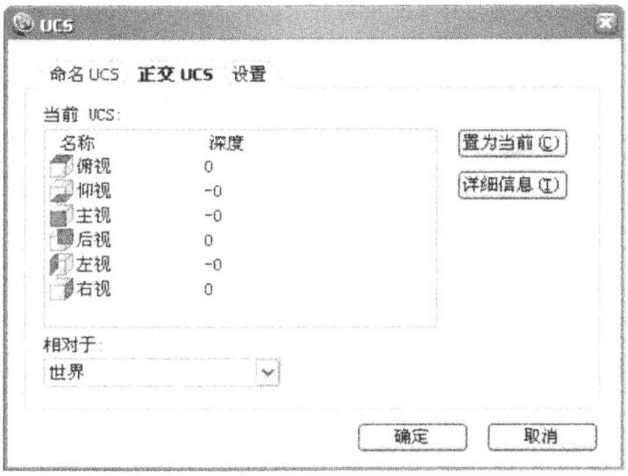

图 10-12 “正交 UCS”显示和设置

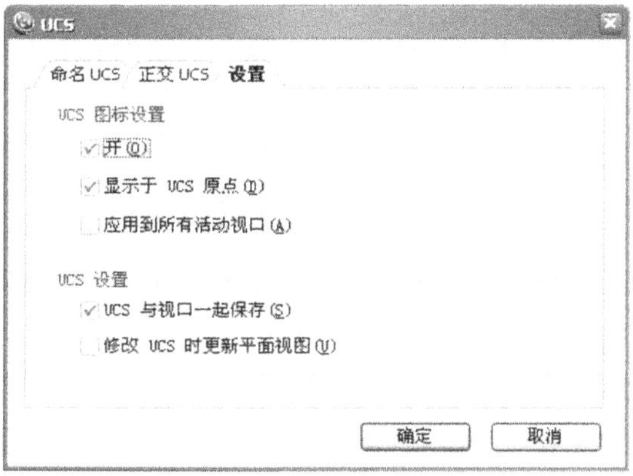

图 10-13 “设置”的显示和设置

10.1.4 三维坐标系实例

AutoCAD 采用的坐标系是三维笛卡儿直角坐标系，分为世界坐标系（WCS）和读者坐标系（UCS）。图 10-14 表示的是两种坐标系下的图标。图中“X”或“Y”的箭头方向表示当前坐标轴 X 轴或 Y 轴的正方向，Z 轴的正方向用右手定则判定。

缺省状态时，AutoCAD 的坐标系是世界坐标系。世界坐标系是唯一的，是固定不变的，对于二维绘图，在大多数情况下，世界坐标系就能满足作图需要，但若是创建三维模型，就不太方便了，因为读者常常要在不同平面或是沿某个方向绘制结构。如果要绘制图 10-15 所示的图形，在世界坐标系下是不能完成的。此时需要以绘图的平面为 XY 坐标平面，创建新的坐标系，然后再调用绘图命令绘制如图 10-15 所示的图形。

绘图步骤简介如下。

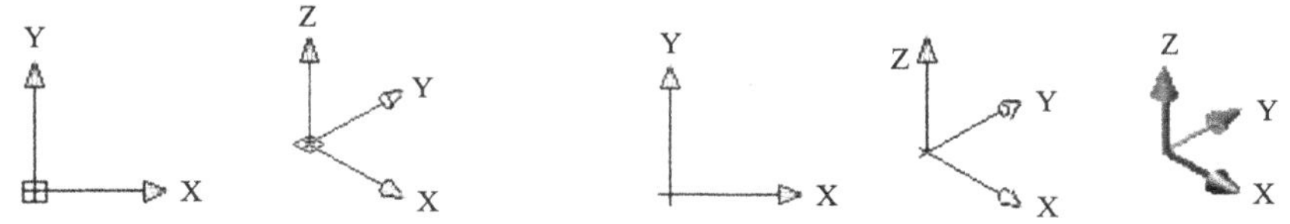

(a) 世界坐标　　　　(b) 读者坐标

图 10-14 表示坐标系的图标

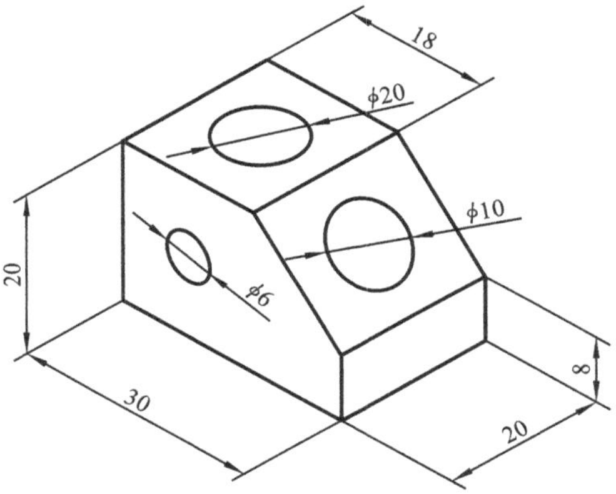

图 10-15 在读者坐标系下绘图

1. 绘制长方体

调用长方体命令：

命令行：BOX

菜单："绘图"→"实体"→"长方体"

工具栏：

AutoCAD 提示：

指定长方体的角点或［中心点(CE)］<0,0,0>：在屏幕上任意点单击

指定角点或［立方体(C)/长度(L)］：L　　　　//选择给定长宽高模式。

指定长度：30

指定宽度：20

指定高度：20

绘制出长 30、宽 20、高 20 的长方体，如图 10-16 所示。

2. 倒角

用于二维图形的倒角、圆角编辑命令在三维图中仍然可用。单击"编辑"工具栏上的倒角按钮，调用倒角命令。

命令：_chamfer

("修剪"模式) 当前倒角距离 1=0.0000，距离 2=0.0000

选择第一条直线或［多段线(P)/距离(D)/角度(A)/修剪(T)/方式(M)/多个(U)］：在AB直线上单击

基面选择...

输入曲面选择选项［下一个(N)/当前(OK)］<当前>： //选择默认值。

指定基面的倒角距离：12

指定其他曲面的倒角距离<12.0000>： //选择默认值12。

选择边或［环(L)］：在AB直线上单击

倒角后的结果如图10-17所示。

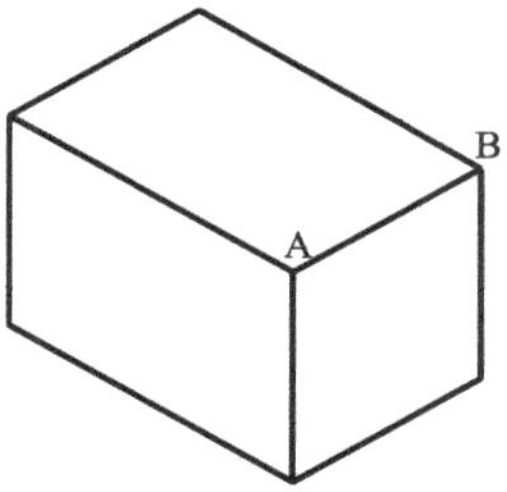

图 10-16　绘制长方体

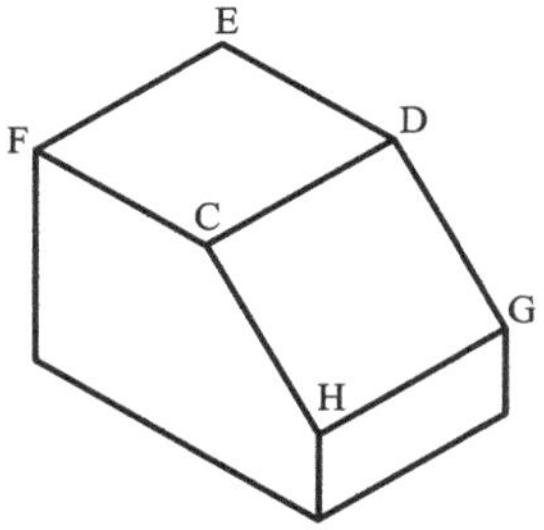

图 10-17　长方体倒角

3. 移动坐标系，绘制上表面圆

因为AutoCAD只可以在XY平面上画图，要绘制上表面上的图形，则需要建立读者坐标系。由于世界坐标系的XY面与四边形CDEF面平行，且X轴、Y轴又分别与四边形CDEF的边平行，因此只要把世界坐标系移到CDEF面上即可。移动坐标系，只改变坐标原点的位置，不改变X、Y轴的方向，如图10-18所示。

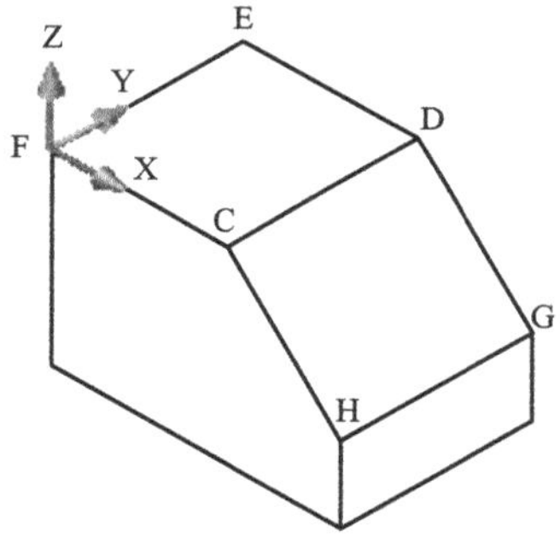

图 10-18　改变坐标系

1）移动坐标系

在命令窗口输入命令动词“UCS”，AutoCAD作如下提示。

命令：UCS

当前UCS名称：* 世界 *

输入选项

［新建(N)/移动(M)/正交(G)/上一个(P)/恢复(R)/保存(S)/删除(D)/应用(A)/? /世界(W)］<世界>：M //选择移动选项。

指定新原点或［Z向深度(Z)］<0，0，0>：<对象捕捉 开>选择F点单击

也可直接调用“移动坐标系”命令：

菜单：“工具”→“移动UCS(V)”

工具栏：

2）绘制表面圆

打开“对象追踪”、“对象捕捉”，调用圆命令，捕捉上表面的中心点，以 5 为半径绘制上表面的圆。其结果如图 10-19 所示。

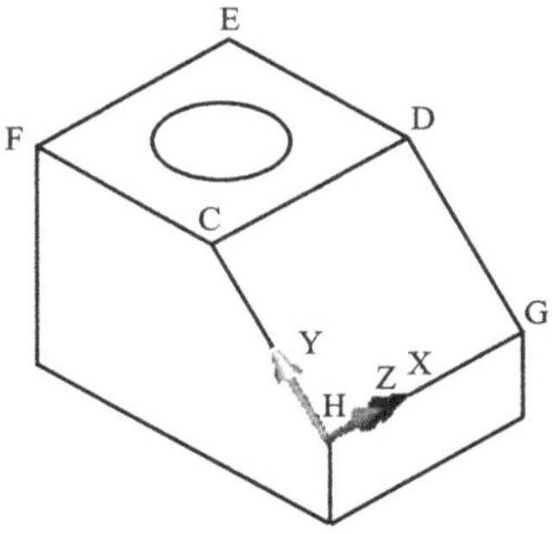

图 10-19 绘制上表面圆

4. 用三点法建立读者坐标系，绘制斜面上圆

1）用三点法建立读者坐标系

在命令窗口输入命令动词“UCS”，AutoCAD 作如下提示。

命令：UCS

当前 UCS 名称：* 没有名称 *

输入选项 [新建(N)/移动(M)/正交(G)/上一个(P)/恢复(R)/保存(S)/删除(D)/应用(A)/？/世界(W)]<世界>：N //新建坐标系。

指定新 UCS 的原点或[Z 轴(ZA)/三点(3)/对象(OB)/面(F)/视图(V)/X/Y/Z]<0,0,0>：3 //选择三点方式。

指定新原点<0,0,0>：在点 H 上单击

在正 X 轴范围上指定点<50.9844，-27.3562，12.7279>：在点 G 单击

在 UCS XY 平面的正 Y 轴范围上指定点<49.9844，-26.3562，12.7279>：在点 C 单击

也可用下面两种方法直接调用“三点法”建立读者坐标系。

菜单：“工具”→“新建 UCS(W)”→“三点(3)”

工具栏：

2）绘制圆

方法同第 3 步(移动坐标系，绘制上表面图)，其结果如图 10-19 所示。

5. 以所选实体表面建立 UCS，在侧面上画圆

1）选择实体表面建立 UCS

在命令窗口输入“UCS”，AutoCAD 作如下提示。

命令：UCS

当前 UCS 名称：* 世界 *

输入选项 [新建(N)/移动(M)/正交(G)/上一个(P)/恢复(R)/保存(S)/删除(D)/应用(A)/？/世界(W)]<世界>：N

指定 UCS 的原点或[Z 轴(ZA)/三点(3)/对象(OB)/面(F)/视图(V)/X/Y/Z]<0,0,0>：F

选择实体对象的面：在侧面上接近底边处拾取实体表面

输入选项 [下一个(N)/X 轴反向(X)/Y 轴反向(Y)]<接受>：//接受图示结果。

2）绘制圆

方法同上，其结果如图 10-20 所示。

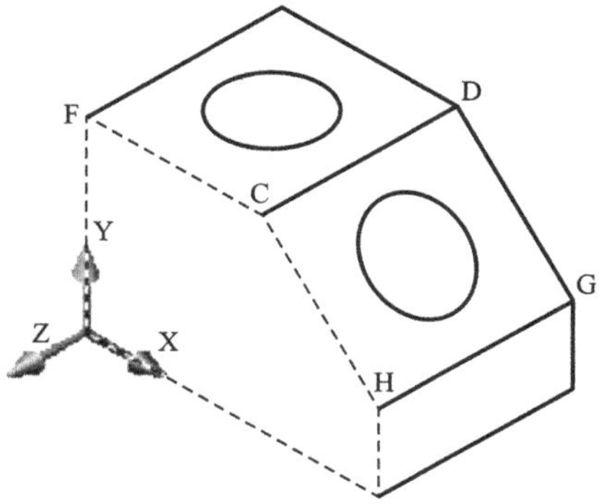

图 10-20　绘制侧面上圆

6. 如果倒角或圆角所创建的面不合适，可使用“删除面”命令，调用删除面命令方法如下

菜单：“修改”→“实体编辑”→“删除面”

工具栏：

10.1.5　观察三维图形

在绘制三维图形过程中，常常要从不同方向观察图形，AutoCAD 默认视图是 XY 平面，方向为 Z 轴的正方向，看不到物体的高度。AutoCAD 提供了多种创建 3D 视图的方法沿不同的方向观察模型，比较常用的是用标准视图观察模型和三维动态旋转方法。这里只介绍这两种常用方法。标准视图观察实体工具栏如图 10-21 所示。

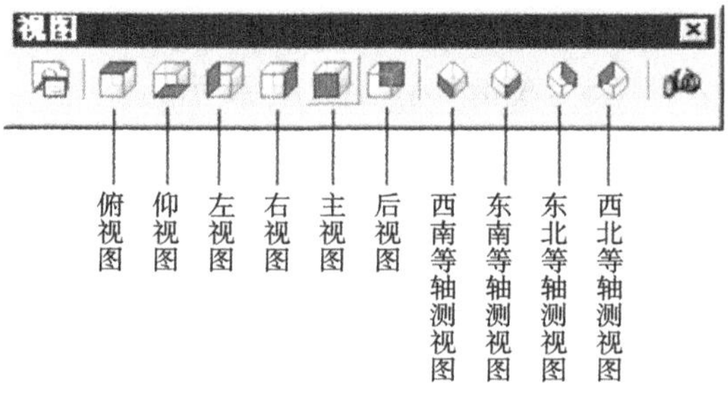

图 10-21　视图工具栏

1. 改变三维图形曲面轮廓素线

系统变量“ISOLINES”是用于控制显示曲面线框弯曲部分的素线数目。有效整数值为 0～2047，初始值为 4。图 10-22 所示分别为“ISOLINES”值为 4 和 12 时圆柱的“线框”显示形式。

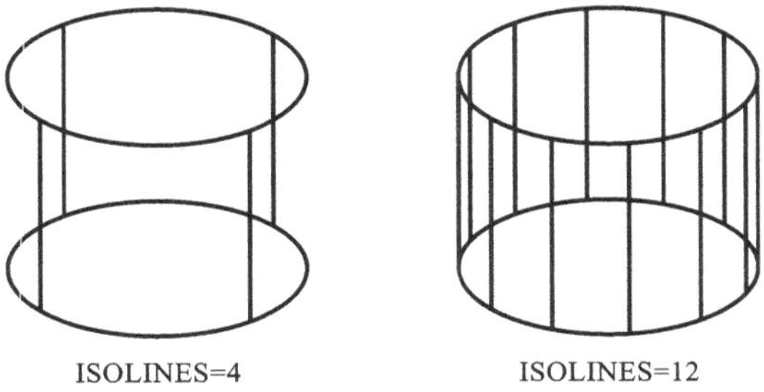

图 10-22　ISOLINES 对图形显示的影响

2. 布尔运算

在 AutoCAD 中，三维实体可进行并集、差集、交集三种布尔运算，创建复杂实体。

(1) 并集运算　将多个实体合成一个新的实体，如图 10-23(b)所示。

调用命令方法如下。

命令行：UNION

菜单：“修改”→“实体编辑”→“并集”

工具栏：

(2) 差集运算　从一个实体中去掉另一些实体。

调用命令方法如下。

命令行：SUBTRACT

菜单：“修改”→“实体编辑”→“差集”

工具栏：

(3) 交集运算　从两个或多个实体的交集创建复合实体并删除交集以外的部分，如图 10-23(c)所示。

命令行：INTERSECT

菜单：“修改”→“实体编辑”→“交集”

工具栏：

3. 三维动态观察器

单击“三维动态观察器”工具栏上的“三维动态观察”按钮，激活三维动态观察器视图时，屏幕上出现弧线圈，当光标移至弧线圈内、外和四个控制点上时，会出现以下不同的光标形式。

(1) 光标位于观察球内时，拖动鼠标可旋转对象。

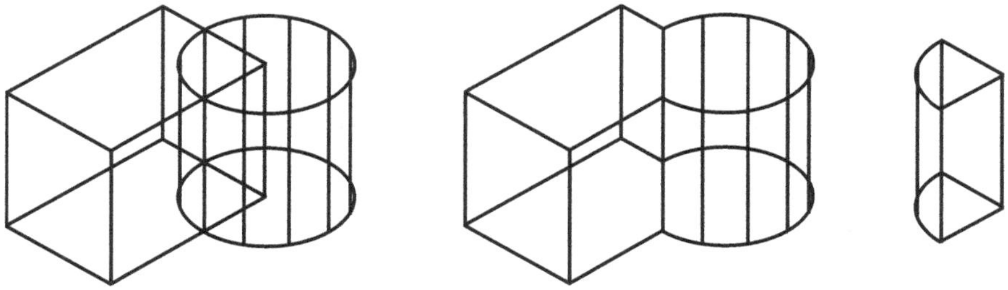

(a)　　(b)　　(c)

图 10-23　布尔运算

(2) 光标位于观察球外时，拖动鼠标可使对象绕通过观察球中心且垂直于屏幕的轴转动。

(3) 光标位于观察球上、下小圆时，拖动鼠标可使视图绕通过观察球中心的水平轴旋转。

(4) 光标位于观察球左、右小圆时，拖动鼠标可使视图绕通过观察球中心的垂直轴旋转。

下面通过例题的介绍，使读者掌握用标准视图和用三维动态观察器旋转方法观察模型，使用圆角命令、布尔运算等编辑三维实体的方法。

例 10-1　绘制如图 10-24 所示的物体（骰子）。

1. 绘制正方体

(1) 新建两个图层　层名、颜色、线型及线宽分别为：实体层、白色、Continues、默认；辅助层、黄色、Continues、默认。

并将实体层作为当前层。

单击“视图”工具栏上“西南等轴测”按钮，将视点设置为西南方向。

(2) 绘制正方体　在“实体”工具栏上单击“长方体”按钮，调用长方体命令。

命令：_box

指定长方体的角点或［中心点(CE)］<0,0,0>：在屏幕上任意一点单击

指定角点或［立方体(C)/长度(L)］：C　　　　//绘制立方体。

指定长度：20

结果如图 10-25 所示。

2. 挖上表面的一个球面坑

(1) 移动坐标系到上表面。

(2) 绘制球　调用球命令的方法如下。

命令行：SPHERE

菜单：“绘图”→“实体”→“球体”

图 10-24 骰子

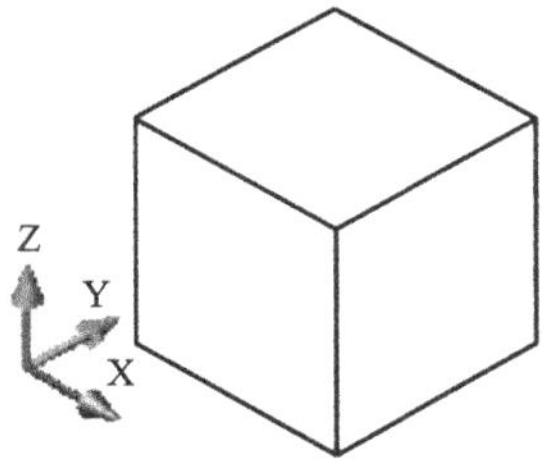

图 10-25 立方体

工具栏：

当前线框密度：ISOLINES=4 //说明当前轮廓素线网格线数为 4。

指定球体球心<0,0,0>：利用双向追踪捕捉上表面的中心。

指定球体半径或 [直径(D)]：5

结果如图 10-26 所示。

(3) 布尔运算 通过减操作(差集运算)从一个实体中去掉另一些实体。

调用命令方法如下。

命令行：SUBTRACT

菜单："修改"→"实体编辑"→"差集"

工具栏：

AutoCAD 提示如下。

命令：_subtract 选择要从中减去的实体或面域...

选择对象：在立方体上单击 找到一个

选择对象： //结束被减去实体的选择。

选择要减去的实体或面域

选择对象：在球体上单击 找到一个

选择对象： //结束差运算。

结果如图 10-27 所示。

3. 在左侧面上挖两个点的球面坑

(1) 旋转 UCS 调用 UCS 命令的方法如下。

命令：_UCS

当前 UCS 名称：*没有名称*

输入选项[新建(N)/移动(M)/正交(G)/上一个(P)/恢复(R)/保存(S)/删除(D)/应用(A)/? /世界(W)]

<世界>：N

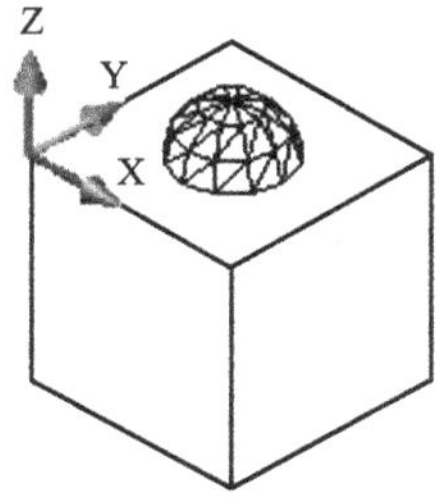

图 10-26　绘制球

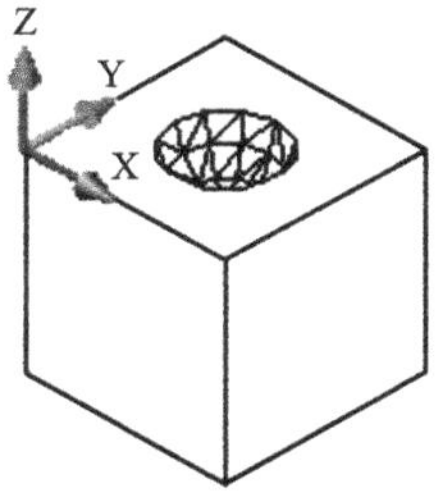

图 10-27　挖坑

指定新 UCS 的原点或[Z 轴(ZA)/三点(3)/对象(OB)/面(F)/视图(V)/X/Y/Z]<0,0,0>:X

指定绕 X 轴的旋转角度<90>:

(2) 确定球心点　在“草图设置”对话框中选择“端点”和“节点”捕捉，并打开“对象捕捉”。

选择辅助层，调用直线命令，连接对角线。

运行“绘图”菜单下的“点”“定数等分”命令，将辅助直线 3 等分，结果如图 10-28(a)所示。

(3) 绘制球　捕捉辅助线上的节点为球心，以 4 为半径绘制两个球。

(4) 差集运算　调用“差集”命令，以立方体为被减去的实体，两个球为减去的实体，进行差集运算，结果如图 10-28(b)所示。

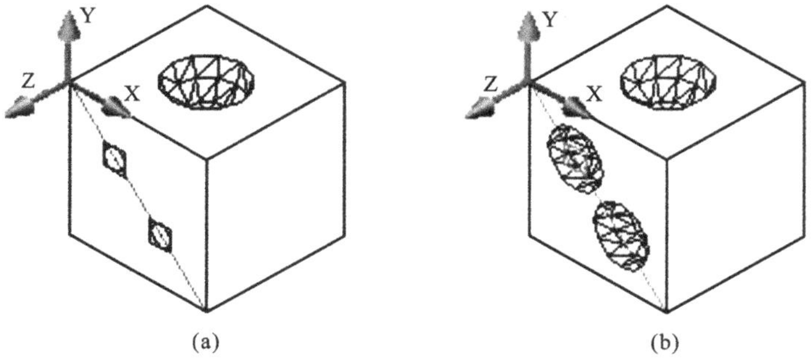

图 10-28　挖两点坑

以同样的方法绘制前表面上的三点孔，如图 10-29 所示。

4. 绘制底面上六个点的球面坑

(1) 单击“三维动态观察器”工具栏上的“三维动态观察”按钮，激活三维动态观察器视图，屏幕上出现弧线圈，将光标移至弧线圈内，出现球形光标，向上拖动鼠标，使立方体的下表面转到上面全部可见位置。按“ESC”键或“ENTER”键退出，或者单击鼠标右键显示快捷菜单退出，结果如图 10-30 所示。

(2) 同创建两点坑一样，将上表面作为 XY 平面，建立读者坐标系，绘制作图

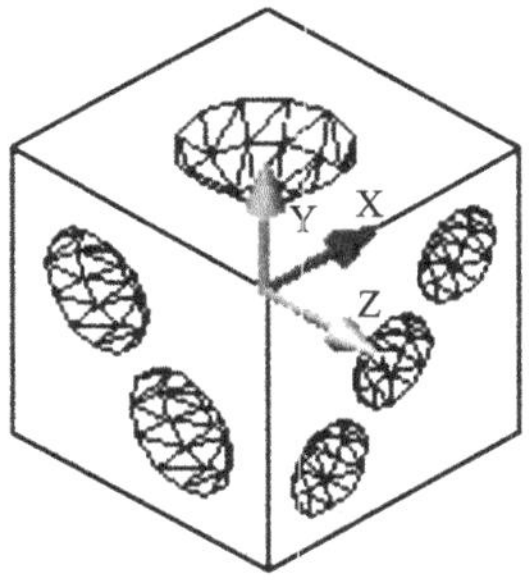

图 10-29 绘制三点坑

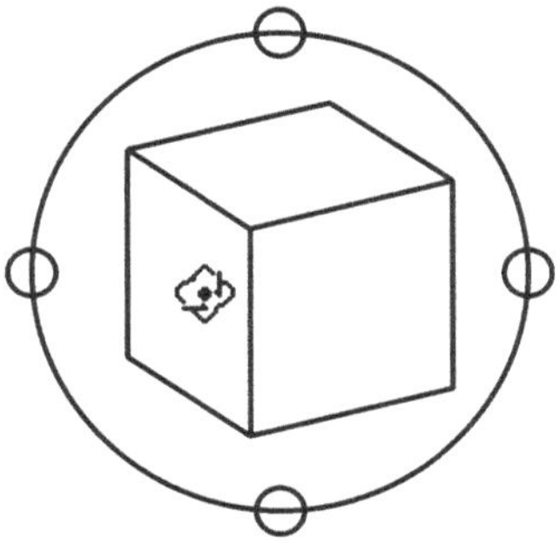

图 10-30 三维动态观察

辅助线，定出六个球心点，再绘制六个半径为 3 的球，然后进行布尔运算，结果如图 10-31 所示。

5. 绘制四点坑和五点坑

用同样的方法，调整好视点，绘制另两面上的四点坑和五点坑，结果如图 10-32所示。

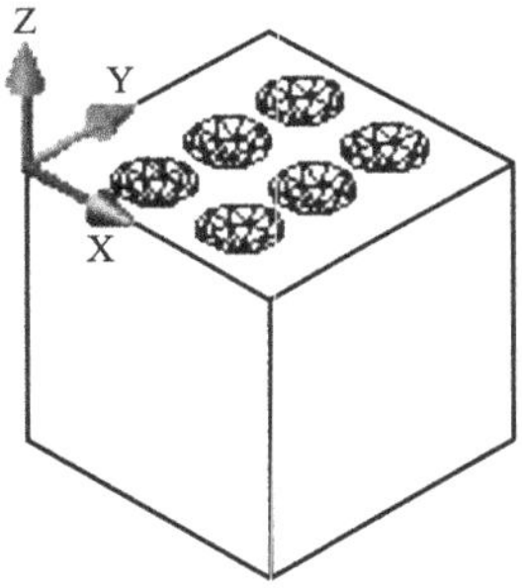

图 10-31 挖六点坑

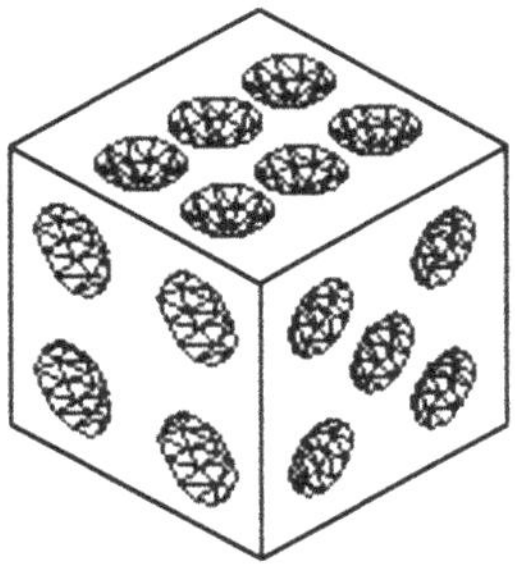

图 10-32 挖坑完成

6. 各棱线圆角

(1) 倒上表面圆角　单击“编辑”工具栏上的“圆角”按钮，调用圆角命令的方法如下。

命令：_fillet

当前设置：模式＝修剪，半径＝6.0000

选择第一个对象或［多段线(P)/半径(R)/修剪(T)/多个(U)］：选择上表面一条棱线。

输入圆角半径＜6.0000＞：2

选择边或［链(C)/半径(R)］：选择上表面另三条棱线。

选择边或［链(C)/半径(R)］：

已选定四个边用于圆角。

结果如图 10-33 所示。

（2）倒下表面圆角　单击“三维动态观察器”工具栏上的“三维动态观察”按钮，调整视图方向，使立方体的下表面转到上面四条棱线全可见位置。然后调用圆角命令，选择四根棱线，倒下表面的圆角，结果如图 10-34 所示。

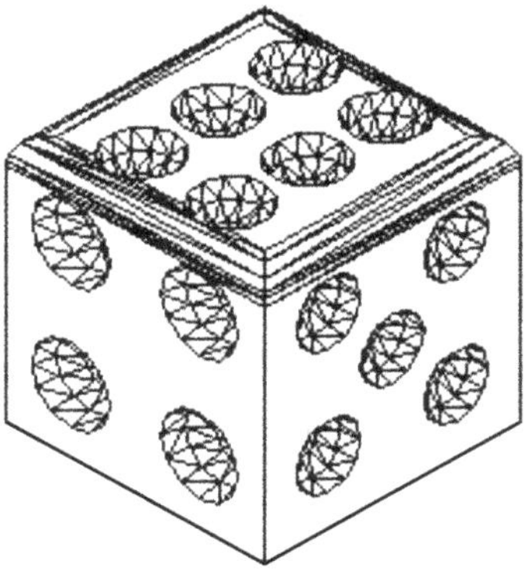

图 10-33　长方体圆角

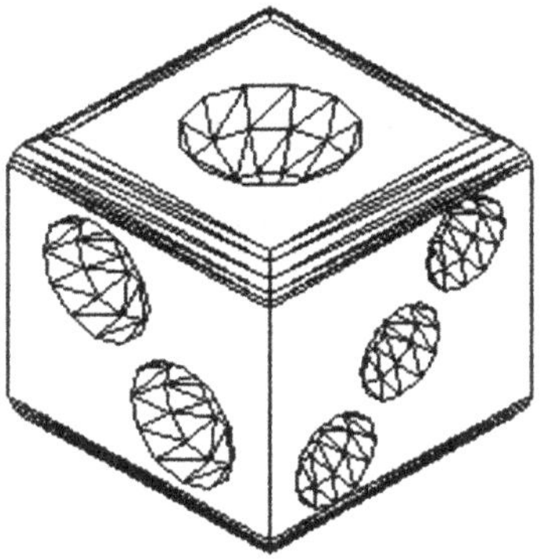

图 10-34　长方体圆角

（3）再次调用圆角命令，同时启用“三维动态观察”功能，选择侧面的四条棱线，以半径为 2 倒圆角。

（4）删除辅助线层上的所有辅助线和辅助点，结果如图 10-24 所示。

（5）注意事项　这里倒圆角时不可以为 12 条棱线一次倒圆角，因为 AutoCAD 内部要为圆角计算，会发生运算错误，导致圆角失败。

7. 观察图形

打开视图菜单下的消隐模式，分别单击图 10-21 所示的“视图工具栏”上的各按钮，以不同方向观察图形的变化。

10.1.6　创建三维实体

AutoCAD 能生成长方体、球体、圆柱体、圆锥体、楔形体及圆环体等基本立体。“实体”工具栏中包含了创建这些立体的命令按钮。

1. 长方体

1）命令格式

命令行：Box

菜单：“绘图”→“实体”→“长方体(B)”

工具栏：

创建三维长方体对象。

2）操作步骤

创建边长都为 10 的立方体，如图 10-35 所示。

命令：Box　　　　　　　　　　　　　　　//执行 Box 命令。

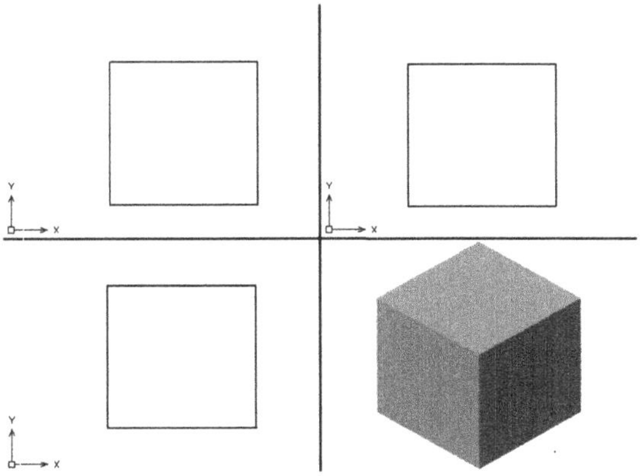

图 10-35 用 Box 命令绘制立方体

指定长方体的角点

或[中心(C)]<0,0,0>:点取一点　　//指定图形的一个角点。

指定角点或[立方体(C)/长度(L)]:@10,10　　//指定 XY 平面上矩形大小。

长方体高度:10　　//指定高度,回车结束命令。

以上各选项含义和功能说明如下。

长方体的角点:指定长方体的第一个角点。

中心(C):通过指定长方体的中心点绘制长方体。

立方体(C):指定长方体的长、宽、高都为相同长度。

长度(L):通过指定长方体的长、宽、高来创建三维长方体。

3) 注意事项

若输入的长度值或坐标值是正值,则以当前 UCS 的 X、Y、Z 轴的正向创建图形;若为负值,则以 X、Y、Z 轴的负向创建图形。

2. 球体

1) 命令格式

命令行:Sphere

菜单:"绘图"→"实体"→"球体(S)"

工具栏:

绘制三维球体对象。默认情况下,球体的中心轴平行于当前读者坐标系(UCS)的 Z 轴。纬线与 XY 平面平行。

2) 操作步骤

创建半径为 10 的球体,如图 10-36 所示。

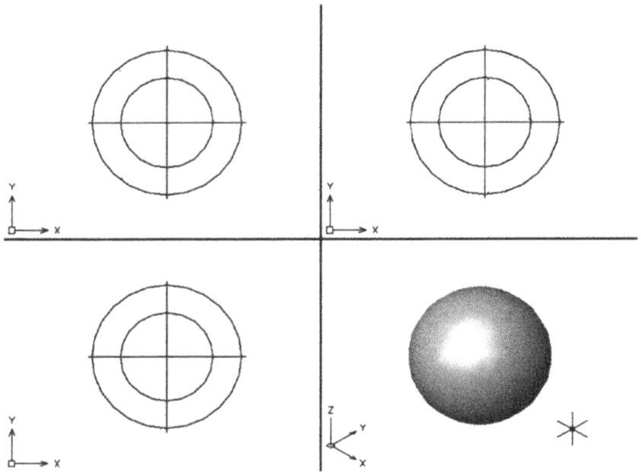

图 10-36　用 Sphere 命令创建球体

命令:Sphere　　　　　　　　　　　　//执行 Sphere 命令。

球体中心:点选一点　　　　　　　　　//指定球心位置。

指定球体半径或 [直径(D)]:10　　　　//指定半径值,回车结束命令。

以上各选项含义和功能说明如下。

球体半径(R):绘制基于球体中心和球体半径的球体对象。

直径(D):绘制基于球体中心和球体直径的球体对象。

3. 圆柱体

1) 命令格式

命令行:Cylinder

菜单:“绘图”→“实体”→“圆柱体(C)”

工具栏:

创建三维圆柱体实体对象。

2) 操作步骤

创建半径为 10 的,高度为 10 的圆柱体,如图 10-37 所示。

命令:Cylinder　　　　　　　　　　　//执行 Cylinder 命令。

指定圆柱体底面的中心点或 [椭圆(E)]<0,0,0>:点取一点

　　　　　　　　　　　　　　　　　//指定圆心。

指定圆柱体半径或 [直径(D)]:10　　　//指定圆半径。

指定圆柱体高度或 [中心(C)]:10　　　//指定圆柱高度,回车结束命令。

以上各选项含义和功能说明如下。

圆柱体底面的中心点:通过指定圆柱体底面圆的圆心来创建圆柱体对象。

椭圆(E):绘制底面为椭圆的三维圆柱体对象。

3) 注意事项

若输入的高度值是正值,则以当前 UCS 的 Z 轴的正向创建图形;若为负值,

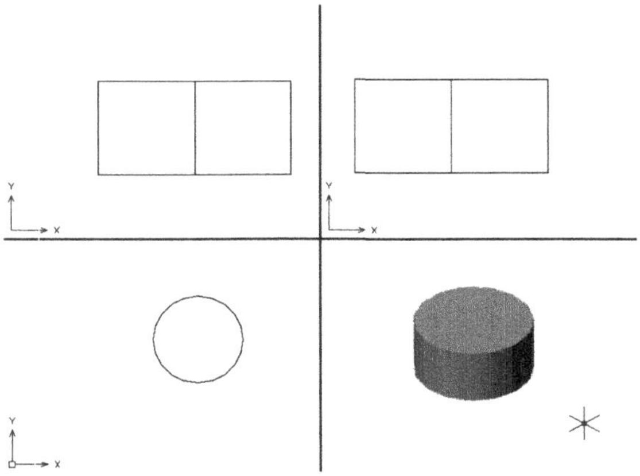

图 10-37 用 Cylinder 命令创建圆柱体

则以 Z 轴的负向创建图形。

4. 圆锥体

1）命令格式

命令行：Cone

菜单："绘图"→"实体"→"圆锥体(O)"

工具栏：

创建三维圆锥体。

2）操作步骤

创建底面半径半径为 10，高度为 20 的圆锥体，如图 10-38 所示。

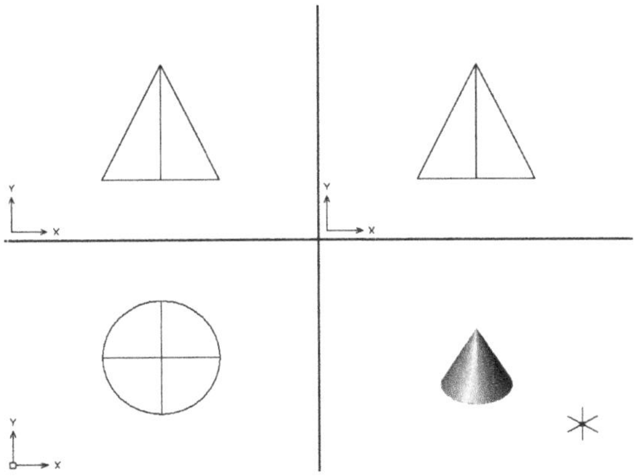

图 10-38 用 Cone 命令创建圆锥体

命令：Cone //执行 Cone 命令。

指定圆锥体底面的中心点

或［椭圆(E)］<0,0,0>:点取一点　　　　//指定底面圆心位置。

指定圆锥体底面半径或［直径(D)］:10　　　　//指定底面圆半径。

指定圆锥体高度或［顶点(A)］:20　　　　//指定高度,回车结束命令。

以上各选项含义和功能说明如下。

圆锥体底面的中心点:指定圆锥体底面的中心点来创建三维圆锥体。

椭圆(E):创建一个底面为椭圆的三维圆锥体对象。

圆锥体高度:指定圆锥体的高度,输入正值,则以当前读者坐标系统 UCS 的 Z 轴正方向绘制圆锥体,输入负值,则以 UCS 的 Z 轴负方向绘制圆锥体。

5. 楔体

1) 命令格式

命令行:Wedge

菜单:“绘图”→“实体”→“楔体(W)”

工具栏:

绘制三维楔体对象。

2) 操作步骤

任意建立一个楔体,如图 10-39 所示。

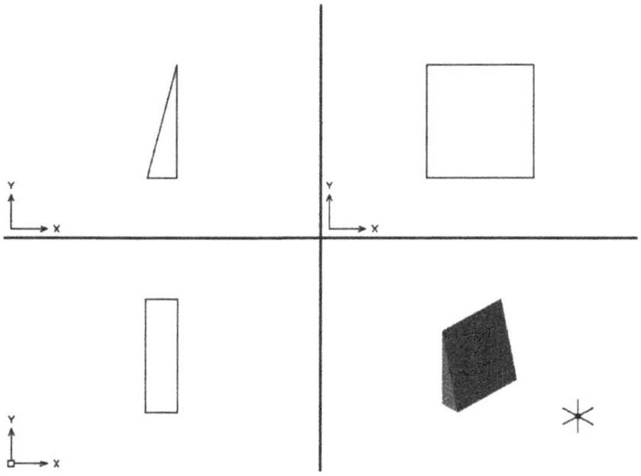

图 10-39　用 Wedge 命令创建楔体

命令:Wedge　　　　//执行 Wedge 命令。

指定楔体的第一个角点或［中心点(C)］<0,0,0>:点取一点

　　　　//指定楔体位置。

指定角点或［立方体(C)/长度(L)］:点取一点 指点楔体底面矩形。

楔高:点取一点　　　　//指定楔体高度,回车结束命令。

以上各选项含义和功能说明如下。

第一个角点:指定楔体的第一个角点。

立方体：创建各条边都相等的楔体对象，如图 10-40 所示。

长度：分别指定楔体的长、宽、高。其中长度与 X 轴对应，宽度与 Y 轴对应，高度与 Z 轴对应，如图 10-41 所示。

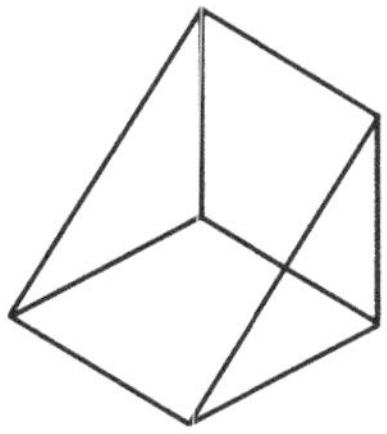

图 10-40　各条边相等的楔体

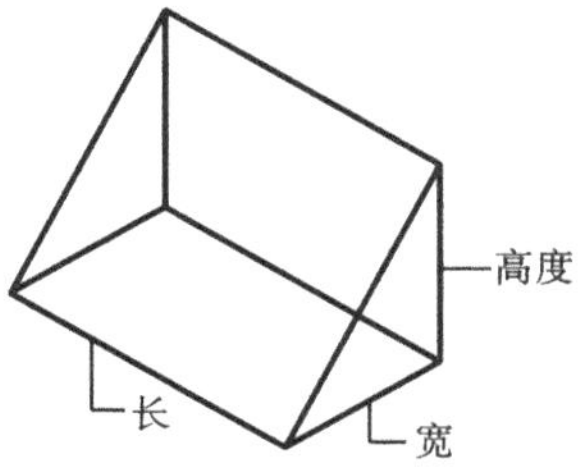

图 10-41　楔体的长宽高示意

中心点(CE)：指定楔体的中心点。

6. 圆环

1) 命令格式

命令行：Torus

菜单："绘图"→"实体"→"圆环体(T)"

工具栏：

绘制三维圆环实体对象。

2) 操作步骤

建立一个管状物半径为 10，圆环半径为 20 的圆环，如图 10-42 所示。

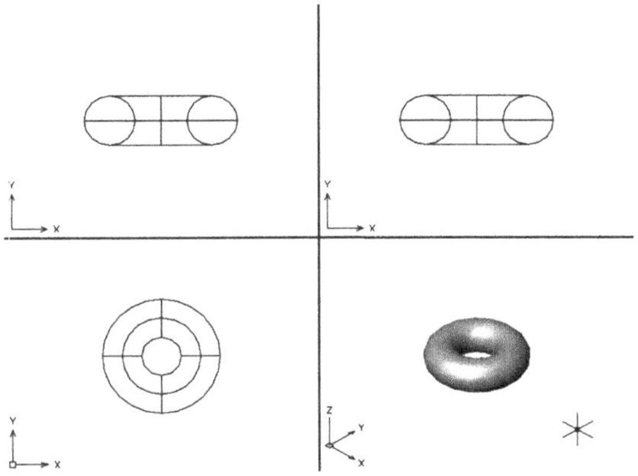

图 10-42　用 Torus 命令创建圆环

命令：Torus　　//执行 Torus 命令。

圆环体中心：＜0,0,0＞点取一点　　//指定圆环中心。

指定圆环体的半径或［直径(D)］：20　　//指定圆环半径。

指定圆管的半径或［直径(D)］：10　　//指定管状物半径，回车结束命令。

以上各选项含义和功能说明如下。

半径(R)：指定圆环体的半径。

直径(D)：指定圆环体的直径。

3）注意事项

(1) 圆环由两半径定义：一个是管状物的半径，另一个是圆环中心到管状物中心的距离。

(2) 若指定的管状物的半径大于圆环的半径，即可绘制无中心的圆环，即自身相交的圆环。自交圆环体没有中心孔。

7. 拉伸

1）命令格式

命令行：Extrude

菜单："绘图"→"实体"→"拉伸(X)"

工具栏：

以指定的路径或指定的高度值和倾斜角度拉伸选定的对象来创建实体。

2）操作步骤

对图 10-43(a)中的图形进行拉伸，拉伸高度为 20，倾斜角为 30 度，其结果如图 10-43(b)所示。

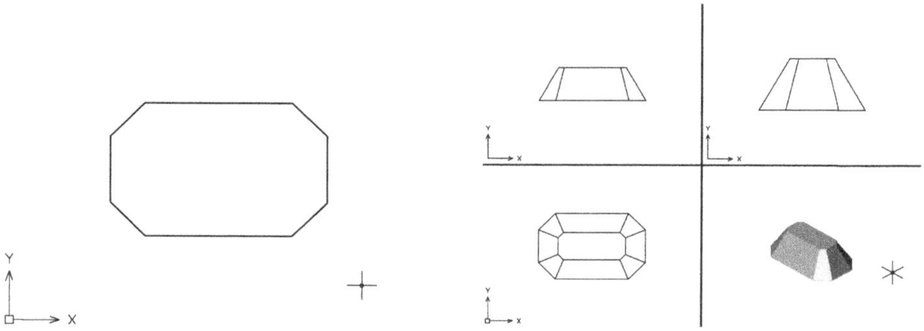

(a)　　(b)

图 10-43　用 Extrude 命令拉伸图形

命令：Extrude	//执行 Extrude 命令。
选择对象：选择图形	//指定要拉伸的图形。
选择集当中的对象：1	//提示选择对象的数量。
选择对象：	//回车结束选择。
指定拉伸高度或拉伸路径(P)：20	//指定拉伸高度。
指定拉伸的倾斜角度＜0＞：30	//指定拉伸倾角，回车结束命令。

以上各选项含义和功能说明如下。

选择对象：选择要拉伸的对象。可进行拉伸处理的对象有平面三维面、封闭多段线、多边形、圆、椭圆、封闭样条曲线、圆环和面域。

指定拉伸高度：为选定对象指定拉伸的高度，若输入的高度值为正数，则以当前 UCS 的 Z 轴正方向拉伸对象，若为负数，则以 Z 轴负方向拉伸对象。

拉伸路径(P)：为选定对象指定拉伸的路径，在指定路径后，系统将沿着选定路径拉伸选定对象的轮廓创建实体，如图 10-44 所示。

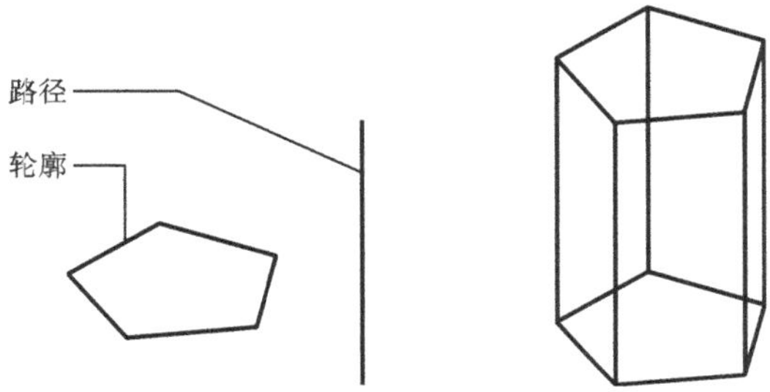

图 10-44　用路径拉伸图形示意

3）注意事项

倾斜角度的值可为“－90～＋90”之间的任何角度值，若输入正的角度值，则从基准对象逐渐变细地拉伸；若输入负的角度值，则从基准对象逐渐变粗地拉伸。角度为 0 时，表示在拉伸对象时，对象的粗细不发生变化，而且是在其所在平面垂直的方向上进行拉伸。当读者为对象指定的倾斜角和拉伸高度值很大时，将导致对象或对象的一部分在到达拉伸高度之前就已经汇聚到一点。

8. 旋转

1）命令格式

命令行：Revolve

菜单：“绘图”→“实体”→“旋转(R)”

工具栏：

将选取的二维对象以指定的旋转轴旋转，最后形成实体。

2）操作步骤

对图 10-45(a)中的图形进行旋转 360°，其结果如图 10-45(b)所示。

命令：Revolve　　　　//执行 Revolve 命令。

选择对象：　　　　//选择要旋转的图形。

选择集当中的对象：1　　　　//提示选择对象的数量。

选择对象：　　　　//回车结束选择。

指定旋转轴的起点或定义轴物体(O)/X 轴(x)/Y 轴(y)：点选轴端点

//指定旋转轴一端点。

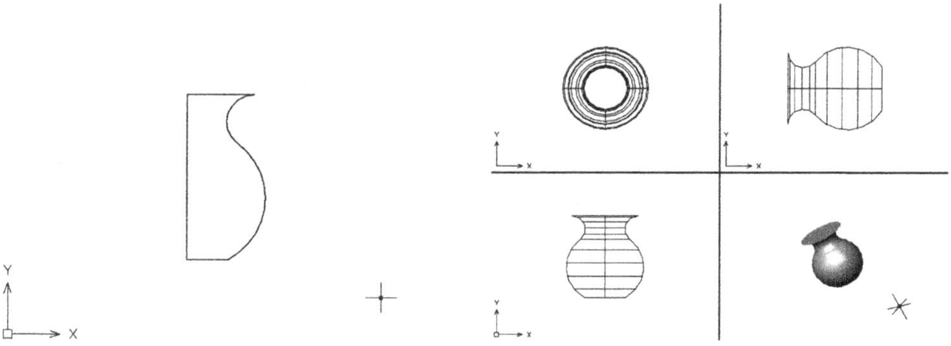

(a)　　　　　　(b)

图 10-45　用 Revolve 命令创建旋转体

指定旋转轴的终点:点选轴另一端点　　　　//指定旋转轴另一端点。

指定旋转角度<360>:360　　　　　　　　//指定旋转角度,回车结束命令。

以上各选项含义和功能说明如下。

旋转轴的起始点:通过指定旋转轴上的两个点来确定旋转轴,轴的正方向为第一点指向第二点。

物体(O):以选定的直线或多段线中的单条线段为旋转轴,接着围绕此旋转轴旋转一定角度,形成实体。

X 轴(X):以当前 UCS 的 X 轴为旋转轴,旋转轴的正方向与 X 轴正方向一致。

Y 轴(Y):以当前 UCS 的 Y 轴为旋转轴,旋转轴的正方向与 Y 轴正方向一致。

旋转角度:指定旋转角度值。

9. 剖切

1) 命令格式

命令行:Slice

菜单:“绘图”→“实体”→“剖切(L)”

工具栏:

将实体对象以平面剖切,并保留剖切实体的所有部分,或者保留指定的部分。

2) 操作步骤

对图 10-46(a)中的立方体进行剖切,留下一个四面体,其结果如图 10-46(b)所示。

命令:Slice　　　　　　　　　　　　//执行 Slice 命令。

选择对象:点选立方体　　　　　　　　//指定剖切对象。

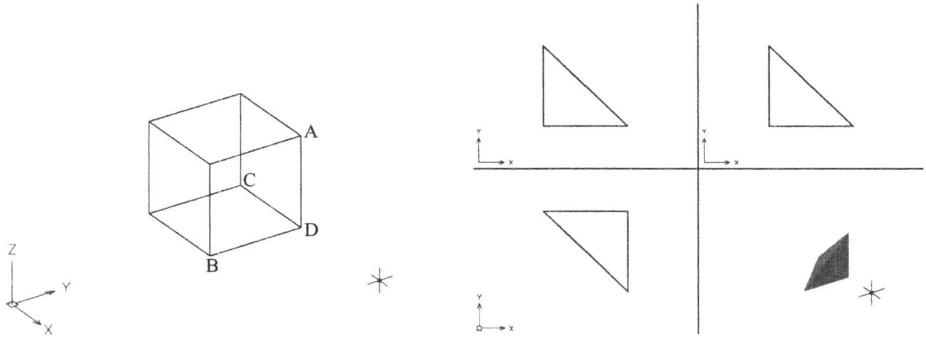

(a)　　　　(b)

图 10-46　用 Slice 命令剖切实体

选择集当中的对象:1　　　　//提示选择对象的数量。

选择对象:　　　　//回车结束选择。

指定截面上的第一点或 对象(O)/轴(Z)/视图(V)/平面(XY)/平面(YZ)/平面(ZX):点选点 A

在平面上指定第二点:点选点 B

在平面上指定第三点:点选点 C　　　　//通过三点来确定剖切面。

在要保留的一侧指定一点

或 保留两侧(B):点选点 D　　　　//指点保留部分,回车结束命令。

以上各选项含义和功能说明如下。

截面上的第一点:通过指定三个点来定义剪切平面。

对象(O):定义剪切面与选取的圆、椭圆、弧、2D 样条曲线或二维多段线对象对齐。

轴(Z):通过指定剪切平面上的一个点,以及垂直于剪切平面的一点定义剪切平面。如图 10-47 所示。

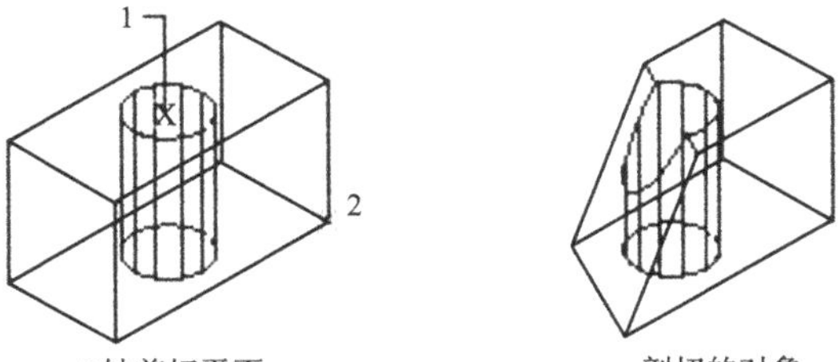

图 10-47　通过设定 Z 轴确定剪切平面

视图(V):指定剪切平面与当前视口的视图平面对齐。

平面(XY):通过在 XY 平面指定一个点来确定剪切平面所在的位置,并使剪切平面与当前 UCS 的 XY 平面对齐。

平面(YZ)：通过在 YZ 平面指定一个点来确定剪切平面所在的位置，并使剪切平面与当前 UCS 的 YZ 平面对齐。

平面(ZX)：通过在 ZX 平面指定一个点来确定剪切平面所在的位置，并使剪切平面与当前 UCS 的 ZX 平面对齐。

3）注意事项

剖切实体保留原实体的图层和颜色特性。

10. 截面

1）命令格式

命令行：Section

菜单："绘图"→"实体"→"截面(E)"

工具栏：

以实体对象与平面相交的截面创建面域。

2）操作步骤

在图 10-48(a)中的圆柱体上，建立一个截面，其结果如图 10-48(b)所示。

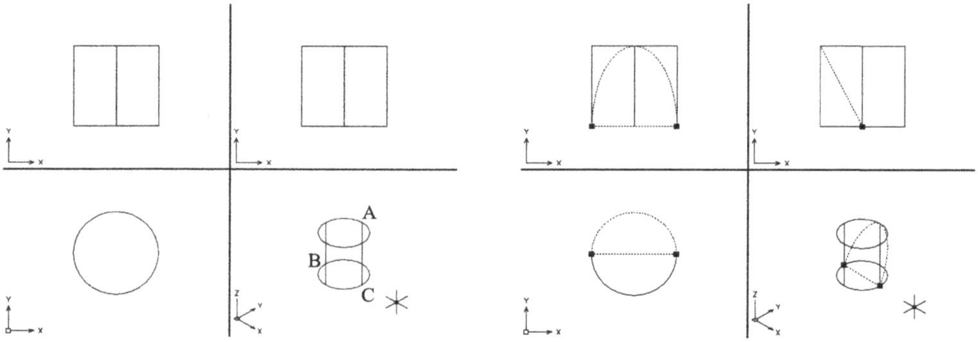

(a)　　(b)

图 10-48　用 Section 命令建立截面

命令：Section　　//执行 Section 命令。

选择对象：点选圆柱体　　//指定截面对象。

选择集当中的对象：1　　//提示选择对象数量。

选择对象：　　//回车结束选择。

指定截面上的第一点或 对象(O)/轴(Z)/视图(V)/平面(XY)/平面(YZ)/平面(ZX)：点选点 A

在平面上指定第二点：点选点 B

在平面上指定第三点：点选点 C　　//用三点指定截面，回车结束命令。

以上各选项含义和功能说明如下。

截面上的第一点：通过指定三个点来定义截面。

对象(O)：定义截面与选取的圆、椭圆、弧、2D 样条曲线或二维多段线对象对齐。

轴(Z)：通过指定截面上的一个点，以及垂直于截面的一点定义截面。

视图(V)：指定截面与当前视口的视图平面对齐。

平面(XY)：通过在 X 平面指定一个点来确定截面所在的位置，并使截面与当前 UCS 的 XY 平面对齐。

平面(YZ)：通过在 YZ 平面指定一个点来确定截面所在的位置，并使截面与当前 UCS 的 YZ 平面对齐。

平面(ZX)：通过在 ZX 平面指定一个点来确定截面所在的位置，并使截面与当前 UCS 的 ZX 平面对齐。

11．干涉

1）命令格式

命令行：Interfere

菜单："绘图"→"实体"→"干涉(I)"

工具栏：

选取两批实体进行比较，并用两个或多个实体的公共部分创建三维组合实体。

2）操作步骤

将图 10-49(a)中两个实体相干涉的部分创建为实体，其结果如图 10-49(b)所示。

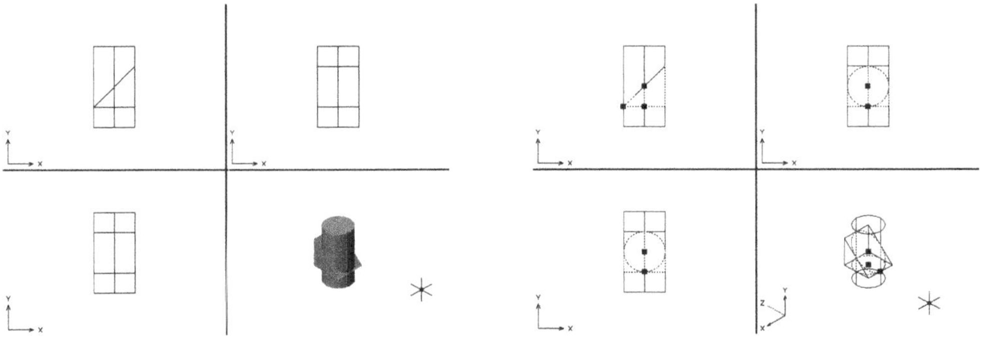

(a) (b)

图 10-49 用 Interfere 命令创建干涉实体

命令：Interfere //执行 Interfere 命令。

选择第一批 Acis 对象：点选圆柱体 //指定发生干涉的实体。

选择集当中的对象：1 //提示选择对象数量。

选择第一批 Acis 对象： //回车结束第一批对象的选择。

选择第二批 Acis 对象：点选楔体 //指定发生干涉的实体。

选择集当中的对象：1 //提示选择对象数量。

选择第二批 Acis 对象： //回车结束第二批对象的选择。

将 1 实体同 1 实体比较. 干涉实体对数目：1 //提示发生干涉的结果。

创建干涉实体吗？是(Y)/<否(N)>：y //创建干涉对象。

高亮显示相互干涉的实体对吗？是(Y)/<否(N)>：回车结束命令。

3）注意事项

(1) Interfere 将亮显重叠的三维实体。若读者只选择第一个选择集，在提示选择第二批对象时按 ENTER 键，系统将对比检查第一集合中的全部实体。若读者在提示选择两批 ACIS 对象时定义了两个选择集，系统将对比检查第一个选择集中的实体与第二个选择集中的实体。若在两个选择集中包括了同一个三维实体，系统会将此三维实体视为第一个选择集中的一部分，而在第二个选择集中忽略它。

(2) 在选取了第二批 ACIS 对象后，按回车键系统会进行各对三维实体之间的干涉测试。重叠或有干涉的三维实体将被亮显，并显示干涉三维实体的数目和干涉的实体对。

10.1.7 编辑三维实体

1. 实体编辑

1）命令格式

命令行：Solidedit

菜单："修改"→"实体编辑(N)"

对实体对象的面和边进行拉伸、移动、旋转、偏移、倾斜、复制、着色、分割、抽壳、清除、检查或删除等操作。

2）操作步骤

将图 10-50(a)中实体的一个面进行拉伸，其结果如图 10-50(b)所示。

命令：Solidedit //执行 Solidedit 命令。

输入一个实体编辑选项：面(F)/边(E)/体(B)/放弃(U)/<退出(X)>：F 指定对实体的面进行编辑

输入面编辑选项：拉伸(E)/移动(M)/旋转(R)/偏移(O)/倾斜(T)/删除(D)/复制(C)/着色(L)/放弃(U)/<退出(X)>：E //指定进行拉伸操作。

选择面或[删除(R)/撤销(U)]：找到 1 个面 //选择要拉伸的面。

选择面或[删除(R)/撤销(U)/选择全部(A)]： //回车结束对象选择。

指定拉伸高度或拉伸路径(P)：5 //指定拉伸长度。

指定拉伸的倾斜角度<0>：0 //指定倾角。

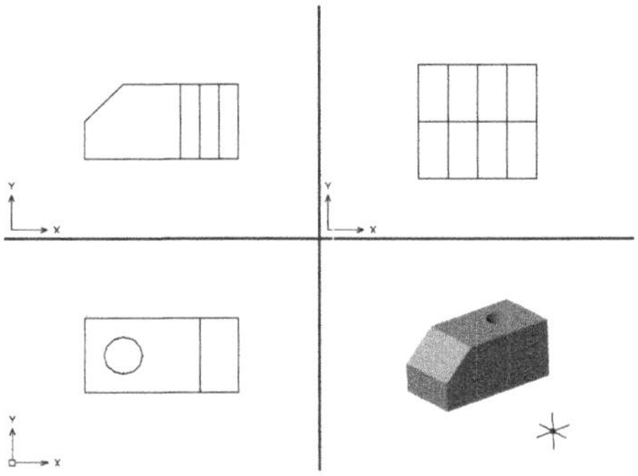

(a)　(b)

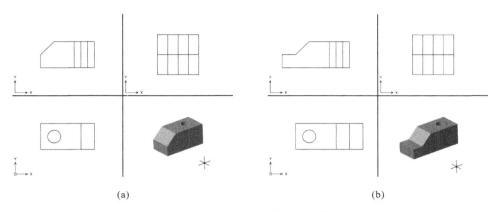

图 10-50　用 Solidedit 命令拉伸实体的一个面

输入面编辑选项：拉伸(E)/移动(M)/旋转(R)/偏移(O)/倾斜(T)/删除(D)/复制(C)/着色(L)/放弃(U)/<退出(X)>：　　//回车结束面编辑。

输入一个实体编辑选项：面(F)/边(E)/体(B)/放弃(U)/<退出(X)>
　　//回车结束命令

以上各选项含义和功能说明如下。

面(F)：编辑三维实体的面。

拉伸(E)：将选取的三维实体对象面拉伸指定的高度或按指定的路径拉伸。

移动(M)：以指定距离移动选定的三维实体对象的面。

旋转(R)：将选取的面围绕指定的轴旋转一定角度。

偏移(O)：将选取的面以指定的距离偏移。

倾斜(T)：以一条轴为基准，将选取的面倾斜一定的角度。

删除(D)：删除选取的面。

复制(C)：复制选取的面到指定的位置，如图 10-51 所示。

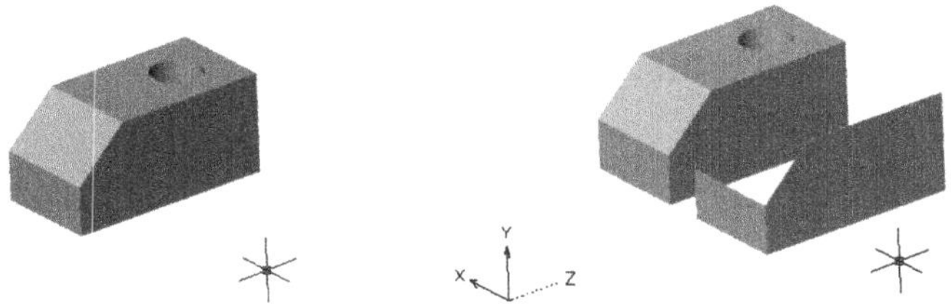

(a)　(b)

图 10-51　用 Solidedit 命令复制面示意

着色(L)：为选取的面指定线框的颜色。

边(E)：编辑或修改三维实体对象的边。可对边进行的操作有复制、着色。

体(B)：对整个实体对象进行编辑。

压印：选取一个对象，将其压印在一个实体对象上。前提条件是，被压印的对象必须与实体对象的一个或多个面相交。可选取的对象包括：圆弧、圆、直线、二维和三维多段线、椭圆、样条曲线、面域、体及三维实体。如图 10-52 所示。

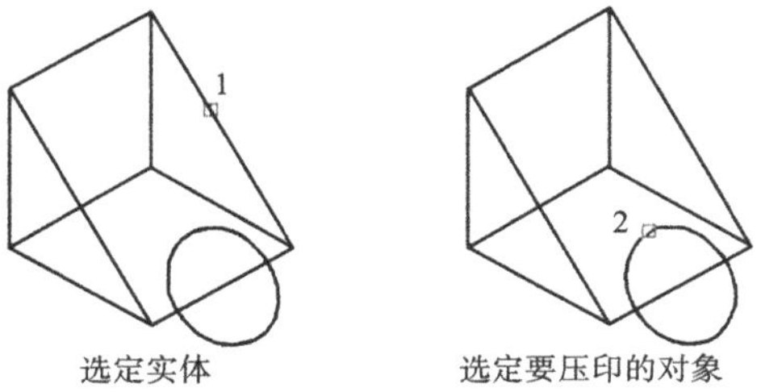

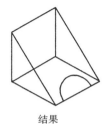

图 10-52　用 Solidedit 命令压印示意

分割实体：将选取的三维实体对象用不相连的体分割为几个独立的三维实体对象。注意只能分割不相连的实体，分割相连的实体用“剖切”命令。

抽壳：以指定的厚度创建一个空的薄层。如图 10-53 所示，抽壳时输入的偏移距离，距离值为正，则从外开始抽壳；若为负，则从内开始抽壳。

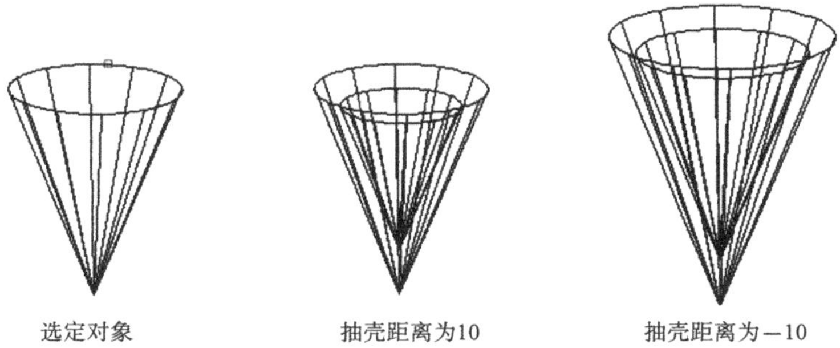

图 10-53　用 Solidedit 命令抽壳示意

清除：删除与选取的实体有交点的，或共用一条边的顶点。删除所有多余的边和顶点、压印的以及不使用的几何图形。

3）注意事项

Solidedit 命令包含的内容有三大部分：面、边、体。其中对面的编辑最为常用，也最为复杂，读者要仔细体会每条命令的作用。

2. 三维阵列

1）命令格式

命令行：3darray

菜单：“修改”→“三维操作(3)”→“三维阵列(3)”

在立体空间中创建三维阵列，复制多个对象。

2）操作步骤

将图 10-54(a)中的实体按三行三列三层进行矩形阵列，其结果如图 10-54(b)所示。

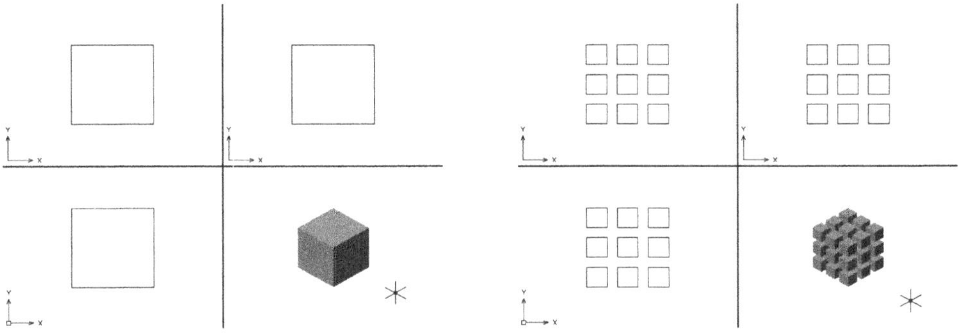

(a)　　(b)

图 10-54　用 3darray 命令进行三维阵列

命令:3darray　　//执行 3darray 命令。
选取阵列对象:点选立方体　　//选择需阵列对象。
选择集当中的对象:1　　//提示选择对象数量。
选取阵列对象:　　//回车结束对象选择。
阵列样式:环形(P)/中心(C)/<矩形(R)>:R　　//选择矩形阵列。
阵列的行数<1>:3　　//指定行数。
列数<1>:3　　//指定列数。
层次数<1>:3　　//指定层数。
指定行间距:15　　//指定行间距。
指定列间距:15　　//指定列间距。
层次的深度:15　　//指定层间距，回车结束命令。

以上各选项含义和功能说明如下。

环形阵列(P):依指定的轴线产生复制对象。

矩形阵列(R):对象以三维矩形(列、行和层)样式在立体空间中复制。一个阵列至少要有两个行、列或层。

3. 三维镜像

1）命令格式

命令行:Mirror3d

菜单:“修改”→“三维操作(3)”→“三维镜像(M)”

以一平面为基准，创建选取对象的反射副本。

2）操作步骤

将图 10-55(a)中的实体按端面部分进行镜像，使之成为一个对称的管路，其结果如图 10-55(b)所示。

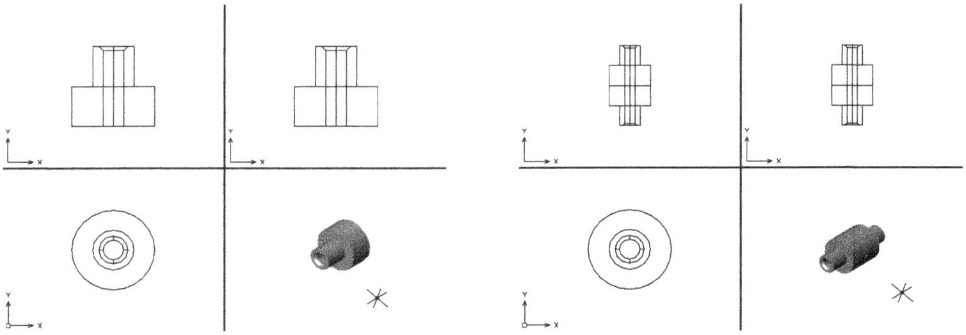

(a) (b)

图 10-55 用 Mirror3d 命令进行三维镜像

命令：Mirror3d //执行 Mirror3d 命令。

选择对象：点选实体 //指定需镜像的对象。

选择集当中的对象：1 //提示选择对象数量。

选择对象： //回车结束选择对象。

确定镜面平面：对象(E)/上次(L)/视图(V)/Z 轴(Z)/X-Y 面(XY)/Y-Z 面(YZ)/Z-X 面(ZX)/<3 点面(3)>： //点选镜像面上第一点。

面上第二点： //点选镜像面上第二点。

面上第三点： //点选镜像面上第三点。

删除原来对象？<否(N)> //回车结束命令。

以上各选项含义和功能说明如下。

3 点面：通过指定三个点来确定镜像平面。

对象(E)：以对象作为镜像平面创建三维镜像副本。

上次(L)：以最近一次指定的镜像平面为本次创建三维镜像所需要的镜像平面。

视图(V)：以当前视图的观测平面来镜像对象。

Z 轴(Z)：以平面上的一点和垂直于平面的法线上的一点来定义镜像平面。

X-Y 面、Y-Z 面、Z-X 面：以 xy、yz 或 zx 平面来定义镜像平面。

4. 三维旋转

1) 命令格式

命令行：Rotate3d

菜单："修改"→"三维操作(3)"→"三维旋转(R)"

绕着三维的轴旋转对象。

2) 操作步骤

将图 10-56(a)中的实体以 AB 为轴，旋转 30 度，其结果如图 10-56(b)所示。

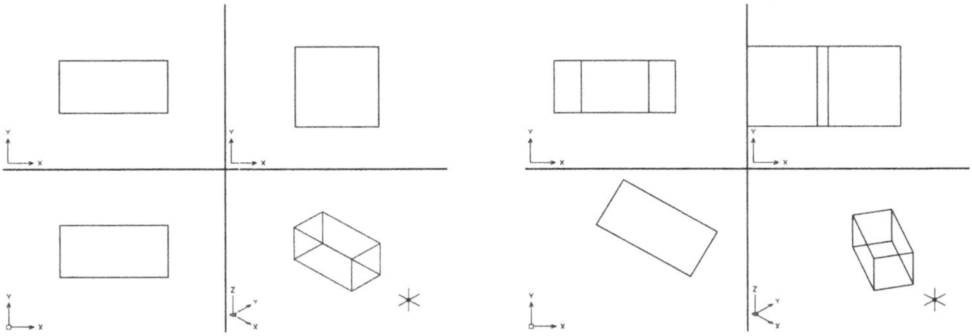

(a)　　　　　　　　(b)

图 10-56　用 Rotate3d 命令进行三维旋转

命令:Rotate3d　　　　　　　　　　//执行 Rotate3d 命令。

选择旋转对象:选择长方体　　　　　　//选择旋转对象。

选择集当中的对象:1　　　　　　　　//提示选择对象数量。

选择旋转对象:　　　　　　　　　　//回车结束对象选择。

指定轴上的第一点或定义轴依据［对象(O)/上次(L)/视图(V)/X 轴(X)/Y 轴(Y)/。

Z 轴(Z)/两点(2)］:点选点 A

指定轴上的第二点:点选点 B　　　　//两点确定旋转轴。

指定旋转角度或［参照(R)］:30　　　//指定旋转角度,回车结束命令。

以上各选项含义和功能说明如下。

2 点:通过指定两个点定义旋转轴。

对象(E):选择与对象对齐的旋转轴。

上次(L):以上次使用 Rotate3d 命令定义的旋转轴为此次旋转的旋转轴。

视图(V):将旋转轴与当前通过指定的视图方向轴上的点所在视口的观察方向对齐。

X 轴:将旋转轴与指定点所在坐标系统 UCS 的 X 轴对齐。

Y 轴:将旋转轴与指定点所在坐标系统 UCS 的 Y 轴对齐。

Z 轴:将旋转轴与指定点所在坐标系统 UCS 的 Z 轴对齐。

5. 对齐

1) 命令格式

命令行:Align

菜单:"修改"→"三维操作(3)"→"对齐(L)"

在二维和三维选择要对齐的对象,并向要对齐的对象添加源点,向要与源对象对齐的对象添加目标点,使之与其他对象对齐。

2）操作步骤

将图 10-57(a)中的四棱锥对齐到立方体上，其结果如图 10-57(b)所示。

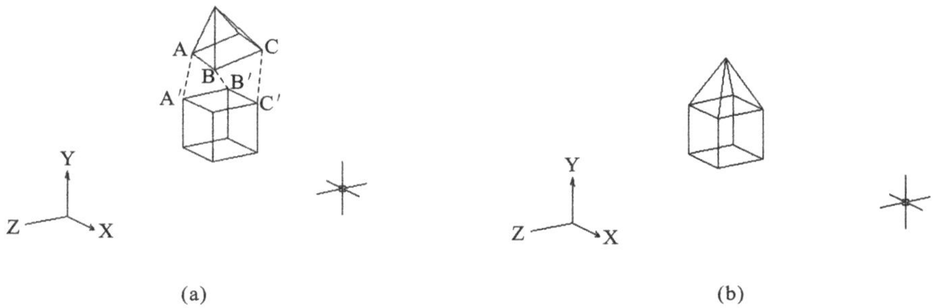

图 10-57　用 Align 命令让两实体对齐

命令：Align　　//执行 Align 命令。
选择对象：选择锥体　　//选择要移动的对象。
选择集当中的对象：1　　//提示选择对象数量。
选择对象：　　//回车结束对象选择。
指定第一个源点：点选点 A
指定第一个目标点：点选点 A′
指定第二个源点：点选点 B
指定第二个目标点：点选点 B′
指定第三个源点：点选点 C
指定第三个目标点：点选点 C′　　//回车结束命令

3）注意事项

对齐命令在二维绘图的时候也可以使用。要对齐某个对象，最多可以给对象添加三对源点和目标点。

10.1.8　三维实体综合实例

任务：创建如图 10-58(a)所示实体模型。

目的：通过绘制此图形，掌握创建复杂实体模型的方法。

1. 新建一张图

设置实体层和辅助线层。并将实体层设置为当前层。将视图方向调整到西南等轴测方向。

2. 创建长方体

调用长方体命令，绘制长 120、宽 80、高 60 的长方体。

3. 圆角

调用圆角命令，以 8 为半径，对四条垂直棱边倒圆角，结果如图 10-59 所示。

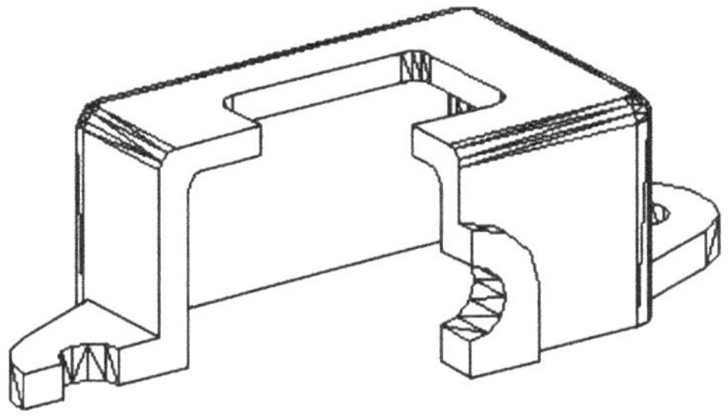

(a)

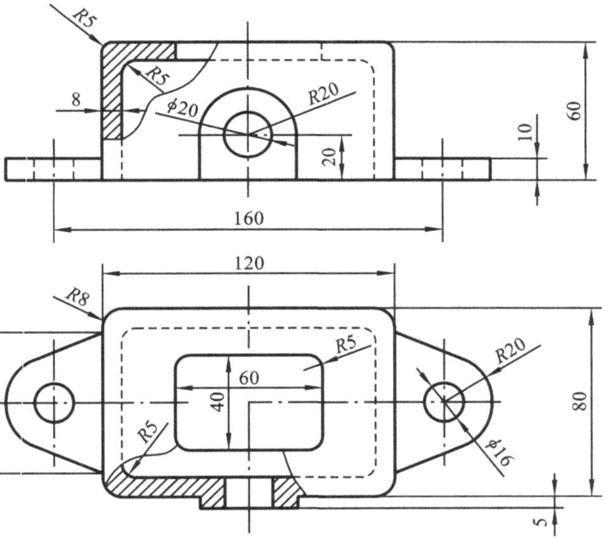

(b)

图 10-58　箱体

4. 创建内腔

(1) 抽壳　调用抽壳命令。

命令:_solidedit

实体编辑自动检查:SOLIDCHECK=1

输入实体编辑选项［面(F)/边(E)/体(B)/放弃(U)/退出(X)］<退出>:_body　输入实体编辑选项

［压印(I)/分割实体(P)/抽壳(S)/清除(L)/检查(C)/放弃(U)/退出(X)］<退出>:_shell

选择三维实体:在三维实体上单击

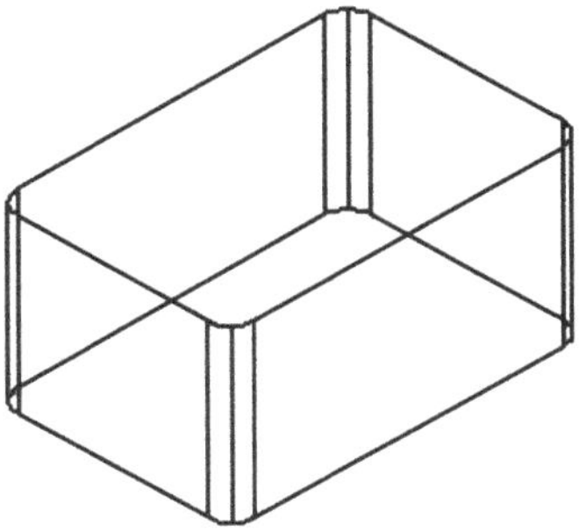

图 10-59　倒圆角长方体

删除面或［放弃(U)/添加(A)/全部(ALL)］:选择上表面 找到一个面,已删

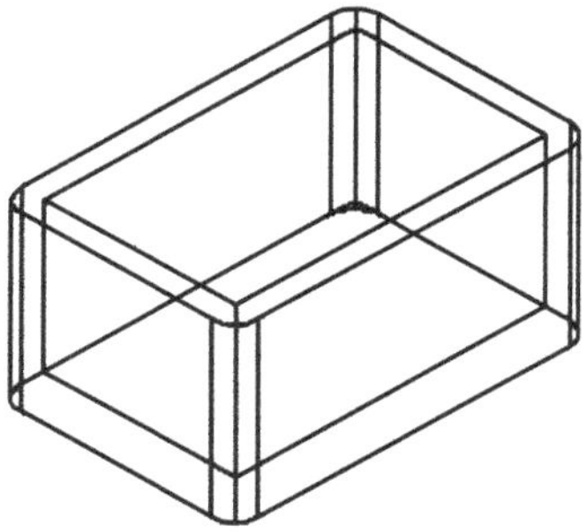

图 10-60　抽壳

除一个。

删除面或［放弃(U)/添加(A)/全部(ALL)］:

输入抽壳偏移距离:8

已开始实体校验。

已完成实体校验。

其结果如图 10-60 所示。

(2) 倒圆内角　单击“修改”工具栏上的“圆角”命令按钮，调用圆角命令，以 5 为半径，对内表面的四条垂直棱边倒圆角。

5. 创建耳板

(1) 绘制耳板端面　将坐标系调至上表面，按图 10-58(b)所示的尺寸绘制耳板端面图形，并将其生成面域，然后用外面的大面域减去圆形小面域，结果如图 10-61 所示。

(2) 拉伸耳板　单击“实体”工具栏上的“拉伸”命令按钮，调用拉伸命令。

命令:_extrude

当前线框密度:ISOLINES=4

选择对象:选择面域 找到一个

选择对象:

指定拉伸高度或［路径(P)］:−10

指定拉伸的倾斜角度<0>:

其结果如图 10-62 所示。

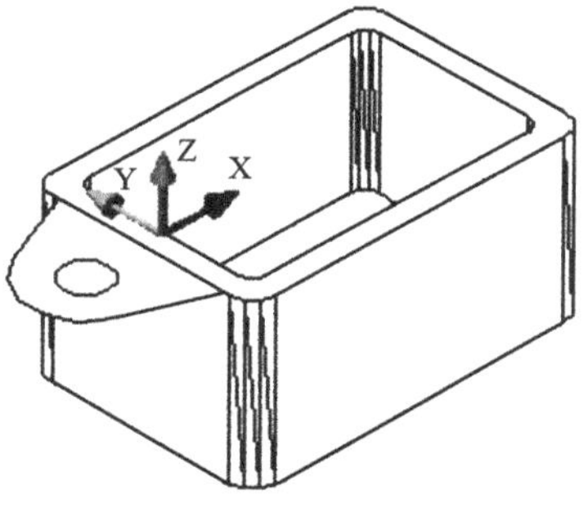

图 10-61　耳板图

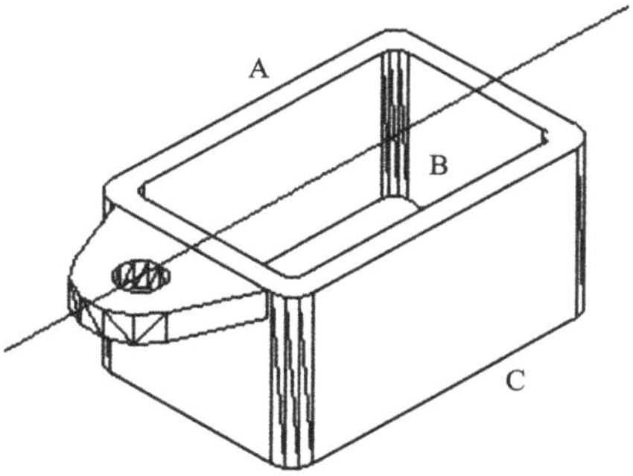

图 10-62　拉伸耳板端面

(3) 镜像另一侧耳板　调用“三维镜像”命令。

命令:_mirror3d

选择对象:选择耳板 找到一个

选择对象:

指定镜像平面（三点）的第一个点或[对象(O)/最近的(L)/Z 轴(Z)/视图(V)/XY 平面(XY)/YZ 平面(YZ)/ZX

平面(ZX)/三点(3)]<三点>:选择中点 A

在镜像平面上指定第二点:选择中点 B

在镜像平面上指定第三点:选择中点 C

是否删除源对象？[是(Y)/否(N)]<否>:N

其结果如图 10-63 所示。

(4) 布尔运算　调用并集运算命令，将两个耳板和一个壳体合并成一个组合体。

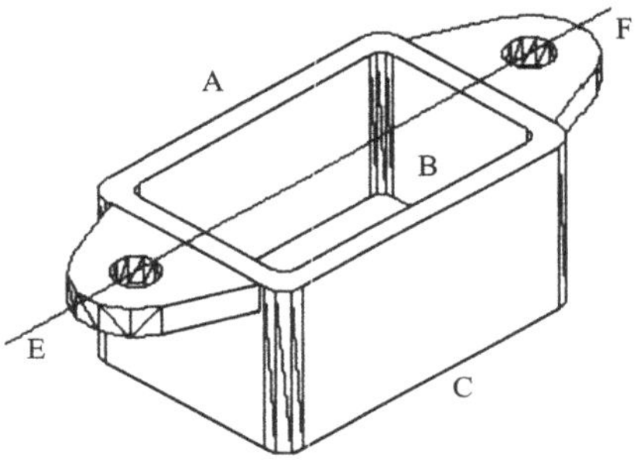

图 10-63　镜像耳板图

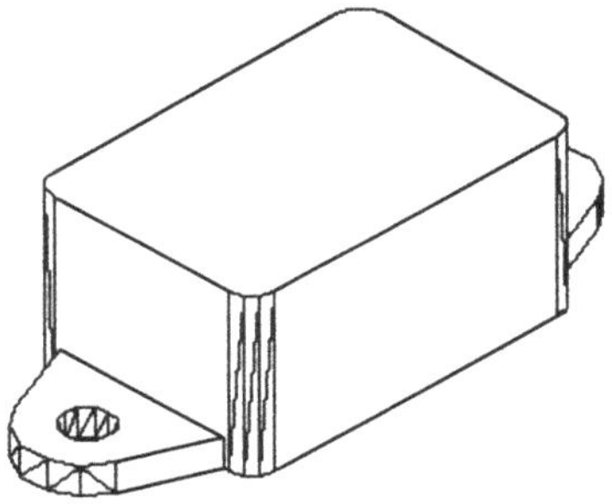

图 10-64　旋转箱体

6. 旋转

调用"三维旋转"命令。

命令:_rotate3d

当前正向角度:ANGDIR=逆时针 ANGBASE=0

选择对象:选择实体 找到一个

选择对象:

指定轴上的第一个点或定义轴依据

[对象(O)/最近的(L)/视图(V)/X 轴(X)/Y 轴(Y)/Z 轴(Z)/两点(2)]:选择辅助线端点 E

指定轴上的第二点:选择辅助线端点 F

指定旋转角度或 [参照(R)]:180

其结果如图 10-64 所示。

7. 创建箱体顶盖方孔

(1) 绘制方孔轮廓线　调用矩形命令，绘制长 60、宽 40、圆角半径为 5 的矩形，用直线连接边的中点 MN，其结果如图 10-65(a)所示。

(2) 移动矩形线框　先连接箱盖顶面长边棱线中点 G、H，绘制辅助线 GH。再调用移动命令，以 MN 的中点为基点，移动矩形线框至箱盖顶面，目标点为

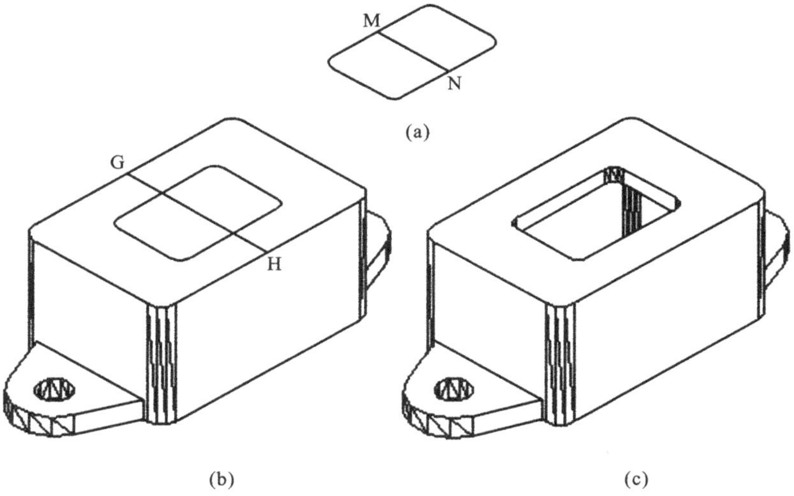

图 10-65　创建顶面方孔

GH 的中点。

(3) 压印　调用压印命令。

命令:_solidedit

实体编辑自动检查:SOLIDCHECK＝1

输入实体编辑选项［面(F)/边(E)/体(B)/放弃(U)/退出(X)］<退出>:_body　输入体编辑选项

［压印(I)/分割实体(P)/抽壳(S)/清除(L)/检查(C)/放弃(U)/退出(X)］<退出>:_imprint

选择三维实体:选择实体

选择要压印的对象:选择矩形线框

是否删除源对象［是(Y)/否(N)］<N>:Y

其结果如图 10-65(b)所示。

(4) 拉伸面　调用拉伸面命令。

命令:_solidedit

实体编辑自动检查:SOLIDCHECK＝1

输入实体编辑选项［面(F)/边(E)/体(B)/放弃(U)/退出(X)］<退出>:_face　输入面编辑选项

［拉伸(E)/移动(M)/旋转(R)/偏移(O)/倾斜(T)/删除(D)/复制(C)/着色(L)/放弃(U)/退出(X)］<退出>:_extrude

选择面或［放弃(U)/删除(R)］:在压印面上单击 找到一个面。

选择面或［放弃(U)/删除(R)/全部(ALL)］:

指定拉伸高度或［路径(P)］:－8

指定拉伸的倾斜角度<0>：

已开始实体校验。

已完成实体校验。

其结果如图 10-65(c)所示。

8. 创建前表面凸台

(1) 按图 10-58(b)所示尺寸绘制凸台轮廓线，创建面域，再将面域压印到实体上，其结果如图 10-66(a)所示。

(2) 拉伸面　调用拉伸面命令，选择凸台压印面拉伸，高度为 5，拉伸的倾斜角度为 0°，其结果如图 10-66(b)所示。

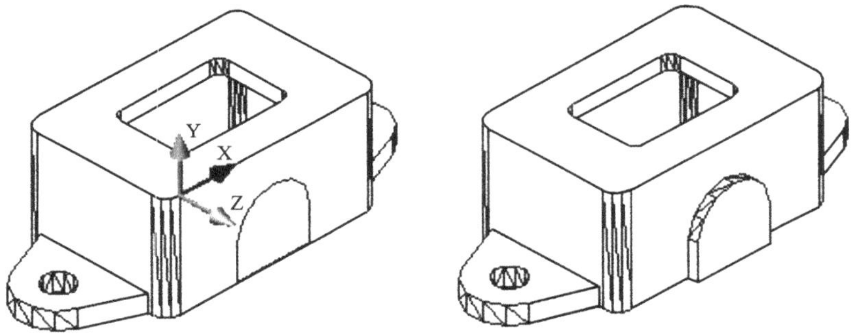

(a)　　(b)

图 10-66　创建凸台

(3) 合并　调用“并集”命令，合并凸台与箱体。

(4) 创建圆孔　在凸台前表面上绘制直径为 20 的圆，压印到箱体上，然后以-13 的高度拉伸面，创建出凸台通孔。

9. 倒顶面圆角

将视图方式调整到三维线框模式，调用圆角命令。

命令：_fillet

当前设置：模式＝修剪，半径＝5.0000

选择第一个对象或[多段线(P)/半径(R)/修剪(T)/多个(U)]：选择上表面的一个棱边

输入圆角半径<5.0000>：5

选择边或[链(C)/半径(R)]：C

选择边链或[边(E)/半径(R)]：选择上表面的另一个棱边

选择边链或[边(E)/半径(R)]：选择内表面的一个棱边　//如图 10-67(a)所示。

选择边链或[边(E)/半径(R)]：

已选定 16 个边用于圆角。

其结果如图 10-67(b)所示。

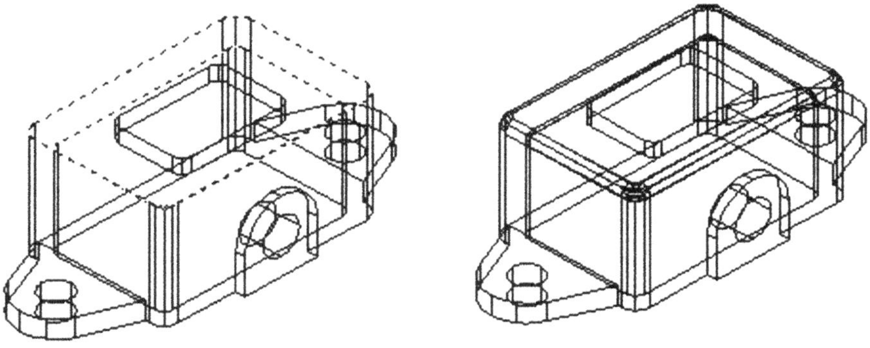

(a)　　(b)

图 10-67　倒圆角

10. 剖切

(1) 剖切实体成前后两部分　调用“剖切”命令。

命令:_slice

选择对象:找到一个

选择对象:

指定切面上的第一个点,依照［对象(O)/Z 轴(Z)/视图(V)/XY 平面(XY)/YZ 平面(YZ)/ZX 平面(ZX)/三点(3)］<三点>:选择中点 A

指定平面上的第二个点:选择中点 B

指定平面上的第三个点:选择中点 C

在要保留的一侧指定点或［保留两侧(B)］:B

其结果如图 10-68(a)所示。

(2) 剖切前半个实体　调用剖切命令。

命令:_slice

选择对象:选择前半个箱体 找到一个

选择对象:

指定切面上的第一个点,依照［对象(O)/Z 轴(Z)/视图(V)/XY 平面(XY)/YZ 平面(YZ)/ZX 平面(ZX)/三点(3)］<三点>:选择中点 D

指定平面上的第二个点:选择中点 F

指定平面上的第三个点:选择中点 E

在要保留的一侧指定点或［保留两侧(B)］:在右侧单击

其结果如图 10-68(b)所示。

(3) 合并实体　调用“并集”命令,将剖切后的实体合并成一个,其结果如图 10-58(a)所示。

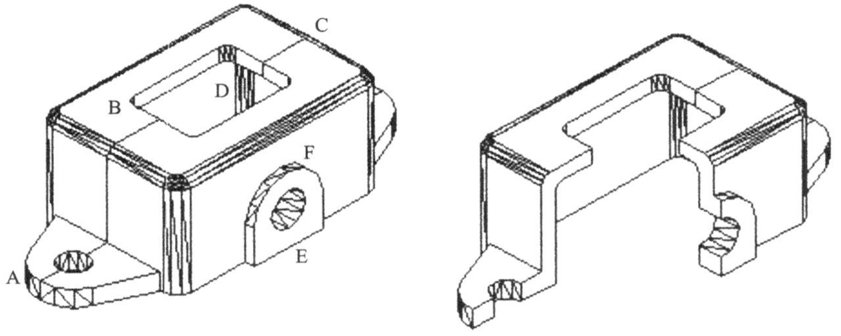

图 10-68 倒圆角

10.2 由三维图形生成二维图形

模型空间是为创建三维模型提供一个广阔的绘图区域，读者可以通过建立UCS，创建各种样式的模型并设置观察视图和消隐、渲染等操作。

而布局空间是用于创建最终的打印布局，是图形输出效果的布置，读者不能通过改变视点的方式来从其他角度观看图形。

它们的主要区别标志是坐标系图标。在模型空间中，坐标系图标是一个反映坐标方向的坐标架；而在布局空间中，坐标系图标则是三角板形状。利用布局空间可以把在模型空间中绘制的三维模型在同一张图纸上以多个视图的形式排列并打印出来，而在模型空间中则无法实现。

AutoCAD 将三维实体模型生成三视图的方法大致分为以下两种。

(1) 先使用 Vports 或 Mview 命令，在布局空间中创建多个二维视图视口，然后使用 Solprof 命令在每个视口中分别生成实体模型的轮廓线，以创建二维视图的三视图。

(2) 先使用 Solview 命令后，在布局空间中生成实体模型的各个二维视图视口，然后使用 Soldraw 命令在每个视口中分别生成实体模型的轮廓线，以创建二维视图的三视图。

10.2.1 用 Mview 命令创建浮动视区及所形成的二维视图

(1) 进入图纸空间，删除系统默认的视区后，在命令行中键入 Mview 命令，根据提示，可创建一个或多个浮动视区。如图 10-69 所示，在图纸空间中创建了四个浮动视区。

(2) 先点击状态栏中的“图纸”按钮，然后单击某一视区的边框线，可将某一视区由图纸空间转为模型空间。这个模型空间称为浮动模型空间(model space in floating viewpoints)。在激活的活动视区中，通过设置不同的视点可将视区对

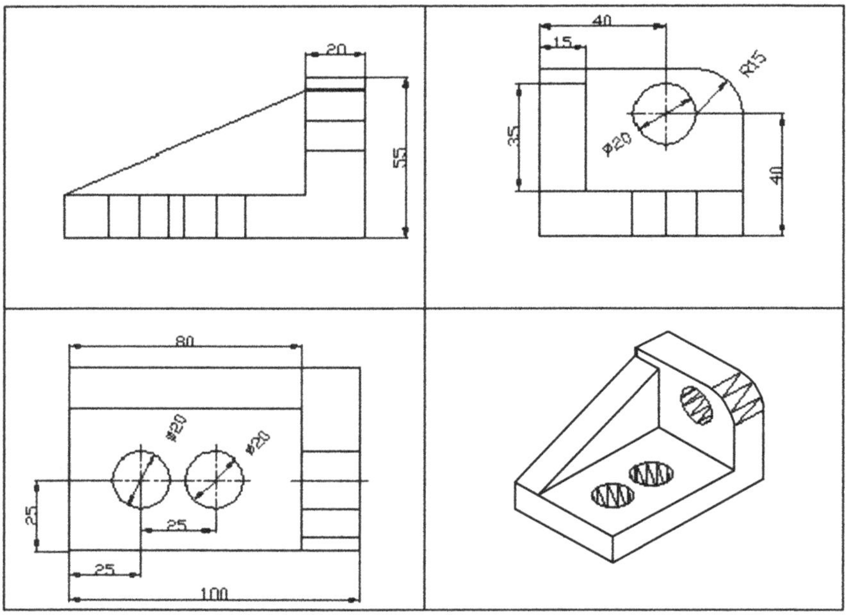

图 10-69　浮动视区 1

象转为二维视图(见图 10-69 中的主视图、俯视图、左视图和透视图)，也可创建或编辑三维实体，并能在其他浮动视区实时显示这种变化。

(3) 可以为各浮动视区设置相应的图层，这样做的优点是可以在不同的图层上对各视区进行尺寸标注、加注释等，而不会影响其他视区。为了能在各视区进行尺寸标注，需先设置俯视图标注层、主视图标注层和左视图标注层。然后将某一图层置为当前层(如俯视图标注层)，并将相应的视区激活(俯视图)，进行尺寸标注。最后，激活其他视区，打开图层设置对话框，选定当前的图层(topdim)，点击显示细节按钮，勾选[在活动视口中冻结]选项。

然而，按这一方式输出的图纸和工程图样还有较大的差别，由图 10-69 不难看出，用该方法形成的二维视图无法区分可见线与隐藏线；曲面轮廓线绘制不符合工程图样标准等。

10.2.2　用 Solview 命令创建浮动视区及所形成的二维视图

用 Solview 命令创建浮动视区，用 Soldraw 命令生成二维工程图样。

1) 用 Solview 命令创建的浮动视区

Solview 命令用于创建符合机械投影关系的浮动视区，为生成基本视图、向视图和剖视图作准备。使用该命令还同时生成五种图层，为每个视图建立了用于标注的图层(视图名为 DIM)和提供给 Soldraw 命令使用的可见线图层(视图名为 VIS)、隐藏线(视图名为 HID)图层、剖面线图层(视图名为 DIM)及用于放置视区对象的公共图层(Vports)。下面通过图 10-70 浮动视区,来介绍用 Soldraw 命令创建浮动视区的具体过程。

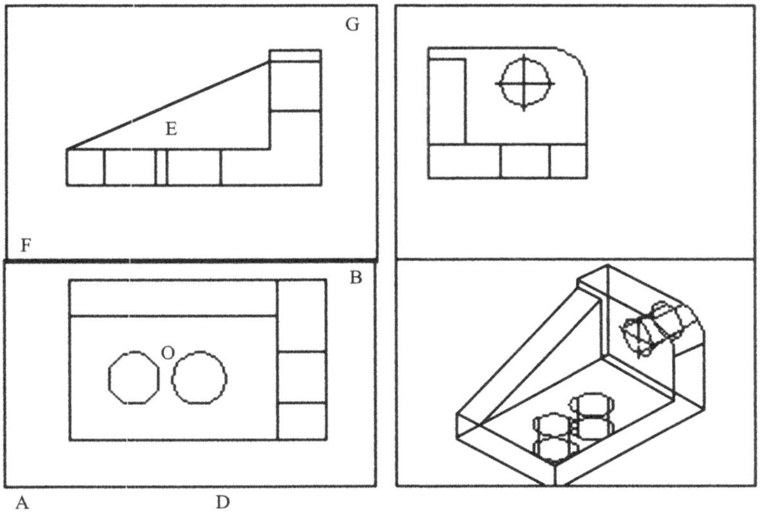

图 10-70 浮动视区 2

点选下拉菜单“绘图”→“实体”→“设置”→“视图”或点击实体工具条中的“设置视图”按钮或在命令行中键入 Solview 命令,都可激活该命令,并给出如下的提示。

“输入选项[UCS(U)/正交(O)/辅助(A)/截面(S)]:”

其中:UCS 项可创建基于坐标系的投影图,即使用当前 UCS 或 WCS 或已命名的坐标系的 XY 平面作为投影面,生成的浮动视区平行于 UCS 的 XY 平面。其步骤如下。

在提示行中键入 UCS 项,回车

→输入选项[命名的(N)/世界(W)/? /当前(C)]<当前>:回车(选择当前 UCS)

→输入视图比例(相当于 ZOOM 命令的 SCALE 项的 XP 比例),回车(取默认值 1)

→指定视图中心(在 O 点附近处单击,可多次指定,直到满意为止),回车

→指定浮动视区的第一对角点(在点 A 处单击)

→指定浮动视区的第另一个对角点(在点 B 处单击)

→输入视图名称(输入视图名称 TOP(俯视图))

通过以上步骤就创建了一个浮动视区,同时在视图中显示以当前 UCS 的 XY 平面为投影面的俯视图。

在提示行中键入O,可生成符合正投影关系的投影视图。主视图的生成过程如下。

在提示行中键入O,回车

→提示指定要投影的哪一侧(在点D处单击,拉出橡皮筋)

→指定视图中心(在点E处单击,可多次选择)

→指定浮动视区的第一对角点F

→指定浮动视区的第另一个对角点G

→输入视图名称(输入视图名称Front(主视图))

通过以上步骤就创建了一个正投影关系的主视图。同理通过主视图可创建左视图。若要创建向视图可键入A、剖视图可键入S。其作图步骤与创建主视图类似,在此不赘述。

创建透视图的方法与俯视图方法类似,可先创建一个浮动视区,然后将其视点设置为(－1,－1,1)即可。

2）用Soldraw命令生成二维工程图样

点选下拉菜单“绘图”→“实体”→“设置”→“图形”或选择实体工具条中的“设置图形”按钮或在命令行中键入Soldraw命令,都可激活该命令,并提示选择要进行处理(生成二维投影视图)的视区。本例点选主视图、俯视图和左视图三个视区的边框,回车,系统自动将原视区的三维实体删除,并生成二维投影视图。

3）设置可见线、隐藏线和标注线的线型,并对各视图进行标注

打开图层设置对话框,将TOP-VIS、FRONT-VIS、LEFT-VIS线型设置为粗实线;将TOP-DIM、FRONT-DIM、LEFT-DIM线型设置为细实线;将TOP-HID、FRONT-HID、LEFT-HID线型设置为虚线。同时新建TOP-CEN、FRONT-CEN、LEFT-CEN三个图层,并设置线型为点画线,用于在各视图中绘制中心线。

单击状态栏中的“图纸按钮”,将视区转为浮动的模型空间,分别激活各视区,将相应的图层置为当前层,进行尺寸标注或绘制中心线。例如,激活主视图后,将FRONTDIM图层置为当前层,可对主视图进行标注。将FRONTCEN置为当前层,可绘制主视图的中心线。

4）插入图幅和标题栏

在完成对各视图的标注、绘制中心线及注释等工作后,单击状态栏中的“模型”按钮,将视区转为图纸空间。若对布局不满意可通过有关命令进行移动。然后,冻结Vports图层。最后,在图纸空间中插入图幅和标题栏,就形成了标准机械工程图样。

10.2.3 使用 Solview 命令的应注意事项

1. 应正确设置模型空间的 UCS

在创建三维模型时，也许需要多次变换 UCS。因此，为了得到正确和预期的二维投影图，在完成三维图形的创建后请务必将 UCS 设置为正确的位置。因前已述，在创建二维浮动视区时，首先要根据 UCS 的 XY 平面生成第一个浮动视区。如 UCS 设置不正确，会给浮动视区的创建带来麻烦，甚至得不到预期效果。

2. 应要正确设置页面和视图比例

因为我们在创建第一个视区后，其他视区的创建是按正投影关系得到，为了不影响各视区图形的位置关系(长对正、宽相等的位置关系)，最好不要在浮动视区中采用缩放方式来缩放二维图形，否则将难以其调整到正确位置。

3. 应正确设置图纸布局

要创建几个视区、各视区在图纸中的位置，一定要做到心中有数，这样才不会造成布局混乱，甚至会破坏图形的位置关系。

附　　录

附表 1　普通螺纹直径、螺距和基本尺寸(摘录 GB/T 193—2003、GB/T 196—2003)

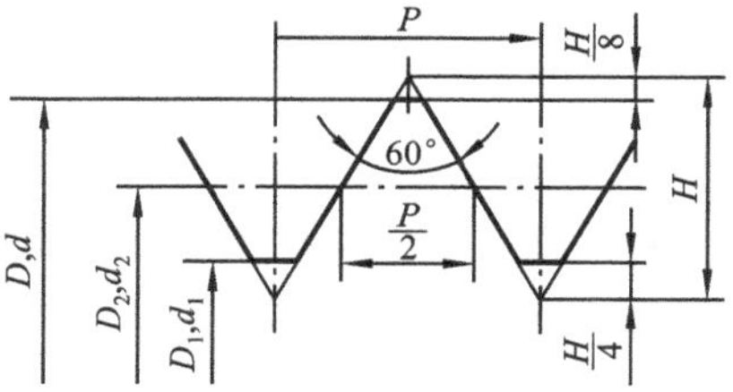

$d_1=d-2\times\frac{3}{8}H, D_2=D-2\times\frac{3}{8}H$

$d_1=d-2\times\frac{5}{8}H, D_2=D-2\times\frac{5}{8}H$

$H=\frac{\sqrt{3}}{2}P$

式中：d——外螺纹大径；D——内螺纹大径；
d_2——外螺纹中径；D_2——内螺纹中径；
d_1——外螺纹小径；D_1——内螺纹小径；
P——螺距；H——原始三角形高度。

(单位：mm)

公称直径 D、d	螺距 P		中径 D_2、d_2		小径 D_1、d_1	
	粗牙	细牙	粗牙	细牙	粗牙	细牙
3	0.5	0.35	2.675	2.773	2.459	2.621
(3.5)	(0.6)	0.35	3.110	3.273	2.850	3.121
4	0.7	0.5	3.545	3.675	3.242	3.459
(4.5)	(0.75)	0.5	4.013	4.175	3.688	3.959
5	0.8	0.5	4.480	4.675	4.134	4.459
[5.5]		0.5		5.175		4.459
6	1	0.75	5.350	5.513	4.917	5.188
[7]	1	0.75	6.350	6.513	5.917	6.188
8	1.25	1	7.188	7.350	6.647	6.917
		0.75		7.513		7.188
[9]	(1.25)	1	8.188	8.350	7.647	7.917
		0.75		8.513		8.188
10	1.5	1.25	9.026	9.188	8.376	8.647
		1		9.350		8.917
		0.75		9.513		9.188
[11]	(1.5)	1	10.026	10.350	9.376	9.917
		0.75		10.513		10.188
12	1.75	1.5	10.863	11.026	10.106	10.376
		1.25		11.188		10.647
		1		11.350		10.917
(14)	2	1.5	12.701	13.026	11.835	12.376
		1.25		13.188		12.647
		1		13.350		12.917
[15]		1.5		14.026		13.376

公称直径 D、d	螺距 P		中径 D_2、d_2		小径 D_1、d_1	
	粗牙	细牙	粗牙	细牙	粗牙	细牙
16	2	1.5	14.701	15.026	13.835	14.376
		1		15.350		14.917
[17]		1.5		16.026		15.376
(18)	2.5	2	16.376	16.701	15.294	15.835
		1.5		17.026		16.376
		1		17.350		16.917
20	2.5	2	18.376	18.701	17.294	17.835
		1.5		19.026		18.376
		1		19.350		18.917
(22)	2.5	2	20.376	20.701	19.294	19.835
		1.5		21.026		20.376
		1		21.350		20.917
24	3	2	22.051	22.701	20.752	21.835
		1.5		21.026		22.376
		1		21.350		22.917
[25]		2		23.701		22.835
		1.5		24.026		23.376
[26]		1.5		25.026		24.376
(27)	3	2	25.051	25.701	23.752	24.835
		1.5		26.026		25.376
		1		26.350		25.917
[28]		2		26.701		25.835
		1.5		27.026		26.376
		1		27350		26.917

注：①公称直径栏中不带括号的为第一系列，带圆括号的为第二系列，带方括号的为第三系列，应优先选用第一系列，第三系列尽可能不用；

②括号内的螺距尽可能不用；

③M14×1.25 仅用于火花塞。

附表 2　管螺纹(摘录 GB/T 7306—2000、GB/T 7307—2001)

55°密封管螺纹 GB/T 7306—2000

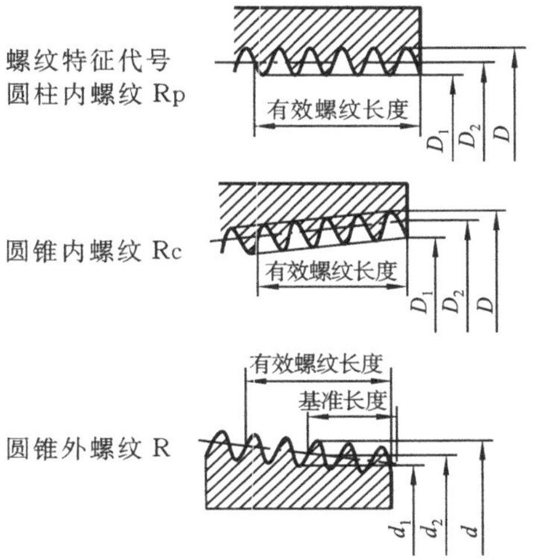

55°非密封管螺纹 GB/T 7307—2001

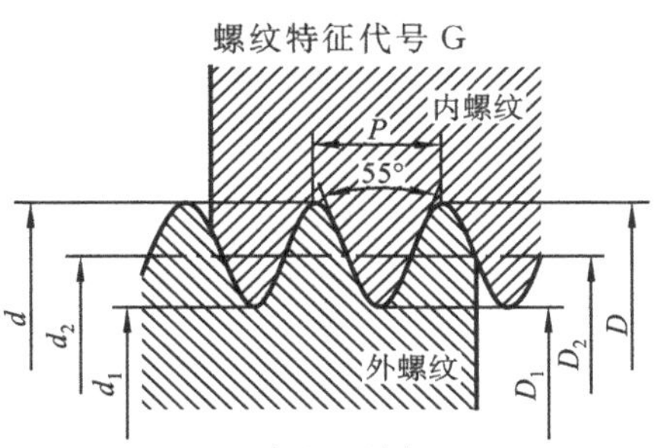

标记示例

1/2 级左旋螺纹标记:G1/2A—LH

3/4 右旋圆锥内螺纹 Rc 标记:Rc3/4

尺寸代号	每 25.4 mm 内的牙数 n	螺距 P /mm	基面上直径			基准距离 /mm	有效螺纹长度 /mm	装配余量	
			大径(基本直径)$D=D$ mm	中径 $d_2=D_2$ mm	小径 $d_1=D_1$ mm			mm	圈数
1/16	28	0.907	7.723	7.142	6.561	4	6.5	2.5	11/4
1/8	28	0.907	9.728	9.147	8.566	4	6.5	2.5	11/4
1/4	19	1.337	13.157	12.301	11.445	6	9.7	3.7	11/4
3/8	19	1.337	16.662	15.806	14.950	6.4	10.1	3.7	11/4
1/2	14	1.814	20.955	19.793	18.631	8.2	13.2	5	11/4
5/8*	14	1.814	22.911	21.749	20.587				
3/4	14	1.814	26.441	25.279	24.117	9.5	14.5	5	11/4
7/8*	14	1.814	30.201	29.039	27.877				
1	11	2.309	33.249	31.770	30.291	10.4	16.8	6.4	11/4
5/4	11	2.309	41.910	40.431	38.952	12.7	19.1	6.4	11/4
3/2	11	2.309	47.803	46.324	44.845	12.7	19.1	6.4	11/4
2	11	2.309	59.614	58.135	56.656	15.9	23.4	7.5	4
5/2	11	2.309	75.184	73.705	72.226	17.5	26.7	9.2	4
3	11	2.309	87.884	86.405	84.926	20.6	29.8	9.2	4
4	11	2.309	113.030	111.551	110.072	25.4	35.8	10.4	9/2
5	11	2.309	138.430	136.951	135.472	28.6	40.1	11.5	5
6	11	2.309	163.830	162.351	160.872	28.6	40.1	11.5	5

注:①尺寸代号有“*”者,仅有非螺纹密封的管螺纹;

②用螺纹密封的管螺纹的“基本直径”为基准平面上的基本直径;

③“基准长度”、“有效螺纹长度”均为螺纹密封的管螺纹的参数。

附表 3　梯形螺纹（摘录 GB/T 5796.2—2005、GB/T 5796.3—2005）

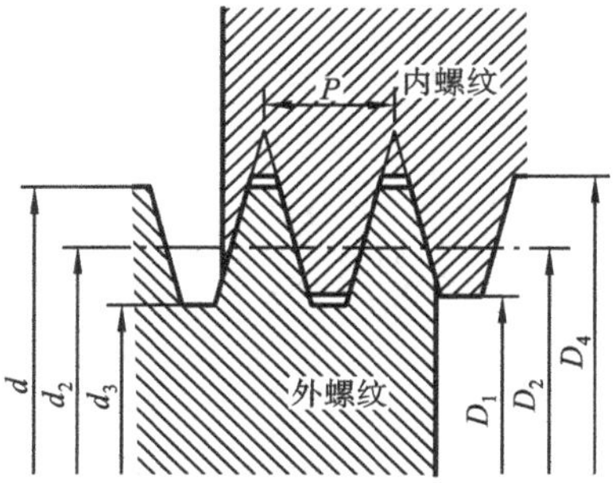

d——外螺纹大径；D_4——内螺纹大径；

d_2——外螺纹中径；D_2——内螺纹中径；

d_3——外螺纹小径；D_1——内螺纹小径。

标记示例

公称直径 28 mm，螺距 5 mm，中径公差带代号为 7H 的单线右旋梯形内螺纹，其标记：

Tr28×5—7H

公称直径 28 mm，导程为 10 mm，螺距 5 mm，中径公差带代号为 8e 的双线左旋梯形外螺纹，其标记：

Tr28×10(P5)LH—8e

（单位：mm）

公称直径 d 第一系列	公称直径 d 第二系列	螺距 P	基本中径 $d_2=D_2$	基本大径 D_4	基本小径 d_3	基本小径 D_1
8		1.5	7.25	8.30	6.20	6.50
	9	1.5	8.25	9.30	7.20	7.50
		2	8.00	9.50	6.50	7.00
10		1.5	9.25	10.30	8.20	8.50
		2	9.00	10.50	7.50	8.00
	11	2	10.00	11.50	8.50	9.00
		3	9.50		7.50	8.00
12		2	11.00	12.50	9.50	10.00
		3	10.50		8.50	9.00
	14	2	13.00	14.50	11.50	12.00
		3	12.50		10.50	11.00
16		2	15.00	16.50	13.50	14.00
		4	14.00		11.50	12.00
	18	2	17.00	18.50	15.50	16.00
		4	16.00		13.50	14.00
20		2	19.00	20.50	17.50	18.00
		4	18.00		15.50	16.00
	22	3	20.00	22.50	18.50	19.00
		5	19.50		16.50	17.00
		8	18.00	23.00	13.00	14.00
24		3	22.50	24.50	20.50	21.00
		5	21.50		18.50	19.00
		8	20.00	25.00	15.00	16.00

公称直径 d 第一系列	公称直径 d 第二系列	螺距 P	基本中径 $d_2=D_2$	基本大径 D_4	基本小径 d_3	基本小径 D_1
	26	3	24.50	26.50	22.50	23.00
		5	23.50		20.50	21.00
		8	22.00	27.00	17.00	18.00
28		3	26.50	28.50	24.50	25.00
		5	25.50		22.50	23.00
		8	24.00	29.00	19.00	20.00
	30	3	28.50	30.50	26.50	29.00
		6	27.00	31.00	23.00	24.00
		10	25.00		19.00	20.00
32		3	30.50	32.50	28.50	29.00
		6	29.00	33.00	25.00	26.00
		10	27.00		21.00	22.00
	34	3	32.50	34.50	30.50	31.00
		6	31.00	35.00	27.00	28.00
		10	29.00		23.00	24.00
36		3	34.50	36.50	32.50	33.00
		6	33.00	37.00	29.00	30.00
		10	31.00		25.00	26.00
	38	3	36.50	38.50	34.50	35.00
		7	34.50	39.00	30.00	31.00
		10	33.50		27.00	28.00
40		3	38.50	40.50	36.50	37.00
		7	36.50	41.00	32.00	33.00
		10	35.00		29.00	30.00

附表 4　六角头螺栓（摘录 GB/T 5782—2000、GB/T 5783—2000）

六角头螺栓（GB/T 5782—2000）

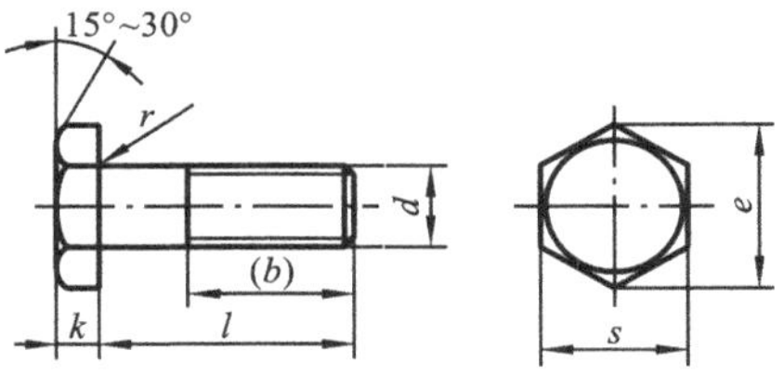

六角头螺栓全螺纹（GB/T 5783—2000）

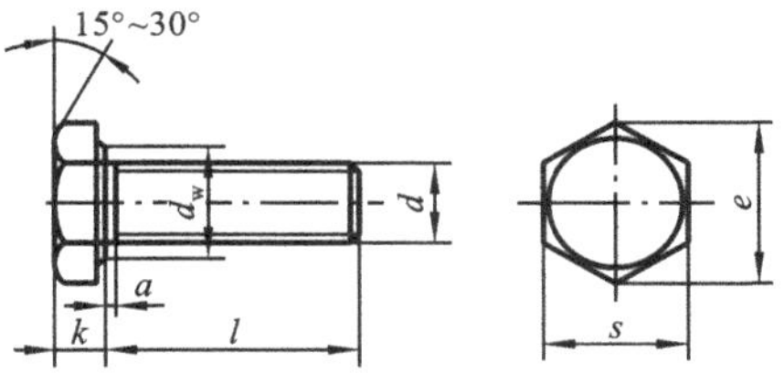

标记示例

螺纹规格 d＝M12，公称长度 l＝80 mm，性能等级为 8.8 级，表面氧化，A 级的六角螺栓标记：

螺栓 GB/T 5782　M12×80

优选的螺纹规格　　（单位：mm）

螺纹规格			M3	M4	M5	M6	M8	M10	M12	M16	M20	M24
螺距			0.5	0.7	0.8	1	1.25	1.5	1.75	2	2.5	3
$s_{公称}=S(\max)$			5.5	7	8	10	13	16	18	24	30	36
$k_{公称}$			2	2.8	3.5	4	5.3	6.4	7.5	10	12.5	15
$r_{\min}$			0.1	0.2	0.2	0.25	0.4	0.4	0.6	0.6	0.8	0.8
$e_{\min}$	产品等级	A	6.1	7.65	8.79	11.5	14.38	17.77	20.03	26.75	33.53	39.98
		B	5.88	7.5	8.63	10.83	14.2	17.59	19.85	26.17	32.95	39.55
$d_{w\min}$	产品等级	A	4.57	5.88	6.88	8.88	11.63	14.63	16.63	22.49	28.19	33.61
		B	4.45	5.74	6.74	8.74	11.74	14.74	16.74	22	27.7	33.25
α	max		0.4	0.4	0.5	0.5	0.6	0.6	0.6	0.8	0.8	0.8
	Min		0.15	0.15	0.15	0.15	0.15	0.15	0.15	0.2	0.2	0.2
$b_{参考}$ GB/T 5782	$l\leqslant125$		12	14	16	18	22	26	30	38	46	54
	$125<l\leqslant200$		18	20	22	24	28	32	36	44	52	60
	$l>200$		31	33	35	37	41	45	49	57	65	73
l	GB/T 5782		20～30	25～45	25～50	30～60	40～48	45～100	50～120	60～160	80～200	90～240
	GB/T 5783		6～30	8～40	10～50	12～60	16～80	20～100	25～120	30～200	40～200	50～200
l 系列			6，8，10，12，16，20，25，30，35，40，45，50，55，60，65，70，80，90，100，110，120，130，140，150，160，180，200，220，240，260，280，300，340，360…500									

附表 5　开槽螺钉(摘录 GB/T 65—2000、GB/T 68—2000、GB/T 67—2000)

开槽圆柱头螺钉(GB/T 65—2000)
开槽盘头螺钉(GB/T 67—2000)

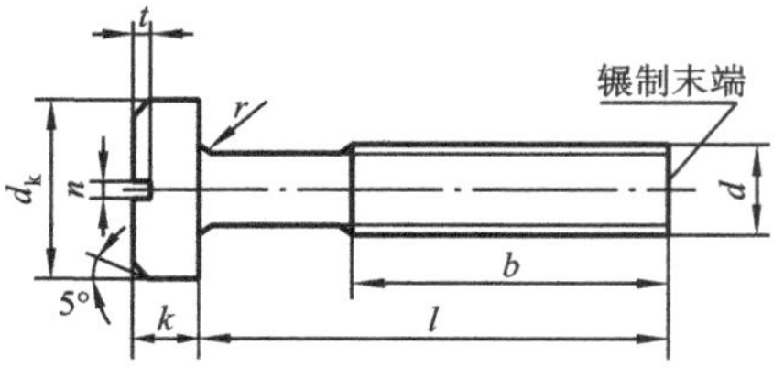

开槽沉头螺钉(GB/T 68—2000)

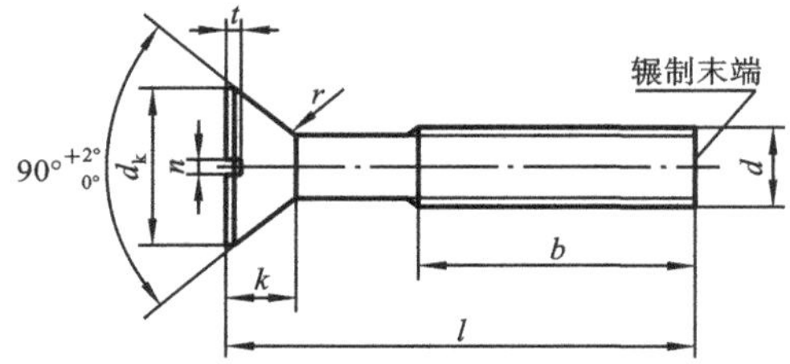

标记示例

螺纹规格 d=M5,公称长度 l=20 mm,性能等级为 4.8 级,不经表面处理的 A 级开槽圆柱头螺钉标记:

螺钉　GB/T 65　M5×20

(单位:mm)

螺纹规格 d		M1.6	M2	M2.5	M3	M4	M5	M6	M8	M10
GB/T 65	d_{kmax}	3	3.8	4.5	5.5	7	8.5	10	13	16
	k_{max}	1.1	1.4	1.8	2.0	2.6	3.3	3.9	5	6
	t_{min}	0.45	0.6	0.7	0.85	1.1	1.3	1.6	2	2.4
	r_{min}	0.1				0.2		0.25	0.4	
	l	2～16	3～20	3～25	4～30	5～40	6～50	8～60	10～80	12～80
GB/T 67	d_{kmax}	3.2	4	5	5.6	8	9.5	12	16	20
	k_{max}	1	1.3	1.5	1.8	2.4	3	3.6	4.8	6
	t_{min}	0.35	0.5	0.6	0.7	1	1.2	1.4	1.9	2.4
	r_{min}	0.1				0.2		0.25	0.4	
	l	2～16	2.5～20	3～25	4～30	5～40	6～50	8～60	10～80	12～80
GB/T 68	d_{kmax}	3	3.8	4.7	5.5	8.4	9.3	11.3	15.8	18.3
	k_{max}	1	1.2	1.5	1.65	2.7	2.7	3.3	4.65	5
	t_{min}	0.32	0.4	0.5	0.6	1	1.1	1.2	1.8	2
	r_{max}	0.4	0.5	0.6	0.8	1	1.3	1.5	2	2.5
	l	2.5～16	3～20	4～25	5～30	6～40	8～50	8～60	10～80	12～80
螺距 P		0.35	0.4	0.45	0.5	0.7	0.8	1	1.25	1.5
n		0.4	0.5	0.6	0.8	1.2	1.2	1.6	2	2.5
b		25				38				
l(系列)		2,2.5,3,4,5,6,8,10,12,(14),16,20,25,30,35,40,45,50,(55),60,(65),70,(75),80(GB/T 65 无 l=2)								

注:①括号内规格尽可能不采用;

②M1.6～M3 的螺钉,l<30 时,制出全螺纹;对于开槽圆柱头螺钉和开槽盘头螺钉,M4～M10 的螺钉,l<40 时,制出全螺纹;对于开槽沉头螺钉,M4～M10 的螺钉,l<45 时,制出全螺纹。

附表 6　内六角圆柱头螺钉(摘录 GB/T 70.1—2000)

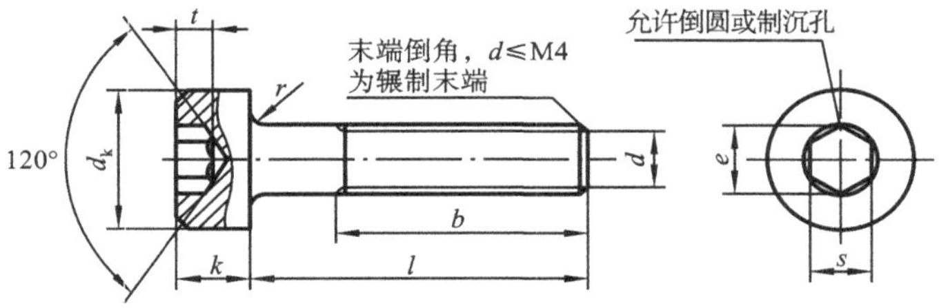

标记示例

螺纹规格 d=M5，公称长度 l=20mm，性能等级为 8.8 级，表面氧化的 A 级内六角圆柱头螺钉标记：

螺钉　GB/T 70.1　M5×20

(单位：mm)

螺纹规格 d	M2.5	M3	M4	M5	M6	M8	M10	M12	M16	M20	M24	M30
螺距 P	0.45	0.5	0.7	0.8	1	1.25	1.5	1.75	2	2.5	3	3.5
d_{kmax} (光滑头部)	4.5	5.5	7	8.5	10	13	24	18	24	30	36	45
d_{kmax} (滚花头部)	4.68	5.68	7.22	8.72	10.22	13.27	24.33	18.27	24.33	30.33	36.39	45.39
d_{kmax}	4.32	5.32	6.78	8.28	9.78	12.73	15.73	23.67	23.67	29.67	35.61	44.61
k_{max}	2.5	3	4	5	6	8	10	16	16	20	24	30
k_{mix}	2.36	2.86	3.82	4.82	5.7	7.64	9.64	15.57	15.57	19.48	23.48	29.48
t_{min}	1.1	1.3	2	2.5	3	4	5	6	8	10	12	15.5
r_{min}	0.1	0.1	0.2	0.2	0.25	0.4	0.4	0.6	0.6	0.8	0.8	1
$s_{公称}$	2	2.5	3	4	5	6	8	10	14	17	19	22
e_{min}	2.3	2.9	3.4	4.6	5.7	6.9	9.2	11.4	16	19	21.7	25.2
$b_{参考}$	17	18	20	22	24	28	32	36	44	52	60	72
公称长度 l	4～25	5～30	6～40	8～50	10～60	12～80	16～100	20～120	25～160	30～200	40～200	45～200
l 系列	2.5,3,4,5,6,8,10,12,16,20,25,30,35,40,45,50,55,60,65,70,80,90,100,110,120,130,140,150,160,180,200											

注：①括号内规格尽可能不采用；

②M2.5～M3 的螺钉，l<20 时，制出全螺纹；M4～M5 的螺钉，l<25 时，制出全螺纹；M6 的螺钉，l<30 时，制出全螺纹；M8 的螺钉，l<35 时，制出全螺纹；M10 的螺钉，l<40 时，制出全螺纹；M12 的螺钉，l<50 时，制出全螺纹；M16 的螺钉，l<60 时，制出全螺纹。

附表 7　开槽紧定螺钉（摘录 GB/T 71—1985、GB/T 73—1985、GB/T 74—1985、GB/T 75—1985）

开槽锥端紧定螺钉（GB/T 71—1985）

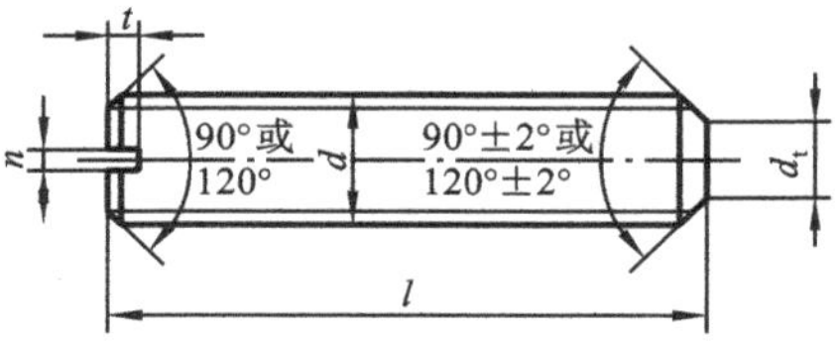

开槽平端紧定螺钉（GB/T 73—1985）

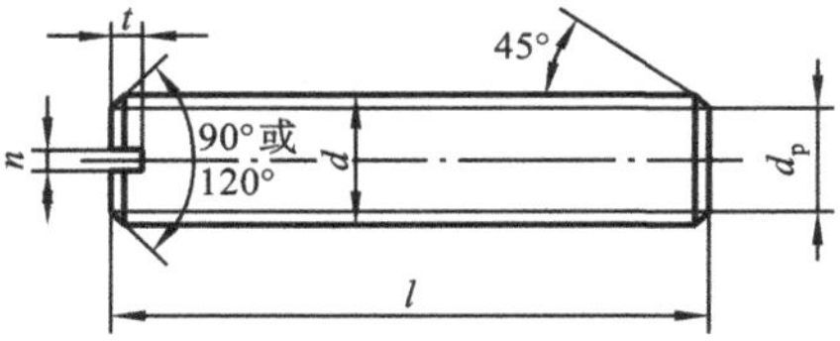

开槽凹端紧定螺钉（GB/T 74—1985）

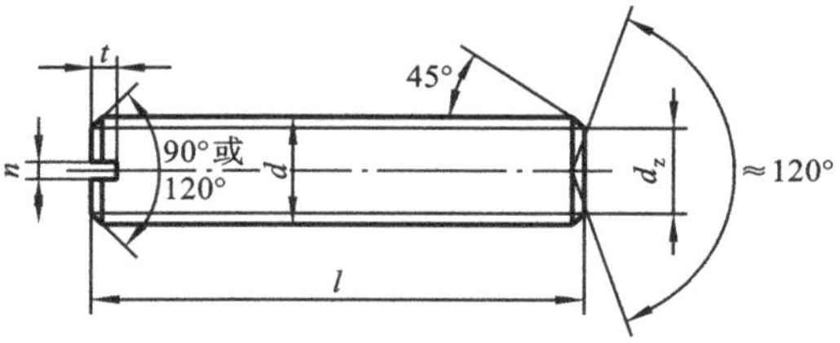

开槽长圆柱端紧定螺钉（GB/T 71—1985）

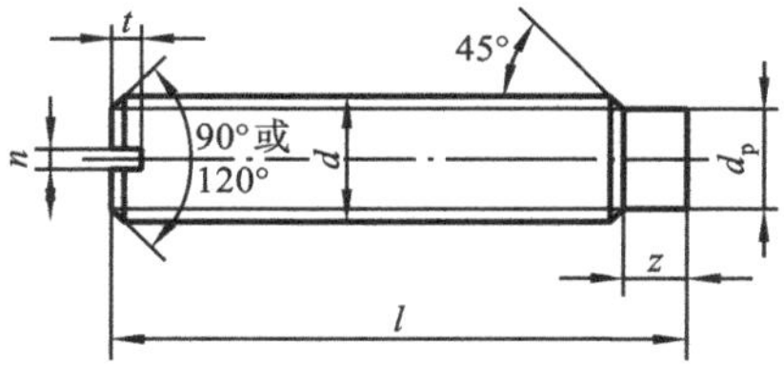

标记示例

螺纹规格 d=M5，公称长度 l=12mm，性能等级为 14H 级，表面氧化的 A 级开槽锥端紧定螺钉标记：

螺钉 GB/T 71　M5×20

（单位：mm）

螺纹规格 d	M1.6	M2	M2.5	M3	M4	M5	M6	M8	M10	M12
螺距 P	0.35	0.4	0.45	0.5	0.7	0.8	1	1.25	1.5	1.75
n	0.25	0.25	0.4	0.4	0.6	0.8	1	1.2	1.6	2
t	0.7	0.8	1	1.1	1.4	1.6	2	2.5	3	3.6
d_z	0.8	1	1.2	1.4	2	2.5	3	5	6	8
d_t	0.2	0.2	0.3	0.3	0.4	0.5	1.5	2	2.5	3
d_p	0.8	1	1.5	2	2.5	3.5	4	5.5	7	8.5
z	1.1	1.3	1.5	1.8	2.3	2.8	3.3	4.3	5.3	6.3
GB/T 71	2～8	3～10	3～12	4～16	6～20	8～25	8～30	10～40	12～50	14～60
GB/T 73	2～8	2～10	2.5～12	3～16	4～20	5～25	6～30	8～40	10～50	12～60
GB/T 74	2～8	2.5～10	3～12	3～16	4～20	5～25	6～30	8～40	10～50	12～60
GB/T 75	2.5～8	3～10	4～12	5～16	6～20	8～25	8～30	10～40	12～50	14～60
l 系列	2，2.5，3，4，5，6，8，10，12，16，20，25，30，35，40，45，50，60									

附表 8　双头螺栓(摘录 GB/T 897—1988、GB/T 898—1988、GB/T 899—1988、GB/T 900—1988)

双头螺柱 $b_m=d$(GB/T 897—1988),双头螺柱 $b_m=1.25d$(GB/T 898—1988),
双头螺柱 $b_m=1.5d$(GB/T 899—1988),双头螺柱 $b_m=2d$(GB/T 900—1988)

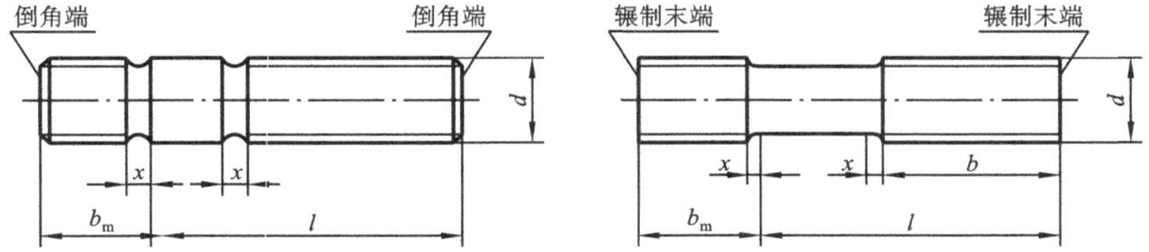

标记示例

1. 两端为粗牙普通螺纹,$d=10$mm,$l=50$mm,性能等级为 4.8 级,B 型,$b_m=1d$ 的双头螺柱标记:

螺柱　GB/T 897　M10×50

2. 旋入一端为粗牙普通螺纹,旋螺母一端为螺距 $P=1$ mm 的细牙普通螺纹,$d=10$ mm,$l=50$ mm,性能等级为 4.8 级,A 型,$b_m=ld$ 的双头螺柱标记:

螺柱　GB/T 897　AM10—M10×1×50

3. 旋入机体一端为过渡配合螺纹的第一种配合,旋螺母一端为粗牙普通螺纹,$d=10$ mm,$l=50$ mm,性能等级为 8.8 级,镀锌钝化,B 型,$b_m=ld$ 的双头螺柱标记:

螺柱　GB/T 897　GM10—M10×50—8.8—Zn・D

(单位:mm)

螺纹规格 d	b_m				l/b
	GB/T 897	GB/T 898	GB/T 899	GB/T 900	
M3			4.5	6	(16～20)/6、(22～40)/12
M4			6	8	(16～22)/8、(25～40)/14
M5	5	6	8	10	(16～22)/10、(25～50)/16
M6	6	8	10	12	(18～22)/10、(25～30)/14、(32～75)/18
M8	3	10	12	16	(18～22)/12、(25～30)/16、(32～90)/22
M10	10	12	15	20	(25～28)/14、(30～38)/16、(40～120)/30、130/32
M12	12	15	18	24	(25～30)/16、(32～40)/20、(45～120)/30、(130～180)/36
M16	16	20	24	32	(30～38)/20、(40～55)/30、(60～120)/38、(130～200)/44
M20	20	25	30	40	(35～40)/25、(45～65)/38、(70～120)/46、(130～200)/52
M24	24	30	36	48	(45～50)/30、(55～75)/45、(80～120)/54、(130～200)/60
M30	30	48	45	60	(60～65)/40、(70～90)/50、(95～120)/66、(130～200)/72、(210～250)/85
M36	36	45	54	72	(65～75)/45、(80～110)/60、120/78、(130～200)/84、(210～300)/91
M42	42	52	63	84	(70～80)/50、(85～110)/70、120/90、(130～200)/96、(210～300)/109
M48	48	60	72	96	(80～90)/60、(95～110)/80、120/102、(130～200)/108、(210～300)/121
l(系列)	12,(14),16,(18),20,(22),25,(28),30,(32),35,(38),40,45,50,55,60,65,70,75,80,85,90,95,100,110,120,130,140,150,160,170,180,190,200,210,220,230,240,250,260,280,300				

附表 9　六角螺母（摘录 GB/T 41—2000、GB/T 6170—2000、GB/T 6172.1—2000）

六角螺母	Ⅰ型六角螺母	六角薄螺母
（GB/T 41—2000）	（GB/T 6170—2000）	（GB/T 6172.1—2000）
C 级	A 级和 B 级	A 级和 B 级

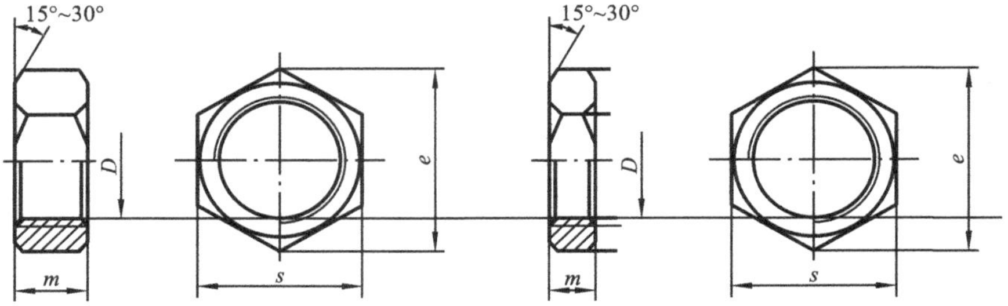

标记示例

螺纹规格 D＝M12，性能等级为 5 级，不经表面处理、产品等级为 C 级的六角螺母的标记：

螺母　GB/T 41　M12

螺纹规格 D＝M12，性能等级为 10 级，不经表面处理、产品等级为 A 级的Ⅰ型六角螺母的标记：

螺母　GB/T 6170　M12

螺纹规格 D＝M12，性能等级为 04 级，不经表面处理、产品等级为 A 级的六角薄螺母的标记：

螺母　GB/T 6172.1　M12

优选的螺纹规　　（单位：mm）

螺纹规格 D			M3	M4	M5	M6	M8	M10	M12	M16	M20	M24	M30
螺距 P			0.5	0.7	0.8	1	1.25	1.5	1.75	2	2.5	3	3.5
e_{min}	GB/T 41		—	—	8.63	10.89	14.20	17.59	19.85	26.17	32.95	39.55	50.85
	GB/T 6170		6.01	7.66	8.79	11.05	14.38	17.77	20.03	26.75			
	GB/T 6172.1												
S			5.5	7	8	10	13	16	18	24	30	36	46
m	GB/T 41	max	—	—	5.6	6.4	7.9	9.5	12.2	15.9	19	22.3	26.4
		min	—	—	4.4	4.9	6.4	8	10.4	14.1	16.9	20.2	24.3
	GB/T 6170	max	2.4	3.2	4.7	5.2	6.8	8.4	10.8	14.8	18	21.5	25.6
		min	2.15	2.9	4.4	4.99	6.44	8.04	10.37	14.1	16.9	20.2	24.3
	GB/T 6172.1	max	1.8	2.2	2.7	3.2	4	5	6	8	10	12	15
		min	1.55	1.95	2.45	2.9	3.7	4.7	5.7	7.42	9.1	10.9	13.9

注：①A 级用于 $D\leqslant16$；B 级用于 $D>16$；

②对 GB/T 41 允许内倒角。

附表 10　六角开槽螺母(摘录 GB/T 6178—1986、GB/T 6179—1986、GB/T 6181—1986)

Ⅰ型六角开槽螺母 (GB/T 6178—1986) A级和B级	Ⅰ型六角开槽螺母 (GB/T 6179—1986) C级	六角开槽螺母 (GB/T 6181—1986) A级和B级

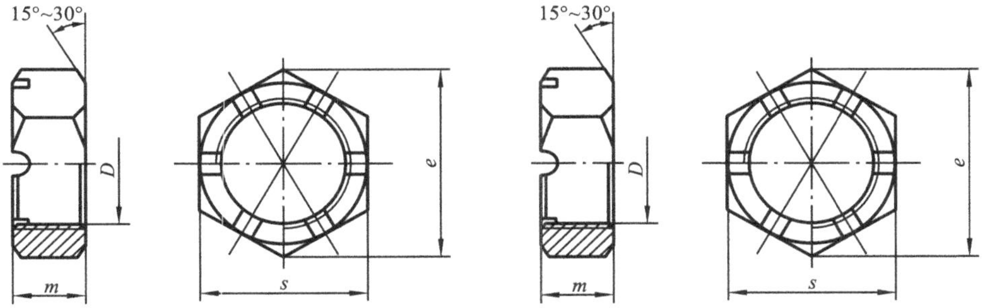

标记示例

螺纹规格 D=M5,性能等级为 8 级,不经表面处理、A 级Ⅰ型六角开槽螺母的标记:

螺母　GB/T 6178　M5

螺纹规格 D=M5,性能等级为 04 级,不经表面处理、A 级的六角开槽螺母的标记:

螺母　GB/T 6181　M5

(单位:mm)

螺纹规格 D		M4	M5	M6	M8	M10	M12	M16	M20	M24	M30	M36
n_{min}		1.2	1.4	2	2.5	2.8	3.5	4.5	4.5	5.5	7	7
e_{min}		7.7	8.8	11	14.4	17.8	20	26.8	33	39.6	50.8	60.8
s_{max}		7	8	10	13	16	18	24	30	36	46	55
m_{max}	GB/T 6178	5	6.7	7.7	9.8	12.4	15.8	20.8	24	29.5	34.6	40
	GB/T 6179	—	7.6	8.9	10.9	13.5	17.2	21.9	25	3.03	35.4	40.9
	GB/T 6181	—	5.1	5.7	7.5	9.3	12	16.4	20.3	23.9	28.6	34.7
w_{max}	GB/T 6178	3.2	4.7	5.2	6.8	8.4	10.8	14.8	18	21.5	25.6	31
	GB/T 6179	—	5.6	6.4	7.9	9.5	12.17	15.9	19	22.3	26.4	31.9
	GB/T 6181	—	3.1	3.5	4.5	5.3	7.0	10.4	14.3	15.9	19.6	25.7
开口销		1×10	1.2×12	1.6×14	2×16	2.5×20	3.2×22	4×28	4×36	5×40	6.3×50	6.3×60

注:A 级用于 $D \leqslant 16$;B 级用于 $D > 16$ 的螺母。

附表 11　圆螺母(GB/T 812—1988)

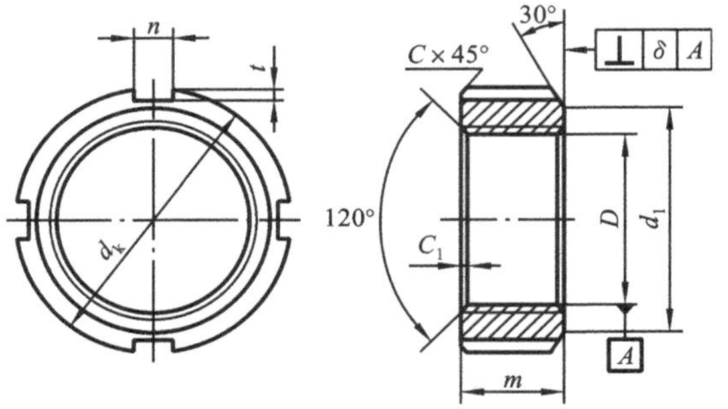

标记示例

螺纹规格 D=M16×1.5，材料为 45 钢，槽或全部热处理后硬度 35～45 HRC，表面氧化的圆螺母标记：

螺母　GB/T 812　M16×1.5

（单位：mm）

D	d_k	d_1	m	n	t	C	C_1	D	d_k	d_1	m	n	t	C	C_1
M10×1	22	16	8	4	2	0.5	0.5	M64×2	95	84	12	8	3.5	1.5	1
M12×1.25	25	19						M65×2*	95	84					
M14×1.5	28	20						M68×2	100	88		10	4		
M16×1.5	30	22		5	2.5			M72×2	105	93	15				
M18×1.5	32	24						M75×2*	105	93					
M20×1.5	35	27						M76×2	110	98					
M22×1.5	38	30	10					M80×2	115	103					
M24×1.5	42	34				1		M85×2	120	108					
M25×1.5	42	34						M90×2	125	112	18	12	5		
M27×1.5	45	37						M95×2	130	117					
M30×1.5	48	40						M100×2	135	122					
M33×1.5	52	43		6	3			M105×2	140	127					
M35×1.5*	52	43						M110×2	150	135		14	6		
M36×1.5	55	46						M115×2	155	140	22				
M39×1.5	58	49				1.5		M125×1	160	145					
M40×1.5*	58	49						M125×2	165	150					
M42×1.5	62	53						M130×2	170	155					
M45×1.5	68	59						M140×2	180	165	26				
M48×1.5	72	61	12	8	3.5			M150×2	200	180		16	7		
M50×1.5*	72	61						M160×3	210	190				2	1.5
M52×1.5	78	67						M170×3	220	200					
M55×2*	78	67						M180×3	230	210	30				
M56×2	85	74					1	M190×3	240	220					
M60×2	90	79						M200×3	250	230					

注：①当 $D\leqslant$M100×2 时，槽数为 4；$D\geqslant$M105×2 时，槽数为 6；

②带 * 的螺纹规格仅用于滚动轴承锁紧装置。

附表 12　平垫圈(摘录 GB/T 97.1—2002、GB/T 97.2—2002、GB/T 848—2002、GB/T 96.1—2002)

平垫圈 A 级(GB/T 97.1—2002)　　平垫圈　倒角型 A 级(GB/T 97.2—2002)

大垫圈 A 级和 C 级(GB/T 96—2002)

小垫圈 A 级(GB/T 848—2002)

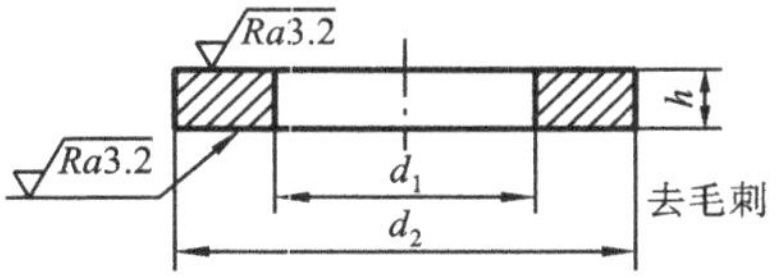

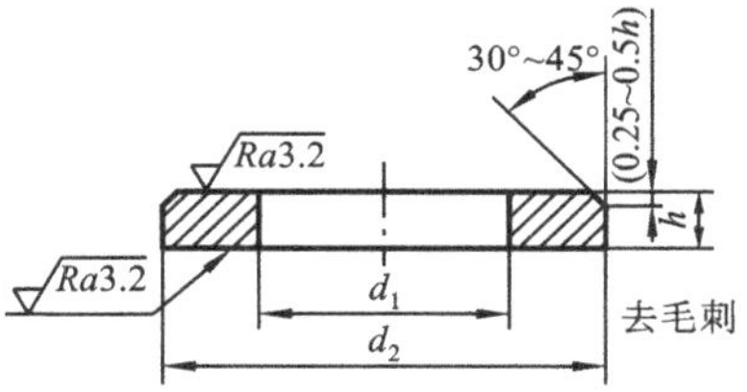

标记示例

标准系列，螺纹规格 $d=8$ mm，性能等级为 140HV 级，倒角型，不经表面处理的平垫圈标记：

垫圈　GB/T 97.2　8—140HV

(单位：mm)

螺纹规格 d	标准系列			大系列			小系列		
	GB/T 97.1, GB/T 97.2			GB/T 96			GB/T 848		
	d_1	d_2	h	d_1	d_2	h	d_1	d_2	h
1.6	1.7	4	0.3	—	—	—	1.7	3.5	0.3
2	2.2	5		—	—	—	2.2	4.5	
2.5	2.7	6	0.5	—	—	—	2.7	5	0.5
3	3.2	7		3.2	9	0.8	3.2	6	
4	4.3	9	0.8	4.3	12	1	4.3	8	
5	5.3	10	1	5.3	15	1.2	5.3	9	1
6	6.4	12	1.6	6.4	18	1.6	6.4	11	1.6
8	8.4	16		8.4	24	2	8.4	15	
10	10.5	20	2	10.5	30	2.5	10.5	18	2
12	13	24	2.5	13	37	3	13	20	2.5
14	15	28		15	44		15	24	
16	17	30	3	17	50		17	28	3
20	21	37		2	60	4	21	34	
24	25	44	4	26	72	5	25	39	4
30	31	56		33	92	6	31	50	
36	37	66	5	39	110	8	37	60	5

注：①GB/T 96 垫圈两端无表面粗糙度符号；

②GB/T 848 垫圈主要用于带圆柱头的螺钉，其他用于标准的六角螺栓、螺钉和螺母；

③对于 GB/T 97.2 垫圈，d 的范围为 5～36 mm。

附表 13　弹簧垫圈(摘录 GB/T 93—1987、GB/T 859—1987)

标准型弹簧垫圈(GB/T 93—1987)　　　　轻型弹簧垫圈(GB/T 859—1987)

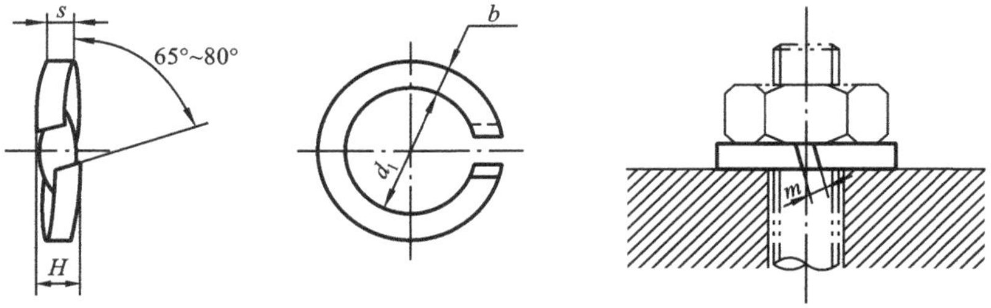

标记示例

规格为 16 mm,材料为 65Mn,表面氧化的标准型弹簧垫圈标记:

垫圈　GB/T 93　16

(单位:mm)

螺纹规格 d	d_1	s		H		b		$m \leqslant$	
		GB/T 93	GB/T 859	GB/T 93	GB/T 859	GB/T 93	GB/T 859	GB/T 93	GB/T 859
3	3.1	0.8	0.6	2	1.5	0.8	1	0.4	0.3
4	4.1	1.1	0.8	2.75	2	1.1	1.2	0.55	0.4
5	5.1	1.3	1.1	3.25	2.75	1.3	1.5	0.65	0.55
6	6.1	1.6	1.3	4	3.25	1.6	2	0.8	0.65
8	8.1	2.1	1.6	5.25	4	2.1	2.5	1.05	0.8
10	10.2	2.6	2	6.5	5	2.6	3	1.3	1
12	12.2	3.1	2.5	7.25	6.25	3.1	3.5	1.55	1.25
(14)	14.2	3.6	3	9	7.5	3.6	4	1.8	1.5
16	16.2	4.1	3.2	10.25	8	4.1	4.5	2.05	1.6
(18)	18.2	4.5	3.6	11.25	9	4.5	5	2.25	1.8
20	20.2	5	4	12.25	10	5	5.5	2.5	2
(22)	22.5	5.5	4.5	13.25	11.25	5.5	6	2.75	2.25
24	24.5	6	5	15	12.5	6	7	3	2.5
(27)	27.5	6.8	5.5	17	13.75	6.8	8	3.4	2.75
30	30.5	7.5	6	18	15	7.5	9	3.75	3

注:①括号内的规格尽可能不采用;

②m 应大于 0。

附表 14　圆螺母用止动垫圈(摘录 GB/T 858—1988)

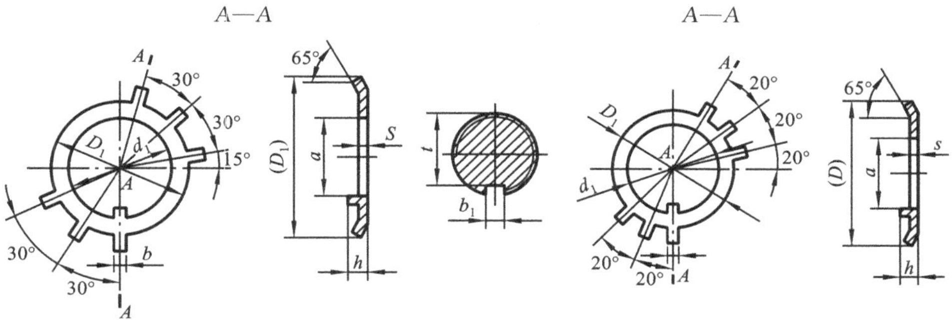

标记示例

规格为 16 mm,材料为 Q235—A、经退火、表面氧化的圆螺母用止动垫圈标记:

垫圈　GB/T 858　16

(单位:mm)

螺纹规格 d	d_1	(D)	D_1	S	b	a	h	b_1	t	螺纹规格 d	d_1	(D)	D_1	S	b	a	h	b_1	t
14	14.5	32	20		3.8	11	3	4	10	55*	56	82	67			52			—
16	16.5	34	22			13			12	56	57	90	74			53			52
18	18.5	35	24			15			14	60	61	94	79		7.7	57	6	8	56
20	20.5	38	27			17			16	64	65	100	84			61			60
22	22.5	42	30	1		19	4		18	65*	66	100	84			62			—
24	24.5	45	34		4.8	21		5	20	68	69	105	88	2		65			64
25*	25.5	45	34			22			—	72	73	110	93			69			68
27	27.5	48	37			24			23	75*	76	110	93		9.6	71		10	—
30	30.5	52	40			27			26	76	77	115	98			72			70
33	33.5	56	43			30			29	80	81	120	103			76			74
35*	35.5	56	43			32			—	85	86	125	108			81			79
36	36.5	60	46			33			32	90	91	130	112			86			84
39	39.5	62	49		5.7	36	5	6	35	95	96	135	117		12	91	7	12	89
40*	40.5	62	49			37			—	100	101	140	122			96			94
42	42.5	66	53	1.5		39			38	105	106	145	127	2		101			99
45	45.5	72	59			42			41	110	111	156	135			106			104
48	48.5	76	61			45			44	115	116	160	140		14	111		14	109
50*	50.5	76	61		7.7	47		8	—	120	121	166	145			116			114
52	52.5	82	67			49	6		48	125	126	170	150			121			119

注:标有*者仅用于滚动轴承锁紧装置。

附表 15　平键(摘录 GB/T 1095—2003、GB/T 1096—2003)

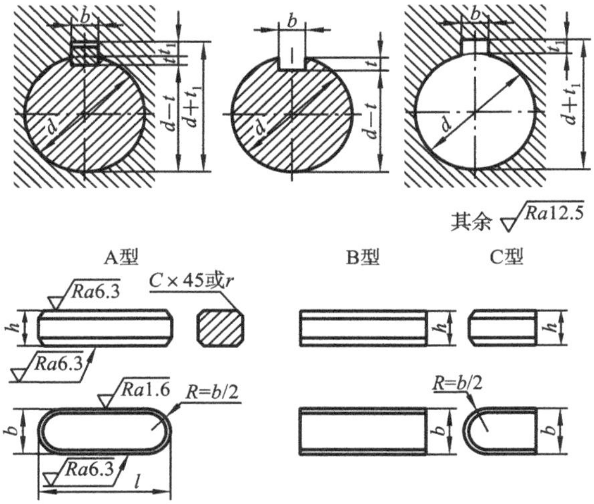

标记示例

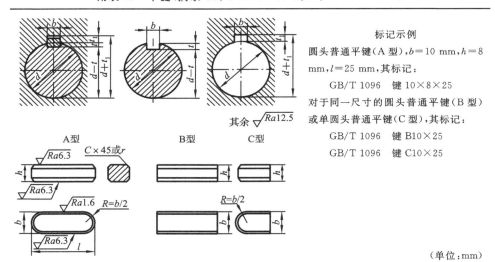

圆头普通平键(A 型),$b=10$ mm,$h=8$ mm,$l=25$ mm,其标记:

GB/T 1096　键 10×8×25

对于同一尺寸的圆头普通平键(B 型)或单圆头普通平键(C 型),其标记:

GB/T 1096　键 B10×25

GB/T 1096　键 C10×25

(单位:mm)

轴	键	键槽										
公称直径 d	公称尺寸 $b\times h$	偏差						深度				半径 r
		公称	较松键连结		一般键连结		较紧键连结	轴 t		毂 t_1		
			轴 H9	毂 D10	轴 N9	毂 JS9	轴和毂 P9	公称	偏差	公称	偏差	
自 6～8	2×2	2	+0.025 0	+0.060 +0.020	−0.004 −0.029	±0.0125	−0.006 −0.031	1.2	+0.1 0	1	+0.1 0	0.08 ～ 0.16
>8～10	3×3	3						1.8		1.4		
>10～12	4×4	4	+0.030 0	+0.078 +0.030	0 −0.030	±0.015	−0.012 −0.042	2.5		1.8		
>12～17	5×5	5						3.0		2.3		
>17～22	6×6	6						3.5		2.8		
>22～30	8×7	8	+0.036 0	+0.098 +0.040	0 −0.036	±0.018	−0.015 −0.051	4.0	+0.2 0	3.3	+0.2 0	0.16 ～ 0.25
>30～38	10×8	10						5.0		3.3		
>38～44	12×8	12	+0.043 0	+0.120 +0.050	0 −0.043	±0.0215	−0.018 −0.061	5.0		3.3		
>44～50	14×9	14						5.5		3.8		0.25 ～ 0.40
>50～58	16×10	16						6.0		4.3		
>58～65	18×11	18						7.0		4.4		
>65～75	20×12	20	+0.052 0	+0.149 +0.065	0 −0.052	±0.026	−0.022 −0.074	7.5		4.9		
>75～85	22×14	22						9.0		5.4		0.40 ～ 0.60
>85～95	25×14	25						9.0		5.4		
>95～110	28×16	28						10.0		6.4		

注:①在工作图中,轴槽深用 $d-t$ 或 t 标注。$(d-t)$和$(d+t_1)$尺寸偏差按相应的 t 和 t_1 的极限偏差选取,但$(d-t)$极限偏差取负号(−);

②l 系列包括 6,8,10,12,14,16,18,20,22,25,28,32,36,40,45,50,56,63,70,80,90,100,110,125,140,160,180,200,220,250,280,320,330,400,450。

附表 16 半圆键(摘录 GB/T 1098—2003、GB/T 1099—2003)

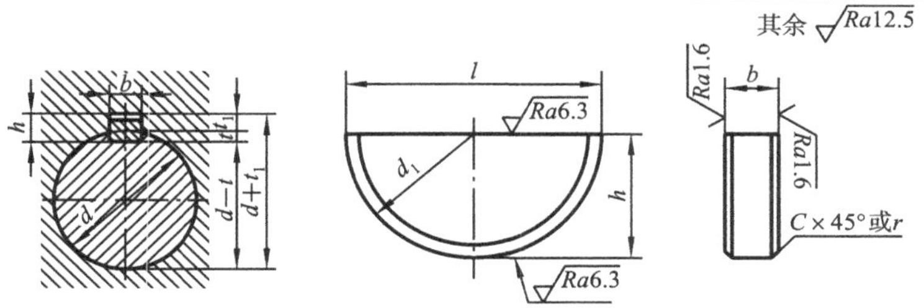

标记示例

半圆键 $b=6$ mm,$h=10$ mm,$d_1=25$ mm,其标记:

键 6×25 GB/T 1099—2003 (单位:mm)

轴径 d		键		键槽							
				宽度 b 极限偏差			深度				半径 r
				一般键连结		较紧键连结	轴 t		毂 t		
传递扭矩用	定位用	公称尺寸 $b\times h\times d_1$	长度 L≈	轴 N9	毂 Js9	轴和毂 P9	公称尺寸	极限尺寸	公称尺寸	极限尺寸	
自 3~4	自 3~4	1.0×1.4×4	3.9	−0.004 −0.029	±0.012	−0.006 −0.031	1.0	+0.1 0	0.6	+0.1 0	0.08~0.16
>4~5	>4~6	1.5×2.6×7	6.8				2.0		0.8		
>5~6	>6~8	2.0×2.6×7	6.8				1.8		1.0		
>6~7	>8~10	2.0×3.7×10	9.7				2.9		1.0		
>7~8	>10~12	2.5×3.7×10	9.7				2.7		1.2		
>8~10	>12~15	3.0×5.0×13	12.7				3.8	+0.2 0	1.4		
>10~12	>15~18	3.0×6.5×16	15.7				5.3		1.4		0.16~0.25
>12~14	>18~20	4.0×6.5×16	15.7	0 −0.030	±0.015	−0.012 −0.042	5.0		1.8		
>14~16	>20~22	4.0×7.5×19	18.6				6.0		1.8		
>16~18	>22~25	5.0×6.5×16	15.7				4.5		2.3		
>18~20	>25~28	5.0×7.5×19	18.6				5.5		2.3		
>20~22	>28~32	5.0×9.0×22	21.6				7.0		2.3		
>22~25	>32~36	6.0×9.0×22	21.6				6.5	+0.3 0	2.8		
>25~28	>36~40	6.0×10.0×25	24.5				7.5		2.8		0.25~0.40
>28~32	40	8.0×11.0×28	27.4	0 −0.036	±0.018	−0.015 −0.051	8.5		3.3	+0.2 0	
>32~38	—	10.0×13.0×32	31.4				10.0		3.3		

注:在工作图中,轴槽深用 $d-t$ 或 t 标注。轮毂槽深用($d+t_1$)标注。($d-t$)和($d+t_1$)尺寸偏差按相应的 t 和 t_1 的极限偏差选取,但($d-t$)极限偏差取负号(−)。

附表 17　圆柱销(摘录 GB/T 119.1—2000)

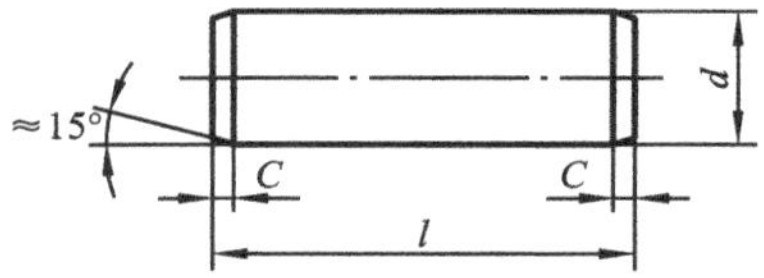

标记示例

公称直径 $d=6$ mm,公差为 m6,公称长度 $l=30$ mm,材料为钢,不经淬火,不经表面处理的圆柱销标记:

销　GB/T 119.1　6m6×30

(单位:mm)

d	0.6	0.8	1	1.2	1.5	2	2.5	3	4	5
$C\approx$	0.12	0.16	0.20	0.25	0.30	0.35	0.40	0.50	0.63	0.80
l	2～6	2～8	4～10	4～12	4～16	5～20	5～24	6～30	6～40	10～50
d	6	8	10	12	16	20	25	30	40	50
$C\approx$	1.2	1.6	2.0	2.5	3.0	3.5	4.0	5.0	6.3	8.0
l	12～60	14～80	18～95	22～140	26～180	35～200	50～200	60～200	80～200	95～200
l 系列	2,3,4,5,6,8,10,12,14,16,18,20,22,24,26,28,30,32,35,40,45,50,55,60,65,70,75,80,85,90,95,100,120,140,160,180,200									

注:①销的材料为不淬硬钢和奥氏体不锈钢;

②公称长度大于 200 mm,按 20 mm 递增;

③表面粗糙度:公差为 m6 时,$Ra\leqslant 0.8$ μm;公差为 h8 时,$Ra\leqslant 1.6$ μm。

附表 18　圆锥销(GB/T 117.1—2000)

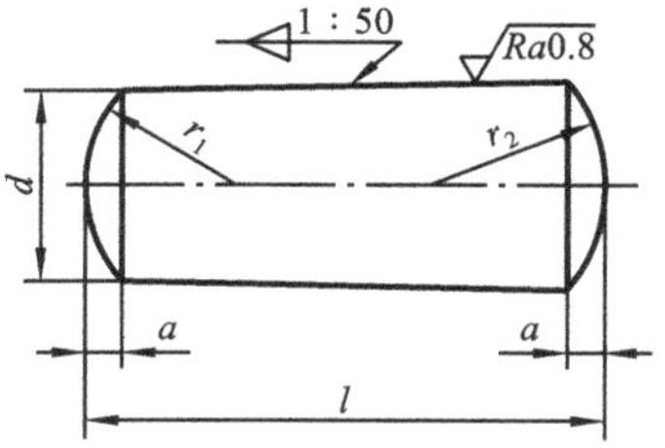

标记示例

公称直径 $d=6$ mm,公称长度 $l=30$ mm,材料为 35 钢,热处理硬度 28～38 HRC,表面氧化处理的 A 型圆锥销的标记:

销　GB/T 117　6×30

(单位:mm)

d	0.6	0.8	1	1.2	1.5	2	2.5	3	4	5
$C\approx$	0.08	0.1	0.12	0.16	0.2	0.25	0.3	0.4	0.5	0.63
l	4～8	5～12	6～16	6～20	8～24	10～35	10～35	12～45	14～60	22～90
d	6	8	10	12	16	20	25	30	40	50
$C\approx$	0.8	1	1.2	1.6	2	2.5	3	4	5	6.3
l	22～90	22～120	26～160	32～180	40～200	45～200	50～200	55～200	60～200	65～200
l 系列	2,3,4,5,6,8,10,12,14,16,18,20,22,24,26,28,30,32,35,40,45,50,55,60,65,70,75,80,85,90,95,100,120,140,160,180,200									

注:①销的材料为 35、45、Y12、Y15、30 CrMnSiA 及 1Cr13、2Cr13 等;

②公称长度大于 200 mm,按 20 mm 递增。

附表 19　开口销(GB/T 91—2000)

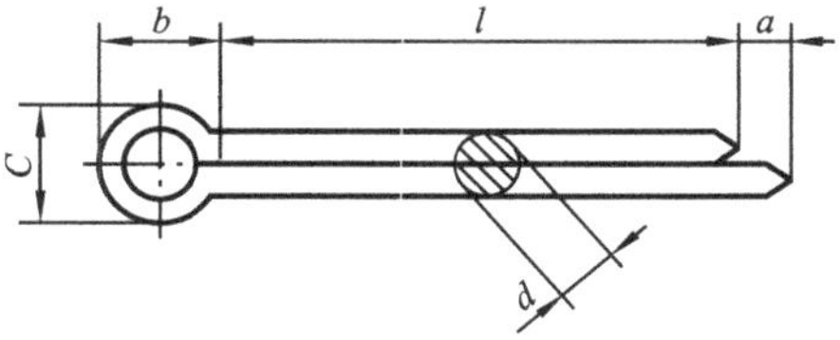

标记示例

公称直径 $d=5$ mm,公称长度 $l=50$ mm,材料为 Q215 钢,不经表面处理的开口销的标记:

销　GB/T 91　5×50

(单位:mm)

公称规格		0.6	0.8	1	1.2	1.6	2	2.5	3.2	4	5	6.3	8	10	13
d	min	0.4	0.6	0.8	0.9	1.3	1.7	2.1	2.7	3.5	4.4	5.7	7.3	9.3	12.1
	max	0.5	0.7	0.9	1	1.4	1.8	2.3	2.9	3.7	4.6	5.9	7.5	9.5	12.4
c	max	1	1.4	1.8	2	2.8	3.6	4.6	5.8	7.4	9.2	11.8	15	19	24.8
	min	0.9	1.2	1.6	1.7	2.4	3.2	4	5.1	6.5	8	10.3	13.1	16.6	21.7
$b\approx$		2	2.4	3	3	3.2	4	5	6.4	8	10	12.6	16	20	26
a_{max}		1.6			2.5				3.2	4				6.3	
l		4~12	5~16	6~20	8~25	8~32	10~40	12~50	14~63	18~80	22~100	32~125	40~160	45~200	71~250
l 系列		4,5,6,8,10,12,14,16,18,20,22,25,28,32,36,40,45,50,56,63,71,80,90,100,112,125,140,160,180,200,224,250,280													

注:①公称规格等于开口销的直径;

②开口销的材料用 Q215、Q235H63、Cr17Ni7、Cr18Ni9Ti。

附表 20　深沟球轴承(摘录 GB/T 276—1994)

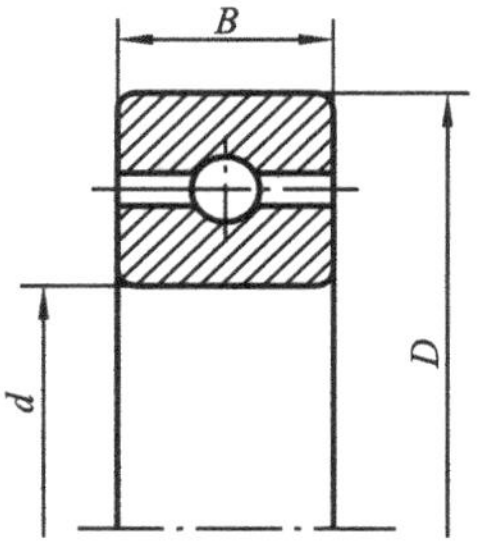

标记示例滚动轴承　6210　GB/T 276—1994

轴承代号	尺寸/mm			轴承代号	尺寸/mm		
	d	D	B		d	D	B
10 系列				03 系列			
6000	10	26	8	6300	10	35	11
6001	12	28	8	6301	12	37	12
6002	15	32	9	6302	15	42	13
6003	17	35	10	6303	17	47	14
6004	20	42	12	6304	20	52	15
6005	25	47	12	6305	25	62	17
6006	30	55	13	6306	30	72	19
6007	35	62	14	6307	35	80	21
6008	40	68	15	6308	40	90	23
6009	45	75	16	6309	45	100	25
6010	50	80	16	6310	50	110	27
6011	55	90	18	6311	55	120	29
6012	60	95	18	6312	60	130	31
02 系列				04 系列			
6200	10	30	9	6403	17	62	17
6201	12	32	10	6404	20	72	19
6202	15	35	11	6405	25	80	21
6203	17	40	12	6406	30	90	23
6204	20	47	14	6407	35	100	25
6205	25	52	15	6408	40	110	27
6206	30	62	16	6409	45	120	29
6207	35	72	17	6410	50	130	31
6208	40	80	18	6411	55	140	33
6209	45	85	19	6412	60	150	35
6210	50	90	20	6413	65	160	37
6211	55	100	21	6414	70	180	42
6212	60	110	22	6415	75	190	45

附表 21　圆锥滚子轴承(摘录 GB/T 297—1994)

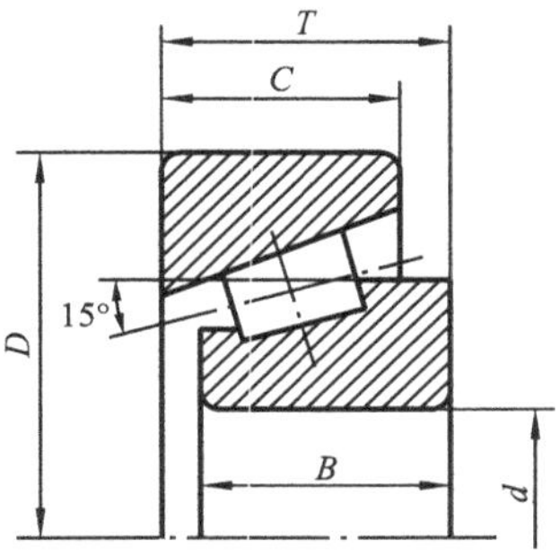

标记示例

滚动轴承　30312　GB/T 297—1994

轴承代号	尺寸/mm					轴承代号	尺寸/mm				
	d	*D*	*T*	*B*	*c*		*d*	*D*	*T*	*B*	*c*
02 系列						13 系列					
30202	15	35	11.75	11	10	31305	25	62	18.25	17	13
30203	17	40	13.25	12	11	31306	30	72	20.75	19	14
30204	20	47	15.25	14	12	31307	35	80	22.75	21	15
30205	25	52	16.25	15	13	31308	40	90	25.25	23	17
30206	30	62	17.25	16	14	31309	45	100	27.25	25	18
30207	35	72	18.25	17	15	31310	50	110	29.25	27	19
30208	40	80	19.75	18	16	31311	55	120	31.5	29	21
30209	45	85	20.75	19	16	31312	60	130	33.5	31	22
30210	50	90	21.75	30	17	31313	65	140	36	33	23
30211	55	100	22.75	21	18	31314	70	150	38	35	25
30212	60	110	23.75	22	19	31315	75	160	40	37	26
30213	65	120	24.75	23	20	31316	80	170	42.5	39	27
03 系列						20 系列					
30302	15	42	14.25	13	11	32004	20	42	15	15	12
30303	17	47	15.25	14	12	32005	25	47	15	15	11.5
30304	20	52	16.25	15	13	32006	30	55	17	17	13
30305	25	62	18.25	17	15	32007	35	62	18	18	14
30306	30	72	20.75	19	16	32008	40	68	19	19	14.5
30307	35	80	22.75	21	18	32009	45	75	20	20	15.5
30308	40	90	25.75	23	20	32010	50	80	20	20	15.5
30309	45	100	27.25	25	22	32011	55	90	23	23	17.5
30310	50	110	29.25	27	23	32012	60	95	23	23	17.5
30311	55	120	31.5	29	25	32013	65	100	23	23	17.5
30312	60	130	33.5	31	26	32014	70	110	25	25	19
30313	65	140	36	33	28	32015	75	115	25	25	19

附表 22　推力球轴承(摘录 GB/T 301—1995)

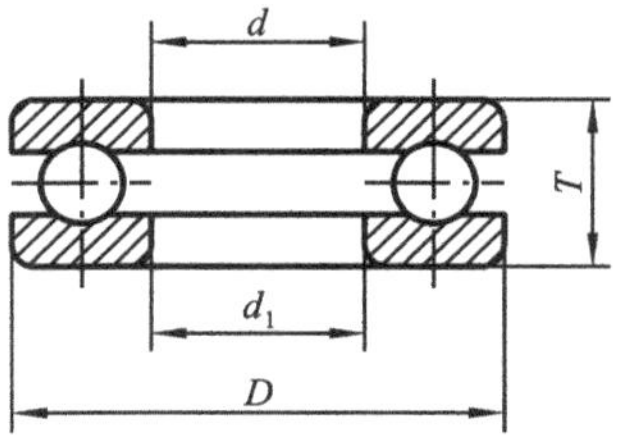

标记示例

滚动轴承　51214　GB/T 301—1995

轴承代号	尺寸/mm				轴承代号	尺寸/mm			
	d	d_{1min}	D	T		d	d_{1min}	D	T
11 系列					13 系列				
51100	10	11	24	9	51304	20	22	47	18
51101	12	13	26	9	51305	25	27	52	18
51102	15	16	28	9	51306	30	32	60	21
51103	17	18	30	9	51307	35	37	68	24
51104	20	21	35	10	51308	40	42	78	26
51105	25	26	42	11	51309	45	47	85	28
51106	30	32	47	11	51310	50	52	95	31
51107	35	37	52	12	51311	55	57	105	35
51108	40	42	60	13	51312	60	62	110	35
51109	45	47	65	14	51313	65	67	115	36
51110	50	52	70	14	51314	70	72	125	40
51111	55	57	78	16	51315	75	77	135	44
51112	60	62	85	17	51316	80	82	140	44
12 系列					14 系列				
51200	10	12	26	11	51405	25	27	60	24
51201	12	14	28	11	51406	30	32	70	28
51202	15	17	32	12	51407	35	37	80	32
51203	17	19	35	12	51408	40	42	90	36
51204	20	22	40	14	51409	45	47	100	39
51205	25	27	47	15	51410	50	52	110	43
51206	30	32	52	16	51411	55	57	120	48
51207	35	37	62	18	51412	60	62	130	51
51208	40	42	68	19	51413	65	67	140	56
51209	45	47	73	20	51414	70	72	150	60
51210	50	52	78	22	51415	75	77	160	65
51211	55	57	90	25	51416	80	82	170	68
51212	60	62	95	26	51417	85	88	180	72

附表 23　普通圆柱螺旋压缩弹簧尺寸系列(摘自 GB/T 1358—2009)

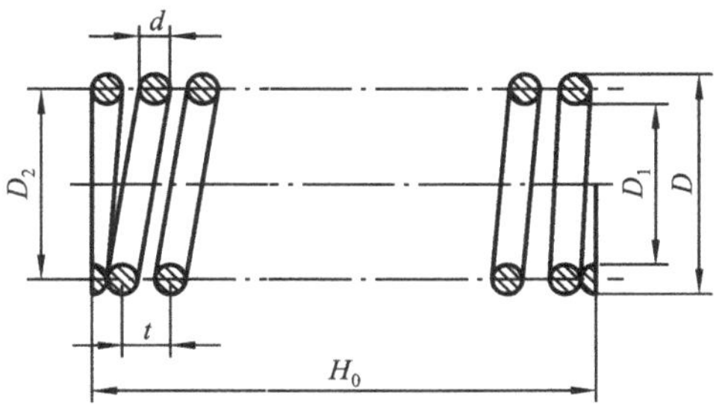

d——弹簧钢丝直径
D——弹簧外径
D_2——弹簧中径
D_1——弹簧内径
n——有效圈数
H_0——自由高度
t——弹簧节距

弹簧丝直径 d 系列	
第一系列	第二系列
0. 1,0. 12,0. 14,0. 16,0. 2,0. 25,0. 3,0. 35,0. 4,0. 45,0. 5,0. 6,0. 7,0. 8,0. 9,1,1. 2,1. 6,2,2. 5,3,3. 5,4,4. 5,5,6,8,10,12,16,20,25,30,35,40,45,50,60,70,80	0. 08,0. 09,0. 18,0. 22,0. 28,0. 32,0. 55,0. 65,1. 4,1. 8,2. 2,2. 8,3. 2,5. 5,6. 5,7,9,11,14,18,22,28,32,38,42,55,65

弹簧中径 D_2 系列
0. 4,0. 5,0. 6,0. 7,0. 8,0. 9,1,1. 2,1. 6,1. 8,2,2. 2,2. 5,2. 8,3,3. 2,3. 5,3. 8,4,4. 2,4. 5,4. 8,5,5. 5,6,6. 5,7,7. 5,8,8. 5,9,10,12,14,16,18,20,22,25,28,30,32,38,42,45,48,50,52,55,58,60,65,70,75,80,85,90,95,100,105,110,115,120,125,130,135,140,145,150,160,170,180,190,200,210,220,230,240,250,260,270,280,290,300,320,340,360,380,400,450,500,550,600,650,700

压缩弹簧的有效圈数 n 系列
2,2. 25,2. 5,2. 75,3,3. 25,3. 5,3. 75,4,4. 25,4. 5,4. 75,5,5. 5,6,6. 5,7,7. 5,8,8. 5,9,9. 5,10,10. 5,11. 5,12. 5,13. 5,14. 5,15,16,18,20,22,25,28,30

压缩弹簧自由高度 H_0 系列
5,6,7,8,9,10,12,14,16,18,22,25,28,30,32,35,38,40,42,45,48,50,52,55,58,60,65,70,75,80,85,90,95,100,105,110,115,120,130,140,150,160,170,180,190,200,220,240,260,280,300,320,340,360,380,400,420,450,480,500,520,550,580,600,620,650,680,700,720,750,780,800,850,900,950,1000

注:优先采用第一系列。

附表 24　零件倒角与圆角（GB/T 6403.4—2008）

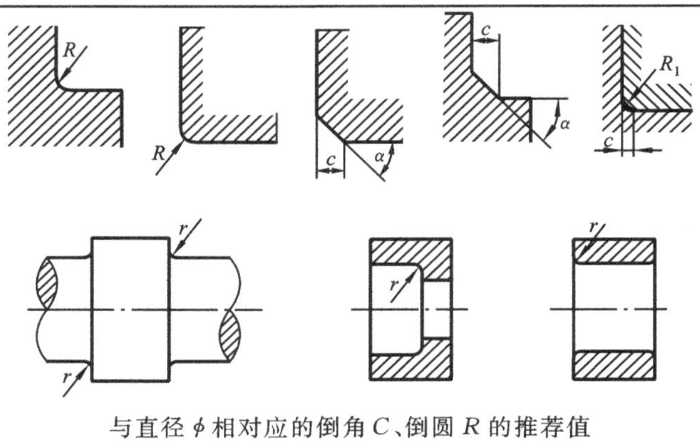

与直径 ϕ 相对应的倒角 C、倒圆 R 的推荐值

ϕ	<3	3～6	6～10	10～18	18～30	30～50	50～80	80～120	120～180
C 或 R	0.2	0.4	0.6	0.8	1.0	1.6	2.0	2.5	3.0

内角倒角、外角倒圆时 C 的最大值 C_{max} 与 R_1 的关系

R_1	0.3	0.4	0.5	0.6	0.8	1	1.2	1.6	2.0	2.5	3.0	4.0
C_{max}	0.1	0.2	0.2	0.3	0.4	0.5	0.6	0.8	1.0	1.2	1.6	2.0

附表 25　砂轮越程槽（GB/T 6403.5—2008）

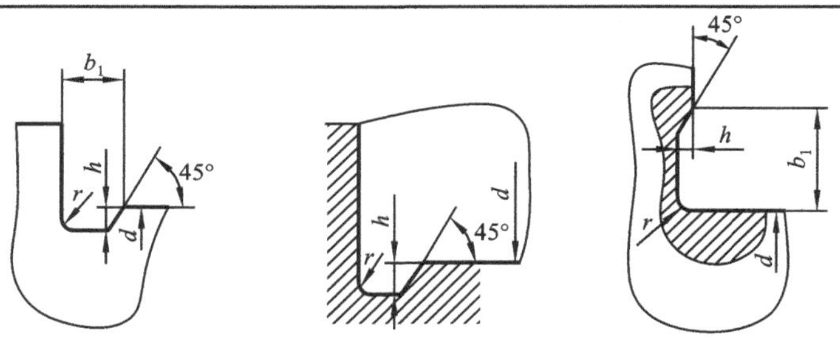

(a) 磨外圆　(b) 磨内圆　(c) 磨外端面

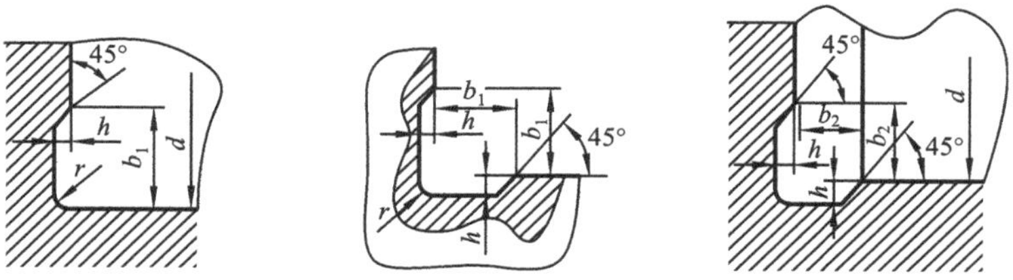

(d) 磨内端面　(e) 磨外圆及端面　(f) 磨内圆及端面

b_1	0.6	1.0	1.6	2.0	3.0	4.0	5.0	8.0	10
b_2	2.0	3.0		4.0		5.0		8.0	10
h	0.1	0.2		0.3	0.4		0.6	0.8	1.2
r	0.2	0.5		0.8	1.0		1.6	2.0	3.0
d	<10			10～50		50～100		>100	

附表 26 基孔制优先、常用配合(GB/T 1801—2009)

基准孔	轴																				
	a	b	c	d	e	f	g	h	js	k	m	n	p	r	s	t	u	v	x	y	z
	间隙配合								过渡配合			过盈配合									
H6	—	—	—	—	—	$\frac{H6}{f5}$	$\frac{H6}{g5}$	$\frac{H6}{h5}$	$\frac{H6}{js5}$	$\frac{H6}{k5}$	$\frac{H6}{m5}$	$\frac{H6}{n5}$	$\frac{H6}{p5}$	$\frac{H6}{r5}$	$\frac{H6}{s5}$	$\frac{H6}{t5}$	—	—	—	—	—
H7	—	—	—	—	—	$\frac{H7}{f6}$	$\frac{H7}{g6}$ *	$\frac{H7}{h6}$ *	$\frac{H7}{js6}$	$\frac{H7}{k6}$ *	$\frac{H7}{m6}$	$\frac{H7}{n6}$ *	$\frac{H7}{p6}$ *	$\frac{H7}{r6}$	$\frac{H7}{s6}$ *	$\frac{H7}{t6}$	$\frac{H7}{u6}$ *	$\frac{H7}{vh6}$	$\frac{H7}{x6}$	$\frac{H7}{y6}$	$\frac{H7}{z6}$
H8	—	—	—	—	$\frac{H8}{e7}$	$\frac{H8}{f7}$ *	$\frac{H8}{g7}$	$\frac{H8}{h7}$ *	$\frac{H8}{js7}$	$\frac{H8}{k7}$	$\frac{H8}{m7}$	$\frac{H8}{n7}$	$\frac{H8}{p7}$	$\frac{H8}{r7}$	$\frac{H8}{s7}$	$\frac{H8}{t7}$	$\frac{H8}{u7}$	—	—	—	—
	—	—	—	$\frac{H8}{d8}$	$\frac{H8}{e8}$	$\frac{H8}{f8}$	—	$\frac{H8}{h8}$	—	—	—	—	—	—	—	—	—	—	—	—	—
H9	—	—	$\frac{H9}{c9}$	$\frac{H9}{d9}$ *	$\frac{H9}{e9}$	$\frac{H9}{f9}$	—	$\frac{H9}{h9}$ *	—	—	—	—	—	—	—	—	—	—	—	—	—
H10	—	—	$\frac{H10}{c10}$	$\frac{H10}{d10}$	—	—	—	$\frac{H10}{h10}$	—	—	—	—	—	—	—	—	—	—	—	—	—
H11	$\frac{H11}{a11}$	$\frac{H11}{b11}$	$\frac{H11}{c11}$ *	$\frac{H11}{d11}$	—	—	—	$\frac{H11}{h11}$ *	—	—	—	—	—	—	—	—	—	—	—	—	—
H12	—	$\frac{H12}{b12}$	—	—	—	—	—	$\frac{H12}{h12}$	—	—	—	—	—	—	—	—	—	—	—	—	—

注:① $\frac{H6}{n5}$、$\frac{H7}{p6}$在基本尺寸小于或等于 3 mm 和$\frac{H8}{r7}$在小于或等于 100 mm 时,为过渡配合;

②标注 * 的配合为优先配合。

附表 27　基轴制优先、常用配合(GB/T 1801—2009)

基准轴	轴																				
	A	B	C	D	E	F	G	H	JS	K	M	N	P	R	S	T	U	V	X	Y	Z
	间隙配合								过渡配合			过盈配合									
H5	—	—	—	—	—	$\frac{F6}{h5}$	$\frac{G6}{h5}$	$\frac{H6}{h5}$	$\frac{JS6}{h5}$	$\frac{K6}{h5}$	$\frac{M6}{h5}$	$\frac{N6}{h5}$	$\frac{P6}{h5}$	$\frac{R6}{h5}$	$\frac{S6}{h5}$	$\frac{T6}{h5}$	—	—	—	—	—
H6	—	—	—	—	—	$\frac{F7}{h6}$	$\frac{G7}{h6}$ *	$\frac{H7}{h6}$ *	$\frac{JS7}{h6}$	$\frac{K7}{h6}$ *	$\frac{M7}{h6}$	$\frac{N7}{h6}$ *	$\frac{P7}{h6}$ *	$\frac{R7}{h6}$	$\frac{S7}{h6}$ *	$\frac{T7}{h6}$	$\frac{U7}{h6}$ *	—	—	—	—
H7	—	—	—	—	$\frac{E8}{h7}$	$\frac{F8}{h7}$ *	—	$\frac{H8}{h7}$ *	$\frac{JS8}{h7}$	$\frac{K8}{h7}$	$\frac{M8}{h7}$	$\frac{N8}{h7}$	—	—	—	—	—	—	—	—	—
H8	—	—	—	$\frac{D8}{h8}$	$\frac{E8}{h8}$	$\frac{F8}{h8}$	—	$\frac{H8}{h8}$	—	—	—	—	—	—	—	—	—	—	—	—	—
H9	—	—	—	$\frac{D9}{h9}$ *	$\frac{E9}{h9}$	$\frac{F9}{h9}$	—	$\frac{H9}{h9}$ *	—	—	—	—	—	—	—	—	—	—	—	—	—
H10	—	—	—	$\frac{D10}{h10}$	—	—	—	$\frac{H10}{h10}$	—	—	—	—	—	—	—	—	—	—	—	—	—
H11	$\frac{A11}{h11}$	$\frac{B11}{h11}$	$\frac{C11}{h11}$ *	$\frac{D11}{h11}$	—	—	—	$\frac{H11}{h11}$ *	—	—	—	—	—	—	—	—	—	—	—	—	—
H12	—	$\frac{B12}{h12}$	—	—	—	—	—	$\frac{H12}{h12}$	—	—	—	—	—	—	—	—	—	—	—	—	—

注：标注 * 的配合为优先配合。

附表 28　优先配合中轴的极限偏差(GB/T 1800.4—1999)　　(单位:μm)

基本尺寸/mm		公差带												
		c	d	f	g	h				k	n	p	s	u
大于	至	11	9	7	6	6	7	9	11	6	6	6	6	6
—	3	−60 −120	−20 −45	−6 −16	−2 −8	0 −6	0 −10	0 −25	0 −60	+6 0	+10 +4	+12 +6	+20 +14	+24 +18
3	6	−70 −145	−30 −60	−10 −22	−4 −22	0 −8	0 −12	0 −30	0 −75	+9 +1	+16 +8	+20 +12	+27 +19	+31 +23
6	10	−80 −170	−40 −76	−13 −28	−5 −14	0 −9	0 −15	0 −36	0 −90	+10 +1	+19 +10	+24 +15	+32 +23	+37 +28
10	14	−95 −205	−50 −93	−16 −34	−6 −17	0 −11	0 −18	0 −43	0 −110	+12 +1	+23 +12	+29 +18	+39 +28	+44 +33
14	18													
18	24	−110 −240	−65 −117	−20 −41	−7 −20	0 −13	0 −21	0 −52	0 −130	+15 +2	+28 +15	+35 +22	+48 +35	+54 +41
24	30													+61 +48
30	40	−120 −280	−80 −142	−25 −50	−9 −25	0 −16	0 −25	0 −62	0 −160	+18 +2	+33 +17	+42 +26	+59 +43	+76 +60
40	50	−130 −290												+86 +70
50	65	−140 −330	−100 −174	−30 −60	−10 −29	0 −19	0 −30	0 −74	0 −190	+21 +2	+39 +20	+51 +32	+72 +53	+106 +87
65	80	−150 −340											+78 +59	+121 +102
80	100	−170 −390	−120 −207	−36 −71	−12 −34	0 −22	0 −35	0 −87	0 −220	+25 +3	+45 +23	+59 +37	+93 +71	+146 +124
100	120	−180 −400											+101 +79	+166 +144
120	140	−200 −450	−145 −245	−43 −83	−14 −39	0 −25	0 −40	0 −100	0 −250	+28 +3	+52 +27	+68 +43	+117 +92	+195 +170
140	160	−210 −460											+125 +100	+215 +190
160	180	−230 −480											+133 +108	+235 +210
180	200	−240 −530	−170 −285	−50 −96	−15 −44	0 −29	0 −46	0 −115	0 −290	+33 +4	+60 +31	+79 +50	+151 +122	+265 +236
200	225	−260 −550											+159 +130	+287 +258
225	250	−280 −570											+169 +140	+313 +284
250	280	−300 −620	−190 −320	−56 −108	−17 −49	0 −32	0 −52	0 −130	0 −320	+36 +4	+66 +34	+88 +56	+190 +158	+347 +315
280	315	−330 −650											+202 +170	+382 +350
315	355	−360 −720	−210 −350	−62 −119	−18 −54	0 −36	0 −57	0 −140	0 −360	+40 +4	+73 +37	+98 +62	+226 +190	+426 +390
355	400	−400 −760											+244 +208	+471 +435
400	450	−440 −840	−230 −385	−68 −131	−20 −60	0 −40	0 −63	0 −155	0 −400	+45 +5	+80 +40	+108 +68	+272 +232	+530 +490
450	500	−480 −880											+292 +252	+580 +540

附表 29　优先配合中孔的极限偏差(GB/T 1800.4—1999)　　(单位:μm)

基本尺寸/mm		公差带												
		C	D	F	G	H				K	N	P	S	U
大于	至	11	9	8	7	7	8	9	11	7	7	7	7	7
—	3	+120 +60	+45 +20	+20 +6	+12 +2	+10 0	+14 0	+25 0	+60 0	0 −10	−4 −14	−6 −16	−14 −24	−18 −28
3	6	+145 +70	+60 +30	+28 +10	+16 +4	+12 0	+18 0	+30 0	+75 0	+3 −9	−4 −16	−8 −20	−15 −27	−19 −31
6	10	+170 +80	+76 +40	+35 +13	+20 +5	+15 0	+22 0	+36 0	+90 0	+5 −10	−4 −19	−9 −24	−17 −32	−22 −37
10	14	+205 +95	+93 +50	+43 +16	+24 +6	+18 0	+27 0	+43 0	+110 0	+6 −12	−5 −23	−11 −29	−21 −39	−26 −44
14	18													
18	24	+240 +110	+117 +65	+53 +20	+28 +7	+21 0	+33 0	+52 0	+130 0	+6 −15	−7 −28	−14 −35	−27 −48	−33 −54
24	30													−40 −61
30	40	+280 +120	+142 +80	+64 +25	+34 +9	+25 0	+39 0	+62 0	+160 0	+7 −18	−8 −33	−17 −42	−34 −59	−51 −76
40	50	+290 +130												−61 −86
50	65	+330 +140	+174 +100	+76 +30	+40 +10	+30 0	+46 0	+74 0	+190 0	+9 −21	−9 −39	−21 −51	−42 −72	−76 −106
65	80	+340 +150											−48 −78	−91 −121
80	100	+390 +170	+207 +120	+90 +36	+47 +12	+35 0	+54 0	+87 0	+220 0	+10 −25	−10 −45	−24 −59	−58 −93	−111 −146
100	120	+400 +180											−66 −101	−131 −166
120	140	+450 +200	+245 +145	+106 +43	+54 +14	+40 0	+63 0	+100 0	+250 0	+12 −28	−12 −52	−28 −68	−77 −117	−155 −195
140	160	+460 +210											−85 −125	−175 −215
160	180	+480 +230											−93 −133	−195 −235
180	200	+530 +240	+285 +170	+122 +50	+61 +15	+46 0	+72 0	+115 0	+290 0	+13 −33	−14 −60	−33 −79	−105 −151	−219 −265
200	225	+550 +260											−113 −159	−241 −287
225	250	+570 +280											−123 −169	−267 −313
250	280	+620 +300	+320 +190	+137 +56	+69 +17	+52 0	+81 0	+130 0	+320 0	+16 −36	−14 −66	−36 −88	−138 −190	−295 −347
280	315	+650 +330											−150 −202	−330 −382
315	355	+720 +360	+350 +210	+151 +62	+75 +18	+57 0	+89 0	+140 0	+360 0	+17 −40	−16 −73	−41 −98	−169 −226	−369 −426
355	400	+760 +400											−187 −244	−414 −471
400	450	+840 +440	+385 +230	+165 +68	+83 +20	+63 0	+97 0	+155 0	+400 0	+18 −45	−17 −80	−45 −108	−209 −272	−467 −530
450	500	+880 +480											−229 −292	−517 −580

附表 30　基本尺寸 3～500 mm 的标准公差(GB/T 1800.3—1998)　(单位:μm)

基本尺寸/mm		公差等级																	
		IT1	IT2	IT3	IT4	IT5	IT6	IT7	IT8	IT9	IT10	IT11	IT12	IT13	IT14	IT15	IT16	IT17	IT18
	3	0.8	1.2	2	3	4	6	10	14	25	40	60	100	140	250	400	600	1000	1400
3	6	1	1.5	2.5	4	5	8	12	18	30	48	75	120	180	300	480	750	1200	1800
6	10	1	1.5	2.5	4	6	9	15	22	36	58	90	150	220	360	580	900	1500	2200
10	18	1.2	2	3	5	8	11	18	27	43	70	110	180	270	430	700	1100	1800	2700
18	30	1.5	2.5	4	6	9	13	21	33	52	84	130	210	330	520	840	1300	2100	3300
30	50	1.5	2.5	4	7	11	16	25	39	62	100	160	250	390	620	1000	1600	2500	3900
50	80	2	3	5	8	13	19	30	46	74	120	190	300	460	740	1200	1900	3000	4600
80	120	2.5	4	6	10	15	22	35	54	87	140	220	350	540	870	1400	2200	3500	5400
120	180	3.5	5	8	12	18	25	40	63	100	160	250	400	630	1000	1600	2500	4000	6300
180	250	4.5	7	10	14	20	29	46	72	115	185	290	460	720	1150	1850	2900	4600	7200
250	315	6	8	12	16	23	32	52	81	130	210	320	520	810	1300	2100	3200	5200	8100
315	400	7	9	13	18	25	36	57	89	140	230	360	570	890	1400	2300	3600	5700	8900
400	500	8	10	15	20	27	40	63	97	155	250	400	630	970	1550	2500	4000	6300	9700

参 考 文 献

[1] 左晓明,王黛雯. 机械制图[M]. 2版. 北京:高等教育出版社,2009.

[2] 邹宜侯,窦墨林. 机械制图[M]. 4版. 北京:清华大学出版社,2003.

[3] 董怀武,刘传慧. 画法几何及机械制图[M]. 武汉:武汉理工大学出版社,2002.

[4] 董继明. 机械制图与CAD[M]. 北京:北京理工大学出版社,2008.

[5] 全国产品尺寸和几何技术规范标准化技术委员会. 产品几何技术规范(GPS) 表面结构 轮廓法 术语、定义及表面结构参数[M]. 北京:中国标准出版社,2010.

[6] 方晨. AutoCAD机械制图习题精解[M]. 上海:上海科学普及出版社,2009.

[7] 陈希翎,李锦标,沈宠棣,等. AutoCAD机械制图标准教程[M]. 北京:机械工业出版社,2010.

[8] 高志清. AutoCAD机械制图[M]. 北京:中国铁道出版社,2006.